高职高专数学类规划教材

工科基础数学

主　编　盛茂林　高继文　高文新
参编人员　陈晓波　丛　山　夏福芳　任碧宇　郭继刚

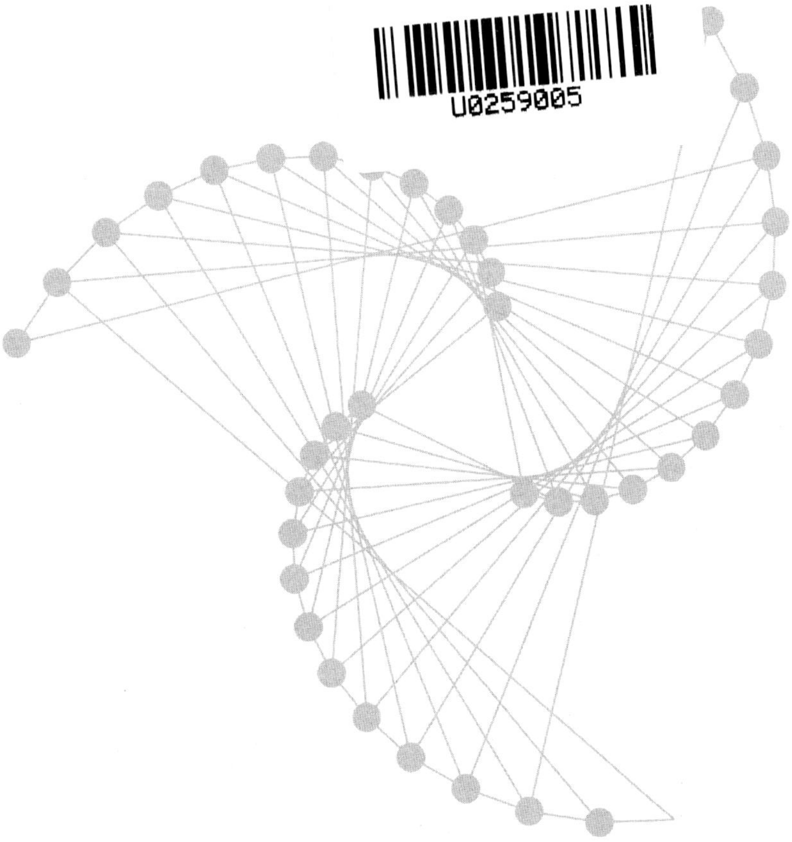

中国科学技术大学出版社

内 容 简 介

本书的内容在深度与广度上符合专科数学课程的教学要求，适合高等职业院校工科类各专业学生使用. 内容主要包含函数与极限、导数与微分、导数的应用、一元函数的积分学、一阶微分方程、级数、拉普拉斯变换、线性代数.

本书考虑到高职学生的认知特点，在编写中适当降低难度，更加突出数学的工具性，使教材的应用性、可读性等方面更加贴近高职学生的认知，以“应用”为出发点，以“有用”为选材标准，以“学而会用”为目标. 旨在通过此教材，教师能更好地从工具的角度教数学，学生从需求中去学数学，为学生专业学习以及未来的职业生涯打下必要的数学基础.

图书在版编目(CIP)数据

工科基础数学/盛茂林，高继文，高文新主编. —合肥：中国科学技术大学出版社，2018.9(2022.9 重印)

ISBN 978-7-312-04475-5

Ⅰ.工… Ⅱ.①盛…②高…③高… Ⅲ.高等数学—高等职业教育—教材 Ⅳ.O13

中国版本图书馆 CIP 数据核字(2018)第 117615 号

出版 中国科学技术大学出版社
安徽省合肥市金寨路 96 号，230026
http://press.ustc.edu.cn
https://zgkxjsdxcbs.tmall.com

印刷 安徽国文彩印有限公司

发行 中国科学技术大学出版社

经销 全国新华书店

开本 787 mm×1092 mm 1/16

印张 17.5

字数 414 千

版次 2018 年 9 月第 1 版

印次 2022 年 9 月第 3 次印刷

定价 38.00 元

前　言

数学思想和数学方法无处不在，在各行业、各学科乃至日常生活中都有广泛的应用. 因此，数学作为一门基础课在任何学科教育中都被列为必修课，不仅其"工具性"在理工类专业中显得尤为突出，而且数学能力也是每个人重要的基本能力之一.

但在以往数学课程教学实践中，我们感到不少学生在课程学习中存在一定的困难，尤其是进入高职学习的学生数学基础普遍存在一些"缺陷"是不争的事实，具体表现在学习基础相对薄弱、高中数学知识掌握得不太扎实，不少学生觉得数学难，学不好、听不懂，"挂科"现象较多，对于数学课程对专业学习有什么作用也十分困惑，有的甚至放弃了对数学课程的学习.

高职的数学学习是一个新的起点. 在高职的数学课程中，除了要为后续的专业课程学习奠定必要的数学基础外，更重要的是通过学习，或多或少地掌握一些数学思维、数学方法，了解一些数学发展的历史，数学在专业、学科乃至人类文明进程中的作用. 或者说，在数学课程中我们更加追求的是使学生摆脱对数学课程的"畏难"心态，努力使每个学生的数学能力得到提升，通过数学课程的教学，使他们可以增添一些对课程学习的自信，可以掌握一些必要的数学工具，可以熟悉一些常用的数学方法，可以建立一些基本的数学思想，甚至可以自主地用学过的数学知识解决一些日常生活中的实际问题. 总之，我们不要求所有的学生都能把数学课程学得十分出色，我们只是希望所有的学生通过课程学习都能够使数学能力有所提高，在他们已经掌握的知识层面上了解更多的数学知识，增添一些数学思维，甚至循序渐进地喜欢上数学. 毕竟，数学的方法和思想能使人终身受益.

基于以上的认识与思考，我们编写了本书，旨在站在普适的层面看数学，从工具和需求的角度学数学，考虑到高职学生的认知特点，尽量降低数学课程的难度，简化数学的思想和方法，突出数学的工具性，使课程的应用性、难度、可读性更加贴近学生的认知，力求通过课堂教学和自我学习尽可能地掌握后续学习（包括专业需求、职业需求、素质提高）必要的数学工具. 为达到上述目的，我们在本书编写过程中注重了如下几个方面的探索：

（1）本着突出"为专业学习服务，为人才培养服务"这一基本原则，重视课程与专业实际和生活实际的结合. 以"应用"为出发点，以"有用"为选材标准，以"学而会用"为目标；在文字叙述上，在保证科学性的前提下，注意通俗易懂，易学易教,不追求数学的系统性.

(2) 在数学知识方面,对于过程和结论,我们更重视结论;对于理论和方法,我们更重视方法;对于全面性和实用性,我们更重视实用性.因此,本书在内容讲述上"是什么"重于"为什么","怎么做"重于"为什么这样做",在实例解析上,解题的方法和过程重于分析和推理,本书避免纯数学的演绎和证明.

(3) 力求站在普适教学的层面上看待数学课程,在内容的选择上弱化数学基础,在语言的描述上贴近日常的表述习惯,在例题设置、习题的选择上以突出基本思想、基本方法、基本公式、基本计算为目的.

(4) 在每个章节单元后都配有课堂练习内容,以便同学们在学完一个单元的知识后,对于该单元的基本概念、基本公式、基本方法、基本计算做随堂练习,以巩固所学的内容,同时检验学习效果,促进师生互动,随时发现问题和解决问题.

(5) 每章开始都明确了学习要求,学生可以将它作为每章的"学习大纲",在学习过程中始终注意要求的内涵,明确每章学习的知识点和要点;也可以将它作为章节学习后自我小结的索引,在此基础上复习和回顾每章所学的知识.

(6) 每章后都配有自测题,自测题的题型、内容和难度是按教学目标实现的基本要求设计的,学生在每章学习结束后可以通过自测来了解自己对本章内容的掌握程度,以便及时、有针对性地补缺补差.

(7) 突出了数学的"文化"关联,在每章中我们编撰了一些"名人名言""数学家小传""数学欣赏",老师可以结合课程内容的学习做适当的讲解和引申,也可以将其作为学生关于数学课余阅读的起点.

本书第 1 章由郭继刚编写,第 2 章、第 6 章由高继文编写,第 3 章由夏福芳编写,第 4 章由盛茂林编写,第 5 章由陈晓波编写,第 7 章由丛山、任碧宇编写,第 8 章由高文新编写.本书是我们对工科专业数学(高职)教学模式的一种探索,我们真诚地希望能够为使用本书的学习者提供一种学习上的便利,也真诚地希望本书有助于学生们更主动、更有效、更轻松地学好"工科基础数学"这门课程,并通过对这门课程的学习为今后的专业学习乃至将来的职业生涯打下必要的数学基础.

目　录

第1章　函数与极限

无限！再也没有其他问题如此深刻地打动过人类的心灵.

——希尔伯特

本章学习要求

1. 理解函数的概念，建立函数与图、表的对应关系；
2. 熟悉基本初等函数的定义、图像和性质，掌握正确分析复合函数的复合过程的方法；
3. 理解极限的概念，会求函数在一点的左极限与右极限；
4. 掌握极限的四则运算法则，并会求简单的函数极限；
5. 知道无穷小与无穷大的概念，了解无穷小与无穷大的关系，会利用无穷小的性质和等价无穷小量代换求极限；
6. 熟练掌握用两个重要极限求极限的方法；
7. 理解函数在一点处连续与间断的概念，掌握分段函数在分段点处连续性的判断方法；
8. 知道初等函数的连续性，会利用连续性求极限；
9. 知道闭区间上连续函数的性质，会用介值定理推证简单命题.

1.1 函　　数

微积分是高等数学的核心，表达变量之间关系的函数是我们要研究的对象，极限是高等数学中最基本的概念之一，同时也是研究微积分的重要工具，函数的连续性则是与极限概念紧密联系的一个重要概念，它反映了函数的某种变化特征.本章首先复习函数的概念和性质，在此基础上着重讨论函数的极限和连续性等问题.

1.1.1 函数的概念

1. 函数的定义

定义 设 D 是一个数集，如果对于 D 中的每一个数 x，按照某个对应关系 f，都有唯一确定的实数 y 与之对应，则称 y 是定义在数集 D 上的 x 的函数，记作 $y=f(x)$.其中 x 称为函数的自变量，数集 D 称为函数的定义域.

当 x 在定义域 D 内取定值 x_0 时，与 x_0 对应的 y 的数值称为函数在点 x_0 处的函数值，记为

$$y_0 = f(x_0) \quad 或 \quad y_0 = y|_{x=x_0}$$

当 x 取遍 D 中的一切数值时，对应的函数值 y 的集合 M 称为函数的值域.

例 1.1 设 $f(x)=2x^2+3$，求 $f(0)$，$f(x_0)$，$f(a+1)$.

解 由函数的定义可知

$$f(0) = 2\times 0^2 + 3 = 3, \quad f(x_0) = 2x_0^2 + 3$$

$$f(a+1) = 2(a+1)^2 + 3 = 2a^2 + 4a + 5$$

在函数的定义中有两个要素：

(1) 自变量的取值范围，即函数的定义域；

(2) 确定自变量 x 与因变量 y 之间数值的对应关系.

由此可知，只有当两个函数的定义域和对应关系都相同时，这两个函数才称为相等.

2. 函数定义域的求法

在实际问题中，函数的定义域是根据问题的实际意义确定的，如在圆的面积公式中半径 r 只能是非负数，故函数 $A=\pi r^2$ 的定义域为 $D=[0,+\infty)$；对于用解析式表示的函数，其定义域是使得函数有意义的自变量的取值范围.

例 1.2 求下列函数的定义域：

(1) $y=\sqrt{x+2}+\dfrac{1}{x-3}$； (2) $y=\lg(1-x)+\arcsin x$.

解 (1) 要使函数 y 有意义，必须同时满足负数不能开偶次方根和分式的分母不能为零两个条件，即

$$\begin{cases} x+2\geqslant 0 \\ x-3\neq 0 \end{cases}$$

得

$$x\geqslant -2 \quad 且 \quad x\neq 3$$

因此,函数的定义域为$[-2,3)\cup(3,+\infty)$.

(2) 要使函数 y 有意义,必须同时满足以下两个条件,即

$$\begin{cases}1-x>0\\|x|\leqslant 1\end{cases}$$

得

$$-1\leqslant x<1$$

因此,函数的定义域为$[-1,1)$.

由函数的定义可知,对任意的 $x\in D$,都有唯一的 $y\in M$ 与之对应,称这类函数为单值函数;否则,称为多值函数.例如,函数 $y=3x+1$ 是单值函数,而函数 $y=\pm\sqrt{1+x^2}$ 就是多值函数.

本书中如果没有特别说明,我们所提到的函数都是单值函数.

通常函数有三种表示方法:

(1) 解析法(公式法):例如,$y=x^2$,$y=\sin x$ 等;

(2) 表格法:例如,三角函数表、对数表等;

(3) 图像法:用图像来表示函数.

3. 函数的基本特征

(1) 函数的单调性

如果对于某区间 I 内的任意两点 x_1,x_2,当 $x_1<x_2$ 时,有

$$f(x_1)\leqslant f(x_2)\quad(\text{或} f(x_1)\geqslant f(x_2))$$

则称函数 $f(x)$在区间 I 内是单调增加(或单调减少)的,有时也称为单调上升(或单调下降),如图 1.1 所示.

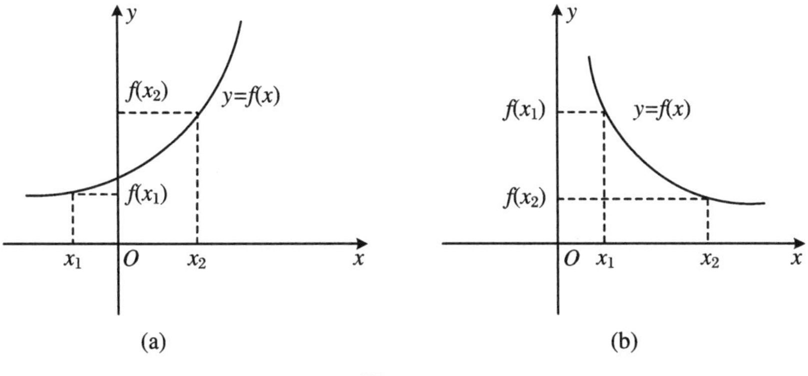

图 1.1

使函数 $f(x)$保持单调增加或单调减少的区间称为单调区间;单调增加的函数和单调减少的函数统称为单调函数.

例如,函数 $y=x^2$ 在$(0,+\infty)$内单调增加,在$(-\infty,0)$内单调减少. 又如,函数 $y=x^3$ 在$(-\infty,+\infty)$内是单调增加的.

(2) 函数的奇偶性

设函数 $f(x)$的定义域 D 关于原点对称(即若 $x\in D$,则有 $-x\in D$),如果对于任意 x

$\in D$,都有 $f(-x)=f(x)$(或 $f(-x)=-f(x)$),则称函数 $f(x)$为偶函数(或奇函数).

偶函数的图像关于 y 轴对称;奇函数的图像关于原点对称.

例如,$y=x^n$,当 n 为奇数时,它为奇函数;当 n 为偶数时,它为偶函数. 又如,$y=\sin x$ 为奇函数,$y=\cos x$ 为偶函数,而 $y=x+1$,$y=x^3+\cos x$ 都是非奇非偶函数.

(3) 函数的周期性

设函数 $f(x)$的定义域为 D,如果存在正数 T,使得对于任意的 $x\in D$,有 $x\pm T\in D$,且

$$f(x\pm T)=f(x)$$

则称函数 $f(x)$为周期函数,T 称为函数$f(x)$的周期,通常所说的周期是指它的最小正周期.

例如,函数 $\sin x$,$\cos x$ 的周期为 2π;函数 $\tan x$ 的周期为 π;函数 $y=\sin(4x+3)$是以 $T=\frac{2\pi}{4}=\frac{\pi}{2}$为周期的周期函数.

(4) 函数的有界性

设函数 $f(x)$在区间 I 上有定义,如果存在正数 M,对于任意的 $x\in I$,其对应的函数值都满足不等式

$$|f(x)|\leqslant M$$

则称函数 $f(x)$在区间 I 上有界,或称在区间 I 上$f(x)$是有界函数. 否则称函数 $f(x)$在 I 上无界,也称 $f(x)$为 I 上的无界函数.

例如,函数 $y=\sin x$,$y=\arctan x$ 对于定义域$(-\infty,+\infty)$内的一切 x,都有 $|\sin x|\leqslant 1$,$|\arctan x|<\frac{\pi}{2}$,因此,函数 $y=\sin x$,$y=\arctan x$ 在$(-\infty,+\infty)$内有界,而函数 $y=\frac{1}{x}$在$(0,1)$内无界.

1.1.2 基本初等函数

下面 5 类函数称为基本初等函数:

(1) 幂函数 $y=x^\alpha$(α 为实数),特例:$y=x$,$y=x^2$,$y=x^3$,$y=\frac{1}{x}$;

(2) 指数函数 $y=a^x$($a>0$,且 $a\neq 1$),特例:$y=e^x$;

(3) 对数函数 $y=\log_a x$ ($a>0$,且 $a\neq 1$),特例:$y=\ln x$;

(4) 三角函数 $y=\sin x$,$y=\cos x$,$y=\tan x$,$y=\cot x$,$y=\sec x$,$y=\csc x$;

(5) 反三角函数 $y=\arcsin x$,$y=\arccos x$,$y=\arctan x$,$y=\operatorname{arccot} x$.

一些常用的基本初等函数的图像和性质如表 1.1 所示.

表 1.1

函数	定义域	图像	特性
$y=x$	$(-\infty,+\infty)$	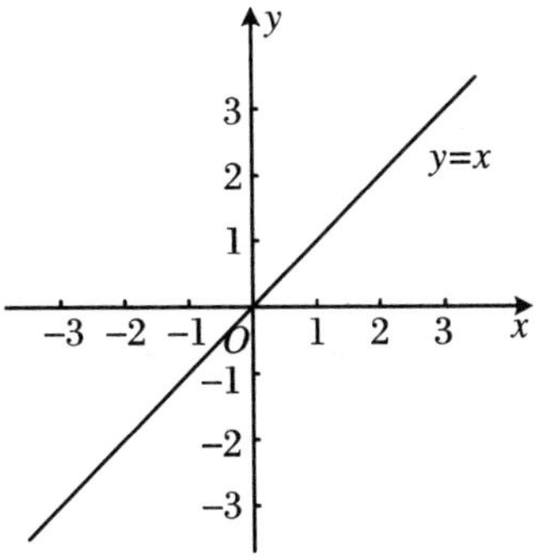	奇函数 过原点的直线
$y=x^2$	$(-\infty,+\infty)$	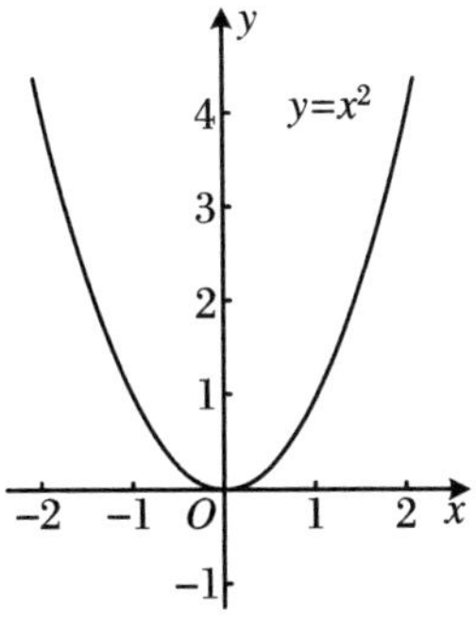	偶函数 图像关于 y 轴对称
$y=x^3$	$(-\infty,+\infty)$	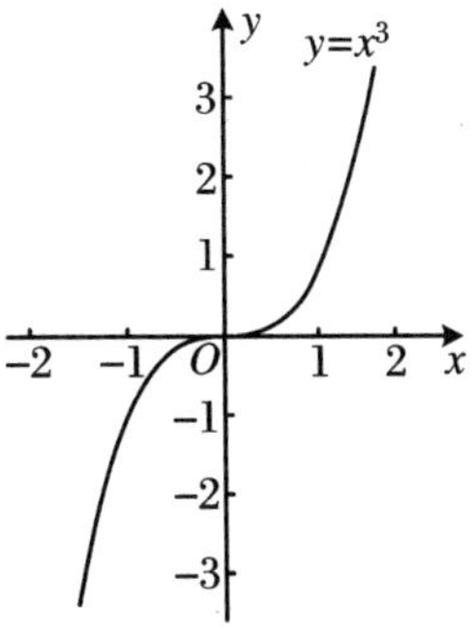	奇函数 图像关于原点对称 单调增
$y=\dfrac{1}{x}$	$(-\infty,0)\cup(0,+\infty)$	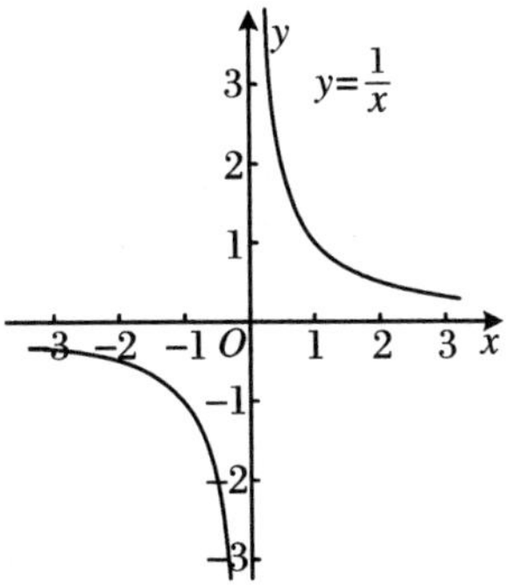	奇函数 图像关于原点对称

续表

函数	定义域	图像	特性
$y=\sqrt{x}$	$[0,+\infty)$	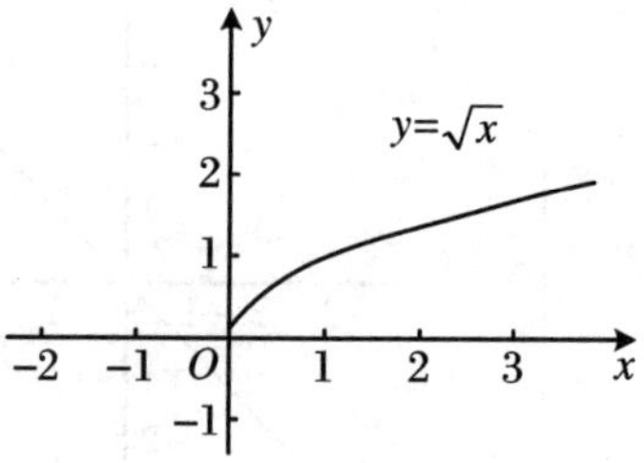	单调增
$y=e^x$	$(-\infty,+\infty)$	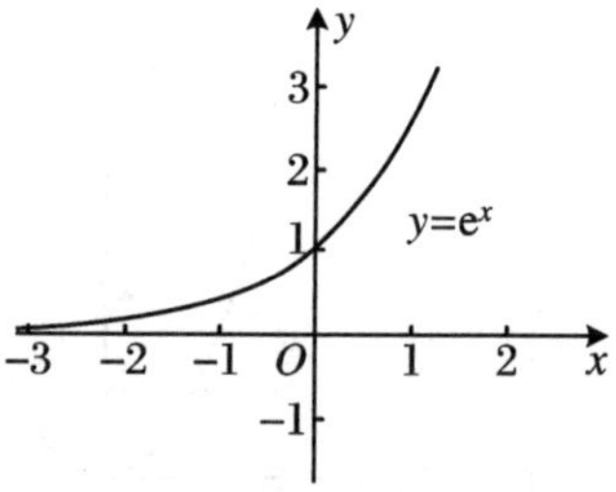	单调增 过点(0,1)
$y=\ln x$	$(0,+\infty)$	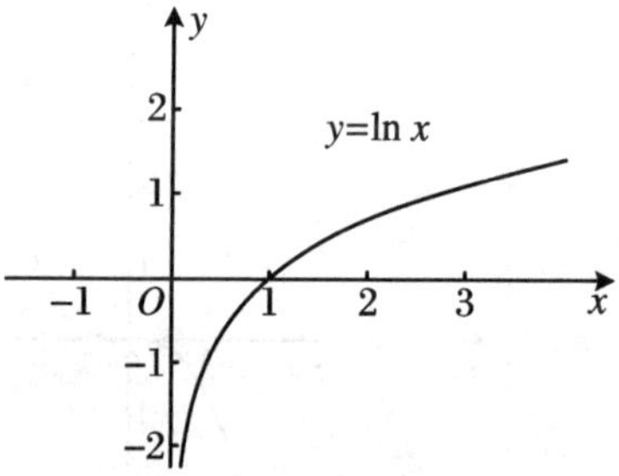	单调增 过点(1,0)
$y=\sin x$	$(-\infty,+\infty)$	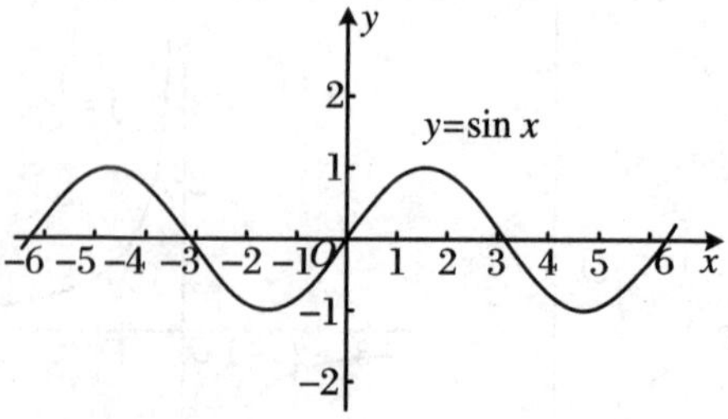	奇函数 周期 2π 有界函数 $\sin n\pi=0$(n 为整数)

续表

函数	定义域	图像	特性
$y=\cos x$	$(-\infty,+\infty)$	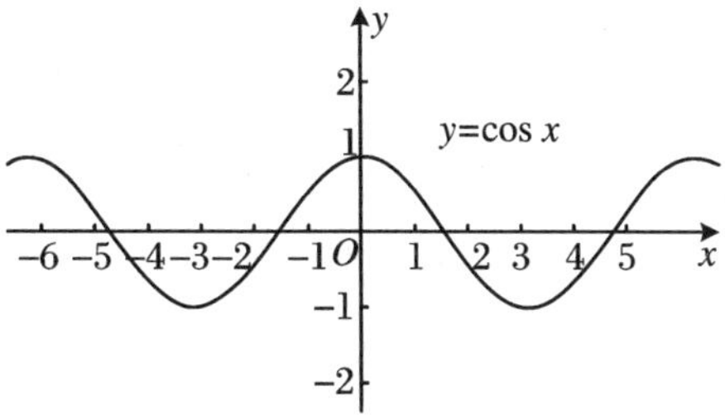	偶函数 周期 2π 有界函数 $\cos n\pi=(-1)^n$ (n 为整数)
$y=\arctan x$	$(-\infty,+\infty)$	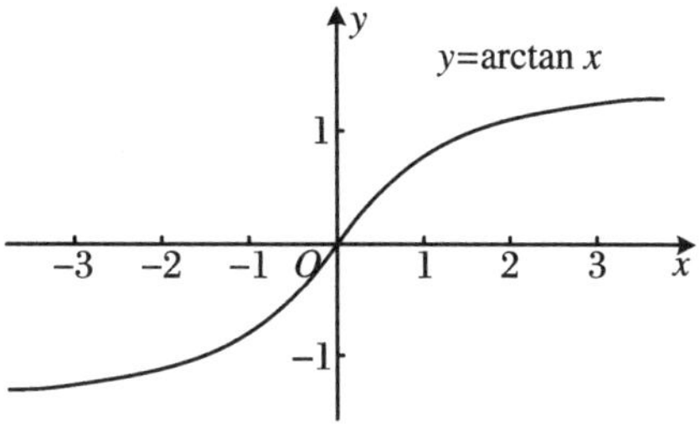	奇函数 单调增 图像夹在两条直线 $y=\frac{\pi}{2}$ 与 $y=-\frac{\pi}{2}$ 所确定的带形区域内 有界函数

1.1.3　复合函数、初等函数

1. 复合函数

在实际问题中,遇到的函数往往是由几类基本初等函数经过一些运算构成的. 例如,在简谐振动中,位移 y 是时间 t 的函数

$$y = A\sin(\omega t + \varphi_0)$$

其中,A 为振幅,ω 为角频率,φ_0 为初相位. 它就是由线性函数 $u=\omega t+\varphi_0$ 与正弦函数 $y=\sin u$ 复合而成的复合函数.

设 y 是 u 的函数 $y=f(u)$,而 u 又是 x 的函数 $u=\varphi(x)$. 如果 $u=\varphi(x)$ 的值域包含在 $y=f(u)$ 的定义域内,那么 y 通过 u 的联系也是 x 的函数. 这个函数叫作由函数 $y=f(u)$ 与 $u=\varphi(x)$ 复合而成的复合函数,记为

$$y = f[\varphi(x)]$$

其中,u 称为中间变量.

许多较复杂的函数,都可看作是由几个简单函数经过中间变量复合而成的. 正确熟练地掌握这个方法,有利于以后函数的导数、微分和积分的学习.

例 1.3　指出下列函数的复合过程:

(1) $y=\sin x^2$;　　(2) $y=(1-2x)^3$;

(3) $y=\sqrt{1+x^2}$;　　(4) $y=\arcsin(\ln x)$.

解 (1) 函数 $y=\sin x^2$ 是由 $y=\sin u$ 和 $u=x^2$ 复合而成的；

(2) 函数 $y=(1-2x)^3$ 是由 $y=u^3$ 和 $u=1-2x$ 复合而成的；

(3) 函数 $y=\sqrt{1+x^2}$ 是由 $y=\sqrt{u}$ 及 $u=1+x^2$ 复合而成的；

(4) 函数 $y=\arcsin(\ln x)$ 是由 $y=\arcsin u$ 及 $u=\ln x$ 复合而成的.

应当指出，并不是任何两个函数都能构成复合函数. 例如，函数 $y=\arcsin u$ 与 $u=x^2+2$，不论 x 取什么值，相应的 u 总不小于 2，但是对于使 $y=\arcsin u$ 有意义的值必须是 $|u|\leqslant 1$，可知 $\arcsin(x^2+2)$ 无意义. 换言之，$y=\arcsin u$ 与 $u=x^2+2$ 不能构成复合函数.

2. *初等函数*

由基本初等函数和常数经过有限次四则运算或有限次复合运算构成的，并可用一个解析式表示的函数叫作**初等函数**.

例如，$y=3x^2+2x-1$，$y=\sin\sqrt{x}+e^{2x}$ 等都是初等函数.

1.1.4 分段函数

在工程技术和经济领域的实际问题中，常常会遇到一个函数在自变量不同的取值范围内可用不同的解析式来表示.

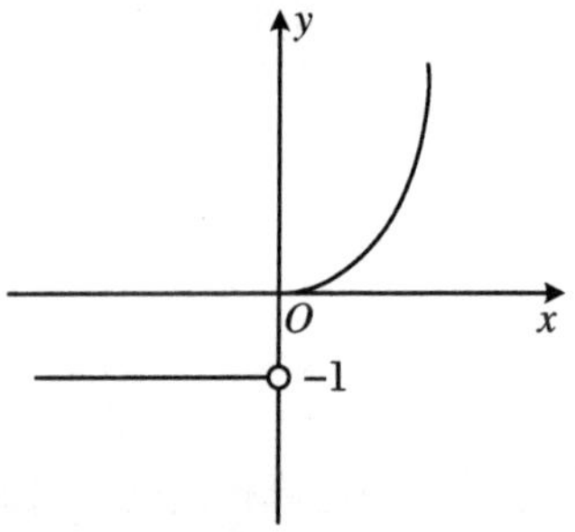

图 1.2

例如：函数

$$f(x)=\begin{cases}x^2, & x\geqslant 0\\ -1, & x<0\end{cases}$$

是定义在区间$(-\infty,+\infty)$内的一个函数(图 1.2).

在函数定义域的不同范围内，用不同的解析式来表示的函数叫作分段函数，使得分段函数的定义域分成几部分的点叫作**分段点**.

例 1.4 作出分段函数

$$f(x)=|x|=\begin{cases}x, & x\geqslant 0\\ -x, & x<0\end{cases}$$

的图像，指出分段点，并求 $f(1)$，$f(-2)$.

解 图像见图 1.3，$x=0$ 为分段点.

因为当 $x\geqslant 0$ 时，$f(x)=x$，所以 $f(1)=1$；当 $x<0$ 时，$f(x)=-x$，故有 $f(-2)=2$.

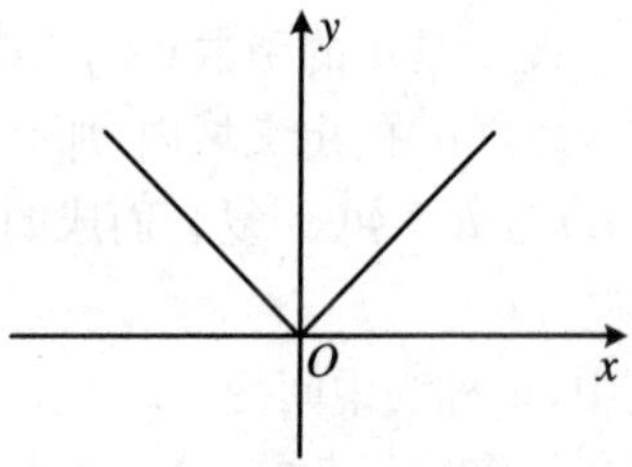

图 1.3

例 1.5 某市某种类型的出租车，规定 3 km 内起步价为 8 元(即行程不超过 3 km，一律收费 8 元)，若超过 3 km，除起步价外，超过部分再按 1.5 元/km 收费计价，求出租车运费 y(元)与行程 x(km)之间的函数关系.

解 根据题意可列出

$$y=\begin{cases}8, & 0\leqslant x\leqslant 3\\ 8+1.5(x-3), & x>3\end{cases}$$

值得注意的是：

(1) 分段函数尽管在不同的区间内用不同的解析式，但它表示的是一个函数. 因此，在画分段函数图像时，必须画在同一坐标系内. 在求分段函数的函数值时，应把自变量的值代入对应的解析式中进行计算.

(2) 一般情况下，分段函数不是初等函数. 但是，由于分段函数在其定义域的不同子区域通常是用初等函数表示的，我们仍然可以通过初等函数来研究它们.

《课 堂 练 习》

1. 求下列函数的定义域：

(1) $y=\dfrac{x+2}{x^2-4}$；　(2) $y=\sqrt{x+2}+\dfrac{1}{\lg(1+x)}$；　(3) $y=\arcsin\sqrt{x}$.

2. 作出下列分段函数的图像：

(1) $f(x)=\begin{cases}x^2, & x\geqslant 0\\ -1, & x<0\end{cases}$；　(2) $f(x)=\begin{cases}x, & 0\leqslant x\leqslant 1\\ 1, & x>1\end{cases}$.

3. 指出下列函数的复合过程：

(1) $y=\cos 4x$；　(2) $y=(3x+1)^{10}$；

(3) $y=e^{-x^2}$；　(4) $y=\sqrt{4x^2+1}$.

4. 判定下列函数的奇偶性：

(1) $y=x+x^3$；　(2) $y=x^2\sin x$；

(3) $y=x^3\cos x$；　(4) $y=x-x^2+1$.

5. 下列函数在指定区间内是否有界?

(1) $f(x)=\dfrac{1}{\sqrt{1-x}}, x\in[0,1)$；　(2) $f(x)=\arctan(\lg x), x\in(0,+\infty)$；

(3) $f(x)=x^2\cos x, x\in(-\infty,+\infty)$.

数学家小传

欧几里得(公元前 330～公元前 275 年，图 1.4)是古希腊最负盛名、最有影响力的数学家之一. 欧几里得写过一本书，书名为《几何原本》. 这一著作对于几何学、数学和科学的未来发展，对于西方人的整个思维方法都有极大的影响.《几何原本》的主要研究对象是几何学，但它还处理了数论、无理数理论等其他课题，例如著名的欧几里得引理和求最大公因子的欧几里得算法. 欧几里得使用了公理化的方法. 公理就是确定的、不需证明的基本命题，一切定理都由此演绎而出. 在这种演绎推理中，每个证明都必须以公理为前提，或者以被证明了的定理为前提. 这一方法后来成为了建立任何知识体系的典范，在差不多两千年间，被奉为必须遵守的严密思维的范例.《几何原本》是古希腊数学发展的顶峰. 欧几里得将公

图 1.4

元前7世纪以来希腊几何积累起来的丰富成果，整理在严密的逻辑系统运算之中，使几何学成为一门独立的、演绎的科学.

1.2 函数的极限

1.2.1 极限的概念

1. 数列的极限

先看下面两个数列：

(1) $\frac{1}{2},-\frac{1}{4},\frac{1}{8},-\frac{1}{16},\cdots,\frac{(-1)^{n-1}}{2^n},\cdots$；

(2) $2,\frac{3}{2},\frac{4}{3},\frac{5}{4},\cdots,\frac{n+1}{n},\cdots$.

当 n 无限增大时，数列(1)无限接近于0，数列(2)无限接近于1. 这两个数列的变化趋势有一个共同的特点，就是当 n 无限增大时，y_n 都无限接近于一个确定的常数.

一般地，如果当 n 无限增大时，数列 $\{y_n\}$ 无限接近于一个确定的常数 a，那么就把常数 a 叫作数列 $\{y_n\}$ 当 n 趋向于无穷大时的极限. 记为

$$\lim_{n\to\infty} y_n = a \quad 或 \quad y_n \to a \quad (n\to\infty)$$

因此，数列(1)，(2)的极限分别是0，1；亦可分别记为 $\lim\limits_{n\to\infty}\frac{(-1)^{n-1}}{2^n}=0$，$\lim\limits_{n\to\infty}\frac{n+1}{n}=1$.

如果一个数列有极限，且极限为 a，则称此数列是收敛的，也称数列收敛于 a，否则就称此数列是发散数列.

数列的极限定义中强调，当 n 无限增大时，y_n 是否无限接近于一个确定的常数. 下面再看两个数列：

(3) $2,4,6,8,\cdots,2n,\cdots$；

(4) $0,1,0,1,\cdots,\frac{1+(-1)^n}{2},\cdots$.

容易看出，数列(3)随着 n 的无限增大也无限增大，但并不趋近于一个确定的常数；数列(4)随着 n 的无限增大，在0与1这两个数上来回跳动，也不趋近于一个确定的常数，因此数列(3)，(4)都没有极限，称其为发散数列.

2. 函数的极限

上面讨论了数列的极限，因为数列 $\{y_n\}$ 可看作自变量为自然数 n 的函数，$y_n=f(n)$，所以数列的极限也是函数极限的一种类型，即当 $n\to\infty$ 时，函数 $y_n=f(n)$ 的极限. 下面要学习函数 $f(x)$ 的极限的另外两种类型.

(1) 当 $x\to\infty$ 时，函数 $f(x)$ 的极限

记号 $x\to\infty$ 是指 $|x|$ 无限增大，包含两个方面：一是自变量 x 取正值，无限增大(记为 $x\to+\infty$)，二是自变量 x 取负值，其绝对值无限增大(记为 $x\to-\infty$).

下面考察函数 $f(x)=\frac{1}{x}$ 当 $x\to\infty$ 时的变化趋势.

由图 1.5 中可以看出,当 $x\to+\infty$ 时,函数 $f(x)$ 的值无限接近于常数 0.

当 $x\to-\infty$ 时,函数 $f(x)$ 的值也无限接近于常数 0.

也就是当 $x\to\infty$ 时,函数 $f(x)=\dfrac{1}{x}$ 的值均无限接近于常数 0.

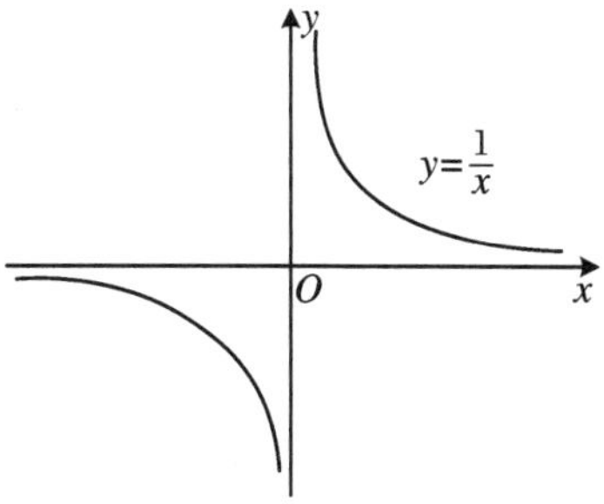

图 1.5

如果当 $x\to\infty$(即 $|x|$ 无限增大)时,函数 $f(x)$ 无限接近于一个确定的常数 A,那么就把常数 A 叫作函数 $f(x)$ 当 $x\to\infty$ 时的极限,记为

$$\lim_{x\to\infty}f(x)=A \quad 或 \quad 当\ x\to\infty\ 时,f(x)\to A$$

由此可知

$$\lim_{x\to\infty}\frac{1}{x}=0$$

在函数的极限中,有时只能或只需考虑当 $x\to+\infty$(或 $x\to-\infty$)时 $f(x)$ 的变化趋势,可分别记为

$$\lim_{x\to+\infty}f(x)=A \quad 或 \quad \lim_{x\to-\infty}f(x)=A$$

由图 1.6 可以看出

$$\lim_{x\to+\infty}\arctan x=\frac{\pi}{2},\quad \lim_{x\to-\infty}\arctan x=-\frac{\pi}{2}$$

因为当 $x\to\infty$ 时,函数 $y=\arctan x$ 不是无限地接近同一个确定的常数,所以 $\lim\limits_{x\to\infty}\arctan x$ 不存在.

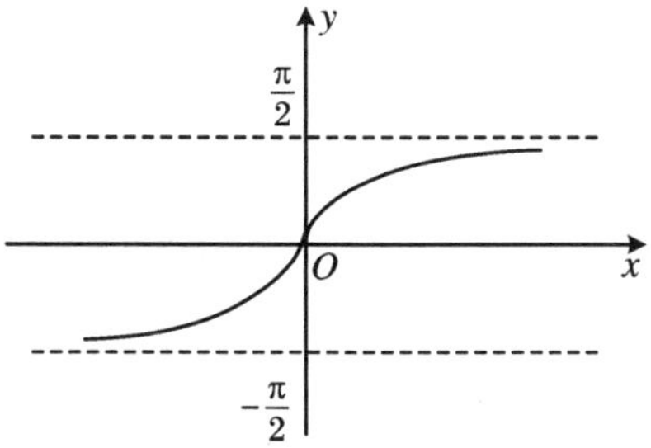

图 1.6

(2) 当 $x\to x_0$ 时,函数 $f(x)$ 的极限

对于函数 $f(x)$,除研究当 $x\to\infty$ 时的极限以外,还需研究 x 无限接近于某一常数 x_0 时,函数 $f(x)$ 的变化趋势.

如果当 x 无限趋近于 x_0(但 $x\neq x_0$)时,函数 $f(x)$ 的值无限接近于一个确定的常数 A,则称常数 A 为函数 $f(x)$ 当 $x\to x_0$ 时的极限,记为

$$\lim_{x\to x_0}f(x)=A \quad 或 \quad f(x)\to A\ (x\to x_0)$$

$\lim\limits_{x\to x_0}f(x)$ 是指自变量 x 从 x_0 的左、右两侧趋近于 x_0 时函数的极限,分段函数在分段点处的极限一般需要由单侧极限求得.

① x 从小于 x_0 的方向趋近于 x_0(或 x 从 x_0 的左侧趋近于 x_0),记作 $x\to x_0^-$(或 $x\to x_0-0$);

② x 从大于 x_0 的方向趋近于 x_0(或 x 从 x_0 的右侧趋近于 x_0),记作 $x\to x_0^+$(或 $x\to x_0+0$);

如果 $x\to x_0^-$(或 $x\to x_0^+$)时,函数 $f(x)$ 的值无限接近于一个确定的常数 A,则称 A 为函数 $f(x)$ 当 $x\to x_0^-$(或 $x\to x_0^+$)时的左(或右)极限,记作

$$\lim_{x \to x_0^-} f(x) = A \quad 或 \quad \lim_{x \to x_0^+} f(x) = A$$

或

$$f(x_0 - 0) = A \quad 或 \quad f(x_0 + 0) = A$$

左右极限和极限的关系是：$\lim\limits_{x \to x_0} f(x) = A$ 的充要条件是 $\lim\limits_{x \to x_0^-} f(x) = \lim\limits_{x \to x_0^+} f(x) = A$.

例 1.6 讨论函数 $f(x) = \dfrac{x^2 - 9}{x - 3}$ 当 $x \to 3$ 时的极限.

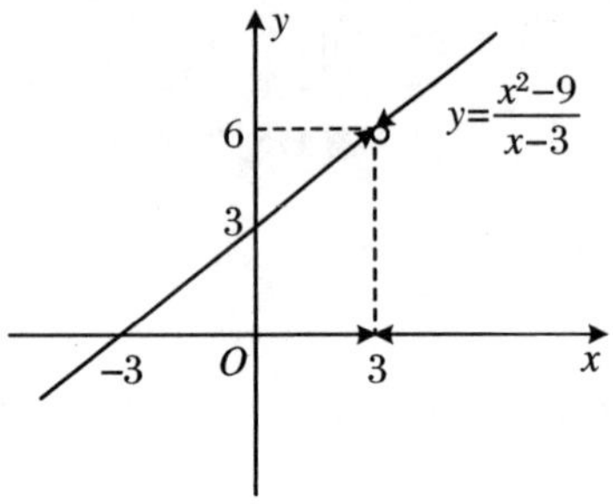

图 1.7

解 由于 $f(x) = \dfrac{x^2 - 9}{x - 3} = x + 3(x \neq 3)$，从图 1.7 中可以看出，无论 x 从 3 的左侧无限接近于 3，还是从 3 的右侧无限接近于 3，函数 $f(x)$ 都无限接近一个确定的常数 6，所以

$$\lim_{x \to 3} \frac{x^2 - 9}{x - 3} = \lim_{x \to 3}(x + 3) = 6$$

从例 1.6 中可以看出，虽然函数 $f(x) = \dfrac{x^2 - 9}{x - 3}$ 在 $x = 3$ 处无定义，但 $f(x)$ 当 $x \to 3$ 时的极限存在. 这也说明了：当 $x \to x_0$ 时，函数 $f(x)$ 是否有极限与函数 $f(x)$ 在点 x_0 处是否有定义无关.

例 1.7 设函数

$$f(x) = \begin{cases} x - 1, & x < 0 \\ x + 1, & x \geqslant 0 \end{cases}$$

求 $f(0-0)$ 及 $f(0+0)$，并说明当 $x \to 0$ 时 $f(x)$ 的极限是否存在.

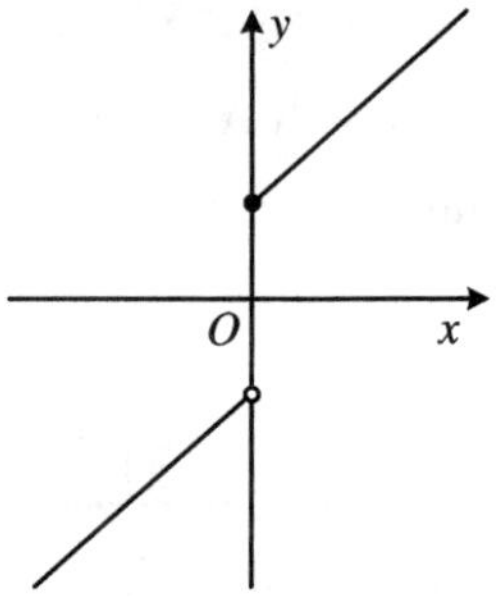

图 1.8

解 由于 $x = 0$ 是分段函数 $f(x)$ 的分段点，由图 1.8 可知

$$f(0 - 0) = \lim_{x \to 0^-}(x - 1) = -1$$

$$f(0 + 0) = \lim_{x \to 0^+}(x + 1) = 1$$

因为函数 $f(x)$ 在点 $x = 0$ 处的左极限与右极限不相等，所以 $\lim\limits_{x \to 0} f(x)$ 不存在.

例 1.8 设 $f(x) = |x|$，求 $\lim\limits_{x \to 0} f(x)$.

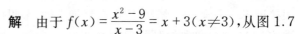

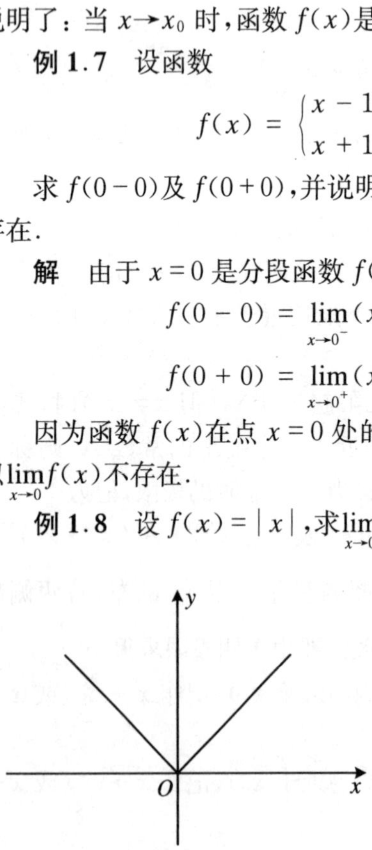

图 1.9

解 因为 $x = 0$ 是分段函数 $f(x)$ 的分段点，如图 1.9 所示，所以求 $\lim\limits_{x \to 0} f(x)$ 需要求左、右极限. 由于

$$\lim_{x \to 0^-} f(x) = \lim_{x \to 0^-}(-x) = 0$$

$$\lim_{x \to 0^+} f(x) = \lim_{x \to 0^+} x = 0$$

故

$$\lim_{x \to 0} f(x) = 0$$

1.2.2　无穷小量与无穷大量

当我们考虑变量的变化趋势时，有两种重要的情形：一种是变量的绝对值“无限变小”，一种是变量的绝对值“无限变大”．下面分别讨论这两种情形．

1．无穷小量

如果函数 $f(x)$ 在 $x \to x_0$（或 $x \to \infty$）时的极限为零，则称函数 $f(x)$ 为当 $x \to x_0$（或 $x \to \infty$）时的无穷小量，简称无穷小．

例如，当 $x \to 0$ 时，$x, x^2, \sin x$ 均是无穷小．又如，当 $x \to \infty$ 时，$\frac{1}{x}, \frac{1}{x^2}$ 是无穷小，当 $x \to 1$ 时，$\ln x$ 是无穷小，等等．

关于无穷小量，有两点需要说明：

(1) 无穷小量是以零为极限的变量，不能误解为一个绝对值很小的数．如 0.001，10^{-5} 等都不能称为无穷小量．

我们约定：零是无穷小量，其他任何数，即使其绝对值是很小的数，也不是无穷小量．

(2) 无穷小量是相对于自变量的某一变化过程而言的．比如，函数 $f(x) = \sin x$，当 $x \to 0$ 时是无穷小量，但当 $x \to \frac{\pi}{2}$ 时就不是无穷小量（$\lim\limits_{x \to \pi/2} \sin x = 1$）．因此，我们不能笼统地说 $f(x) = \sin x$ 是无穷小量，而应指明自变量的变化过程．

无穷小量具有以下性质：

性质 1　有限个无穷小的代数和仍为无穷小．

性质 2　有限个无穷小的乘积仍为无穷小．

性质 3　有界函数与无穷小的乘积仍为无穷小．

例 1.9　求 $\lim\limits_{x \to 0} x \sin \frac{1}{x}$．

解　因为 $\left| \sin \frac{1}{x} \right| \leqslant 1$，所以 $\sin \frac{1}{x}$ 为有界函数．又因为 $\lim\limits_{x \to 0} x = 0$，因此由性质 3 可得

$$\lim_{x \to 0} x \sin \frac{1}{x} = 0$$

2．无穷大量

如果当 $x \to x_0$（或 $x \to \infty$）时，$|f(x)|$ 无限增大，则称函数 $f(x)$ 为当 $x \to x_0$（或 $x \to \infty$）时的无穷大量，简称无穷大，记作

$$\lim_{x \to x_0} f(x) = \infty \quad 或 \quad \lim_{x \to \infty} f(x) = \infty$$

例如，当 $x \to 2$ 时，函数 $f(x) = \frac{1}{x-2}$ 为无穷大量；当 $x \to \frac{\pi}{2}$ 时，函数 $f(x) = \tan x$ 为无穷大量．

有时还需要把无穷大量分为正无穷大（记作 $+\infty$）或负无穷大（记作 $-\infty$）．

关于无穷大量，也有两点需要说明：

(1) 无穷大量是绝对值无限增大的变量，它不是一个绝对值很大的数．如 10^{100}，10^{10000} 等都不能称为无穷大量，它们都是确定的常数．

(2) 无穷大量是相对于自变量的某一变化过程而言的. 比如，函数 $f(x)=\tan x$，当 $x\to\frac{\pi}{2}$ 时，函数 $f(x)=\tan x$ 为无穷大量，但当 $x\to 0$ 时，函数 $f(x)=\tan x$ 为无穷小量.

3. 无穷小与无穷大的关系

由无穷小与无穷大的定义可以看出，当自变量处于同一变化过程时，无穷小与无穷大之间具有以下关系：

如果 $\lim f(x)=\infty$，则 $\lim\frac{1}{f(x)}=0$；反之，如果 $\lim f(x)=0$，且 $f(x)\neq 0$，则

$$\lim\frac{1}{f(x)}=\infty$$

例如，因为 $\lim\limits_{x\to 2}(x-2)=0$，所以 $\lim\limits_{x\to 2}\frac{1}{x-2}=\infty$.

4. 无穷小的比较

无穷小量虽然都是趋于零的变量，但是在自变量的同一变化过程中，不同的无穷小量趋于零的速度却不一定相同. 为了比较两个无穷小量趋于零速度的快慢，我们给出关于无穷小量的“阶”的概念.

设 $\alpha=\alpha(x)$，$\beta=\beta(x)$ 在自变量的同一变化过程中均为无穷小量.

(1) 如果 $\lim\frac{\beta}{\alpha}=0$，则称 β 是比 α 高阶的无穷小，记作 $\beta=o(\alpha)$；

(2) 如果 $\lim\frac{\beta}{\alpha}=c$（$c\neq 0$，$c$ 为常数），则称 β 与 α 是同阶的无穷小，记作 $\beta=O(\alpha)$；

(3) 如果 $\lim\frac{\beta}{\alpha}=1$，则称 β 与 α 是等价无穷小，记作 $\beta\sim\alpha$.

显然，等价无穷小是同阶无穷小的特殊情况，即 $c=1$ 的情况.

例如，当 $x\to 0$ 时，x^2 是比 $3x$ 高阶的无穷小，即 $x^2=o(3x)(x\to 0)$. x 与 $3x$ 是同阶无穷小，即 $x=O(3x)(x\to 0)$.

《《 课 堂 练 习 》》

1. 下列数列的极限存在吗？为什么？

(1) $1,\frac{1}{2},\frac{1}{3},\cdots,\frac{1}{n},\cdots$；

(2) $0,1+\frac{1}{2},1-\frac{1}{3},\cdots,1+\frac{(-1)^n}{n},\cdots$；

(3) $1,-1,1,-1,\cdots,(-1)^{n+1},\cdots$；

(4) $y_n=\sqrt{n}(n=1,2,3,\cdots)$.

2. 下列函数的极限存在吗？为什么？

(1) $\lim\limits_{x\to 0}\sin x$；

(2) $\lim\limits_{x\to\infty}\cos x$；

(3) $\lim\limits_{x\to\infty}e^x$；

(4) $\lim\limits_{x\to 0}\sin\frac{1}{x}$.

3. 下列函数当自变量怎样变化时是无穷小量或无穷大量?

(1) $y=\frac{1}{x^3}$;　(2) $y=\frac{1}{x+1}$;　(3) $y=\tan x$;

(4) $y=\ln x$;　(5) $y=2^{\frac{1}{x}}$.

4. 利用无穷小的性质求极限:

(1) $\lim\limits_{x\to 0} x\cos\frac{1}{x}$;　(2) $\lim\limits_{x\to +\infty}\left(\frac{1}{x}+e^{-x}\right)$;　(3) $\lim\limits_{x\to 0}(\sin x)^2$.

5. 当 $x\to 0$ 时,下列变量为无穷大的是(　　).

A. $\sin x$　B. 2^x　C. $\cos x$　D. $\frac{\cos x}{x}$

6. 当 $x\to 1$ 时,下列变量为无穷小的是(　　).

A. $\sin \pi x$　B. $\frac{1}{x-1}$　C. $\cos \pi x$　D. $\frac{1-x^2}{1-x}$

7. 设函数 $f(x)=\begin{cases}x^2+1, & x<0\\ x, & x\geqslant 0\end{cases}$,讨论当 $x\to 0$ 时,$f(x)$的极限是否存在.

8. 设人体注射一种抗生素针剂 t 小时后,血液中药物的含量为

$$y(t)=\frac{0.2t}{t^2+1}\ (\mathrm{mg/cm^3})$$

试计算 $\lim\limits_{t\to +\infty} y(t)$,并解释你的结果.

数学家小传

勒内·笛卡儿(1596～1650年,图1.10),法国著名的哲学家和数学家.1596年3月31日生于法国安德尔-卢瓦尔省.笛卡儿对现代数学的发展做出了重要的贡献,因将几何坐标体系公式化而被认为是解析几何之父.笛卡儿被广泛认为是西方现代哲学的奠基人,他第一个创立了一套完整的哲学体系.哲学上,笛卡儿是一个二元论者以及理性主义者.笛卡儿认为,人类应该可以使用数学的方法,也就是理性地进行哲学思考.他相信,理性比感官的感受更可靠(他举出了一个例子:在我们做梦时,我们以为自己身在一个真实的世界中,然而这其实只是一种幻觉而已,如庄周梦蝶).他从逻辑学、几何学和代数学中发现了4条规则:

图1.10

(1) 除了清楚明白的观念外,绝不接受其他任何东西;

(2) 必须将每个问题分成若干个简单的部分来处理;

(3) 思想必须从简单到复杂;

(4) 我们应该时常进行彻底的检查,确保没有遗漏任何东西.

笛卡儿将这种方法不仅运用在哲学思考上,还运用于几何学,并创立了解析几何.

1.3 极限的计算

1.3.1 极限的四则运算法则

设$\lim\limits_{x\to x_0}f(x)=A$，$\lim\limits_{x\to x_0}g(x)=B$，则

(1) $\lim\limits_{x\to x_0}[f(x)\pm g(x)]=\lim\limits_{x\to x_0}f(x)\pm\lim\limits_{x\to x_0}g(x)=A\pm B$；

(2) $\lim\limits_{x\to x_0}[f(x)g(x)]=\lim\limits_{x\to x_0}f(x)\cdot\lim\limits_{x\to x_0}g(x)=AB$，特别地，有

$$\lim_{x\to x_0}[kf(x)]=k\lim_{x\to x_0}f(x)=kA\ (k\ 为常数)$$

(3) $\lim\limits_{x\to x_0}\dfrac{f(x)}{g(x)}=\dfrac{\lim\limits_{x\to x_0}f(x)}{\lim\limits_{x\to x_0}g(x)}=\dfrac{A}{B}(B\neq0)$.

注意 极限四则运算法则只有在每个函数的极限都存在的情况下才能使用，且应用极限的商的运算法则时，要求分母极限不为 0.

说明 ① 上述极限运算法则对于 $x\to\infty$ 的情形也成立；

② 法则(1)和(2)可以推广到有限个函数的和与积的情形.

例 1.10 求$\lim\limits_{x\to1}(3x^2-4x+2)$.

解 原式$=3\lim\limits_{x\to1}(x^2)-4\lim\limits_{x\to1}x+\lim\limits_{x\to1}2=3-4+2=1$.

例 1.11 求$\lim\limits_{x\to0}\dfrac{x^2+2x+5}{x+1}$.

解 因为$\lim\limits_{x\to0}(x+1)=1\neq0$，所以

$$\lim_{x\to0}\frac{x^2+2x+5}{x+1}=\frac{\lim\limits_{x\to0}(x^2+2x+5)}{\lim\limits_{x\to0}(x+1)}=\frac{5}{1}=5$$

一般地，对于多项式

$$f(x)=a_0x^n+a_1x^{n-1}+\cdots+a_n$$

则

$$\lim_{x\to x_0}f(x)=\lim_{x\to x_0}(a_0x^n+a_1x^{n-1}+\cdots+a_n)=f(x_0)$$

对有理函数 $f(x)=\dfrac{P(x)}{Q(x)}$($P(x)$，$Q(x)$为多项式)，$\lim\limits_{x\to x_0}f(x)=\lim\limits_{x\to x_0}\dfrac{P(x)}{Q(x)}$的求法有两种情形：

(1) 如果 $Q(x_0)\neq0$，则

$$\lim_{x\to x_0}f(x)=\lim_{x\to x_0}\frac{P(x)}{Q(x)}=\frac{\lim\limits_{x\to x_0}P(x)}{\lim\limits_{x\to x_0}Q(x)}=\frac{P(x_0)}{Q(x_0)}=f(x_0)$$

因此，计算$\lim\limits_{x\to x_0}f(x)$只要计算函数值 $f(x_0)$即可.

(2) 如果 $Q(x_0)=0$，不能直接应用极限的商的运算法则.

若此时 $P(x_0)\neq 0$,则 $\lim\limits_{x\to x_0}f(x)=\infty$;若 $P(x_0)=0$,则 $\dfrac{P(x)}{Q(x)}$ 可约去公因式 $(x-x_0)$,再用上述方法讨论其极限.

例 1.12　求 $\lim\limits_{x\to 1}\dfrac{x-1}{x^2-1}$.

解　当 $x\to 1$ 时,分子与分母的极限都为 0,因此不能直接利用极限的商的运算法则.

$$\lim_{x\to 1}\frac{x-1}{x^2-1}=\lim_{x\to 1}\frac{x-1}{(x-1)(x+1)}=\lim_{x\to 1}\frac{1}{x+1}=\frac{1}{2}$$

例 1.13　求 $\lim\limits_{x\to 2}\dfrac{x^2+x-6}{x^2-4}$.

解　$\lim\limits_{x\to 2}\dfrac{x^2+x-6}{x^2-4}=\lim\limits_{x\to 2}\dfrac{(x-2)(x+3)}{(x-2)(x+2)}=\lim\limits_{x\to 2}\dfrac{x+3}{x+2}=\dfrac{5}{4}$.

例 1.14　求 $\lim\limits_{x\to 1}\left(\dfrac{2}{x^2-1}-\dfrac{1}{x-1}\right)$.

解　当 $x\to 1$ 时,上式两项均为无穷大,不能直接应用极限的运算法则.一般的方法是先通分,再求极限. 于是有

$$\begin{aligned}原式&=\lim_{x\to 1}\frac{2-(x+1)}{x^2-1}=\lim_{x\to 1}\frac{1-x}{(x-1)(x+1)}\\&=-\lim_{x\to 1}\frac{1}{x+1}=-\frac{1}{2}\end{aligned}$$

例 1.15　求 $\lim\limits_{x\to 0}\dfrac{\sqrt{x^2+1}-1}{x}$.

解　当 $x\to 0$ 时,分子与分母的极限都为 0. 分子又是无理式,一般的方法是先进行根式有理化,再消去 x. 于是有

$$原式=\lim_{x\to 0}\frac{(\sqrt{x^2+1}-1)(\sqrt{x^2+1}+1)}{x(\sqrt{x^2+1}+1)}=\lim_{x\to 0}\frac{x}{\sqrt{x^2+1}+1}=0$$

例 1.16　求 $\lim\limits_{x\to\infty}\dfrac{2x^2-3x+4}{3x^2+x-1}$.

解　因为分子和分母都是无穷大,所以不能用商的极限运算法则,此时可以用分母中 x 的最高次幂 x^2 同除分子与分母,然后再求极限.

$$原式=\lim_{x\to\infty}\frac{2-\dfrac{3}{x}+\dfrac{4}{x^2}}{3+\dfrac{1}{x}-\dfrac{1}{x^2}}=\frac{2}{3}$$

一般地,设 $a_0\neq 0,b_0\neq 0,m,n$ 为正整数,则有

$$\lim_{x\to\infty}\frac{a_0x^n+a_1x^{n-1}+\cdots+a_n}{b_0x^m+b_1x^{m-1}+\cdots+b_m}=\begin{cases}\dfrac{a_0}{b_0}, & m=n\\0, & m>n\\\infty, & m<n\end{cases}$$

如 $\lim\limits_{x\to\infty}\dfrac{1-x^3}{2x^2+3}=\infty$,因为分子的次数高于分母的次数;$\lim\limits_{n\to\infty}\dfrac{2n^2+n+1}{n^3+4}=0$,这里分子

的次数低于分母的次数；而$\lim\limits_{x\to\infty}\dfrac{1+2x-x^2}{x^2+3x+1}=-1$.

由此可见，对于有理函数求 $x\to\infty$ 时的极限时，用上面的公式甚为方便.

例 1.17 求下列极限：

(1) $\lim\limits_{x\to\infty}\dfrac{x^2+2x+5}{3x^2-x+1}$；(2) $\lim\limits_{x\to\infty}\dfrac{x^2-x+3}{3x^2+2x+4}$；(3) $\lim\limits_{x\to\infty}\dfrac{3x^3+2x+4}{x^2-x+3}$.

解 (1) 因为分子、分母的最高次幂都是 2，则极限为分子、分母最高次幂的系数之比，而分子、分母最高次幂的系数分别是 1,3. 所以

$$\lim_{x\to\infty}\frac{x^2+2x+5}{3x^2-x+1}=\frac{1}{3}$$

(2) $\lim\limits_{x\to\infty}\dfrac{x^2-x+3}{3x^3+2x+4}=\lim\limits_{x\to\infty}\dfrac{\dfrac{1}{x}-\dfrac{1}{x^2}+\dfrac{3}{x^3}}{3+\dfrac{2}{x^2}+\dfrac{4}{x^3}}=0$.

(3) 由(2)可知，当 $x\to\infty$ 时，$\dfrac{x^2-x+3}{3x^3+2x+4}$为无穷小量，因此，当 $x\to\infty$ 时，$\dfrac{3x^3+2x+4}{x^2-x+3}$为无穷大量，故$\lim\limits_{x\to\infty}\dfrac{3x^3+2x+4}{x^2-x+3}=\infty$.

1.3.2 两个重要极限

1. $\lim\limits_{x\to 0}\dfrac{\sin x}{x}=1$

函数$\dfrac{\sin x}{x}$的定义域为$(-\infty,0)\cup(0,+\infty)$，当$|x|$取一系列趋近于零的数值时，$\dfrac{\sin x}{x}$的变化趋势如表 1.2 所示.

表 1.2

n	$\pm\frac{\pi}{9}$	$\pm\frac{\pi}{18}$	$\pm\frac{\pi}{36}$	$\pm\frac{\pi}{72}$	$\pm\frac{\pi}{144}$	$\pm\frac{\pi}{288}$	…
$\frac{\sin x}{x}$	0.97892	0.99493	0.99873	0.99968	0.99992	0.99998	…

由表 1.2 可知，当$|x|$无限趋近于零时，函数$\dfrac{\sin x}{x}$的值无限接近于常数 1.

一般地，有

$$\lim_{x\to 0}\frac{\sin x}{x}=1$$

例 1.18 求$\lim\limits_{x\to 0}\dfrac{\sin 2x}{x}$.

解 令 $2x=t$，则 $x=\dfrac{t}{2}$，当 $x\to 0$ 时，有 $t\to 0$，于是

$$\lim_{x\to 0}\frac{\sin 2x}{x}=\lim_{t\to 0}\frac{\sin t}{\dfrac{t}{2}}=2\lim_{t\to 0}\frac{\sin t}{t}=2$$

例 1.19　求$\lim\limits_{x\to 0}\dfrac{\tan x}{x}$.

解　$\lim\limits_{x\to 0}\dfrac{\tan x}{x}=\lim\limits_{x\to 0}\left(\dfrac{\sin x}{x}\cdot\dfrac{1}{\cos x}\right)=\lim\limits_{x\to 0}\dfrac{\sin x}{x}\cdot\lim\limits_{x\to 0}\dfrac{1}{\cos x}=1.$

例 1.20　求$\lim\limits_{x\to\infty}x\sin\dfrac{1}{x}$.

解　因为当 $x\to\infty$ 时，$\dfrac{1}{x}\to 0$，所以

$$\lim_{x\to\infty}x\sin\frac{1}{x}=\lim_{x\to\infty}\frac{\sin\frac{1}{x}}{\frac{1}{x}}=1$$

例 1.21　求$\lim\limits_{x\to 0}\dfrac{1-\cos x}{x^2}$.

解　$\lim\limits_{x\to 0}\dfrac{1-\cos x}{x^2}=\lim\limits_{x\to 0}\dfrac{2\sin^2\frac{x}{2}}{x^2}=\dfrac{1}{2}\lim\limits_{x\to 0}\left(\dfrac{\sin\frac{x}{2}}{\frac{x}{2}}\right)^2=\dfrac{1}{2}.$

例 1.22　求$\lim\limits_{x\to 0}\dfrac{\arcsin x}{x}$.

解　令 $u=\arcsin x$，则 $x=\sin u$，且当 $x\to 0$ 时，$u\to 0$. 因此

$$\lim_{x\to 0}\frac{\arcsin x}{x}=\lim_{u\to 0}\frac{u}{\sin u}=1$$

2. $\lim\limits_{x\to\infty}\left(1+\dfrac{1}{x}\right)^x=\mathrm{e}$

首先观察 n 取正整数时，数列$\left\{\left(1+\dfrac{1}{n}\right)^n\right\}$的变化趋势，如表 1.3 所示.

表 1.3

n	1	2	10	100	1000	10000	100000	…
$\left(1+\frac{1}{n}\right)^n$	2	2.250	2.59374	2.70481	2.71692	2.71814	2.71827	…

可以看出，当 n 增大时，$\left(1+\dfrac{1}{n}\right)^n$ 也增大，但增大的速度越来越慢，且不会超过 3. 可以证明此数列的极限一定存在且为一个无理数，记为 e，即

$$\lim_{n\to\infty}\left(1+\frac{1}{n}\right)^n=\mathrm{e}$$

实际上，当 x 取实数而趋于无穷大时，仍有

$$\lim_{x\to\infty}\left(1+\frac{1}{x}\right)^x=\mathrm{e}$$

式中的 $\mathrm{e}=2.718281828459045\cdots$.

例 1.23　求$\lim\limits_{x\to\infty}\left(1+\dfrac{2}{x}\right)^x$.

解 因为$\left(1+\dfrac{2}{x}\right)^x=\left[\left(1+\dfrac{1}{\frac{x}{2}}\right)^{\frac{x}{2}}\right]^2$，令 $u=\dfrac{x}{2}$，则当 $x\to\infty$ 时，$u\to\infty$. 所以

$$\lim_{x\to\infty}\left(1+\frac{2}{x}\right)^x=\lim_{x\to\infty}\left[\left(1+\frac{1}{\frac{x}{2}}\right)^{\frac{x}{2}}\right]^2=\lim_{u\to\infty}\left[\left(1+\frac{1}{u}\right)^u\right]^2=e^2$$

例 1.24 求$\lim\limits_{x\to\infty}\left(1-\dfrac{1}{x}\right)^x$.

解 $\lim\limits_{x\to\infty}\left(1-\dfrac{1}{x}\right)^x=\lim\limits_{x\to\infty}\left[1+\left(-\dfrac{1}{x}\right)\right]^{(-x)\cdot(-1)}=e^{-1}$.

例 1.25 求$\lim\limits_{x\to\infty}\left(1-\dfrac{2}{x}\right)^{3x+5}$.

解 令 $u=-\dfrac{x}{2}$，则当 $x\to\infty$ 时，$u\to\infty$. 于是有

$$\lim_{x\to\infty}\left(1-\frac{2}{x}\right)^{3x+5}=\lim_{x\to\infty}\left[\left(1-\frac{1}{\frac{x}{2}}\right)^{-\frac{x}{2}}\right]^{-6}\cdot\left(1-\frac{2}{x}\right)^5$$

$$=\lim_{u\to\infty}\left[\left(1+\frac{1}{u}\right)^u\right]^{-6}\cdot\lim_{u\to\infty}\left(1+\frac{1}{u}\right)^5=e^{-6}$$

例 1.26 求$\lim\limits_{x\to0}(1+x)^{\frac{1}{x}}$.

解 令 $t=\dfrac{1}{x}$，则 $x=\dfrac{1}{t}$，且当 $x\to0$ 时，$t\to\infty$. 于是有

$$\lim_{x\to0}(1+x)^{\frac{1}{x}}=\lim_{t\to\infty}\left(1+\frac{1}{t}\right)^t=e$$

例 1.27 求$\lim\limits_{x\to0}(1-2x)^{\frac{1}{x}}$.

解 令 $-2x=t$，则 $x=-\dfrac{t}{2}$，且当 $x\to0$ 时，$t\to0$. 于是有

$$\lim_{x\to0}(1-2x)^{\frac{1}{x}}=\lim_{t\to0}\left[(1+t)^{\frac{1}{t}}\right]^{-2}=e^{-2}$$

例 1.28 计算$\lim\limits_{x\to0}\left(\dfrac{2+x}{2-x}\right)^{\frac{1}{x}}$.

解 $\lim\limits_{x\to0}\left(\dfrac{2+x}{2-x}\right)^{\frac{1}{x}}=\lim\limits_{x\to0}\left(\dfrac{1+\dfrac{x}{2}}{1-\dfrac{x}{2}}\right)^{\frac{1}{x}}=\lim\limits_{x\to0}\dfrac{\left[\left(1+\dfrac{x}{2}\right)^{\frac{2}{x}}\right]^{\frac{1}{2}}}{\left[\left(1-\dfrac{x}{2}\right)^{-\frac{2}{x}}\right]^{-\frac{1}{2}}}=\dfrac{e^{\frac{1}{2}}}{e^{-\frac{1}{2}}}=e$.

例 1.29 求$\lim\limits_{x\to0}\dfrac{\ln(1+x)}{x}$.

解 $\lim\limits_{x\to0}\dfrac{\ln(1+x)}{x}=\lim\limits_{x\to0}\dfrac{1}{x}\ln(1+x)=\lim\limits_{x\to0}\ln(1+x)^{\frac{1}{x}}=\ln\left[\lim\limits_{x\to0}(1+x)^{\frac{1}{x}}\right]=\ln e=1$.

例 1.30 求$\lim\limits_{x\to0}\dfrac{e^x-1}{x}$.

解 令 $e^x-1=u$，则 $x=\ln(1+u)$，当 $x\to0$ 时，$u\to0$. 于是有

$$\lim_{x\to 0}\frac{e^x-1}{x}=\lim_{u\to 0}\frac{u}{\ln(1+u)}=\lim_{u\to 0}\frac{1}{\dfrac{\ln(1+u)}{u}}=1$$

从以上例子可以得到下列常用的等价无穷小：

当 $x\to 0$ 时，

$$\sin x\sim x,\qquad \tan x\sim x,\qquad e^x-1\sim x$$
$$\ln(1+x)\sim x,\quad \arcsin x\sim x,\quad \arctan x\sim x$$
$$1-\cos x\sim\frac{1}{2}x^2$$

等价无穷小可用于简化某些极限的计算.

设 $\alpha,\alpha',\beta,\beta'$ 为同一变化过程的无穷小，且 $\alpha\sim\alpha',\beta\sim\beta',\lim\frac{\beta'}{\alpha'}$ 存在(或为∞)，则

$$\lim\frac{\beta}{\alpha}=\lim\frac{\beta'}{\alpha'}$$

这表示在求极限、分子或分母有无穷小的因子时，可用和它等价的无穷小代换，使计算简化，但必须注意，只能在乘除运算中使用，不能在加减运算中使用.

例 1.31　计算 $\lim\limits_{x\to 0}\frac{\sin^2 x}{x}$.

解　当 $x\to 0$ 时，$\sin^2 x\sim x^2$，故有

$$\lim_{x\to 0}\frac{\sin^2 x}{x}=\lim_{x\to 0}\frac{x^2}{x}=\lim_{x\to 0}x=0$$

例 1.32　求 $\lim\limits_{x\to 0}\frac{e^{2x}-1}{x}$.

解　当 $x\to 0$ 时，$e^{2x}-1\sim 2x$，故有

$$\lim_{x\to 0}\frac{e^{2x}-1}{x}=\lim_{x\to 0}\frac{2x}{x}=2$$

例 1.33　求 $\lim\limits_{x\to 0}\frac{1-\cos x}{\arcsin x\cdot\ln(1+3x)}$.

解　当 $x\to 0$ 时，$1-\cos x\sim\frac{1}{2}x^2$，$\arcsin x\sim x$，$\ln(1+3x)\sim 3x$，于是有

$$原式=\lim_{x\to 0}\frac{\frac{1}{2}x^2}{x\cdot 3x}=\frac{1}{6}$$

例 1.34　计算极限 $\lim\limits_{x\to 0}\frac{x+\sin x}{\ln(1+x)}$.

解　当 $x\to 0$ 时，$\ln(1+x)\sim x$，因此

$$\lim_{x\to 0}\frac{x+\sin x}{\ln(1+x)}=\lim_{x\to 0}\frac{x+\sin x}{x}=\lim_{x\to 0}\left(\frac{x}{x}+\frac{\sin x}{x}\right)=1+1=2$$

例 1.35　求 $\lim\limits_{x\to 0}\frac{\tan x-\sin x}{x^3}$.

解　如果原式变成 $\lim\limits_{x\to 0}\frac{x-x}{x^3}=0$，这个结果是错误的. 正确的做法是

$$原式=\lim_{x\to 0}\frac{\sin x\cdot\left(\frac{1}{\cos x}-1\right)}{x^3}=\lim_{x\to 0}\frac{\sin x\cdot(1-\cos x)}{x^3\cdot\cos x}$$

$$=\lim_{x\to 0}\frac{x\cdot\frac{1}{2}x^2}{x^3\cdot\cos x}\quad\left(x\to 0时,\sin x\sim x,1-\cos x\sim\frac{1}{2}x^2\right)$$

$$=\frac{1}{2}\lim_{x\to 0}\frac{1}{\cos x}=\frac{1}{2}$$

数学家小传

图 1.11

李善兰(1811～1882 年,图 1.11),原名李心兰,字竟芳,号秋纫,浙江海宁人,是近代著名的数学、天文学、力学和植物学家.主要著作都汇集在《则古昔斋算学》内,13 种 24 卷,其中对尖锥求积术的探讨,已初具积分思想,对三角函数、反三角函数与对数函数的幂级数展开式、高阶等差级数求和等题解的研究,皆达到中国传统数学的较高水平.李善兰还是翻译家,与英国汉学家伟烈亚力合译欧几里得《几何原本》后 9 卷,完成明末徐光启、利玛窦未竟之业.他又与伟烈亚力、艾约瑟等合译《代微积拾级》《重学》《谈天》等多种西方数学及自然科学书籍.

《课 堂 练 习》

1. 求下列极限:

(1) $\lim\limits_{x\to 1}\frac{x-1}{x^2+1}$;　(2) $\lim\limits_{x\to -1}\frac{x^2+3x+4}{x^2+1}$;

(3) $\lim\limits_{x\to 0}\frac{x^2-1}{1-\sqrt{x^2+1}}$;　(4) $\lim\limits_{x\to 2}\frac{x^2-5x+6}{x^2-4}$;

(5) $\lim\limits_{x\to 3}\frac{2x-6}{\sqrt{x+6}-3}$;　(6) $\lim\limits_{x\to 0}\frac{1-\sqrt{1-x^3}}{x^3}$;

(7) $\lim\limits_{x\to 4}\frac{\sqrt{x}-2}{x-4}$;　(8) $\lim\limits_{x\to 2}\left(\frac{1}{x-2}-\frac{4}{x^2-4}\right)$;

(9) $\lim\limits_{x\to 0}\frac{x\sin x}{\sqrt{x^2+x^3}}$;　(10) $\lim\limits_{x\to\infty}\frac{2x^3+1}{x^3-3x^2+1}$;

(11) $\lim\limits_{x\to\infty}\frac{(x-1)(\sqrt{x}+1)}{x^2-1}$;　(12) $\lim\limits_{x\to\infty}(\sqrt{x^2+2}-x)$;

(13) $\lim\limits_{n\to\infty}\left(\frac{1+2+\cdots+n}{n}-\frac{n}{2}\right)$;　(14) $\lim\limits_{n\to\infty}\left[1+\frac{2}{3}+\left(\frac{2}{3}\right)^2+\cdots+\left(\frac{2}{3}\right)^n\right]$.

2. 求下列极限：

(1) $\lim\limits_{x\to 0}\dfrac{1-\cos x}{x^2}$；　(2) $\lim\limits_{x\to\infty}x\cot x$；

(3) $\lim\limits_{x\to\infty}\dfrac{\sin\dfrac{1}{3x}}{\sin\dfrac{1}{5x}}$；　(4) $\lim\limits_{x\to\infty}\left(x\sin\dfrac{2}{x}+\dfrac{2}{x}\sin x\right)$；

(5) $\lim\limits_{x\to\infty}\left(1+\dfrac{2}{x}\right)^{\frac{x}{2}}$；　(6) $\lim\limits_{x\to\infty}\left(\dfrac{2x+5}{2x+1}\right)^{x+1}$；

(7) $\lim\limits_{x\to 0}\left(1+\dfrac{x}{2}\right)^{2-\frac{1}{x}}$；　(8) $\lim\limits_{x\to 0}(1-2x)^{\frac{1}{x}}$；

(9) $\lim\limits_{x\to\infty}\dfrac{\sin 2x}{\tan 5x}$；　(10) $\lim\limits_{x\to 0}\dfrac{e^{2x}-1}{x}$；

(11) $\lim\limits_{x\to 0}\dfrac{\tan^2 4x}{2(1-\cos x)}$；　(12) $\lim\limits_{x\to 0}\dfrac{(\arcsin x)^2}{\sqrt{1+x^2}-1}$.

1.4　函数的连续性与间断点

1.4.1　函数的连续性

1. 函数 $y=f(x)$ 在点 x_0 处的连续性

设函数 $y=f(x)$ 在点 x_0 的某个邻域内有定义，当自变量 x 在该邻域内由 x_0 变到 x_1，则称 x_1-x_0 为自变量 x 在点 x_0 处的增量(或改变量)，记作 Δx，即

$$\Delta x = x_1 - x_0,\quad x_1 = x_0 + \Delta x$$

函数 $y=f(x)$ 相应地从 $f(x_0)$ 变到 $f(x_0+\Delta x)$，其差 $f(x_0+\Delta x)-f(x_0)$ 叫作**函数的增量**(或改变量)，记为 Δy，即 $\Delta y=f(x_1)-f(x_0)=f(x_0+\Delta x)-f(x_0)$.

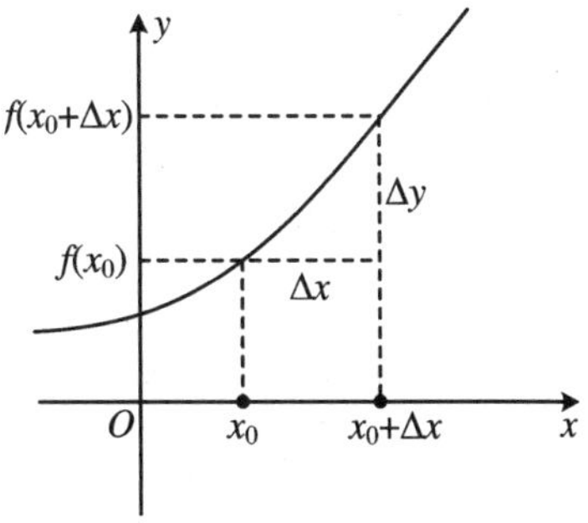

图 1.12

如果函数 $y=f(x)$ 的图像在点 x_0 及其附近有定义且没有断开，当自变量 x 在点 x_0 处取得极其微小的增量 Δx 时，相应的函数的增量 $\Delta y=f(x_0+\Delta x)-f(x_0)$ 也极其微小，即当 $\Delta x\to 0$ 时，有 $\Delta y\to 0$，如图 1.12 所示.

设函数 $y=f(x)$ 在点 x_0 及其附近有定义，且有 $\lim\limits_{\Delta x\to 0}\Delta y=0$，那么称函数 $f(x)$ 在点 x_0 处连续，点 x_0 称为函数 $f(x)$ 的连续点.

在上述定义中，若令 $x_0+\Delta x=x$，则 $\Delta y=f(x)-f(x_0)$，当 $\Delta x\to 0$ 时，$x\to x_0$；当 $\Delta y\to 0$ 时，$f(x)\to f(x_0)$，因此函数 $f(x)$ 在点 x_0 处连续的定义又可以叙述为：

设函数 $y=f(x)$ 在点 x_0 及其附近有定义，如果当 $x\to x_0$ 时，函数 $f(x)$ 的极限存在，且极限值等于它在点 x_0 处的函数值 $f(x_0)$，即

$$\lim_{x \to x_0} f(x) = f(x_0)$$

那么就称函数 $f(x)$在点 x_0 处连续.

这个定义指出,如果函数 $f(x)$在点 x_0 处连续,那么函数必须同时满足下面三个条件:

(1) 函数 $f(x)$在 x_0 点有定义;

(2) 极限$\lim\limits_{x \to x_0} f(x)$存在;

(3) 极限$\lim\limits_{x \to x_0} f(x) = f(x_0)$.

对于分段函数在分段点处是否连续常常按照以上三条来检查.

例 1.36 设函数 $f(x)=\begin{cases} x^2+a, & x \neq 1, \\ 2, & x=1, \end{cases}$ 问 a 为何值时,函数 $f(x)$在点 $x=1$ 处连续?

解 欲使 $f(x)$在点 $x=1$ 处连续,必须有$\lim\limits_{x \to 1} f(x)=f(1)$,故$\lim\limits_{x \to 1}(x^2+a)=2$,可得 $1+a=2$,即 $a=1$,故当 $a=1$ 时,$f(x)$在点 $x=1$ 处连续.

例 1.37 确定常数 a,使函数

$$f(x) = \begin{cases} 2x + a, & x \leqslant 0 \\ x^2, & x > 0 \end{cases}$$

在点 $x=0$ 处连续.

解 (1) $f(x)$在 $x=0$ 点有定义,$f(0)=a$;

(2) $f(x)$在 $x=0$ 点的极限要存在,由于

$$f(0-0) = \lim_{x \to 0^-} f(x) = \lim_{x \to 0^-}(2x+a) = a, \quad f(0+0) = \lim_{x \to 0^+} f(x) = \lim_{x \to 0^+} x^2 = 0$$

所以

$$\lim_{x \to 0} f(x) = f(0-0) = f(0+0)$$

根据 $f(x)$在 $x=0$ 处连续,必须满足的条件 $\lim\limits_{x \to 0} f(x)=f(0)$,因此 $a=0$,故当 $a=0$ 时,$f(x)$在点 $x=0$ 处连续.

例 1.38 设 $f(x)=\begin{cases} \dfrac{\tan \alpha x}{x}, & x<0, \\ x+2, & x \geqslant 0 \end{cases}$ 在点 $x=0$ 处连续,求 α.

解 由于$\lim\limits_{x \to 0^-} f(x)=\lim\limits_{x \to 0^-} \dfrac{\tan \alpha x}{x}=\lim\limits_{x \to 0^-} \dfrac{\alpha x}{x}=\alpha$,$\lim\limits_{x \to 0^+} f(x)=\lim\limits_{x \to 0^+}(x+2)=2$.

又 $f(x)$在点 $x=0$ 处连续,于是有$\lim\limits_{x \to 0} f(x)=f(0)=2$,从而

$$\lim_{x \to 0^-} f(x) = \lim_{x \to 0^+} f(x) = \lim_{x \to 0} f(x) = 2$$

故 $\alpha=2$.

2. 函数 $y=f(x)$在区间(a,b)内的连续性

如果 $f(x)$在(a,b)内每一点连续,则称 $f(x)$在(a,b)内连续.

如果 $f(x)$在(a,b)内连续,且在左端点 a 处右连续,在右端点 b 处左连续,即

$$\lim_{x \to a^+} f(x) = f(a), \quad \lim_{x \to b^-} f(x) = f(b)$$

则称 $f(x)$ 在闭区间 $[a,b]$ 上连续. 函数 $f(x)$ 的连续点全体构成的区间 $[a,b]$ 称为该函数的连续区间. 在连续区间上,连续函数的图形是一条连绵不断的曲线.

1.4.2 函数的间断点

如果函数 $f(x)$ 在点 x_0 处不满足连续的条件,即如果函数 $f(x)$ 在点 x_0 处有下列3种情况之一:

(1) 函数 $f(x)$ 在 $x=x_0$ 处没有定义;

(2) 极限 $\lim\limits_{x\to x_0}f(x)$ 不存在;

(3) 极限 $\lim\limits_{x\to x_0}f(x)=A$($A$ 为常数),但 $A\neq f(x_0)$,

则称函数 $f(x)$ 在点 x_0 处不连续,点 x_0 称为函数 $f(x)$ 的间断点或不连续点.

例 1.39 求函数 $f(x)=\dfrac{x^2+1}{x-3}$ 的间断点.

解 由于函数 $f(x)$ 为分式,当 $x=3$ 时,其分母值为0,$f(x)$ 没有意义,因此 $x=3$ 为 $f(x)$ 的间断点.

例 1.40 求函数 $f(x)=\begin{cases}x, & x<0\\ e^x+1, & x\geqslant 0\end{cases}$ 的间断点.

解 函数 $f(x)$ 在 $(-\infty,+\infty)$ 内皆有定义,而 $\lim\limits_{x\to 0^-}f(x)=\lim\limits_{x\to 0^-}x=0$, $\lim\limits_{x\to 0^+}f(x)=\lim\limits_{x\to 0^+}(e^x+1)=2$,显然 $\lim\limits_{x\to 0^-}f(x)=0\neq\lim\limits_{x\to 0^+}f(x)=2$,因此,$x=0$ 为 $f(x)$ 的间断点.

1.4.3 初等函数的连续性

可以证明,一切初等函数在其定义区间内都是连续的.

利用初等函数的连续性,我们可以很方便地求一些函数的极限. 只要 x_0 是初等函数 $f(x)$ 定义区间内的一点,那么 $\lim\limits_{x\to x_0}f(x)=f(x_0)$,即将求极限值转化为求函数值.

例 1.41 求 $\lim\limits_{x\to 0}e^{x^2}$.

解 由于函数 $f(x)=e^{x^2}$ 为初等函数,它的定义域为 $(-\infty,+\infty)$,所以

$$\lim_{x\to 0}e^{x^2}=e^0=1$$

例 1.42 求 $\lim\limits_{x\to 0}\dfrac{\ln(1+x^2)}{\sin(1+x^2)}$.

解 因为 $\ln(1+x^2)$ 与 $\sin(1+x^2)$ 都为初等函数,定义域都为 $(-\infty,+\infty)$,且 $\sin(1+0)=\sin 1\neq 0$,所以函数 $\dfrac{\ln(1+x^2)}{\sin(1+x^2)}$ 在点 $x=0$ 处连续,且

$$\lim_{x\to 0}\frac{\ln(1+x^2)}{\sin(1+x^2)}=\frac{\ln(1+0)}{\sin(1+0)}=0$$

例 1.43 讨论函数 $f(x)=\begin{cases}x\sin\dfrac{1}{x}, & x>0\\ 1+x^2, & x\leqslant 0\end{cases}$ 的连续性.

解 当 $x>0$ 时,由于 $f(x)=x\sin\dfrac{1}{x}$ 为初等函数,所以函数 $f(x)$ 在 $(0,+\infty)$ 内连续.

当 $x<0$ 时，由于 $f(x)=1+x^2$ 也为初等函数，所以函数 $f(x)$ 在 $(-\infty,0)$ 内也连续.

当 $x=0$ 时，由于

$$\lim_{x\to 0^-} f(x) = \lim_{x\to 0^-}(1+x^2) = 1$$

而

$$\lim_{x\to 0^+} f(x) = \lim_{x\to 0^+} x\sin\frac{1}{x} = 0 \neq f(0)$$

因此 $f(x)$ 在 $x=0$ 处不连续.

综上所述，函数 $f(x)$ 在 $(-\infty,0)\cup(0,+\infty)$ 内连续.

1.4.4 闭区间上连续函数的性质

最值定理 闭区间上的连续函数在该区间上一定有最大值和最小值.

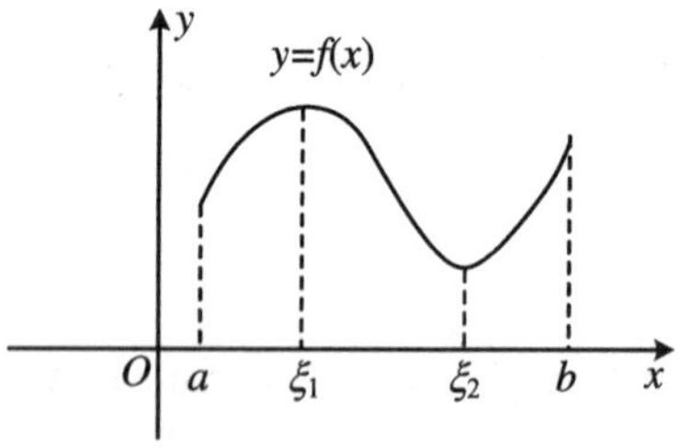

图 1.13

该定理表明：如果函数 $f(x)$ 在闭区间 $[a,b]$ 上连续，则在 $[a,b]$ 上至少有一点 ξ_1（可能是端点），使得对于 $[a,b]$ 上的一切 x 都有 $f(\xi_1)\geqslant f(x)$，即函数值 $f(\xi_1)$ 为最大值；同样，也至少存在一点 $\xi_2(a\leqslant\xi_2\leqslant b)$，使得对于 $[a,b]$ 上的一切 x 都有 $f(\xi_2)\leqslant f(x)$，即函数值 $f(\xi_2)$ 为最小值，如图 1.13 所示.

注意 对于在开区间内连续的函数或者在闭区间上有间断点的函数，最值定理的结论不一定成立. 例如，函数 $y=x$ 在开区间 $(0,1)$ 内连续，但它在 $(0,1)$ 内无最大值和最小值.

介值定理 设 M 和 m 分别是函数 $f(x)$ 在 $[a,b]$ 上的最大值和最小值，如果函数 $f(x)$ 在 $[a,b]$ 上连续，对于任一实数 μ，满足 $m\leqslant\mu\leqslant M$，在闭区间 $[a,b]$ 上至少存在一点 ξ，使得

$$f(\xi) = \mu$$

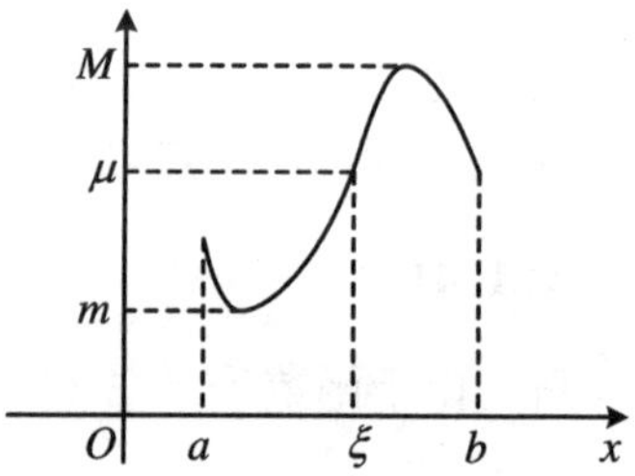

图 1.14

介值定理表明，闭区间 $[a,b]$ 上的连续函数 $f(x)$ 可以取遍 m 与 M 之间的一切值，这一性质反映了函数连续变化的特征. 其几何意义是，闭区间 $[a,b]$ 上的连续曲线 $y=f(x)$ 与水平直线 $y=\mu(m\leqslant\mu\leqslant M)$ 至少有一个交点，如图 1.14 所示.

零点定理 如果函数 $f(x)$ 在 $[a,b]$ 上连续，且 $f(a)f(b)<0$，则至少存在一点 $\xi\in(a,b)$，使得 $f(\xi)=0$.

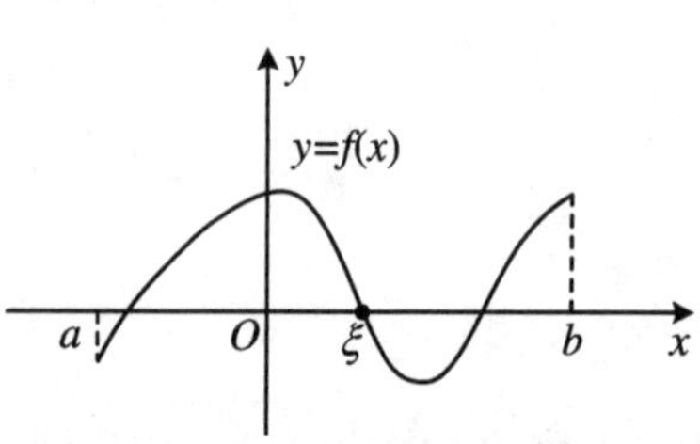

图 1.15

该定理的几何意义是，如果 $f(a)$ 与 $f(b)$ 异号，则闭区间 $[a,b]$ 上的连续曲线 $y=f(x)$ 与 x 轴至少有一个交点，如图 1.15 所示.

例 1.44 证明方程 $x^3-4x^2+1=0$ 在 $(0,1)$ 内至少有一个实根.

证明 设 $f(x)=x^3-4x^2+1$，因为函数 $f(x)$ 是初等函数，定义域为 $(-\infty,+\infty)$，因此 $f(x)$ 在闭

区间[0,1]上连续. 由于

$$f(0)=1>0,\quad f(1)=-2<0$$

因此,由零点定理知,至少存在一点 $\xi\in(0,1)$,使得

$$f(\xi)=\xi^3-4\xi^2+1=0$$

即说明方程 $x^3-4x^2+1=0$ 在(0,1)内至少有一个实根.

《课 堂 练 习》

1. $f(x)=\begin{cases}\dfrac{\tan\alpha x}{x}, & x<0\\ 2, & x\geqslant 0\end{cases}$ 在点 $x=0$ 处连续,求 α.

2. 讨论下列函数 $f(x)=\begin{cases}2-x, & x\leqslant 1\\ x, & x>1\end{cases}$ 的连续性.

3. 找出下列各函数的间断点,并判断其类型.

(1) $f(x)=\begin{cases}\cos\dfrac{\pi}{2}x, & |x|<1\\ |x-1|, & |x|\geqslant 1\end{cases}$;　　(2) $f(x)=\dfrac{1}{1-e^{\frac{x}{1-x}}}$.

4. 设 $f(x)=\begin{cases}\dfrac{1}{x}\sin x, & x<0\\ k, & x=0\\ x\sin\dfrac{1}{x}+1, & x>0\end{cases}$ 问 k 为何值时,函数 $f(x)$ 在其定义域内连续?

5. 证明:方程 $x^4-x^3-1=0$ 在区间(0,2)内至少有一个正实根.

6. 证明:方程 $x=a\sin x+b\,(a>0,b>0)$ 至少有一个不超过 $a+b$ 的正根.

习　题　1

A　组

1. 已知 $f(x)=x^2-x+1$,求 $f(0),f(-1),f(a)$.

2. 求下列函数的定义域:

(1) $y=\dfrac{1}{x-2}$;　　(2) $y=\sqrt{x+1}+\dfrac{1}{x^2-4}$;

(3) $y=\arcsin(x-1)$;　　(4) $y=\dfrac{\sqrt{x+1}}{\ln(2+x)}$.

3. 设

$$f(x)=\begin{cases}x^2, & |x|\leqslant 1\\ x+1, & x<-1\\ 2^x, & x>1\end{cases}$$

(1) 求 $f(x)$ 的定义域,并写出它的分段点;

(2) 求 $f\left(-\frac{1}{2}\right)$，$f(0)$，$f(1)$，$f(2)$，$f(-2)$的值；

(3) 画出 $f(x)$的图形.

4. 某小区物业每月向住户按面积收取物业费，若住房面积不超过 80 平方米，按每平方米 1.2 元收费，若超过 80 平方米，超出部分按每平方米 0.9 元收费计价，求：

(1) 物业费 y(元)与住户面积 x(平方米)之间的函数关系；

(2) 设住房面积为 120 平方米，求该住户每月应缴纳的物业费.

5. 指出下列各函数的复合过程：

(1) $y=\ln(2+x)$；　　(2) $y=(1+3x)^{10}$；

(3) $y=\sqrt{\cos 3x}$；　　(4) $y=e^{-x}$；

(5) $y=\sin^2 x$；　　(6) $y=\sqrt{2+3x^2}$.

6. 设函数 $y=\begin{cases} x-1, & x\leqslant 1 \\ x+2, & x>1 \end{cases}$. 问当 $x\to 1$ 时，$f(x)$的极限是否存在？

7. 设函数 $f(x)=\begin{cases} 3x+2, & x\leqslant 0 \\ x^2+1, & 0<x<1 \\ \dfrac{2}{x}, & x\geqslant 1 \end{cases}$. 求 $\lim\limits_{x\to 0}f(x)$，$\lim\limits_{x\to 1}f(x)$.

8. 在下列各题中，哪些是无穷小量？哪些是无穷大量？

(1) $\ln x$，当 $x\to 1$ 时；　　(2) e^x，当 $x\to -\infty$ 时；

(3) $\dfrac{x+1}{x^2-4}$，当 $x\to 2$ 时；　　(4) $\dfrac{1+2x}{x^2}$，当 $x\to 0$ 时；

(5) $\dfrac{x+1}{x^2-4}$，当 $x\to \infty$ 时；　　(6) $\sin x$，当 $x\to 0$ 时.

9. 利用无穷小的性质求下列极限：

(1) $\lim\limits_{x\to 0}x^2\cos\dfrac{1}{x}$；　　(2) $\lim\limits_{x\to\infty}\dfrac{1}{x}\arctan x$；

(3) $\lim\limits_{x\to\infty}\dfrac{1}{x}(\sin x+\cos x)$；　　(4) $\lim\limits_{x\to 0}(x+3x^2)$.

10. 求下列极限：

(1) $\lim\limits_{x\to 1}\dfrac{3}{x+1}$；　　(2) $\lim\limits_{x\to 1}\dfrac{x+2}{x-1}$；

(3) $\lim\limits_{x\to 0}e^{x-1}$；　　(4) $\lim\limits_{x\to 3}\dfrac{x^2-5x+6}{x-3}$；

(5) $\lim\limits_{x\to 2}\dfrac{x-2}{x^2-4}$；　　(6) $\lim\limits_{x\to 0}\dfrac{\sqrt{x+1}-1}{x}$；

(7) $\lim\limits_{x\to\infty}\dfrac{3x^3+2x+1}{x^2+3x+2}$；　　(8) $\lim\limits_{x\to 1}\left(\dfrac{1}{x-1}-\dfrac{2}{x^2-1}\right)$.

11. 求下列极限：

(1) $\lim\limits_{x\to 0}\dfrac{\sin 2x}{x}$；　　(2) $\lim\limits_{x\to 0}\dfrac{\sin 2x}{\tan 3x}$；

(3) $\lim\limits_{x\to\infty} x\cdot\tan\dfrac{1}{x}$；(4) $\lim\limits_{x\to 2}\dfrac{\sin(x-2)}{x-2}$；

(5) $\lim\limits_{x\to\infty}\left(1+\dfrac{4}{x}\right)^{x}$；(6) $\lim\limits_{x\to 0}2(1+x)^{\frac{1}{x}}$；

(7) $\lim\limits_{x\to 0}\left(1-\dfrac{x}{4}\right)^{\frac{3}{x}}$；(8) $\lim\limits_{x\to\infty}\left(\dfrac{2x+3}{2x-1}\right)^{x}$.

12. 求下列函数的间断点：

(1) $f(x)=\dfrac{(x+2)(x+1)}{x-1}$；(2) $f(x)=\begin{cases}\sqrt[3]{x}, & x<0\\ x^2+1, & x>0\end{cases}$.

13. 在下列函数中，当 a 为何值时，$f(x)$在其定义域内连续？

(1) $f(x)=\begin{cases}2x+a, & x\leqslant 1\\ x^2, & x>1\end{cases}$；(2) $f(x)=\begin{cases}x^2+x, & x<0\\ a, & x\geqslant 0\end{cases}$；

(3) $f(x)=\begin{cases}x^2-2x+3, & x\neq 1\\ a, & x=1\end{cases}$.

B 组

1. 填空题：

(1) 设函数 $f(x)=\dfrac{1}{2+x^2}$，则 $f\left(\dfrac{1}{x}\right)=$________.

(2) 函数 $f(x)=\sqrt{x^2-x-6}+\arcsin\dfrac{x-1}{5}$的定义域是________.

(3) 若 $f(x)=\begin{cases}x+1, & x>0\\ \pi, & x=0\\ 0, & x<0\end{cases}$，则其定义域是________，值域是________，$f\{f[f(-1)]\}=$________.

(4) 函数 $y=(\arcsin\sqrt{x})^2$ 的复合过程是________.

(5) 若函数 $y=f(x)$是连续的奇函数，且 $f(1)=-1$，则 $\lim\limits_{x\to -1}f(x)=$________.

(6) 当 $x\to 0$ 时，无穷小 $1-\cos x$ 与 mx^2 等价，则 $m=$________.

(7) 设 $f(x)=\begin{cases}x^2+2x-3, & x\leqslant 1\\ x^2, & 1<x<2\\ x+2, & x\geqslant 2\end{cases}$，则$\lim\limits_{x\to 0}f(x)=$______，$\lim\limits_{x\to 1}f(x)=$______，$\lim\limits_{x\to 2}f(x)=$________，$\lim\limits_{x\to 4}f(x)=$________.

(8) $\lim\limits_{x\to\infty}\left(1-\dfrac{2}{x}\right)^{x+3}=$________，$\lim\limits_{x\to 0}(1-x)^{\frac{2}{x}}=$________.

(9) 函数 $f(x)=e^{\frac{1}{x^2}}$在________处间断，且为第______类间断点；函数 $f(x)=\dfrac{x^2-1}{x+1}$在______处间断，且为第______类间断点；函数 $f(x)=\begin{cases}x^2+1, & x>0\\ x-1, & x\leqslant 0\end{cases}$，在______处间断，且为第______类间断点.

(10) 设函数 $f(x)=\begin{cases}\dfrac{x^2-1}{x+1}, & -2<x<-1\\ 3x+1, & x>-1\end{cases}$,则函数 $f(x)$ 的连续区间是________.

2. 求下列极限:

(1) $\lim\limits_{\Delta x\to 0}\dfrac{\sqrt{x+\Delta x}-\sqrt{x}}{\Delta x}$;

(2) $\lim\limits_{x\to 1}\dfrac{x^4-1}{x^3-1}$;

(3) $\lim\limits_{x\to 0}\dfrac{\tan x-\sin x}{x(1-\cos 2x)}$;

(4) $\lim\limits_{x\to 0}\dfrac{\sqrt{1+x}-1-\frac{1}{2}x}{x^2}$;

(5) $\lim\limits_{x\to 0}\dfrac{\sin x+x^2\cos\frac{1}{x}}{(1+\cos x)\ln(1+x)}$;

(6) $\lim\limits_{x\to\infty}\left(\dfrac{x+1}{x-3}\right)^x$;

(7) $\lim\limits_{x\to+\infty}x(\ln(1+x)-\ln x)$;

(8) $\lim\limits_{x\to 0}\left(\dfrac{1+2x}{1-2x}\right)^{\frac{1}{x}}$;

(9) $\lim\limits_{n\to\infty}\dfrac{1+\frac{1}{2}+\frac{1}{4}+\cdots+\frac{1}{2^n}}{1+\frac{1}{3}+\frac{1}{9}+\cdots+\frac{1}{3^n}}$;

(10) $\lim\limits_{n\to\infty}\cos\dfrac{x}{2}\cos\dfrac{x}{2^2}\cos\dfrac{x}{2^3}\cdots\cos\dfrac{x}{2^n}\,(x\neq 0)$.

3. 已知 $\lim\limits_{x\to\infty}\left(\dfrac{x^2}{x+1}-ax-b\right)=0$,求 a,b.

4. 已知 $\lim\limits_{x\to\infty}\left(\dfrac{x+a}{x-a}\right)^x=9$,求 a.

5. 已知 $\lim\limits_{x\to 0}\dfrac{\sqrt{1+f(x)\sin 2x}-1}{x}=6$,求 $\lim\limits_{x\to 0}f(x)$.

6. 设

$$f(x)=\begin{cases}2\cos\left(\dfrac{\pi}{2}x\right)+3, & x<1\\ b, & x=1\\ ax^2+1 & x>1\end{cases}$$

求:(1) b 为何值时,才能使 $f(x)$ 在 $x=1$ 处左连续?

(2) a,b 为何值时,才能使 $f(x)$ 在 $x=1$ 处连续?

自 测 题 1

1. 填空题:

(1) 函数 $f(x)=\log_{\frac{1}{2}}(x^2-5x+6)$ 的定义域是____________.

(2) 已知 $f(x)=\begin{cases}x^2-2, & -2\leqslant x<1\\ x+1, & x\geqslant 1\end{cases}$,则 $f(-2)=$____,$f(0)=$____,$f(1)=$____.

(3) 函数 $y=e^{\sin x}$ 是由________________________复合而成的.

(4) 已知 $\lim\limits_{x\to\infty}\left(1+\dfrac{k}{x}\right)^{2x}=e$,则 $k=$________.

(5) 如果当 $x\to 0$ 时,无穷小量 $\tan\dfrac{x^2}{4}$ 与 αx^2 等价,则 $\alpha=$________.

(6) 若 $\lim\limits_{x\to 2}\dfrac{x^2-x+a}{x-2}=3$,则 $a=$________.

(7) 函数 $f(x)=\dfrac{\sin x}{x}$ 在__________处间断.

(8) 设 $f(x)=\begin{cases}x^2-2, & x\leqslant 1\\ a, & x>1\end{cases}$ 在 $x=1$ 点连续,则 $a=$________.

2. 求下列极限:

(1) $\lim\limits_{x\to 0}\left(x\sin\dfrac{1}{x}+\dfrac{\sin x}{x}\right)$;　　(2) $\lim\limits_{x\to 1}\dfrac{\sqrt{x}-1}{x+1}$;

(3) $\lim\limits_{x\to 2}\dfrac{x^2+x-6}{x^2-4}$;　　(4) $\lim\limits_{x\to\infty}\left(\dfrac{x-1}{x+1}\right)^{\frac{x}{2}+4}$.

3. 设 $f(x)$ 在 $x=2$ 处连续,且 $f(2)=3$,求 $\lim\limits_{x\to 2}f(x)\left(\dfrac{1}{x-2}-\dfrac{4}{x^2-4}\right)$.

4. 判断方程 $x^3+x-3=0$ 至少有一个正根.

数学欣赏

函数——从“现实”到“理想”的过程

科学抽象的方法由来已久,形式多样.自然科学研究中的建立函数模型就是理想化方法的表现形式.

所谓理想化方法,就是人们在观察和实验的基础上,把研究对象置于比较理想的纯粹的状态下,纯化主要因素,忽略偶然因素,撇开次要因素,用“理想”的函数关系代替客观变化的科学研究的方法.

在科学研究中,人们不仅在实验室内创造各种人工条件,使研究对象简化、纯化,而且常常运用思维的抽象力,对事物的各种因素和现象进行去粗取精、去伪存真的取舍工作,把自然过程进一步加以简化、纯化,让研究现象表现为理想纯化状态,以利于研究.这些理想形态,是在现实世界中找不到的,是某种抽象力的产物.如我们研究劳动力投入和国民生产总值之间的关系,一般用一次函数表示这种线性关系,但是在实际观察中以往各年的劳动力投入和国民生产总值的数据并不“理想”地符合这个关系,而是基本上都游离在这个一次函数图像附近的一些点,但是这条直线确实基本反映了两者之间的相互关系,我们即可以用这个一次函数来“理想”地刻画劳动力投入和国民生产总值之间的关系,继而可以通过这个关系对未来劳动力投入和国民生产总值做相关的分析和预测.

自然界的现象十分复杂,各种因素交织在一起,往往使人不容易发现其中起作用的是哪些因素,谁起主导作用,在研究经济问题的时候,实际问题所表现出的客观世界往往总是不十分“理想”,但它们也总是在“理想”的边缘徘徊,于是我们可以用“理想”来代替客观,把现实问题“抽象”成“理想”的函数模型,将自然过程加以简化和纯化,以纯粹的理想化形式呈现出来，就可以揭示出自然过程的客观规律性.

函数模型是现实原型的近似反映.在现实世界中，有许多实际事物的规律同理想模型十分接近，因而可以把实际事物当作理想模型来处理，通过强大的数学工具对这些理想模型加以分析和运算，可以更加科学地把握事物的规律，同时把理想模型的研究结果直接用于实际事物.

由此可见，建立函数模型是从“现实”到“理想”的过程，是人类思维在认识客观世界中能动性的表现之一，它在科学研究和社会生活中具有十分明显的作用.

第2章　导数与微分

一个国家的科学水平可以用她消耗的数学来度量.

——拉奥

本章学习要求

1. 能理解导数的概念,熟悉导数定义的几种等价形式,了解可导性与连续性的关系;
2. 明确导数的几何意义,会求曲线上一点处的切线方程与法线方程;
3. 熟记基本初等函数的导数公式,熟练掌握函数和、差、积、商的求导法则和复合函数的求导法则;
4. 能熟练地求初等函数的导数;
5. 掌握隐函数求导法、对数求导法以及由参数方程所确定的函数的求导方法;
6. 理解高阶导数的概念,会求简单函数的二阶导数;
7. 理解函数的微分概念,掌握微分的运算法则,能熟练地求函数的微分.

微积分是高等数学最基本、最重要的组成部分，微积分的创立是数学发展中的里程碑，可以说是微积分改变了数学的思考方法，它是从常量数学到变量数学过渡的桥梁，在现代科学技术中有着广泛和重要的作用. 微分学是微积分的重要组成部分，导数和微分都是微分学的核心概念，求导数和微分是微分学的基本运算，这些是本章所要讨论的主要内容.

在实际问题中，常常需要研究自变量 x 的增量 Δx 与函数 $y=f(x)$ 相应的增量 $\Delta y=f(x+\Delta x)-f(x)$ 之间的关系. 例如在上一章中，$y=f(x)$ 在点 x 处连续就是以当 $\Delta x\to 0$ 时，Δy 为无穷小量来刻画的. 但连续性只是对函数变化形态的粗略描述，很多理论和应用问题都要求更深入地了解 $y=f(x)$ 的各种变化特征，因此需要对 Δx 和 Δy 做进一步的分析. 本章介绍的导数和微分就是十分有效的两个基本手段.

2.1 导数的概念

2.1.1 变化率问题举例

1. 变速直线运动的瞬时速度

设一质点做变速直线运动，其运动方程为 $s=s(t)$，求质点在某一时刻 t_0 的速度 $v(t_0)$.

首先考虑从 t_0 到 $t_0+\Delta t$ 这一时间间隔内，质点经过的路程 $\Delta s=s(t_0+\Delta t)-s(t_0)$，在这段时间内的平均速度为

$$\bar{v}=\frac{\Delta s}{\Delta t}=\frac{s(t_0+\Delta t)-s(t_0)}{\Delta t}$$

当时间间隔很小的时候，可以认为质点在 $[t_0, t_0+\Delta t]$ 内近似地做匀速直线运动，因此可以用 $\bar{v}$ 作为 $v(t_0)$ 的近似值，且 $|\Delta t|$ 愈小，近似的程度就愈高.

如果当 $\Delta t\to 0$ 时，平均速度 $\bar{v}$ 的极限存在，那么我们把平均速度 $\bar{v}$ 的极限就叫作质点在 t_0 时刻的瞬时速度，即

$$v(t_0)=\lim_{\Delta t\to 0}\frac{\Delta s}{\Delta t}=\lim_{\Delta t\to 0}\frac{s(t_0+\Delta t)-s(t_0)}{\Delta t}$$

2. 非恒定电流的电流强度

设非恒定电流从 0 到 t 这段时间通过导体横截面的电量为 $Q=Q(t)$，求在 t_0 时刻的电流强度 $i(t_0)$.

首先考虑从 t_0 到 $t_0+\Delta t$ 这一时间间隔内，通过导体横截面的电量为 $\Delta Q=Q(t_0+\Delta t)-Q(t_0)$，在这段时间内的平均电流强度为

$$\bar{i}=\frac{\Delta Q}{\Delta t}=\frac{Q(t_0+\Delta t)-Q(t_0)}{\Delta t}$$

当时间间隔很小的时候，在$[t_0, t_0+\Delta t]$内可以把原非恒定电流近似地看成恒定电流，因此，可以用$\bar{i}$作为$i(t_0)$的近似值，且$|\Delta t|$愈小，近似的程度就愈高.

如果当$\Delta t\to 0$时，$\bar{i}$的极限存在，那么我们把$\bar{i}$的极限就叫作质点在t_0时刻的瞬时电流强度，即

$$i(t_0)=\lim_{\Delta t\to 0}\frac{\Delta Q}{\Delta t}=\lim_{\Delta t\to 0}\frac{Q(t_0+\Delta t)-Q(t_0)}{\Delta t}$$

3. 切线问题

设曲线L的方程为$y=f(x)$，点$M_0(x_0,y_0)$是曲线L上的一个定点，在曲线L上另取一点$M(x_0+\Delta x, y_0+\Delta y)$，点$M$的位置取决于$\Delta x$，$M$是曲线上的一动点，当$\Delta x\to 0$时，动点$M$沿曲线$L$无限接近于点$M_0$，而割线$M_0M$就无限接近于它的极限位置$M_0T$，我们称直线$M_0T$为曲线$y=f(x)$在$M_0$点的切线.

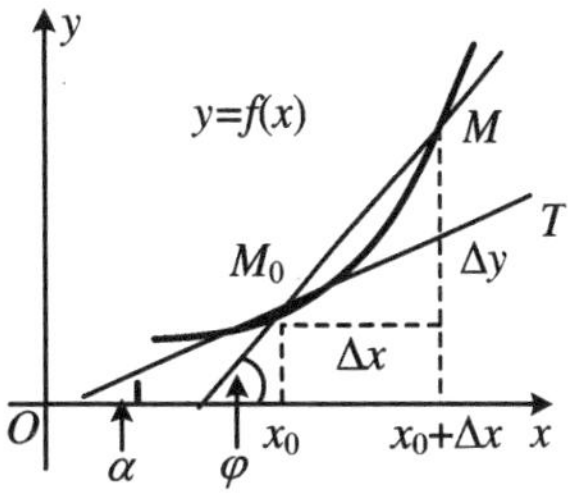

图 2.1

下面讨论如何求该切线的斜率.

首先，我们可以求得割线斜率.

设割线M_0M与x轴的夹角为φ，如图 2.1 所示，则割线M_0M的斜率为

$$\tan\varphi=\frac{\Delta y}{\Delta x}=\frac{f(x_0+\Delta x)-f(x_0)}{\Delta x}$$

设切线M_0T与x轴的夹角为α，则当$\Delta x\to 0$时，有$\varphi\to\alpha$，可得M_0T的斜率为

$$k=\tan\alpha=\lim_{\Delta x\to 0}\tan\varphi=\lim_{\Delta x\to 0}\frac{\Delta y}{\Delta x}=\lim_{\Delta x\to 0}\frac{f(x_0+\Delta x)-f(x_0)}{\Delta x}$$

以上三个实例，尽管它们的实际意义不同，但是用以解决问题的数学方法是相同的，求不同函数的变化率问题最终都归结为求函数的增量与自变量增量之比的极限，我们把这种特定的极限叫作函数的导数.

2.1.2　导数的定义

设函数$y=f(x)$在点x_0的某一邻域内有定义，当自变量x在x_0处有增量Δx时，函数有相应的增量$\Delta y=f(x_0+\Delta x)-f(x_0)$，如果极限

$$\lim_{\Delta x\to 0}\frac{\Delta y}{\Delta x}=\lim_{\Delta x\to 0}\frac{f(x_0+\Delta x)-f(x_0)}{\Delta x}\qquad (*)$$

存在，那么称函数$f(x)$在x_0点可导，并称此极限值为函数$f(x)$在点x_0处的导数(或变化率)，记为$f'(x_0)$，即

$$f'(x_0)=\lim_{\Delta x\to 0}\frac{f(x_0+\Delta x)-f(x_0)}{\Delta x}\qquad (2.1)$$

也可记为

$$y'\big|_{x=x_0},\quad \frac{\mathrm{d}y}{\mathrm{d}x}\bigg|_{x=x_0}\quad 或\quad \frac{\mathrm{d}}{\mathrm{d}x}f(x)\bigg|_{x=x_0}$$

导数的定义也可采取不同的表达形式.

例如,在导数定义式(2.1)中,若令 $x=x_0+\Delta x$,则

$$f'(x_0)=\lim_{x\to x_0}\frac{f(x)-f(x_0)}{x-x_0} \tag{2.2}$$

令 $\Delta x=h$,则

$$f'(x_0)=\lim_{h\to 0}\frac{f(x_0+h)-f(x_0)}{h} \tag{2.3}$$

如果极限(*)不存在,则称函数 $f(x)$ 在 x_0 点不可导.

如果函数 $y=f(x)$ 在 (a,b) 内每一点都可导,那么就说函数 $y=f(x)$ 在 (a,b) 内可导.这时,对于 (a,b) 内每一个给定的 x 值,都有一个确定的导数值与之对应,于是在 (a,b) 内就确定了一个新的函数,叫作函数 $y=f(x)$ 的导函数,记为

$$y',\quad f'(x),\quad \frac{\mathrm{d}y}{\mathrm{d}x}\quad 或\quad \frac{\mathrm{d}}{\mathrm{d}x}f(x)$$

即

$$f'(x)=\lim_{\Delta x\to 0}\frac{f(x+\Delta x)-f(x)}{\Delta x}$$

在不致发生混淆的情况下,导函数也简称导数.

显然,函数 $y=f(x)$ 在点 x_0 处的导数 $f'(x_0)$,就是导函数 $f'(x)$ 在点 $x=x_0$ 处的值,即

$$f'(x_0)=f'(x)\big|_{x=x_0}$$

有了导数的定义以后,前面所讨论的实例可以表述为:

变速直线运动的速度 $v(t)$ 是路程 $s(t)$ 对时间 t 的导数,即

$$v(t)=s'(t)=\frac{\mathrm{d}s}{\mathrm{d}t}$$

电流强度 $i(t)$ 是电量 $Q(t)$ 对时间 t 的导数,即

$$i(t)=Q'(t)=\frac{\mathrm{d}Q}{\mathrm{d}t}$$

例 2.1 一杯 80 ℃的热红茶置于 20 ℃的房间里,它的温度会逐渐下降,温度 T(单位:℃)与时间 t(单位:min)间的关系,由函数 $T=f(t)$ 给出.

(1) 试判断 $f'(t)$ 的正负号,并说明理由.

(2) 请问 $f(3)=65$,$f'(3)=-4$ 的实际意义各是什么?

解 (1) $f'(t)<0$,因为红茶的温度在下降;

(2) $f(3)=65$ 表示放置 3 分钟,红茶温度为 65 ℃,$f'(3)=-4$ 表明热红茶放置 3 分钟左右时,红茶温度约以 4 ℃/min 的速率下降.

说明 (1) $\frac{\Delta y}{\Delta x}$ 反映的是当自变量 x 从 x_0 改变到 $x_0+\Delta x$ 时,函数 $y=f(x)$ 的平均变化率,导数 $f'(x_0)=\lim\limits_{\Delta x\to 0}\frac{\Delta y}{\Delta x}$ 反映的是 $y=f(x)$ 在 x_0 处的变化速度,称为 $y=f(x)$ 在 x_0

处的变化率.

(2) 由导数 $f'(x)$ 的正负号可知函数在点 x 近旁是增还是减,由导数 $f'(x)$ 绝对值的大小可知函数在点 x 附近变化剧烈还是平缓.

2.1.3　左导数与右导数

求函数 $y=f(x)$ 在点 x_0 处的导数时,$x\to x_0$ 的方式是任意的.如果 x 仅从 x_0 的左侧趋近于 x_0(记为 $\Delta x\to 0^-$ 或 $x\to x_0^-$)时,极限

$$\lim_{\Delta x\to 0^-}\frac{\Delta y}{\Delta x}=\lim_{\Delta x\to 0^-}\frac{f(x_0+\Delta x)-f(x_0)}{\Delta x}$$

存在,则称该极限值为函数 $y=f(x)$ 在点 x_0 处的左导数,记为 $f'_-(x_0)$,即

$$f'_-(x_0)=\lim_{\Delta x\to 0^-}\frac{\Delta y}{\Delta x}=\lim_{\Delta x\to 0^-}\frac{f(x_0+\Delta x)-f(x_0)}{\Delta x}$$

类似地,可定义函数 $y=f(x)$ 在点 x_0 处的右导数:

$$f'_+(x_0)=\lim_{\Delta x\to 0^+}\frac{\Delta y}{\Delta x}=\lim_{\Delta x\to 0^+}\frac{f(x_0+\Delta x)-f(x_0)}{\Delta x}$$

显然,函数 $y=f(x)$ 在 x_0 点可导的充要条件是 $f(x)$ 在 x_0 点的左导数及右导数都存在并且相等,即

$$f'_-(x_0)=f'_+(x_0)=f'(x_0)$$

说明　此结论常用于判断分段函数在分段点处是否可导.

2.1.4　利用导数定义求函数的导数举例

根据导数的定义,求函数 $y=f(x)$ 的导数可分为以下三个步骤:

(1) 求函数的增量 $\Delta y=f(x+\Delta x)-f(x)$;

(2) 算比值 $\dfrac{\Delta y}{\Delta x}=\dfrac{f(x+\Delta x)-f(x)}{\Delta x}$;

(3) 取极限 $y'=\lim\limits_{\Delta x\to 0}\dfrac{\Delta y}{\Delta x}$.

下面根据这三个步骤来计算一些基本初等函数的导数.

例 2.2　求 $y=c$(c 为常数)的导数.

解　(1) $\Delta y=c-c=0$;

(2) $\dfrac{\Delta y}{\Delta x}=\dfrac{0}{\Delta x}=0$;

(3) $\lim\limits_{\Delta x\to 0}\dfrac{\Delta y}{\Delta x}=0$,即 $(c)'=0$.

这就是说,常数的导数等于零.

例 2.3　求 $y=x^2$ 的导数.

解　(1) $\Delta y=(x+\Delta x)^2-x^2=2x\Delta x+(\Delta x)^2$;

(2) $\dfrac{\Delta y}{\Delta x}=2x+\Delta x$;

(3) $y'=\lim\limits_{\Delta x\to 0}\dfrac{\Delta y}{\Delta x}=2x$，即$(x^2)'=2x$.

例 2.4 求 $y=\sqrt{x}$的导数.

解 (1) $\Delta y=\sqrt{x+\Delta x}-\sqrt{x}$;

(2) $\dfrac{\Delta y}{\Delta x}=\dfrac{\sqrt{x+\Delta x}-\sqrt{x}}{\Delta x}$;

(3) $y'=\lim\limits_{\Delta x\to 0}\dfrac{\sqrt{x+\Delta x}-\sqrt{x}}{\Delta x}=\lim\limits_{\Delta x\to 0}\dfrac{1}{\sqrt{x+\Delta x}+\sqrt{x}}=\dfrac{1}{2\sqrt{x}}$，即

$$(\sqrt{x})'=\frac{1}{2\sqrt{x}}$$

对于一般的幂函数 $y=x^{\alpha}$（α 为实数），有 $y'=(x^{\alpha})'=\alpha x^{\alpha-1}$.

例如$(x^3)'=3x^2$；$\left(\dfrac{1}{x}\right)'=(x^{-1})'=-x^{-2}=-\dfrac{1}{x^2}$.

例 2.5 求 $y=\sin x$ 的导数.

解 (1) $\Delta y=\sin(x+\Delta x)-\sin x$;

(2) $\dfrac{\Delta y}{\Delta x}=\dfrac{\sin(x+\Delta x)-\sin x}{\Delta x}=\dfrac{2\cos\left(x+\dfrac{\Delta x}{2}\right)\sin\dfrac{\Delta x}{2}}{\Delta x}$;

(3) $y'=\lim\limits_{\Delta x\to 0}\dfrac{\Delta y}{\Delta x}=\lim\limits_{\Delta x\to 0}\cos\left(x+\dfrac{\Delta x}{2}\right)\dfrac{\sin\dfrac{\Delta x}{2}}{\dfrac{\Delta x}{2}}=\cos x$，即

$$(\sin x)'=\cos x$$

用类似的方法，可求得余弦函数 $y=\cos x$ 的导数为

$$(\cos x)'=-\sin x$$

2.1.5 导数的几何意义

由切线问题的讨论和导数的定义可知，函数 $y=f(x)$在点 x_0 处的导数 $f'(x_0)$就是曲线 $y=f(x)$在点 $M_0(x_0,y_0)$处切线的斜率（图 2.2），即

$$k=\tan\alpha=f'(x_0)$$

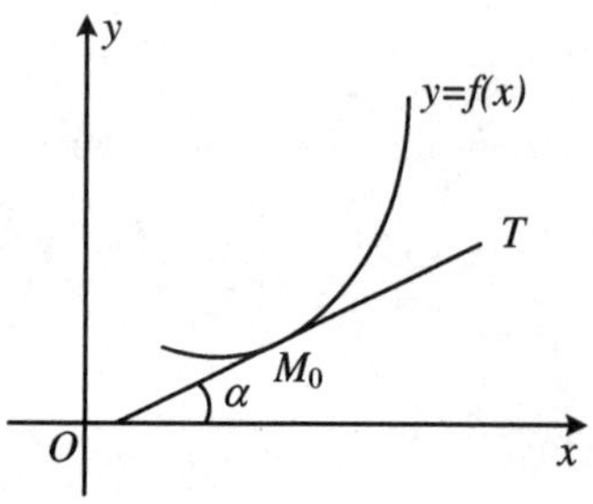

图 2.2

于是，由直线的点斜式方程，曲线 $y=f(x)$在点 $M_0(x_0,y_0)$处的切线方程为

$$y-y_0=f'(x_0)(x-x_0)$$

法线方程为

$$y-y_0=-\frac{1}{f'(x_0)}(x-x_0)$$

若 $f'(x_0)=0$,则切线方程为 $y=y_0$,即切线平行于 x 轴;

若 $f'(x_0)=\infty$,则切线方程为 $x=x_0$,即切线垂直于 x 轴.

例 2.6　求曲线 $y=\sqrt{x}$在点(4,2)处的切线方程.

解　$y'=\dfrac{1}{2\sqrt{x}}$,$k=y'|_{x=4}=\dfrac{1}{4}$.

故所求的切线方程为

$$y-2=\frac{1}{4}(x-4)$$

即

$$x-4y+4=0$$

说明　我们看到,在切点 M_0 附近,动点 M 沿曲线 L 越接近于点 M_0,割线 M_0M 就越贴近曲线 $y=f(x)$,因此在点 M_0 附近,就可以用过点 M_0 的切线 M_0T 近似代替曲线 $y=f(x)$,这是微积分中重要的思想方法——以直代曲,用简单的代替复杂的.

2.1.6　函数的可导性与连续性的关系

设函数 $y=f(x)$在点 x_0 处可导,即$\lim\limits_{\Delta x\to 0}\dfrac{\Delta y}{\Delta x}=f'(x_0)$存在,则有

$$\lim_{\Delta x\to 0}\Delta y=\lim_{\Delta x\to 0}\frac{\Delta y}{\Delta x}\cdot\Delta x=\lim_{\Delta x\to 0}\frac{\Delta y}{\Delta x}\lim_{\Delta x\to 0}\Delta x=0$$

这就说明此时函数 $y=f(x)$在点 x_0 处是连续的,所以有如下结论:

如果函数 $y=f(x)$在点 x_0 处可导,则 $f(x)$在 x_0 点必连续.

说明　上述结论反之不成立,即函数在某点连续,它在该点不一定可导.

例 2.7　讨论函数 $y=|x|$在 $x=0$ 处的连续性与可导性.

解　此函数可以写成分段函数的形式(图 2.3):

$$y=f(x)=\begin{cases}-x, & x<0\\ x, & x\geqslant 0\end{cases}$$

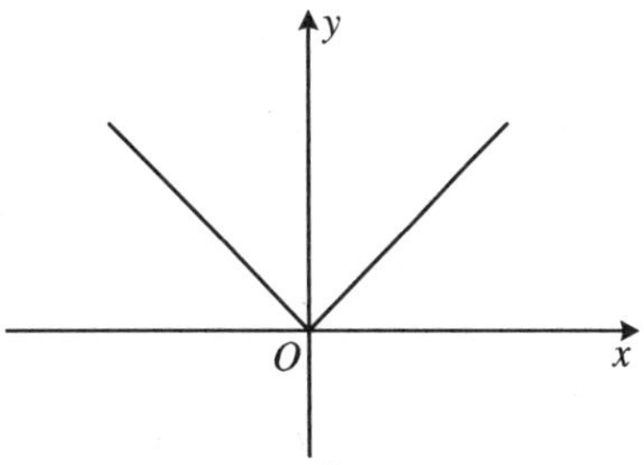

图 2.3

对于分段函数在分段点处的连续性与可导性,一般应根据定义来确定.

先讨论函数在 $x=0$ 处的连续性:

$$\lim_{x\to 0^+}f(x)=\lim_{x\to 0^+}x=0$$

$$\lim_{x\to 0^-}f(x)=\lim_{x\to 0^-}(-x)=0$$

因为

$$\lim_{x\to 0^+}f(x)=\lim_{x\to 0^-}f(x)=0=f(0)$$

所以函数 $y=|x|$在 $x=0$ 处连续.

再讨论函数在 $x=0$ 处的可导性:

$$f'_-(0) = \lim_{\Delta x \to 0^-} \frac{f(0+\Delta x) - f(0)}{\Delta x} = \lim_{\Delta x \to 0^-} \frac{-\Delta x}{\Delta x} = -1$$

$$f'_+(0) = \lim_{\Delta x \to 0^+} \frac{f(0+\Delta x) - f(0)}{\Delta x} = \lim_{\Delta x \to 0^+} \frac{\Delta x}{\Delta x} = 1$$

由于左、右导数不相等,故函数 $y=|x|$ 在 $x=0$ 处不可导.

也就是说,函数 $y=|x|$ 在 $x=0$ 处连续但不可导.

说明 若函数 $y=f(x)$ 在点 x_0 处可导,则曲线在该点有切线,在该点附近切线很贴近曲线,即在该点附近曲线会比较平滑.若函数在点 x_0 处出现“尖角”,则在该点一定不可导.

例 2.8 设

$$f(x) = \begin{cases} \sin x, & x < 0 \\ x, & x \geqslant 0 \end{cases}$$

求 $f'(0)$.

解 $f'_-(0) = \lim\limits_{\Delta x \to 0^-} \dfrac{f(0+\Delta x) - f(0)}{\Delta x} = \lim\limits_{\Delta x \to 0^-} \dfrac{\sin\Delta x}{\Delta x} = 1$,

$$f'_+(0) = \lim_{\Delta x \to 0^+} \frac{f(0+\Delta x) - f(0)}{\Delta x} = \lim_{\Delta x \to 0^+} \frac{\Delta x}{\Delta x} = 1.$$

因为 $f'_-(0) = f'_+(0) = 1$,所以函数 $f(x)$ 在 $x=0$ 处可导,且 $f'(0)=1$.

例 2.9 设函数

$$f(x) = \begin{cases} x^2, & x \leqslant 1 \\ ax+b, & x > 1 \end{cases}$$

在 $x=1$ 处可导,试确定常数 a,b 的值.

解 因为 $f(x)$ 在 $x=1$ 处可导,所以 $f(x)$ 在 $x=1$ 处一定连续,即

$$f(x_0) = \lim_{x \to x_0} f(x) = \lim_{x \to x_0^-} f(x) = \lim_{x \to x_0^+} f(x)$$

$f(1)=1$, $\lim\limits_{x \to 1^-} f(x) = \lim\limits_{x \to 1^-} x^2 = 1$, $\lim\limits_{x \to x_0^+} = \lim\limits_{x \to 1^+} (ax+b) = a+b$,于是有 $a+b=1$,

$$f'_-(1) = \lim_{\Delta x \to 0^-} \frac{f(1+\Delta x) - f(1)}{\Delta x} = \lim_{\Delta x \to 0^-} \frac{2\Delta x + (\Delta x)^2}{\Delta x} = 2$$

$$f'_+(1) = \lim_{\Delta x \to 0^+} \frac{f(1+\Delta x) - f(1)}{\Delta x} = \lim_{\Delta x \to 0^+} \frac{a(1+\Delta x) + b - 1}{\Delta x} \quad (\text{因为 } a+b=1)$$

$$= \lim_{\Delta x \to 0^+} \frac{a\Delta x}{\Delta x} = a$$

因为 $f(x)$ 在 $x=1$ 处可导,所以有

$$f'_-(1) = f'_+(1) = f'(1)$$

即

$$a = 2$$

从而有 $b=-1$.

因此，当 $a=2,b=-1$ 时，$f(x)$ 在 $x=1$ 处可导.

课堂练习

1. 自由落体物体的运动方程为

$$s=\frac{1}{2}gt^2$$

其中 g 是重力加速度，求：

(1) 物体在 1 s 到 1.1 s 这段时间内的平均速度；

(2) 物体在 $t=1$ s 时的瞬时速度.

2. 设函数 $y=f(x)$ 在点 x_0 处可导，求下列极限：

(1) $\lim\limits_{\Delta x\to 0}\frac{f(x_0+2\Delta x)-f(x_0)}{\Delta x}$；　　(2) $\lim\limits_{h\to 0}\frac{f(x_0-h)-f(x_0)}{h}$.

3. 设函数 $y=f(x)$ 满足 $f'(0)=1$，求 $\lim\limits_{h\to 0}\frac{f(2h)-f(0)}{h}$.

4. 设函数 $y=f(x)$ 在点 x_0 处可导，且 $f(x_0)=1$，求 $\lim\limits_{x\to x_0}f(x)$ 的值.

5. 求双曲线 $y=\frac{1}{x}$ 在点(1,1)处的切线方程和法线方程.

6. 讨论曲线 $y=x^3$ 在哪一点处的切线与直线 $y=3x+1$ 平行.

7. 甲、乙两人同时从 A 地赶往 B 地，甲先骑自行车到中点改为跑步，而乙则是先跑步，到中点后改为骑自行车，最后两人同时到达 B 地，已知甲骑自行车比乙骑自行车快，若每人离开甲地的距离 s 与所用时间 t 的函数用图像表示，问图 2.4 中哪两个图形能够分别表示甲、乙两人的运动情况？

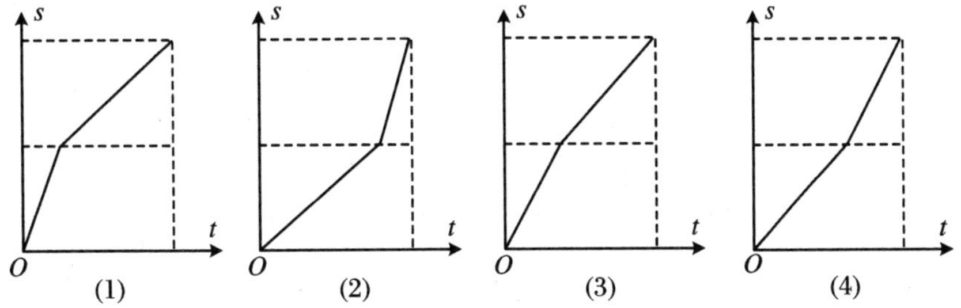

图 2.4

8. 证明函数 $f(x)=\begin{cases}2x-1, & x\leqslant 1\\ \sqrt{x}, & x>1\end{cases}$ 在 $x=1$ 处连续，但不可导.

数学家小传

高斯(1777～1855年,图2.5),德国著名数学家、物理学家、天文学家、大地测量学家.他有"数学王子"的美誉,并被誉为历史上最伟大的数学家之一,和阿基米德、牛顿、欧拉同享盛名.高斯的成就遍及数学的各个领域,在数论、非欧几何、微分几何、超几何级数、复变函数论以及椭圆函数论等方面均有开创性的贡献.他十分注重数学的应用,并且在对天文学、大地测量学和磁学的研究中也偏重于用数学方法进行研究.

图2.5

高斯幼时家境贫困,但聪敏异常,1792年,在当地公爵的资助下,不满15岁的高斯进入了卡罗琳学院学习.在那里,高斯开始对高等数学做研究.18岁的高斯发现了质数分布定理和最小二乘法,通过对足够多的测量数据的处理后,可以得到一个新的、概率性质的测量结果.在这些基础之上,高斯随后专注于曲面与曲线的计算,并成功地得到了高斯钟形曲线(正态分布曲线).其函数被命名为标准正态分布(或高斯分布),并在概率计算中大量使用.

1801年发表的《算术研究》是数学史上为数不多的经典著作之一,它开辟了数论研究的全新时代.在这本书中,高斯不仅把19世纪以前数论中的一系列孤立的结果系统地进行了整理,给出了标准记号和完整的体系,而且详细地阐述了自己的成果,其中主要是同余理论、剩余理论以及型的理论.同余概念最早是由欧拉提出的,高斯则首次引进了同余的记号并系统而又深入地阐述了同余式的理论,包括定义相同模的同余式运算、多项式同余式的基本定理的证明、对幂以及多项式的同余式的处理.19世纪20年代,他再次发展同余式理论,着重研究了可应用于高次同余式的互反律,继二次剩余之后,得出了三次和双二次剩余理论.此后,为了使这一理论更趋简单,他将复数引入数论,从而开创了复整数理论.高斯系统化并扩展了型的理论.他给出型的等价定义和一系列关于型的等价定理,研究了型的复合(乘积)以及关于二次和三次型的处理.1830年,高斯对型和型类所给出的几何表示,标志着数的几何理论发展的开端.在《算术研究》中他还进一步发展了分圆理论,把分圆问题归结为解二项方程的问题,并建立起二项方程的理论.后来阿贝尔按高斯对二项方程的处理,着手探讨了高次方程的可解性问题.

高斯在代数方面的代表性成就是他对代数基本定理的证明.高斯的方法不是去计算一个根,而是证明它的存在.这个方式开创了探讨数学中整个存在性问题的新途径.他曾先后四次给出这个定理的证明,在这些证明中应用了复数,并且合理地给出了复数及其代数运算的几何表示,这不仅有效地巩固了复数的地位,而且使单复变函数理论的建立更为直观、合理.在复分析方面,高斯提出了不少单复变函数的基本概念,著名的柯西积分定理(复变函数沿不包括奇点的闭曲线上的积分为零),也是高斯在1811年首先提出并加以应用的.复函数在数论中的深入应用,又使高斯发现了椭圆函数的双周期性,开创了椭圆函数论这一重大的领域,但与非欧几何一样,关于椭圆函数他生前未发表任何文章.

1812年,高斯发表了在分析方面的重要论文《无穷级数的一般研究》,其中引入了高斯级数的概念.他除了证明这些级数的性质外,还通过对它们敛散性的讨论,开创了关于级数敛散性的研究.

非欧几何是高斯的又一重大发现.有关的思想最早可以追溯到1792年,即高斯15岁那年.那时他已经意识到除欧氏几何外还存在着一个无逻辑矛盾的几何,其中欧氏几何的平行公设不成立.1799年他开始重视开发新几何学的内容,并在1813年左右形成了较完整的思想.高斯深信非欧几何在逻辑上相容并确认其具有可应用性,虽然高斯生前没有发表.

2.2　初等函数的导数

求函数的变化率——导数,是理论研究和实践应用中经常遇到的一个普遍问题.但根据定义求导往往非常繁琐,有时甚至是不可行的.以后我们通常用如下公式和法则来求初等函数的导数.

2.2.1　基本初等函数的导数公式

(1) $(c)'=0$(c 为常数);

(2) $(x^\mu)'=\mu x^{\mu-1}$(μ 为实数),特别地,$(x)'=1$,$\left(\frac{1}{x}\right)'=-\frac{1}{x^2}$,$(\sqrt{x})'=\frac{1}{2\sqrt{x}}$;

(3) $(a^x)'=a^x\ln a$,特别地,$(e^x)'=e^x$;

(4) $(\log_a x)'=\frac{1}{x\ln a}$,特别地,$(\ln x)'=\frac{1}{x}$;

(5) $(\sin x)'=\cos x$,　　$(\cos x)'=-\sin x$,

$(\tan x)'=\sec^2 x$,　　$(\cot x)'=-\csc^2 x$,

$(\sec x)'=\sec x\tan x$,　　$(\csc x)'=-\csc x\cot x$;

(6) $(\arcsin x)'=\frac{1}{\sqrt{1-x^2}}$,　　$(\arccos x)'=-\frac{1}{\sqrt{1-x^2}}$,

$(\arctan x)'=\frac{1}{1+x^2}$,　　$(\text{arccot}\, x)'=-\frac{1}{1+x^2}$.

注意　以上公式要求学生熟记.

2.2.2 函数四则运算的求导法则

如果函数 $u(x)$ 与 $v(x)$ 在点 x 处可导，那么 $u(x)\pm v(x)$，$u(x)\cdot v(x)$，$\dfrac{u(x)}{v(x)}$ $(v(x)\neq 0)$ 在点 x 处也可导，且有

(1) $(u\pm v)'=u'\pm v'$；

(2) $(uv)'=u'v+uv'$，特别地，$(cu)'=cu'$（c 为常数）；

(3) $\left(\dfrac{u}{v}\right)'=\dfrac{u'v-uv'}{v^2}\ (v\neq 0)$，特别地，$\left(\dfrac{1}{v}\right)'=-\dfrac{v'}{v^2}$.

注意 ① $(uv)'\neq u'v'$，$\left(\dfrac{u}{v}\right)'\neq\dfrac{u'}{v'}$；

② 上面的结论(1)与(2)可以推广到有限个可导函数的情形，即

$$(u_1\pm u_2\pm\cdots\pm u_n)'=u_1'\pm u_2'\pm\cdots\pm u_n'$$

$$(uvw)'=u'vw+uv'w+uvw'$$

例 2.10 求 $y=x^2+2^x$ 的导数.

解 $y'=(x^2)'+(2^x)'=2x+2^x\ln 2$.

例 2.11 求 $y=x\sqrt{x}-\dfrac{1}{x}+3\mathrm{e}^x-\ln 2$ 的导数.

解 $y'=(x^{\frac{3}{2}})'-\left(\dfrac{1}{x}\right)'+3(\mathrm{e}^x)'-(\ln 2)'$

$=\dfrac{3}{2}\sqrt{x}+\dfrac{1}{x^2}+3\mathrm{e}^x$.

例 2.12 设 $y=x^2\ln x$，求 y' 及 $y'|_{x=\mathrm{e}}$.

解 $y'=(x^2)'\ln x+x^2(\ln x)'$

$=2x\ln x+x$，

$y'|_{x=\mathrm{e}}=3\mathrm{e}$.

例 2.13 设 $y=\dfrac{2x-3\sqrt{x}\mathrm{e}^x+5}{\sqrt{x}}$，求 $\dfrac{\mathrm{d}y}{\mathrm{d}x}$.

解 $y=2x^{\frac{1}{2}}-3\mathrm{e}^x+5x^{-\frac{1}{2}}$，

$\dfrac{\mathrm{d}y}{\mathrm{d}x}=\dfrac{1}{\sqrt{x}}-3\mathrm{e}^x-\dfrac{5}{2}x^{-\frac{3}{2}}=\dfrac{1}{\sqrt{x}}-3\mathrm{e}^x-\dfrac{5}{2x\sqrt{x}}$.

例 2.14 设 $f(x)=\dfrac{1-\sin x}{1+\sin x}$，求 $f'(0)$.

解 $f'(x)=\dfrac{(1-\sin x)'(1+\sin x)-(1-\sin x)(1+\sin x)'}{(1+\sin x)^2}$

$=\dfrac{-\cos x(1+\sin x)-(1-\sin x)\cos x}{(1+\sin x)^2}$

$=-\dfrac{2\cos x}{(1+\sin x)^2}$，

故有

$$f'(0) = -2$$

例 2.15　在高台跳水运动中，运动员相对于水面的高度 h（单位：m）与起跳后的时间 t（单位：s）存在函数关系

$$h(t) = -4.9t^2 + 6.5t + 10$$

求运动员在 $t=1$ s 时的瞬时速度，并解释此时的运动状况.

解　运动员的瞬时速度

$$v = \frac{\mathrm{d}h}{\mathrm{d}t} = -9.8t + 6.5$$

在 $t=1$ s 时的瞬时速度

$$v(1) = \left.\frac{\mathrm{d}h}{\mathrm{d}t}\right|_{t=1} = -3.3(\mathrm{m/s})$$

这说明运动员在 $t=1$ s 时以 3.3 m/s 的速度下降.

例 2.16　日常生活中的饮用水通常是经过净化的.随着水纯净度的提高，所需净化的费用不断增加.已知将 1 吨水净化到纯净度为 $x\%$ 时所需的费用（单位：元）为

$$c(x) = \frac{5284}{100-x} \quad (80 < x < 100)$$

求净化到下列纯净度时，所需净化费用的瞬时变化率：

(1) 90%；　　(2) 98%.

解　净化费用的瞬时变化率就是净化费用函数的导数

$$c'(x) = -\frac{5284 \times (100-x)'}{(100-x)^2} = \frac{5284}{(100-x)^2}$$

(1) 因为 $c'(90)=52.84$，所以纯净度为 90%时，费用的瞬时变化率是 52.84 元/吨；

(2) 因为 $c'(98)=1321$，所以纯净度为 98%时，费用的瞬时变化率是 1321 元/吨.

我们知道，函数 $y=f(x)$在某点处导数的大小表示函数在此点附近变化的快慢.由上述计算可知，水的纯净度越高，需要的净化费用就越多，而且净化费用增加的速度也越快.

2.2.3　复合函数的求导法则

如果函数 $u=\varphi(x)$在点 x 处可导，函数 $y=f(u)$在对应点 u 处也可导，则复合函数 $y=f[\varphi(x)]$在点 x 处可导，且有

$$\frac{\mathrm{d}y}{\mathrm{d}x} = \frac{\mathrm{d}y}{\mathrm{d}u} \cdot \frac{\mathrm{d}u}{\mathrm{d}x}$$

也可以写成

$$y'_x = y'_u \cdot u'_x$$

或

$$\{f[\varphi(x)]\}' = f'(u)\varphi'(x)$$

这个结论表明：复合函数的导数等于该函数对中间变量的导数乘以中间变量对自变

量的导数.

例 2.17 求下列函数的导数：

(1) $y=(4x+1)^{10}$； (2) $y=\cos\sqrt{x}$.

解 (1) 由于 $y=(4x+1)^{10}$是由 $y=u^{10}$与 $u=4x+1$ 复合而成的,运用复合函数求导法则,有

$$\frac{\mathrm{d}y}{\mathrm{d}x}=\frac{\mathrm{d}y}{\mathrm{d}u}\cdot\frac{\mathrm{d}u}{\mathrm{d}x}=(u^{10})'\cdot(4x+1)'=10u^{9}\cdot 4=40(4x+1)^{9}$$

(2) 由于 $y=\cos\sqrt{x}$是由$y=\cos u$ 与$u=\sqrt{x}$复合而成的,因此有

$$y'_x=y'_u\cdot u'_x=(\cos u)'\cdot(\sqrt{x})'=(-\sin u)\cdot\frac{1}{2\sqrt{x}}=-\frac{\sin\sqrt{x}}{2\sqrt{x}}$$

复合函数求导时,要注意分析复合函数的复合过程. 在对复合函数的分解比较熟练后,可不必写出中间变量,而把中间变量所要代替的式子看成一个整体默记在心,然后运用公式直接写出求导结果.

例如,$y=(4x+1)^{10}$就可以默记 $4x+1=u$,先对幂函数求导,再乘以$(4x+1)$的导数.

$$y'=10(4x+1)^{9}\cdot(4x+1)'=40(4x+1)^{9}$$

又如,$y=\cos\sqrt{x}$也可以默记$\sqrt{x}=u$,则有

$$y'=-\sin\sqrt{x}\cdot(\sqrt{x})'=-\frac{\sin\sqrt{x}}{2\sqrt{x}}$$

例 2.18 求下列函数的导数：

(1) $y=\mathrm{e}^{3x}$； (2) $f(x)=\sin\left(4x-\frac{\pi}{3}\right)$；

(3) $y=\tan^{2}3x$； (4) $y=\ln\sqrt{\frac{1-x^{2}}{1+x^{2}}}$.

解 (1) $y'=\mathrm{e}^{3x}\cdot(3x)'=3\mathrm{e}^{3x}$；

(2) $f'(x)=\cos\left(4x-\frac{\pi}{3}\right)\times\left(4x-\frac{\pi}{3}\right)'=4\cos\left(4x-\frac{\pi}{3}\right)$；

(3) $y'=2\tan 3x\,(\tan 3x)'=2\tan 3x\sec^{2}3x\cdot(3x)'=6\tan 3x\sec^{2}3x$；

(4) $y=\ln\sqrt{\frac{1-x^{2}}{1+x^{2}}}=\frac{1}{2}[\ln(1-x^{2})-\ln(1+x^{2})]$,

$$y'=\frac{1}{2}\left[\frac{1}{1-x^{2}}(1-x^{2})'-\frac{1}{1+x^{2}}(1+x^{2})'\right]$$

$$=\frac{1}{2}\left(\frac{-2x}{1-x^{2}}-\frac{2x}{1+x^{2}}\right)=\frac{-2x}{1-x^{4}}.$$

2.2.4 初等函数的导数

前面我们已经有了基本初等函数的求导公式,并讨论了函数的四则运算法则及复合

函数求导法则.根据初等函数的概念,我们可以说,至此,初等函数的求导问题已经解决,并且初等函数的导数仍为初等函数.

下面我们再看几个初等函数的导数.

例 2.19　设 $f(x)=\ln(x+\sqrt{1+x^2})$,求 $f'(x)$.

解　$$f'(x)=\frac{1}{x+\sqrt{1+x^2}}\cdot(x+\sqrt{1+x^2})'$$
$$=\frac{1}{x+\sqrt{1+x^2}}\cdot\left(1+\frac{x}{\sqrt{1+x^2}}\right)'=\frac{1}{\sqrt{1+x^2}}.$$

例 2.20　设 $f(x)=\arctan\frac{x-1}{x+1}$,求 $f'(0)$.

解　$$f'(x)=\frac{1}{1+\left(\frac{x-1}{x+1}\right)^2}\cdot\left(\frac{x-1}{x+1}\right)'$$
$$=\frac{(x+1)^2}{(x+1)^2+(x-1)^2}\cdot\frac{(x-1)'(x+1)-(x-1)(x+1)'}{(x+1)^2}$$
$$=\frac{x+1-(x-1)}{2(1+x^2)}=\frac{1}{1+x^2},$$
$$f'(0)=\left(\frac{1}{1+x^2}\right)\bigg|_{x=0}=1.$$

2.2.5　高阶导数

我们知道,物体做变速直线运动,其瞬时速度 $v(t)$就是路程函数 $s(t)$对时间 t 的导数,即
$$v(t)=s'(t)=\frac{\mathrm{d}s}{\mathrm{d}t}$$
根据物理学知识,速度函数 $v(t)$对时间 t 的导数就是加速度 a,即加速度 a 是路程函数 $s(t)$对时间 t 的导数的导数,称其为 $s(t)$对 t 的二阶导数,记为
$$a=v'(t)=s''(t)=\frac{\mathrm{d}^2s}{\mathrm{d}t^2}$$

一般地,如果函数 $y=f(x)$的导数 $f'(x)$仍然可导,那么就称 $f'(x)$的导数$[f'(x)]'$为函数 $f(x)$的二阶导数,记 $y''=(y')'$,也记为
$$y'',\quad f''(x),\quad \frac{\mathrm{d}^2y}{\mathrm{d}x^2}\quad 或\quad \frac{\mathrm{d}^2f}{\mathrm{d}x^2}$$

类似地,如果 $f''(x)$可导,则称二阶导数 $f''(x)$的导数为函数 $f(x)$的三阶导数,记作
$$y''',\quad f'''(x),\quad \frac{\mathrm{d}^3y}{\mathrm{d}x^3}\quad 或\quad \frac{\mathrm{d}^3f}{\mathrm{d}x^3}$$

一般地,如果函数 $f(x)$的 $n-1$ 阶导数仍可导,则称 $n-1$ 阶导数 $f^{(n-1)}(x)$的导数为函数 $f(x)$的 n 阶导数,记作

$$y^{(n)},\quad f^{(n)}(x),\quad \frac{d^n y}{dx^n}\quad 或\quad \frac{d^n f}{dx^n}$$

函数 $f(x)$的二阶及二阶以上的导数统称为高阶导数.

例 2.21 设 $y=xe^x$,求 y''.

解 因为

$$y'=e^x+xe^x=(1+x)e^x$$

所以

$$y''=e^x+(1+x)e^x=(2+x)e^x$$

例 2.22 设 $y=x^n$(n 为自然数),求 $y^{(n)}$.

解 $y'=nx^{n-1}$,

$y''=n(n-1)x^{n-2}$.

可见每经过一次求导运算,x^n 的次数就降低一次,继续求导得

$$y^{(n)}=n(n-1)(n-2)\cdots 3\cdot 2\cdot 1=n!$$

一般地,n 次多项式的一切高于 n 阶的导数都是零.

例 2.23 求 $y=e^x$ 的 n 阶导数.

解 $y'=e^x, y''=e^x,\cdots,y^{(n)}=e^x$,即指数函数 $y=e^x$ 的任意阶导数仍是指数函数 e^x.

例 2.24 设 $y=\sin x$,求 $y^{(n)}$.

解 $y'=\cos x=\sin\left(\frac{\pi}{2}+x\right)$, $y''=\cos\left(\frac{\pi}{2}+x\right)=\sin\left(x+2\cdot\frac{\pi}{2}\right)$,

$y'''=\cos(x+\pi)=\sin\left(x+3\cdot\frac{\pi}{2}\right)$,

$\cdots$,

$y^{(n)}=(\sin x)^{(n)}=\sin\left(x+\frac{n\pi}{2}\right)$.

例 2.25 设 $f(x)=\ln(1+x)$,求 $f^{(n)}(0)$.

解 $f'(x)=\frac{1}{1+x}$, $f''(x)=-\frac{1}{(1+x)^2}$, $f'''(x)=\frac{1\cdot 2}{(1+x)^3}=\frac{2!}{(1+x)^3}$,

$\cdots$,

$f^{(n)}(x)=(-1)^{n-1}\frac{(n-1)!}{(1+x)^n}$,

$f^{(n)}(0)=(-1)^{n-1}(n-1)!$.

例 2.26 如果做变速直线运动的质点位移和时间的关系是:$s=3t^2+e^{2t}$,求质点在 $t=2$ 时的速度和加速度.

解 $v=\frac{ds}{dt}=6t+2e^{2t}$, $a=\frac{dv}{dt}=\frac{d^2s}{dt^2}=6+4e^{2t}$,

$v|_{t=2}=12+2e^4$, $a|_{t=2}=6+4e^4$.

课 堂 练 习

1. 求下列函数的导数：

(1) $y=2x^3-3x+1$；

(2) $y=x^2-\frac{2}{x}+\ln 2$；

(3) $y=2^x+x^2-e^x+5\cos x$；

(4) $y=\frac{x^3-2x+\sqrt{x}\sin x+3}{\sqrt{x}}$；

(5) $y=x^3\ln x$；

(6) $y=e^x\cos x$；

(7) $y=\frac{\sin x}{x}$；

(8) $f(x)=\frac{3^x}{2^x}+x^{\frac{3}{2}}-\cos\sqrt{\pi}$，求 $f'(0)$.

2. 求下列函数的导数：

(1) $y=(2x-1)^{10}$；

(2) $y=\cos 5x$；

(3) $y=e^{4x}$；

(4) $y=\arcsin(1-3x)$；

(5) $y=\sqrt{x^2+1}$；

(6) $y=\ln\sin 2x$；

(7) $y=\tan^2(3x+1)$；

(8) $y=\cos^2\frac{1}{x}$；

(9) 设 $y=\frac{1-2x}{1+2x}$，求 $y'(0)$；

(10) 设 $f(x)=x\cdot\sqrt{x^2-16}$，求 $f'(5)$.

3. 求下列函数的二阶导数：

(1) $y=x^3+x^2+1$；

(2) $y=x\sin x$；

(3) $y=x^2-e^2$；

(4) $y=e^{2x}\cos 3x$；

(5) $f(x)=\ln(x+\sqrt{x^2+1})$.

4. 设 $y^{(n-2)}=x\ln x$，求 $y^{(n)}$.

5. 火车在刹车后所行距离 s(单位:m)与时间 t(单位:s)的函数是：$s=50t-5t^2$，求：

(1) 刚开始刹车时的速度；(2) 刹车后火车经过多长时间才能停下；(3) 从刹车到停车火车行驶多少米.

2.3 隐函数及由参数方程所确定的函数的导数

2.3.1 隐函数的导数

用解析法表示函数通常有两种不同的方式：一种是函数 y 可由自变量 x 的解析式 $y=f(x)$ 来表示，这种函数称为显函数，如 $y=xe^x$，$y=\ln(x+\sqrt{1+x^2})$ 等；另一种是变量 x 与 y 之间的函数关系是由一个方程

$$F(x,y)=0$$

来确定的，这种函数称为隐函数.如 $x^2+y^2=R^2$，$xy-e^x+e^y=0$ 等.

把一个隐函数化成显函数，称为隐函数的显化.例如，由方程 $2x+y^3-1=0$ 所确定

的隐函数，解得 $y=\sqrt[3]{1-2x}$，就把隐函数化成了显函数.并不是所有的隐函数都能显化，例如：$xy-e^x+e^y=0$ 所确定的隐函数就不能显化；在求隐函数的导数时，不需要把隐函数显化后再求导.一般地，如果方程 $F(x,y)=0$ 确定一个函数 $y=f(x)$，求导时，可直接在方程 $F(x,y)=0$ 的两端同时对 x 求导，而把函数 y 视为 x 的函数，利用复合函数的求导法则求导即可.

例 2.27 求由方程 $xy+\ln y=1$ 所确定的隐函数的导数$\frac{dy}{dx}$，并求$\left.\frac{dy}{dx}\right|_{x=1}$.

解 在方程的两端同时对 x 求导，并视 y 为 x 的函数，按复合函数的求导法则，有

$$(xy)'+(\ln y)'=(1)'$$

即

$$y+xy'+\frac{y'}{y}=0$$

解出 y'，可得

$$\frac{dy}{dx}=-\frac{y^2}{xy+1}$$

为了求得$\left.\frac{dy}{dx}\right|_{x=1}$，将 $x=1$ 代入方程，得 $y=1$.

因此

$$\left.\frac{dy}{dx}\right|_{x=1}=\left.\frac{dy}{dx}\right|_{\substack{x=1\\y=1}}=-\frac{1}{2}$$

例 2.28 求由方程 $\ln\sqrt{x^2+y^2}=\arctan\frac{y}{x}$所确定的隐函数的导数$\frac{dy}{dx}$.

解 在方程的两端同时对 x 求导，并视 y 为 x 的函数，按复合函数的求导法则，有

$$\frac{1}{2}\cdot\frac{2x+2y\cdot y'}{x^2+y^2}=\frac{\dfrac{x\cdot y'-y}{x^2}}{1+\left(\dfrac{y}{x}\right)^2}$$

解出 y'，可得

$$\frac{dy}{dx}=\frac{x+y}{x-y}$$

2.3.2 对数求导法

对幂指函数 $y=u(x)^{v(x)}(u(x)>0)$，不能直接使用前面介绍的求导法则求其导数，对于这类函数，可以先在函数两边取对数，然后在等式两边同时对自变量 x 求导，最后解出所求导数.这种方法称为对数求导法.

例 2.29 求幂指函数 $y=x^x(x>0)$的导数.

解 在等式两边取对数，得

$$\ln y=x\ln x$$

在等式两边对 x 求导，得

$$\frac{1}{y}\cdot y' = 1+\ln x$$

所以

$$y' = y(1+\ln x) = x^x(1+\ln x)$$

例 2.30　设$(\cos y)^x=(\sin x)^y$,求 y'.

解　在等式两边取对数,得

$$x\ln\cos y = y\ln\sin x$$

在等式两边对 x 求导,得

$$\ln\cos y - x\frac{\sin y}{\cos y}y' = y'\ln\sin x + y\frac{\cos x}{\sin x}$$

所以

$$y' = \frac{\ln\cos y - y\cot x}{x\tan y+\ln\sin x}$$

此外,对数求导法还常用于求多个函数连乘除的导数.

例 2.31　设 $y=\dfrac{(x^2+1)\sqrt[3]{(x-1)^2}}{(3x+4)^2e^x}(x>1)$,求 y'.

解　这个函数直接求导比较复杂,先将等式两边取对数,得

$$\ln y = \ln(x^2+1)+\frac{2}{3}\ln(x-1)-2\ln(3x+4)-x$$

在上式两边同时对 x 求导,有

$$\frac{y'}{y} = \frac{2x}{x^2+1}+\frac{2}{3(x-1)}-\frac{6}{2(3x+4)}-1$$

故

$$y' = \frac{(x^2+1)\sqrt[3]{(x-1)^2}}{(3x+4)^2e^x}\left[\frac{2x}{x^2+1}+\frac{2}{3(x-1)}-\frac{6}{2(3x+4)}-1\right]$$

2.3.3　参数方程表示的函数的导数

若由参数方程

$$\begin{cases}x=\varphi(t)\\ y=\psi(t)\end{cases}\quad (t\text{ 为参数})$$

确定了 y 为 x 的函数,则称此函数为由参数方程表示的函数.

在计算由参数方程所确定的函数的导数时,不需要先消去参数 t 后再进行求导.事实上,设 $x=\varphi(t)$与 $y=\psi(t)$都可导,且 $\varphi'(t)\neq 0$,可以推出

$$\frac{dy}{dx} = \frac{\psi'(t)}{\varphi'(t)} = \frac{y'_t}{x'_t}$$

例 2.32　设$\begin{cases}x=\arctan t\\ y=\ln(1+t^2)\end{cases}$,求$\dfrac{dy}{dx}$.

解　$x'_t=\dfrac{1}{1+t^2}$,　$y'_t=\dfrac{2t}{1+t^2}$,　$\dfrac{dy}{dx}=\dfrac{y'_t}{x'_t}=2t$.

《课 堂 练 习》

1. 求下列方程所确定的隐函数 y 的导数$\frac{dy}{dx}$：

(1) $xy = e^{x+y}$；　　(2) $x^2 + 3y^4 + x + 2y = 1$；

(3) $\cos(x+y) + y = 1$；　　(4) $y = 1 + xe^y$.

2. 用对数求导法求下列函数的导数：

(1) $y = x^{\sin x}\ (x>0)$；　　(2) $y = \frac{\sqrt{x+1}(3-x)^2}{x^3\ (2x-1)^5}$.

3. 求下列参数方程所确定的函数的导数：

(1) $\begin{cases} x = t^2 \\ y = \frac{1}{1+t} \end{cases}$；　　(2) $\begin{cases} x = 2t^2 + 1 \\ y = 3\sin t \end{cases}$；

(3) $\begin{cases} x = t - \frac{1}{t} \\ y = \frac{1}{2}t^2 + \ln t \end{cases}$；　　(4) 设$\begin{cases} x = e^{-t}\sin 2t \\ y = e^{-t}\cos 3t \end{cases}$，求$\left.\frac{dy}{dx}\right|_{t=0}$.

数学家小传

牛顿(1642～1727 年，图 2.6)，英国皇家学会会员，爵士. 牛顿爵士是人类历史上出现过的最伟大、最有影响力的科学家之一，同时也是物理学家、数学家和哲学家，晚年醉心于炼金术和神学. 他在 1687 年 7 月 5 日发表的不朽著作《自然哲学的数学原理》里用数学方法阐明了宇宙中最基本的法则——万有引力定律和三大运动定律. 这四条定律构成了一个统一的体系，被认为是"人类智慧史上最伟大的一个成就"，由此奠定了之后三个世纪物理界的科学观点，并成为现代工程学的基础. 在数学上，牛顿与莱布尼茨分享了发展出微积分学的荣誉. 他也证明了广义二项式定理，提出了"牛顿法"以趋近函数的零点，并为幂级数的研究做出了贡献.

图 2.6

2.4 函数的微分

在实际应用中，常常会遇到这样的问题：当自变量 x 有微小的变化时，求函数 $y = f(x)$的微小改变量

$$\Delta y = f(x + \Delta x) - f(x)$$

这个问题初看起来似乎只要做减法运算就可以了，然而对于较复杂的函数 $f(x)$，差值

$f(x+\Delta x)-f(x)$却是一个更复杂的表达式，不易求出其值．一个朴素的想法是：我们设法将 Δy 表示成 Δx 的线性函数，即线性化，从而把复杂的问题转化为简单的问题．微分就是实现这种线性化的一种数学模型．

2.4.1　微分的概念

先分析一个具体问题．设有一正方形铁片，受热后边长由 x_0 增加到 $x_0+\Delta x$，如图 2.7 所示，问铁片的面积增加了多少？

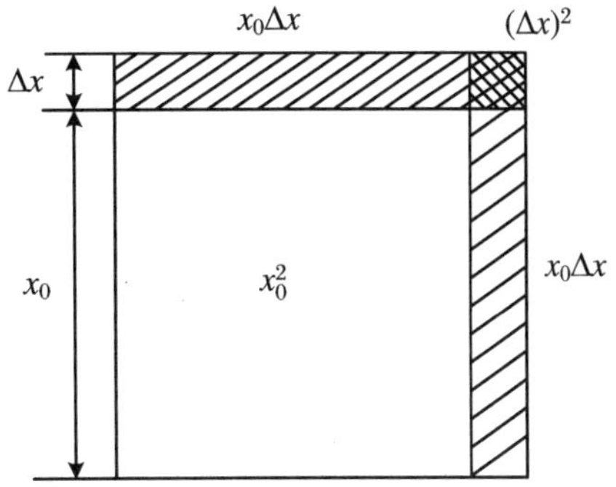

图 2.7

因为正方形面积为

$$S = x^2$$

所以当边长 x 从 x_0 增加到 $x_0+\Delta x$ 时，相应地，面积增加了

$$\Delta S = (x_0+\Delta x)^2 - x_0^2 = 2x_0\Delta x + (\Delta x)^2$$

增量 ΔS 由两部分组成，一部分是 Δx 的线性函数 $2x_0\Delta x$，就是图中带有斜线的两个矩形面积之和；另一部分是$(\Delta x)^2$，就是图中带有交叉斜线的小正方形的面积．很明显，当$|\Delta x|$很小时，ΔS 的主要部分是 $2x_0\Delta x$，而$(\Delta x)^2$ 是次要的，所以

$$\Delta S \approx 2x_0\Delta x$$

也就是

$$\Delta S \approx S'(x_0)\Delta x$$

显然，$|\Delta x|$越小，近似程度越好，所产生的误差也很小．

实际上，对于可导函数 $y=f(x)$来说，当$|\Delta x|$很小时，总有

$$\Delta y \approx f'(x_0)\Delta x$$

由于 $f'(x_0)\Delta x$ 是 Δy 的主要部分，而且又是 Δx 的线性函数，所以通常把 $f'(x_0)\Delta x$ 叫作 Δy 的线性主部．我们看到表达式 $f'(x_0)\Delta x$ 有着重要意义，于是有：

设函数 $y=f(x)$在点 x_0 处可导，称 $f'(x_0)\Delta x$ 为函数 $y=f(x)$在 x_0 处的微分，并称 $y=f(x)$在点 x_0 处可微．记为 $\mathrm{d}y|_{x=x_0}$或 $\mathrm{d}f(x)|_{x=x_0}$，即

$$\mathrm{d}y|_{x=x_0} = f'(x_0)\Delta x$$

由于自变量 x 的微分 $\mathrm{d}x=(x)'\Delta x=\Delta x$，所以函数 $f(x)$在点 x_0 处的微分又可记为

$$\mathrm{d}y|_{x=x_0} = f'(x_0)\mathrm{d}x$$

如果函数 $y=f(x)$在(a,b)内每一点都可微，则称函数 $f(x)$是(a,b)内的可微函数．函数 $f(x)$在(a,b)内任一点 x 处的微分记为

$$\mathrm{d}y = f'(x)\mathrm{d}x$$

由上式可得 $f'(x)=\dfrac{\mathrm{d}y}{\mathrm{d}x}$，因此导数$\dfrac{\mathrm{d}y}{\mathrm{d}x}$可以看作是函数的微分 $\mathrm{d}y$ 与自变量微分 $\mathrm{d}x$ 的商，所以导数也称为微商．

例 2.33　已知函数 $y=x^3+x^2+1$，

(1) 当自变量从 x 变化到$x+\Delta x$ 时，计算 Δy 与 $\mathrm{d}y$；

(2) 在 $x=2$ 时，分别计算当 $\Delta x=0.1, 0.01$ 时的函数改变量和微分．

解 (1) $\Delta y=f(x+\Delta x)-f(x)=(x+\Delta x)^3+(x+\Delta x)^2+1-x^3-x^2-1$

$=3x^2\Delta x+3x(\Delta x)^2+(\Delta x)^3+2x\Delta x+(\Delta x)^2$,

$dy=y'dx=(3x^2+2x)dx$.

(2) 当 $x=2,\Delta x=0.1$ 时,$\Delta y=1.671, dy=1.6$;

当 $x=2,\Delta x=0.01$ 时,$\Delta y=0.160701, dy=0.16$.

我们看到,上例中的函数不算复杂,但 Δy 的表达式与 dy 相比要复杂得多,计算起来运算量也较大,而 dy 只是 dx(即 Δx)的线性函数,计算量明显较小,在点 $x=2$ 附近用 dy 代替 Δy,$|\Delta x|$ 越小,近似程度越好,所产生的误差也很小.

例 2.34 求下列函数的微分:

(1) $y=x\sqrt{x}$; (2) $y=\sqrt{4x^2+1}$;

(3) $y=x^3+3^x+\tan 3$; (4) $y=e^{\sin x^2}$.

解 (1) $dy=y'dx=(x^{\frac{3}{2}})'dx=\frac{3}{2}\sqrt{x}dx$;

(2) $dy=y'dx=(\sqrt{4x^2+1})'dx=\frac{4x}{\sqrt{4x^2+1}}dx$;

(3) $dy=y'dx=(3x^2+3^x\ln 3)dx$;

(4) $y'=e^{\sin x^2}\cdot\cos x^2\cdot 2x$,

$dy=y'dx=2x\cos x^2 e^{\sin x^2}dx$.

例 2.35 有一批半径为 1 cm 的球,为了提高球面的光洁度,要镀上一层铜,厚度为 0.01 cm. 估计每只球需用多少铜(铜的密度为 8.9 g/cm³)?

解 球的体积公式

$$V=\frac{4}{3}\pi r^3$$

$$dV=V'\Delta r=4\pi r^2\Delta r$$

当 $r=1,\Delta r=0.01$ 时,球的体积增加的近似值为

$$\Delta V\approx dV=0.04\pi\approx 0.1256(\mathrm{cm}^3)$$

因此,为了提高球面的光洁度,每只球需用铜的质量为

$$m\approx 0.1256\times 8.9=1.1178(\mathrm{g})$$

2.4.2 微分的几何意义

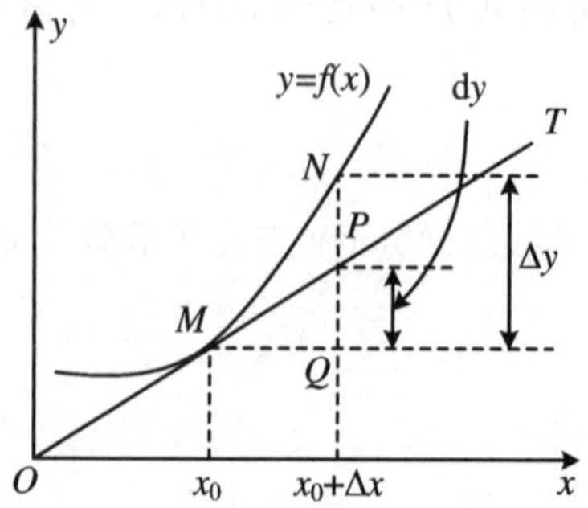

图 2.8

为了对微分有比较直观的了解,我们来说明微分的几何意义.

如图 2.8 所示,设 $M(x_0,y_0)$是曲线 $y=f(x)$上的一个定点,当自变量从 x_0 变化到 $x_0+\Delta x$ 时,函数的改变量为

$$\Delta y=QN$$

过点 M 作曲线的切线 MT,它的倾斜角为 α,则

$$dy=f'(x_0)\Delta x=\tan\alpha\cdot\Delta x=QP$$

由此可见,当 Δy 是曲线 $y=f(x)$上点的纵坐标

的增量时，函数的微分 $\mathrm{d}y$ 就是曲线的切线上点的纵坐标的相应增量.在点 x_0 附近用 $\mathrm{d}y$ 代替 Δy,体现了“以直代曲”的数学思想,体现了“化繁为简”的数学魅力.

2.4.3　微分的基本公式与运算法则

由于函数 $y=f(x)$的微分为

$$\mathrm{d}y = f'(x)\mathrm{d}x$$

因此根据导数公式和求导法则,就能得到相应的微分公式和微分运算法则.

1. 基本初等函数的微分公式

(1) $\mathrm{d}(c)=0$;

(2) $\mathrm{d}(x^{\mu})=\mu x^{\mu-1}\mathrm{d}x$,特别地,$\mathrm{d}(\sqrt{x})=\dfrac{1}{2\sqrt{x}}\mathrm{d}x$,$\mathrm{d}\left(\dfrac{1}{x}\right)=-\dfrac{1}{x^2}\mathrm{d}x$;

(3) $\mathrm{d}(a^x)=a^x\ln a\,\mathrm{d}x$,特别地,$\mathrm{d}(\mathrm{e}^x)=\mathrm{e}^x\mathrm{d}x$;

(4) $\mathrm{d}(\log_a x)=\dfrac{1}{x\ln a}\mathrm{d}x$,特别地,$\mathrm{d}(\ln x)=\dfrac{1}{x}\mathrm{d}x$;

(5) $\mathrm{d}(\sin x)=\cos x\,\mathrm{d}x$;

(6) $\mathrm{d}(\cos x)=-\sin x\,\mathrm{d}x$;

(7) $\mathrm{d}(\tan x)=\sec^2 x\,\mathrm{d}x$;

(8) $\mathrm{d}(\cot x)=-\csc^2 x\,\mathrm{d}x$;

(9) $\mathrm{d}(\sec x)=\sec x\tan x\,\mathrm{d}x$;

(10) $\mathrm{d}(\csc x)=-\csc x\cot x\,\mathrm{d}x$;

(11) $\mathrm{d}(\arcsin x)=\dfrac{1}{\sqrt{1-x^2}}\mathrm{d}x$;

(12) $\mathrm{d}(\arccos x)=-\dfrac{1}{\sqrt{1-x^2}}\mathrm{d}x$;

(13) $\mathrm{d}(\arctan x)=\dfrac{1}{1+x^2}\mathrm{d}x$;

(14) $\mathrm{d}(\mathrm{arccot}\,x)=-\dfrac{1}{1+x^2}\mathrm{d}x$.

2. 函数的四则运算的微分法则

设函数 $u=u(x)$,$v=v(x)$都是可微函数,则有如下微分法则:

(1) $\mathrm{d}(u\pm v)=\mathrm{d}u\pm\mathrm{d}v$;

(2) $\mathrm{d}(uv)=v\mathrm{d}u+u\mathrm{d}v$;

(3) $\mathrm{d}(cu)=c\mathrm{d}u$($c$ 为常数);

(4) $\mathrm{d}\left(\dfrac{u}{v}\right)=\dfrac{v\mathrm{d}u-u\mathrm{d}v}{v^2}$($v\neq0$).

3. 微分形式的不变性

根据微分的定义,当 u 为自变量时,函数 $y=f(u)$的微分为

$$\mathrm{d}y = f'(u)\mathrm{d}u$$

如果函数 $y=f(u)$,$u=\varphi(x)$都是可导函数,那么复合函数 $y=f[\varphi(x)]$的微分是

$$\mathrm{d}y = f'(u)\varphi'(x)\mathrm{d}x$$

因为 $\varphi'(x)\mathrm{d}x=\mathrm{d}u$，所以

$$\mathrm{d}y = f'(u)\mathrm{d}u$$

这表明，不论 u 是自变量还是中间变量，函数 $y=f(u)$ 的微分形式 $\mathrm{d}y=f'(u)\mathrm{d}u$ 保持不变，微分的这种性质称为一阶微分形式的不变性.

有时，利用一阶微分形式不变性求复合函数的微分比较方便.

例 2.36 求 $y=\sin\left(2x+\frac{\pi}{3}\right)$ 的微分.

解法 1 $y'=\cos\left(2x+\frac{\pi}{3}\right)\cdot 2=2\cos\left(2x+\frac{\pi}{3}\right)$，

$$\mathrm{d}y=y'\mathrm{d}x=2\cos\left(2x+\frac{\pi}{3}\right)\mathrm{d}x.$$

解法 2 根据一阶微分形式的不变性，有

$$\begin{aligned}\mathrm{d}y &= \mathrm{d}\left[\sin\left(2x+\frac{\pi}{3}\right)\right]\\ &= \cos\left(2x+\frac{\pi}{3}\right)\mathrm{d}\left(2x+\frac{\pi}{3}\right)=2\cos\left(2x+\frac{\pi}{3}\right)\mathrm{d}x\end{aligned}$$

例 2.37 设 $y=\sqrt{1-x^2}\arcsin x$，求 $\mathrm{d}y$.

解 根据微分法则及微分形式的不变性，得

$$\begin{aligned}\mathrm{d}y &= \sqrt{1-x^2}\,\mathrm{d}(\arcsin x)+\arcsin x\,\mathrm{d}(\sqrt{1-x^2})\\ &= \sqrt{1-x^2}\cdot\frac{1}{\sqrt{1-x^2}}\mathrm{d}x+\arcsin x\cdot\frac{1}{2\sqrt{1-x^2}}\mathrm{d}(1-x^2)\\ &= \mathrm{d}x-\frac{x}{\sqrt{1-x^2}}\arcsin x\,\mathrm{d}x\\ &= \left(1-\frac{x}{\sqrt{1-x^2}}\arcsin x\right)\mathrm{d}x\end{aligned}$$

例 2.38 在下列等式右端的括号内填入适当的函数，使等式成立：

(1) $3x^2\mathrm{d}x=\mathrm{d}(\quad)$； (2) $\frac{1}{\sqrt{x}}\mathrm{d}x=\mathrm{d}(\quad)$；

(3) $\frac{1}{x}\mathrm{d}x=\mathrm{d}(\quad)$； (4) $\frac{1}{x^2}\mathrm{d}x=\mathrm{d}(\quad)$；

(5) $\sin 2x\mathrm{d}x=\mathrm{d}(\quad)$； (6) $x\sqrt{x^2+1}\mathrm{d}x=\mathrm{d}(\quad)$.

解 只要括号内所填函数的导数等于 $\mathrm{d}x$ 前面的函数，等式就成立，因此

(1) $3x^2\mathrm{d}x=\mathrm{d}(x^3+C)$； (2) $\frac{1}{\sqrt{x}}\mathrm{d}x=\mathrm{d}(2\sqrt{x}+C)$；

(3) $\frac{1}{x}\mathrm{d}x=\mathrm{d}(\ln|x|+C)$； (4) $\frac{1}{x^2}\mathrm{d}x=\mathrm{d}\left(-\frac{1}{x}+C\right)$；

(5) $\sin 2x\mathrm{d}x=\mathrm{d}\left(-\frac{1}{2}\cos 2x+C\right)$； (6) $x\sqrt{x^2+1}\mathrm{d}x=\mathrm{d}\left(\frac{1}{3}(x^2+1)^{\frac{3}{2}}+C\right)$.

式中的 C 为任意常数.

2.4.4 函数的线性化

从前面的讨论可知，当 $|\Delta x|$ 很小时，有

$$\Delta y \approx \mathrm{d}y$$

即

$$f(x_0+\Delta x)-f(x_0)\approx f'(x_0)\Delta x$$

令 $x_0+\Delta x=x$，则 $\Delta x=x-x_0$，从而有

$$f(x)-f(x_0)\approx f'(x_0)(x-x_0)$$

即

$$f(x)\approx f(x_0)+f'(x_0)(x-x_0) \tag{2.4}$$

若记上式右端的线性函数为

$$L(x)=f(x_0)+f'(x_0)(x-x_0)$$

它的图形就是曲线 $y=f(x)$ 上点 $(x_0,f(x_0))$ 处的切线.

(2.4)式表明，当 $|\Delta x|$ 很小时，也就是当 $x\to x_0$ 时，在点 M 附近可以用该点处的切线近似代替曲线，因此我们把线性函数

$$L(x)=f(x_0)+f'(x_0)(x-x_0) \tag{2.5}$$

称为函数 $y=f(x)$ 在 x_0 处的线性化.

例 2.39 将 $f(x)=\sqrt{1+x}$ 在 $x=0$ 与 $x=3$ 处线性化.

解 函数在点 $x=0$ 处线性化，实际上就是求过该点的切线方程

$$f'(x)=\frac{1}{2\sqrt{1+x}},\quad k=f'(0)=\frac{1}{2}$$

故

$$L(x)=f(0)+f'(0)(x-0)=\frac{1}{2}x+1$$

类似地，函数在点 $x=3$ 处线性化为

$$L(x)=f(3)+f'(3)(x-3)=\frac{1}{4}x+\frac{5}{4}$$

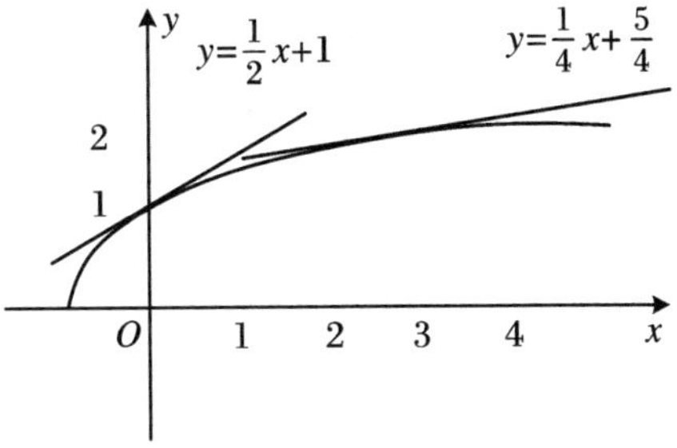

图 2.9

如图 2.9 所示，故

$$f(x)\approx\frac{1}{2}x+1\quad(\text{在 } x=0 \text{ 处})$$

$$f(x)\approx\frac{1}{4}x+\frac{5}{4}\quad(\text{在 } x=3 \text{ 处})$$

特例，(2.4)式 $f(x)\approx f(x_0)+f'(x_0)(x-x_0)$ 中，当 $x_0=0$ 时，有

$$f(x)\approx f(0)+f'(0)x$$

由此可以得到，在零点附近，即当 $|x|$ 很小时，有以下五个常用的线性近似公式：

(1) $\sqrt[n]{1+x}\approx 1+\frac{1}{n}x$；

(2) $\sin x\approx x$；

(3) $\tan x\approx x$；

(4) $e^x \approx 1 + x$；

(5) $\ln(1+x) \approx x$.

公式告诉我们，在原点附近曲线 $y = \sin x$，$y = \tan x$，$y = e^x - 1$，$y = \ln(1+x)$都可以用直线 $y = x$ 近似代替.

例 2.40 计算$\sqrt[3]{998.5}$.

解 $\sqrt[3]{998.5} = 10\sqrt[3]{1-0.0015}$，可以利用上面的近似公式(1)进行计算，这里 $x = -0.0015$，其值相对很小，故有

$$\sqrt[3]{998.5} = 10\sqrt[3]{1-0.0015} \approx 10\left(1 - \frac{1}{3} \times 0.0015\right) = 9.995$$

例 2.41 计算 $\sin \dfrac{\pi}{30}$.

解 利用近似公式得

$$\sin \frac{\pi}{30} \approx \sin 0.105 \approx 0.105$$

《课堂练习》

1. 已知 $y = 2x^3 + 3x + 1$，在 $x = 2$ 时，分别计算当 $\Delta x = 0.1, 0.01$ 时的函数改变量和微分，并加以比较.

2. 水管壁的正截面是一个圆环，设它的内径为 r_0，壁厚为 Δr，试利用微分来计算这个圆环面积的近似值.

3. 一正方体的棱长 $x = 10$ m，如果棱长增加 0.1 m，求此正方体体积增加的精确值和近似值.

4. 求下列函数的微分：

(1) $y = 2x^3 + x^2 + x - 1$； (2) $y = \sin 2x$；

(3) $y = x^2 e^{3x}$； (4) $y = 1 + 2\cos \dfrac{x}{3}$；

(5) $y = \sqrt{4 + x^2}$； (6) $y = \dfrac{\ln x}{x}$.

5. 用适当的函数填入括号内，使下式成立：

(1) $x\mathrm{d}x = \mathrm{d}(\quad)$； (2) $x\mathrm{d}x = (\quad)\mathrm{d}(3x^2 + 4)$；

(3) $e^{-5x}\mathrm{d}x = \mathrm{d}(\quad)$； (4) $\dfrac{1}{x^2}\mathrm{d}x = \mathrm{d}(\quad)$；

(5) $\dfrac{1}{\sqrt{x}}\mathrm{d}x = \mathrm{d}(\quad)$； (6) $\mathrm{d}x = (\quad)\mathrm{d}(1 - 3x)$；

(7) $\dfrac{\cos \frac{1}{x}}{x^2}\mathrm{d}x = \mathrm{d}(\quad)$； (8) $\dfrac{\ln x}{x}\mathrm{d}x = \mathrm{d}(\quad)$；

(9) $\dfrac{\mathrm{d}x}{1 + x^2} = \mathrm{d}(\quad)$； (10) $\dfrac{\mathrm{d}x}{\sqrt{1 - x^2}} = \mathrm{d}(\quad)$.

6. 求下列数的近似值：

(1) $e^{1.01}$；　(2) $\ln 0.98$；　(3) $\sqrt[3]{65}$；　(4) $\sin 29^0$.

7. 在驾车旅行中，估计平均车速 v(km/h)与驾车费用 $C(v)$之间的关系为

$$C(v) = 125 + v + \frac{4500}{v}$$

当平均车速从 55 km/h 增加到 58 km/h 时，试估计驾车费用的改变量.

习　题　2

A　组

1. 已知函数 $f(x)$在点 x_0 处可导，且$\lim\limits_{h\to 0}\frac{h}{f(x_0-2h)-f(x_0)}=\frac{1}{4}$，求 $f'(x_0)$.

2. 求下列函数的导数：

(1) $y=x^3-2x+1$；　(2) $y=x^2+\frac{1}{x}-\pi^2$；

(3) $y=\frac{3}{x^2}$；　(4) $s=\frac{1+2t-t\sin t}{t}$；

(5) $y=xe^x$；　(6) $y=\frac{\ln x}{x}$.

3. 求下列函数的导数：

(1) $y=\sin 3x$；　(2) $y=e^{-5x}$；

(3) $y=(2x^2+1)^{10}$；　(4) $y=\sqrt{1-4x^2}$；

(5) $y=\ln\sin x$；　(6) $y=x^2e^{-x}$；

(7) $y=\sin x^2$；　(8) $y=\cos^2 x$；

(9) $y=\tan^2\frac{1}{x}$；　(10) $y=x\sqrt{x^2-1}$；

(11) $y=e^{3x}\cos 4x$；　(12) $y=\ln\sqrt[3]{\frac{2x+1}{2x-1}}$.

4. 求曲线 $y=1+x^3$ 在点(1,2)处的切线方程和法线方程.

5. 求曲线 $y=\ln x$ 在点(1,0)处的切线方程和法线方程.

6. 已知电容器板上的电量为 $Q(t)=20\sin 5t$，求电流强度 $i(t)$及 $i\left(\frac{\pi}{15}\right)$.

7. 已知某市在一次降雨过程中，降雨量(单位:mm)与时间 t(单位:min)的函数关系可近似地表示为 $y=\frac{t^2}{100}$，求在 $t=10$ min 时的降雨强度.

8. 现给一气球充气，在充气膨胀的过程中，我们认为它为球形形状：

(1) 当气球半径为 10 cm 时其体积以什么样的变化率在膨胀？

(2) 试估算当气球半径由 10 cm 膨胀到 11 cm 时气球增长的体积数.

9. 假设某国家在 20 年期间的年均通货膨胀率为 5%，物价 p(单位:元)与时间 t(单位:年)有如下函数关系

$$p(t) = p_0(1+5\%)^t$$

其中，p_0 为 $t=0$ 时的物价.假定某种商品的 $p_0=1$，那么在第 10 个年头，这种商品的价格上涨的速度大约是多少(精确到 0.01)？

10．如图 2.10 所示，水以恒速(即单位时间内注入水的体积相同)注入下面四种底面积相同的容器中，请分别找出与各容器对应的水的高度 h 与时间 t 的函数关系图像.

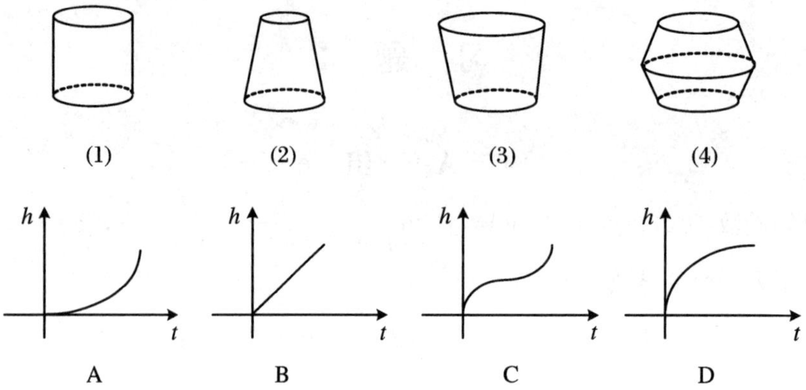

图 2.10

11．求由下列方程所确定的隐函数的导数：

(1) $3x^2y-y^2+y^3+1=0$； (2) $xy=e^{x+y}$；

(3) $\sin(x+y)=e^y$； (4) $\arctan\dfrac{y}{x}=\ln\sqrt{x^2+y^2}$.

12．用对数求导法求下列函数的导数：

(1) $y=x^{\sin x}(x>0)$； (2) $y=\dfrac{\sqrt{x+2}}{x^3(1-2x)^2}$.

13．求下列参数方程所确定的函数的导数：

(1) $\begin{cases}x=2t+1\\y=\sin t\end{cases}$； (2) 设 $\begin{cases}x=t^2\\y=t^3\end{cases}$，求 $\left.\dfrac{dy}{dx}\right|_{t=1}$；

(3) $\begin{cases}x=\sqrt{1+t}\\y=\sqrt{1-t}\end{cases}$； (4) $\begin{cases}x=a(t-\sin t)\\y=a(1-\cos t)\end{cases}$.

14．求下列函数的二阶导数：

(1) $y=(x^3+1)^2$； (2) $y=\ln(x+\sqrt{1+x^2})$；

(3) 设 $f(x)=(x-1)^6$，求 $f''(2)$； (4) 设 $f(x)=x\cdot\sqrt{x^2-16}$，求 $f''(5)$.

15．设 $y^{(n-2)}=a^x+x^a+a^a(a>0,a\neq1)$，求 $y^{(n)}$.

16．求下列函数的微分：

(1) $y=x^3+2x^2-3x+1$； (2) $y=x^2+\sin 2x$；

(3) $y=x^2e^{-x}$； (4) $y=\ln\sqrt{1-x^3}$；

(5) $y=\sqrt{4x^2+3}$； (6) $y=\dfrac{\sin x}{x}$；

(7) $xy+e^y=e^x$；　　(8) $y=\sin(x^2+y^2)$.

17. 用适当的函数填入括号内,使下式成立:

(1) $x^2dx=d(\quad)$；　　(2) $xdx=(\quad)d(2x^2+5)$；

(3) $e^{-x}dx=d(\quad)$；　　(4) $dx=(\quad)d(3x+1)$；

(5) $\dfrac{\cos\sqrt{x}}{\sqrt{x}}dx=d(\quad)$；　　(6) $\sin 2x dx=d(\quad)$；

(7) $d(\quad)=\dfrac{1}{x\ln^2 x}dx$；　　(8) $d(\quad)=\dfrac{e^{\frac{1}{x}}}{x^2}dx$.

18. 设扩音器插头为圆柱形,截面半径为 0.15 cm,长度为 4cm,为了提高它的导电性能,在这圆柱的外侧面镀上一层厚度为 0.001 cm 的纯铜,问约需多少铜?(铜的密度为 8.9 g/cm^3)

B　组

1. 填空题:

(1) 如图 2.11,函数 $f(x)$的图像是折线段 ABC,其中 A,B,C 的坐标分别为(0,4),(2,0),(6,4),则 $f(f(0))=$________；$\lim\limits_{\Delta x\to 0}\dfrac{f(1+\Delta x)-f(1)}{\Delta x}=$________.

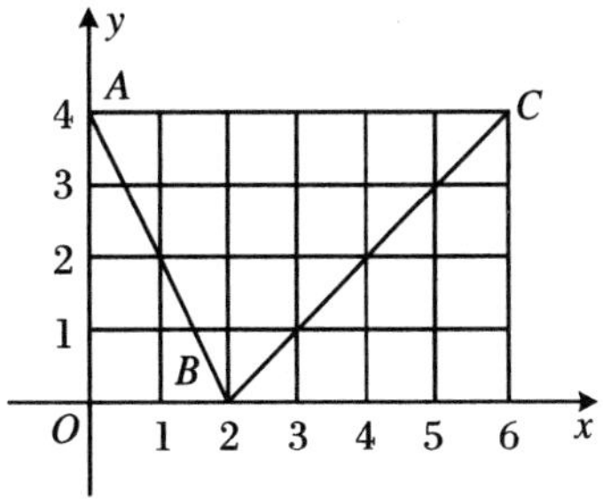

图 2.11

(2) 设 $f(x)=x^3$,则$\lim\limits_{x\to 2}\dfrac{f(4-x)-f(2)}{x-2}=$________.

(3) 已知函数 $f(x)$连续,且$\lim\limits_{x\to 0}\dfrac{f(x)}{x}=2$,则曲线 $y=f(x)$上 $x=0$ 处的切线方程为________.

(4) 设 $f(\sqrt{x})=\sin x$,则 $f'(x)=$________.

(5) 设 $f(x)=x\sqrt{\dfrac{1+x^2+x^3}{2-x^2-x^3}}$,则 $f'(0)=$________.

(6) 设 $f(x)=x\ln x$,且 $f'(x_0)=2$,则 $f(x_0)=$________.

(7) 设 $f(x)=\dfrac{1}{1+x}$,且 $f(x_0)=17$,则 $f(f'(x_0))=$________.

(8) 设 $f(x)=x(x-1)(x-2)\cdots(x-99)$,则 $f'(0)=$________.

(9) 已知 $f(x)=\sin x+\cos x$,$f_1(x)=f'(x)$,$f_2(x)=f_1'(x)$,…,$f_n(x)=f'_{n-1}(x)$ $(n\in\mathbf{N},n\geqslant 2)$,则 $f_1\left(\dfrac{\pi}{2}\right)+f_2\left(\dfrac{\pi}{2}\right)+\cdots+f_{2009}\left(\dfrac{\pi}{2}\right)=$________.

(10) 已知函数 $f(x)=a\sin 3x+bx^3+4(a\in\mathbf{R},b\in\mathbf{R})$,$f'(x)$为$f(x)$的导函数,则 $f(2014)+f(-2014)+f'(2015)-f'(-2015)=$________.

(11) 向高为 H 的水瓶中注水,注满为止,如果注水量 V 与深 h 的函数关系的图像如图 2.12 所示,那么水瓶的形状是________.

(12) 设 $y=xe^x$,则 $y^{(6)}=$________.

(13) 设 $y=(1+x)^{\frac{1}{x}}$,则 $y'=$________.

(14) 由方程 $e^{\frac{y}{x}}-e^x=0$ 所确定的曲线 $y=y(x)$在 $x=1$ 处的切线方程是________.

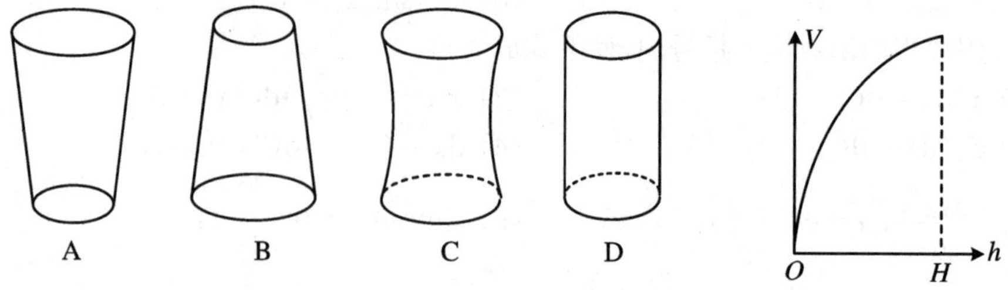

图 2.12

2. 求下列函数的导数：

(1) 设 $y=e^{\frac{1}{x}}+\left(\frac{1}{x}\right)^{e}+\left(\frac{1}{e}\right)^{x}+e^{\frac{1}{e}}$，求$\frac{dy}{dx}$.

(2) 设 $y=\cos 3x+\cos x^{3}+(\cos x)^{3}$，求 $\frac{dy}{dx}$.

(3) 设 $y=\arctan e^{x}-\ln\sqrt{\frac{e^{2x}}{e^{2x}+1}}$，求$\frac{dy}{dx}$.

(4) 设 $y=\ln(x+\sqrt{1+x^{2}})$，求$\frac{d^{2}y}{dx^{2}}$.

(5) 设 $y=\frac{1}{x^{2}-3x+2}$，求 $y^{(n)}$.

(6) 设 $y=\sqrt{x}(x^{2}+1)^{x}$，求$\frac{dy}{dx}$.

(7) 设函数 $y=y(x)$由方程 $\sin(xy)-\ln\frac{x+1}{y}=1$ 确定，求 $y'(0)$.

(8) 设$\begin{cases}x=\ln(t+\sqrt{1+t^{2}})\\ y=(1+t^{2})\sqrt{1+t^{2}}\end{cases}$，求$\frac{dy}{dx}$.

3. 讨论 $f(x)=\begin{cases}\ln(1+x), & -1<x\leqslant 0\\ \sqrt{1+x}-\sqrt{1-x}, & 0<x<1\end{cases}$在 $x=0$ 处的连续性与可导性.

4. 设以 10 m^{3}/s 的速率将气体注入圆球形气球内，当气球半径为 4 m 时，求气球表面积的变化率.

自 测 题 2

1. 填空题：

(1) 设函数 $f(x)$在点 $x=1$ 处可导，且$\lim\limits_{\Delta x\to 0}\frac{f(1+2\Delta x)-f(1)}{\Delta x}=\frac{1}{2}$，则 $f'(1)=$____.

(2) 曲线 $y=x^{-3}$在点(1,1)处的切线斜率为________.

(3) 设函数 $f(x)=\sin 2x$，则 $f'(0)=$________.

(4) 设函数 $y=\dfrac{1}{1+\cos x}$，则 $y'=$________.

(5) 设函数 $y=xe^{x}$，则 $y'(0)=$________.

(6) 设函数 $y=\ln x$，则 $y''=$________.

(7) 设函数 $y=e^{-x^2}$，则 $y'=$________.

(8) $dx=(\quad)d(1-3x)$；$xdx=d(\quad)$.

(9) 函数 $y=|x|+1$ 在 $x=0$ 处(是或不是)________连续，(是或不是)________可导.

(10) 设函数 $y=x^{x}(x>0)$，则 $y'=$________.

2. 求下列函数的导数：

(1) $y=x^3-2\ln x+1$；

(2) $y=x^2+2\sqrt{x}-\sin\pi$；

(3) $y=\sin x^2$；

(4) $y=e^{-x}\cos 2x$；

(5) $y=\sqrt{x^2+4}$；

(6) $y=\dfrac{\ln x}{1+x}$；

(7) $y=\dfrac{x}{\sqrt{1-x^2}}$；

(8) $x^{y}=y^{x}(x>0,y>0)$.

3. 求下列函数的微分：

(1) $y=x^3+3^x$；

(2) $y=\sin\dfrac{1}{x}$；

(3) $y=x+\tan 2x$；

(4) $y=\cos(x+2)$.

4. 求曲线 $y=x^2+x$ 上哪个点处的切线平行于直线 $y=3x+1$.

5. 设 $y=y(x)$ 由方程 $\sin(x+y)+xy^2=1$ 确定，求 y'.

6. 设 $\begin{cases}x=3t^2\\y=\cos t\end{cases}$，求 $\dfrac{dy}{dx}$.

7. 设函数 $f(x)=\begin{cases}e^{x}, & x\leqslant 0\\ax+1, & x>0\end{cases}$ 在 $x=0$ 处可导，求 a.

数 学 欣 赏

伟大的数学革命——微积分学的建立

微积分成为一门学科是在 17 世纪，但是微分和积分的思想在古代就已经产生了. 公元前 3 世纪，古希腊的阿基米德在研究解决抛物弓形的面积、球和球冠面积、螺线下面积和旋转双曲体的体积的问题中，就隐含着近代积分学的思想. 作为微分学基础的极限理论，早在古代已有比较清楚的论述. 比如我国的庄周所著的《庄子》一书的“天下篇”中，记有“一尺之棰，日取其半，万世不竭”的内容. 三国时期的刘徽在他的割圆术中提到“割之弥细，所失弥小，割之又割，以至于不可割，则与圆周和体而无所失矣”. 这些都是朴素的，也是很典型的极限概念.

到了17世纪,有许多科学问题需要解决,这些问题也就成了促使微积分产生的因素.归结起来,有四种主要类型的问题:第一类问题是研究运动的时候直接出现的,也就是求瞬时速度的问题.第二类问题是求曲线的切线的问题.第三类问题是求函数的最大值和最小值问题.第四类问题是求曲线长、曲线围成的面积、曲面围成的体积、物体的重心、一个体积相当大的物体作用于另一物体上的引力问题.

17世纪的许多著名的数学家、天文学家、物理学家都为解决上述几类问题做了大量的研究工作,如法国的费马、笛卡儿、罗伯瓦、笛沙格,英国的巴罗、瓦里士,德国的开普勒,意大利的卡瓦列利等人都提出许多很有建树的理论,为微积分的创立做出了贡献.17世纪下半叶,在前人工作的基础上,英国科学家牛顿和德国数学家莱布尼茨分别在自己的国度里独自研究和完成了微积分的创立工作,虽然这只是十分初步的工作.他们的最大功绩是把两个貌似毫不相关的问题联系在一起:一个是切线问题(微分学的中心问题),一个是求和问题(积分学的中心问题).

牛顿和莱布尼茨建立微积分的出发点是直观的无穷小量,因此这门学科早期也称为无穷小分析,这正是现在数学中分析学这一大分支名称的来源.牛顿研究微积分着重于从运动学来考虑,莱布尼茨却是侧重于从几何学来考虑.牛顿在1671年写了《流数法和无穷级数》,这本书直到1736年才出版,他在这本书里指出,变量是由点、线、面的连续运动产生的,否定了以前自己认为的变量是无穷小元素的静止集合.他把连续变量叫作流动量,把这些流动量的导数叫作流数.牛顿在流数术中所提出的中心问题是:已知连续运动的路径,求给定时刻的速度(微分法);已知运动的速度,求给定时间内经过的路程(积分法).

德国的莱布尼茨是一个博学多才的学者,1684年,他发表了现在世界上认为是最早的微积分文献,这篇文章有一个很长而且很古怪的名字——《一种求极大极小和切线的新方法,它也适用于分式和无理量,以及这种新方法的奇妙类型的计算》.就是这样一篇说理也颇含糊的文章,却有划时代的意义,它已含有现代的微分符号和基本微分法则.1686年,莱布尼茨发表了第一篇积分学的文献.莱布尼茨是历史上最伟大的符号学者之一,他所创设的微积分符号,远远优于牛顿的符号,这对微积分的发展有极大的影响.现在我们使用的微积分通用符号就是当时莱布尼茨精心选用的.

应该指出,和历史上任何一项重大理论的完成都要经历一段时间一样,牛顿和莱布尼茨的工作也都是很不完善的.他们在无穷小量这个问题上,说法不一,十分含糊.牛顿的无穷小量,有时候是零,有时候不是零而是有限的小量;莱布尼茨的也不能自圆其说.这些基础方面的缺陷,最终导致了第二次数学危机的产生.直到19世纪初,法国科学学院的科学家以柯西为首,对微积分的理论进行了认真研究,建立了极限理论,后来又经过德国数学家维尔斯特拉斯进一步严格化,使极限理论成为了微积分的坚定基础,才使微积分进一步发展开来.

一门科学的创立绝不是某一个人的业绩,它必定是经过多少人的努力后,在积累了大量成果的基础上,最后由某个人或几个人总结完成的.微积分也是这样.

上古和中世纪的数学,都是一种常量数学,微积分才是真正的变量数学,是数学中的大革命.微积分学的创立,极大地推动了数学的发展,过去很多对初等数学束手无策的问题,运用微积分,往往迎刃而解,显示出微积分学的非凡威力.它驰骋在近代和现代科学技术园地里,建立了数不清的丰功伟绩.

第3章　导数的应用

在学习中要敢于做减法,就是减去前人已经解决的部分,看看还有哪些问题没有解决,需要我们去探索解决.

——华罗庚

本章学习要求

1. 能熟练地应用洛必达法则求$\frac{0}{0}$和$\frac{\infty}{\infty}$型未定式的极限;
2. 熟练掌握利用导数判定函数的单调性及求函数的单调增减区间的方法,理解函数极值的概念,掌握求函数极值的方法;
3. 会利用函数的单调性证明简单的不等式;
4. 会解简单的最值应用问题;
5. 会判断曲线的凹凸性,会求曲线的拐点.

3.1 洛必达法则

当 $x\to a$(或 $x\to\infty$)时,两个函数 $f(x)$ 与 $F(x)$ 都趋向于零或都趋向于无穷大,那么,极限 $\lim\limits_{\substack{x\to a\\(x\to\infty)}}\dfrac{f(x)}{F(x)}$ 可能存在,也可能不存在.通常把这种极限叫作**未定式**,并分别简记为 $\dfrac{0}{0}$ 和 $\dfrac{\infty}{\infty}$ 型.对未定式,不能用“商的极限等于极限商”这一求极限法则来处理,有一种方法可以解决上述的未定式极限的问题,就是洛必达法则.

3.1.1 “$\dfrac{0}{0}$”型和“$\dfrac{\infty}{\infty}$”型未定式的极限

定理 3.1 设

(1) 当 $x\to a$ 时,函数 $f(x)$ 与 $F(x)$ 都趋于零(或者都趋于 ∞);

(2) 在点 a 的某去心邻域内,$f'(x)$ 与 $F'(x)$ 存在,且 $F'(x)\neq 0$;

(3) $\lim\limits_{x\to a}\dfrac{f'(x)}{F'(x)}$ 存在(或无穷大),那么

$$\lim_{x\to a}\frac{f(x)}{F(x)}=\lim_{x\to a}\frac{f'(x)}{F'(x)}$$

这种通过分子与分母导数之比的极限来处理 $\dfrac{0}{0}$ 和 $\dfrac{\infty}{\infty}$ 型未定式极限的方法称之为**洛必达法则**.洛必达法则说明了当 $\lim\limits_{x\to a}\dfrac{f'(x)}{F'(x)}$ 存在时,$\lim\limits_{x\to a}\dfrac{f(x)}{F(x)}$ 也存在且等于 $\lim\limits_{x\to a}\dfrac{f'(x)}{F'(x)}$;当 $\lim\limits_{x\to a}\dfrac{f'(x)}{F'(x)}$ 为无穷大时,$\lim\limits_{x\to a}\dfrac{f(x)}{F(x)}$ 也是无穷大.

注 (1) 如果极限 $\lim\limits_{x\to a}\dfrac{f'(x)}{F'(x)}$ 仍属于 $\dfrac{0}{0}$ 或 $\dfrac{\infty}{\infty}$ 型,且 $f'(x)$,$F'(x)$ 又满足定理中的条件,则可以再使用洛必达法则.即

$$\lim_{x\to a}\frac{f(x)}{F(x)}=\lim_{x\to a}\frac{f'(x)}{F'(x)}=\lim_{x\to a}\frac{f''(x)}{F''(x)}$$

且可以以此类推.

(2) 如果 $\lim\limits_{x\to a}\dfrac{f'(x)}{F'(x)}$ 不存在(等于无穷大的情况除外),不能断言 $\lim\limits_{x\to a}\dfrac{f(x)}{F(x)}$ 也不存在,$\lim\limits_{x\to a}\dfrac{f(x)}{F(x)}$ 仍有可能存在,只能说明该极限不适合用洛必达法则来求.

例如,极限 $\lim\limits_{x\to 0}\dfrac{x^2\sin\dfrac{1}{x}}{x}=\lim\limits_{x\to 0}x\sin\dfrac{1}{x}=0$ 存在,但如果使用洛必达法则去求此极限的话,则 $\lim\limits_{x\to 0}\dfrac{x^2\sin\dfrac{1}{x}}{x}=\lim\limits_{x\to 0}\left(2x\sin\dfrac{1}{x}-\cos\dfrac{1}{x}\right)$ 不存在.

定理 3.2　设

(1) 当 $x\to\infty$ 时，函数 $f(x)$ 与 $F(x)$ 都趋于零(或者都趋于 ∞)；

(2) 当 $|x|>N$ 时，$f'(x)$ 与 $F'(x)$ 都存在，且 $F'(x)\neq 0$；

(3) $\lim\limits_{x\to\infty}\dfrac{f'(x)}{F'(x)}$ 存在(或为无穷大)，那么

$$\lim_{x\to\infty}\frac{f(x)}{F(x)}=\lim_{x\to\infty}\frac{f'(x)}{F'(x)}$$

例 3.1　求极限：

(1) $\lim\limits_{x\to 0}\dfrac{e^x-1}{x}$；　　(2) $\lim\limits_{x\to\pi}\dfrac{\sin 3x}{\tan 5x}$.

解　这两个例子都是 $\dfrac{0}{0}$ 型未定式.

(1) 原式 $=\lim\limits_{x\to 0}\dfrac{e^x}{1}=e^0=1$；

(2) 原式 $=\lim\limits_{x\to\pi}\dfrac{\sin 3x}{\tan 5x}=\lim\limits_{x\to\pi}\dfrac{3\cos 3x}{5\sec^2 5x}=-\dfrac{3}{5}$.

例 3.2　求极限：

(1) $\lim\limits_{x\to\infty}\dfrac{\ln x}{x^n}\ (n>0)$；　　(2) $\lim\limits_{x\to a^+}\dfrac{\ln(x-a)}{\ln(e^x-e^a)}$.

解　这两个例子都是 $\dfrac{\infty}{\infty}$ 型未定式.

(1) 原式 $=\lim\limits_{x\to\infty}\dfrac{\frac{1}{x}}{nx^{n-1}}=\lim\limits_{x\to\infty}\dfrac{1}{nx^n}=0$；

(2) 原式 $=\lim\limits_{x\to a^+}\dfrac{\frac{1}{x-a}}{\frac{e^x}{e^x-e^a}}=\lim\limits_{x\to a^+}\dfrac{e^x-e^a}{e^x(x-a)}=\lim\limits_{x\to a^+}\dfrac{e^x}{e^x(x-a)+e^x}=\lim\limits_{x\to a^+}\dfrac{1}{x-a+1}=1$.

例 3.3　验证极限 $\lim\limits_{x\to\infty}\dfrac{x+\sin x}{x}$ 存在，但不能用洛必达法则得出.

解　$\lim\limits_{x\to\infty}\dfrac{x+\sin x}{x}=\lim\limits_{x\to\infty}\left(1+\dfrac{\sin x}{x}\right)=1$，极限 $\lim\limits_{x\to\infty}\dfrac{x+\sin x}{x}$ 是存在的.但 $\lim\limits_{x\to\infty}\dfrac{(x+\sin x)'}{(x)'}$ $=\lim\limits_{x\to\infty}\dfrac{1+\cos x}{1}$ 不存在，无法用洛必达法则求出.

洛必达法则使用时的注意事项：

(1) 法则逆命题不成立，前面已有说明.

(2) 求导要适可而止，即未定式时可用，出现“定式”时则不能用.

如：$\lim\limits_{x\to\infty}\dfrac{x+\sin x}{x-\sin x}=\lim\limits_{x\to\infty}\dfrac{1+\cos x}{1-\cos x}\neq\lim\limits_{x\to\infty}\dfrac{-\sin x}{\sin x}=-1$.

(3) 法则不是万能的.

如：$\lim\limits_{x\to\infty}\dfrac{e^x+e^{-x}}{e^x-e^{-x}}=\lim\limits_{x\to\infty}\dfrac{e^x-e^{-x}}{e^x+e^{-x}}=\lim\limits_{x\to\infty}\dfrac{e^x+e^{-x}}{e^x-e^{-x}}=\lim\limits_{x\to\infty}\dfrac{e^x-e^{-x}}{e^x+e^{-x}}$.

出现了循环，此时法则失效，可见不是万能的.对此题用普通变形却很简单：

原式 $=\lim\limits_{x\to\infty}\dfrac{1+e^{-2x}}{1-e^{-2x}}=\dfrac{1+0}{1-0}=1$.

(4) 可与其他方法配合使用.

如：$\lim\limits_{x\to 0}\dfrac{\tan x-x}{x^2\sin x}$直接使用法则，分母的导数较繁.先用等价无穷小代换.

原式 $=\lim\limits_{x\to 0}\dfrac{\tan x-x}{x^3}=\lim\limits_{x\to 0}\dfrac{\sec^2 x-1}{3x^2}=\lim\limits_{x\to 0}\dfrac{\tan^2 x}{3x^2}=\dfrac{1}{3}$（$x\to 0$ 时，$\tan x\sim x$）.

3.1.2 其他未定式的极限

除了$\dfrac{0}{0}$和$\dfrac{\infty}{\infty}$基本型未定式外，还有 $0\cdot\infty$、1^∞、$\infty-\infty$、0^0、∞^0 等类型的未定式.计算这些类型的极限，可利用适当变换将它们化为$\dfrac{0}{0}$或$\dfrac{\infty}{\infty}$型未定式，再利用洛必达法则，这里不再详细介绍，只举几个例子.

例 3.4 求 $\lim\limits_{x\to 0^+}x^a\ln x\ (a>0)$（$0\cdot\infty$ 型）.

解 $\lim\limits_{x\to 0^+}x^a\ln x=\lim\limits_{x\to 0^+}\dfrac{\ln x}{x^{-a}}=\lim\limits_{x\to 0^+}\dfrac{\frac{1}{x}}{-ax^{-a-1}}=-\dfrac{1}{a}\lim\limits_{x\to 0^+}\dfrac{1}{x^{-a}}=-\dfrac{1}{a}\lim\limits_{x\to 0^+}x^a=0$.

例 3.5 求$\lim\limits_{x\to 0}\left(\cot x-\dfrac{1}{x}\right)$（$\infty-\infty$ 型）.

解 原式 $=\lim\limits_{x\to 0}\left(\dfrac{\cos x}{\sin x}-\dfrac{1}{x}\right)=\lim\limits_{x\to 0}\dfrac{x\cos x-\sin x}{x\sin x}=\lim\limits_{x\to 0}\dfrac{\cos x-x\sin x-\cos x}{\sin x+x\cos x}$

$=\lim\limits_{x\to 0}\dfrac{-x\sin x}{\sin x+x\cos x}=\lim\limits_{x\to 0}\dfrac{-\sin x-x\cos x}{2\cos x-x\sin x}=0$.

1^∞、0^0、∞^0 型的未定式，一般是幂指函数的极限，可采用对数求极限法求解.

《课堂练习》

1. 求极限$\lim\limits_{x\to 2}\dfrac{x^2+x-6}{x^2-4}$.
2. 求极限$\lim\limits_{x\to 0}\dfrac{x-\sin x}{x^2+x}$.
3. 求极限$\lim\limits_{x\to 0}\dfrac{e^x-e^{-x}-2x}{x^2}$.
4. 求极限$\lim\limits_{x\to 0}\dfrac{\sin x-x\cos x}{x-\sin x}$.
5. 求极限 $\lim\limits_{x\to 0^+}\dfrac{\ln x}{\ln\sin x}$.
6. 求极限$\lim\limits_{x\to 0}\left(\dfrac{1}{x\tan x}-\dfrac{1}{x^2}\right)$.

数学家小传

欧拉（1707～1783 年，图 3.1）是数学家和物理学家.他被一些数学史学者称为历史上最伟大的两位数学家之一（另一位是卡尔·弗里德里克·高斯）.欧拉在数学中的主要贡献是：

(1) 第一个使用“函数”一词来描述包含各种参数的表达式，例如：$y=F(x)$.

(2) 建立了流体力学里的欧拉方程.

(3) 对微分方程理论做出了重要贡献,是欧拉近似法的创始人,这些计算法被用于计算力学中.其中最有名的被称为欧拉方法.

(4) 在数论里他引入了欧拉函数.对自然数 n,欧拉函数是小于 n 并且与 n 互质的自然数的个数.例如 $\varphi(8)=4$,因为有 4 个自然数 1,3,5 和 7 与 8 互质.

(5) 在分析领域,欧拉综合了莱布尼茨的微分与牛顿的流数.

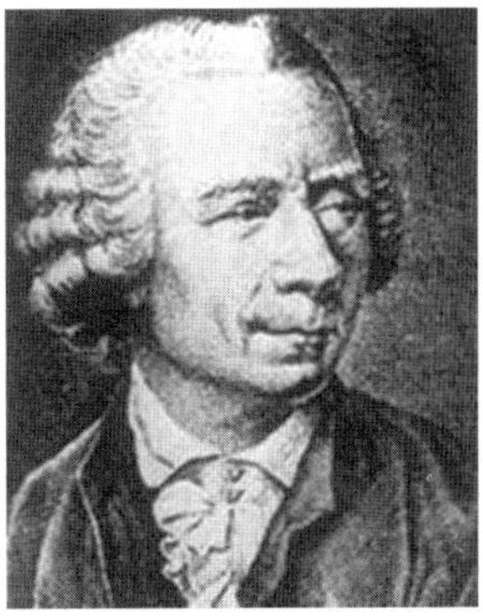

图 3.1

(6) 欧拉将虚数的幂定义为如下公式:$e^{i\theta}=\cos\theta+i\sin\theta$.这就是欧拉公式,被称为"最卓越的数学公式".

(7) 定义了微分方程中有用的欧拉-马歇罗尼常数,是欧拉-马歇罗尼公式的发现者之一,这一公式在计算难于计算的积分、求和与级数的时候极为有效.

(8) 在经济学方面,欧拉证明了:如果产品的每个要素正好用于支付它自身的边际产量,在规模报酬不变的情形下,总收入和产出将完全耗尽.

(9) 在几何学和代数拓扑学方面,欧拉公式给出了单连通多面体的边、顶点和面之间存在的关系.

(10) 欧拉解决了哥尼斯堡七桥问题,并且发表了论文《关于位置几何问题的解法》,对一笔画问题进行了阐述,是最早运用图论和拓扑学的典范.

3.2　函数单调性与曲线的凹凸性

3.2.1　函数单调性的判定法

如果函数 $y=f(x)$ 在 $[a,b]$ 上单调增加(单调减少)(图 3.2),那么它的图形是一条沿 x 轴正向上升(下降)的曲线.这时曲线各点处的切线斜率是非负的(是非正的),$y'=f'(x)\geqslant 0$($y'=f'(x)\leqslant 0$).由此可见,函数的单调性与导数的符号有着密切的关系.

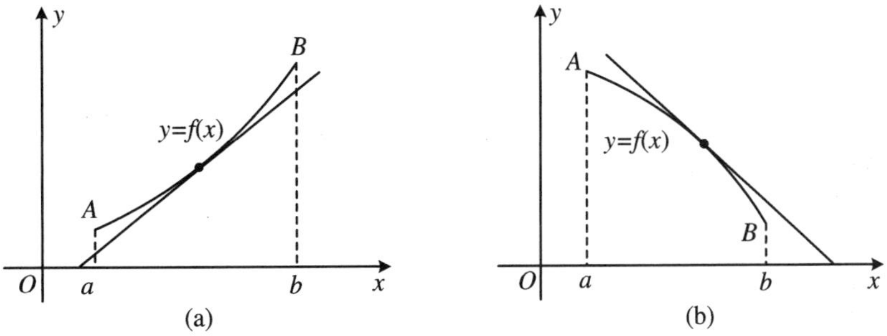

图 3.2

反过来,能否用导数的符号来判定函数的单调性呢?

可以证明：

定理 3.3 （函数单调性的判定法）设函数 $y=f(x)$ 在 $[a,b]$ 上连续，在 (a,b) 内可导.

(1) 如果在 (a,b) 内 $f'(x)\geqslant 0$，且等号仅在有限多个点处成立，那么函数 $y=f(x)$ 在 $[a,b]$ 上单调增加；

(2) 如果在 (a,b) 内 $f'(x)\leqslant 0$，且等号仅在有限多个点处成立，那么函数 $y=f(x)$ 在 $[a,b]$ 上单调减少.

注 判定法中的闭区间可换成其他各种区间.

例 3.6 讨论函数 $y=x^3$ 的单调性.

解 函数的定义域是 $(-\infty,+\infty)$，它的一阶导数为 $y'=3x^2$，除去唯一的 $y'|_{x=0}=0$ 以外，恒有 $y'>0$，故此函数在区间 $(-\infty,0)$ 以及 $(0,+\infty)$ 上单调增加.

故函数在 $(-\infty,+\infty)$ 上是单调增加的.

结论 一般地，如果 $f'(x)$ 在某区间上的有限个点处为零，而在其余各点处均为正（或负）时，那么 $f(x)$ 在该区间上仍是单调增加（或单调减少）的.

例 3.7 讨论函数 $y=|x|$ 的单调性.

解 函数的定义域为 $(-\infty,+\infty)$，当 $x\in(-\infty,0)$ 时，$y=-x$，$y'=-1<0$，故函数在 $(-\infty,0)$ 上单调减少；当 $x\in(0,+\infty)$ 时，$y=x$，$y'=1>0$，故函数在 $(0,+\infty)$ 上单调增加.

因此，可以通过求函数的一阶导数为零的点，将函数的定义域分划成若干个部分区间，再判定函数一阶导数在这些部分区间上的符号，继而可决定函数在这些部分区间上的单调性.

例 3.8 试确定函数 $y=2x+\dfrac{8}{x}$ 的单调区间.

解 函数的定义域是 $x\neq 0$ 的全体实数，当 $x\neq 0$ 时，导函数为 $y'=2-\dfrac{8}{x^2}=\dfrac{2(x+2)(x-2)}{x^2}$. 令 $y'=0$，得 $x=\pm 2$. 于是，点 $x=\pm 2,0$ 将函数定义域 $(x\neq 0)$ 分划成四个区间（表 3.1）.

表 3.1

x	$(-\infty,-2)$	$(-2,0)$	$(0,2)$	$(2,+\infty)$
y'	+	−	−	+
y	单增	单减	单减	单增

所以函数的单调增加的区间是：$(-\infty,-2)$，$(0,2)$；单调减少的区间是：$(-2,0)$，$(2,+\infty)$.

当然，我们还可以利用函数的单调性证明较为复杂的函数不等式.

例 3.9 试证明：当 $x>4$ 时，有 $2^x>x^2$.

证明 做辅助函数 $f(x)=2^x-x^2$，$x\in[4,+\infty)$.

$$f'(x)=2^x\ln 2-2x$$

$$f''(x)=2^x(\ln 2)^2-2=2\cdot[2^{x-3}\cdot(\ln 4)^2-1]$$

当 $x\in[4,+\infty)$时，$2^{x-3}\geqslant 2(\ln 4)^2>1$.

故 $f''(x)>0$,即 $f'(x)$在$[4,+\infty)$上单调增加,从而有 $f'(x)>f'(4)$,而 $f'(4)=2^4\cdot\ln 2-2\cdot 4=8\cdot(\ln 4-1)>0$,于是 $f'(x)>0$,$f(x)=2^x-x^2$ 在$[4,+\infty)$上也单调增加.从而有

$$f(x)>f(4)=0$$

即 $2^x>x^2(x\in[4,+\infty))$.

该证明方法十分典型,对于一些较精细的函数不等式的证明可借助此法.

3.2.2　曲线的凹凸性与拐点

前面我们利用导数讨论了函数的单调性,根据导数符号可以判断一个函数在某区间上是单调增的,还是单调减的,但是仅凭函数的单调性还不能完全反映一个函数在某个区间上的变化规律.比如,函数 $y=x^3$ 在$(-\infty,+\infty)$内都是单调增的,但在$(-\infty,+\infty)$内曲线的弯曲方向却不相同.它在$(-\infty,0)$内曲线是凸的(该弧段位于它的每一点处的切线的下方),在$(0,+\infty)$内曲线是凹的(该弧段位于它的每一点处的切线的上方),如图 3.3 所示.

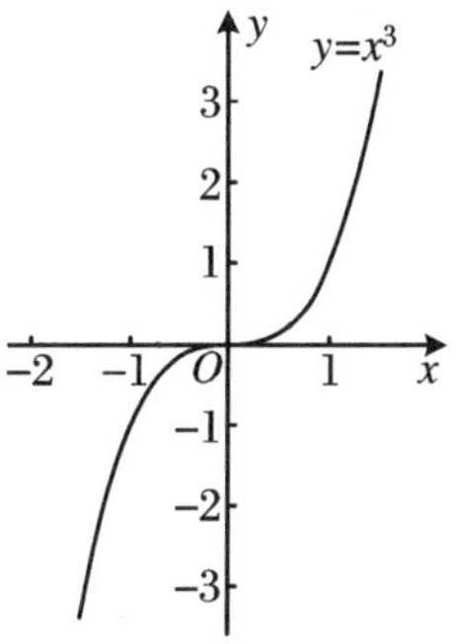

图 3.3

定义　设函数 $y=f(x)$在区间 I 上连续,如果函数的曲线位于其上任意一点的切线的上方,则称该曲线在区间 I 上是凹的;如果函数的曲线位于其上任意一点的切线的下方,则称该曲线在区间 I 上是凸的.

连续曲线 $y=f(x)$上凹弧与凸弧的分界点称为这曲线的拐点.比如曲线 $y=x^3$,点$(0,0)$是它的拐点.

由图 3.4 可以看出,对于凹的曲线弧,曲线的切线斜率随着 x 的增大而增大,也就是说导函数 $f'(x)$单调递增,所以导函数的导数大于零,即 $f''(x)>0$;类似地,可以得到对于凸的曲线弧,$f''(x)<0$.

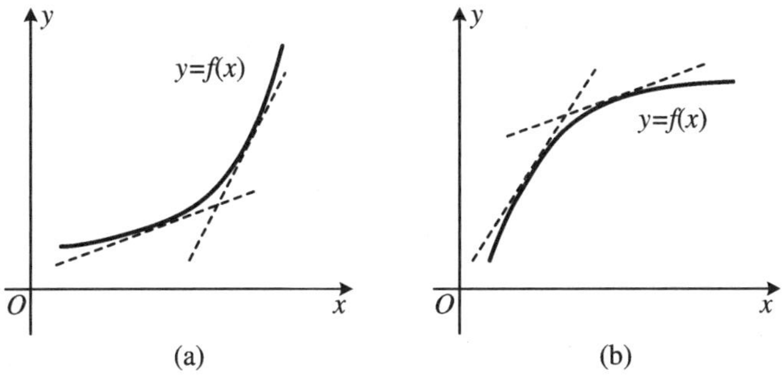

图 3.4

能否用二阶导数的符号来判定函数的凹凸性呢?可以证明.

定理 3.4　(凹凸性的判定)设 $y=f(x)$在$[a,b]$上连续,在(a,b)内具有一阶和二阶导数,那么

(1) 若在(a,b)内 $f''(x)>0$,则 $y=f(x)$在$[a,b]$上的图形是凹的;

(2) 若在(a,b)内$f''(x)<0$，则$y=f(x)$在$[a,b]$上的图形是凸的.

确定曲线$y=f(x)$的凹凸区间和拐点的步骤：

(1) 确定函数$y=f(x)$的定义域；

(2) 求出在二阶导数$f''(x)$；

(3) 求使二阶导数为零的点和使二阶导数不存在的点；

(4) 列表判断，确定出曲线凹凸区间和拐点.

例 3.10　判断曲线$y=\ln x$的凹凸性.

解　$y'=\dfrac{1}{x}, y''=-\dfrac{1}{x^2}$.

因为在函数$y=\ln x$的定义域$(0,+\infty)$内，$y''<0$，所以曲线$y=\ln x$是凸的.

例 3.11　判断曲线$y=4x-x^2$的凹凸性.

解　$y'=4-2x$，$y''=-2$.

因为$y''<0$，所以曲线在$(-\infty,+\infty)$内是凸的.

例 3.12　求曲线$y=\sqrt[3]{x}$的拐点.

解　(1) 函数的定义域为$(-\infty,+\infty)$；

(2) $y'=\dfrac{1}{3\sqrt[3]{x^2}}, y''=-\dfrac{2}{9x\sqrt[3]{x^2}}$；

(3) 无二阶导数为零的点，二阶导数不存在的点为$x=0$；

(4) 判断：当$x<0$时，$y''>0$；当$x>0$时，$y''<0$. 因此，点$(0,0)$是曲线的拐点.

例 3.13　求曲线$y=xe^{-x}$的拐点及凹凸区间.

解　$y'=e^{-x}-xe^{-x}, y''=e^{-x}(x-2)$.

令$y''=0$，得$x=2$.

因为当$x<2$时，$y''<0$；当$x>2$时，$y''>0$. 所以，曲线在$(-\infty,2)$内是凸的，在$(2,+\infty)$内是凹的，拐点为$(2,2e^{-2})$.

例 3.14　求曲线$y=3x^4-4x^3+1$的拐点及凹凸区间.

解　(1) 函数$y=3x^4-4x^3+1$的定义域为$(-\infty,+\infty)$；

(2) 解方程$y''=0$，得$x_1=0$，$x_2=\dfrac{2}{3}$；

(3) 列表3.2判断.

表 3.2

x	$(-\infty,0)$	0	$\left(0,\frac{2}{3}\right)$	$\frac{2}{3}$	$\left(\frac{2}{3},+\infty\right)$
y''	+	0	−	0	+
y	凹	1	凸	$\frac{11}{27}$	凹

在区间$(-\infty,0)$和$\left(\dfrac{2}{3},+\infty\right)$上曲线是凹的，在区间$\left(0,\dfrac{2}{3}\right)$上曲线是凸的，点$(0,1)$和$\left(\dfrac{2}{3},\dfrac{11}{27}\right)$是曲线的拐点.

课 堂 练 习

1. 求函数 $y=x^3-3x$ 的单调递减区间.
2. 函数 $y=\ln(1+x^2)$ 存在单调递增区间吗？如果有，请试求出.
3. 判断函数 $y=e^{-x}$ 在定义域内的单调性.
4. 确定函数 $f(x)=x^3-6x^2+8x-1$ 的单调区间.
5. 证明：当 $0<x<\frac{3}{2}$ 时，$\tan x>x+\frac{1}{3}x^3$.
6. 判断曲线 $y=e^{-x}$ 在其定义域内是凹的还是凸的？
7. 曲线 $y=x^4$ 是否有拐点？请尝试判断.

数学家小传

拉格朗日(1736～1813 年，图 3.5)，法国数学家、物理学家.1736 年 1 月 25 日生于意大利都灵，1813 年 4 月 10 日在巴黎去世.拉格朗日是 18 世纪伟大的科学家，他在数学、力学和天文学三个学科领域中都有历史性的贡献，其中尤以数学方面的成就最为突出，在函数论、数论、无穷级数、变分法、微分方程、方程论等多个数学分支上都有杰出的贡献，拿破仑曾称赞他是“一座高耸在数学界的金字塔”，他最突出的贡献是在把数学分析的基础脱离几何与力学方面起了决定性的作用.这使数学的独立性更为清楚，而不仅是其他学科的工具.同时他在使天文学力学化、力学分析化上也起了历史性作用，促使力学和天文学(天体力学)有更深入的发展.由于历史的局限，严密性不够妨碍了他取得更多的成果.

图 3.5

3.3　函数的极值与最值

本节利用导数讨论函数的极值与最值的问题，具体来说，讨论函数在局部与全局的最大值、最小值(简称最值)问题，它们在实际应用中有着重要的意义.

3.3.1　函数的极值

1. 极值的定义

观察图 3.6，可以发现，函数 $y=f(x)$ 在点 x_1, x_4, x_6 的值比其邻近点的值都小，曲线在该点处达到“谷底”；在点 x_2, x_5 的值比其邻近点的值都大，曲线在该点处达到“峰顶”.

对于具有这种性质的点,我们引入函数的极值的概念.

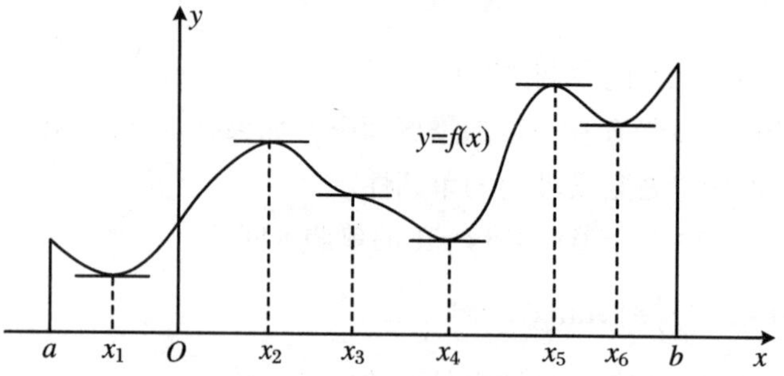

图 3.6

定义 设函数 $f(x)$在点 x_0 的某邻域内有定义,如果对于该邻域内的任意一点 $x(x\neq x_0)$,恒有 $f(x)<f(x_0)$(或 $f(x)>f(x_0)$),则称 $f(x_0)$是函数 $f(x)$的极大值(或极小值),称 x_0 是函数 $f(x)$的极大值点(或极小值点).

极大值与极小值统称为极值,极大值点与极小值点统称为极值点.

注 (1) 函数的极值是一个局部性的概念,如果 $f(x_0)$是函数 $f(x)$的极大值(或极小值),只是就 x_0 邻近的一个局部范围内,$f(x_0)$是最大的(或最小的),而对于函数 $f(x)$的整个定义域来说就不一定是最大的(或最小的)了.

(2) 函数的极值只能在定义域内部取得.

2. 极值的判别法

继续观察图 3.6 可以发现,在函数取得极值处,若曲线的切线存在(即函数的导数存在),则切线一定是水平的,即函数在极值点处的导数等于零.由此,有下面的定理.

定理 3.5 (极值存在的必要条件)如果函数 $f(x)$在点 x_0 处可导,且在 x_0 处取得极值,则 $f'(x_0)=0$.

证明从略.

定义 使 $f'(x)=0$ 的点称为函数 $f(x)$的驻点.

根据定理 3.5,可导函数的极值点必定是它的驻点,但函数的驻点却不一定是极值点.例如,函数 $y=x^3$ 在点 $x=0$ 处的导数等于零,但 $x=0$ 不是 $y=x^3$ 的极值点(图 3.7).

此外,函数在它导数不存在的点处也可能取得极值.例如,函数 $f(x)=|x|$在点 $x=0$ 处不可导,但 $f(x)=|x|$在点 $x=0$ 处取得极小值.

归纳起来,一方面,函数可能取得极值的点是驻点和不可导点;另一方面,驻点和不可导点却又不一定是极值点.因此,若要求函数的极值,首先要找出函数的驻点和不可导点,然后判定函数在这些点处是否取得极值,以及是极大值还是极小值.对此,参考图 3.9 和图 3.10,可得下面的定理.

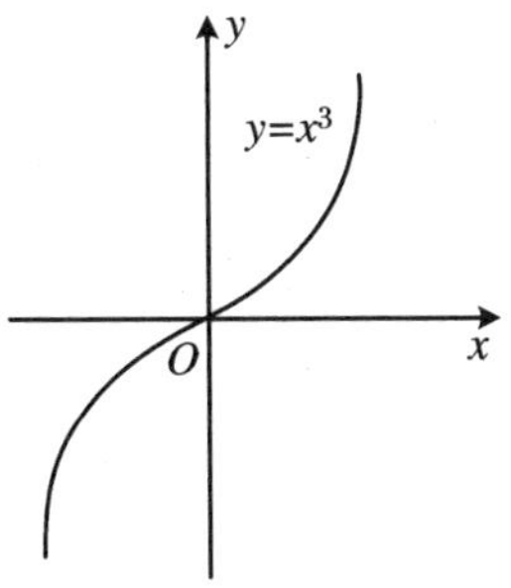

图 3.7

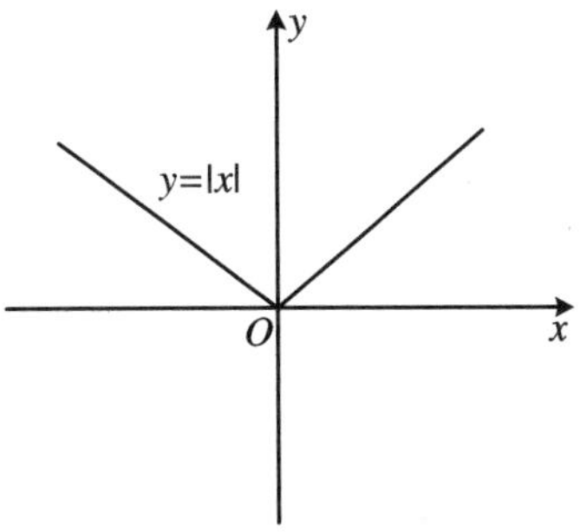

图 3.8

定理 3.6　(判别极值的第一充分条件)设函数 $f(x)$在点 x_0 的某邻域$(x_0-\delta, x_0+\delta)$内连续且可导(在 x_0 处可以不可导),则

(1) 如果在点 x_0 的左邻域内,$f'(x)>0$;在点 x_0 的右邻域内,$f'(x)<0$,则函数 $f(x)$在 x_0 处取得极大值(图 3.9);

(2) 如果在点 x_0 的左邻域内,$f'(x)<0$;在点 x_0 的右邻域内,$f'(x)>0$,则函数 $f(x)$在 x_0 处取得极小值(图 3.10).

证明从略.

注　如果在点 x_0 的两侧,$f'(x)$保持同号,则函数 $f(x)$在点 x_0 处没有极值.

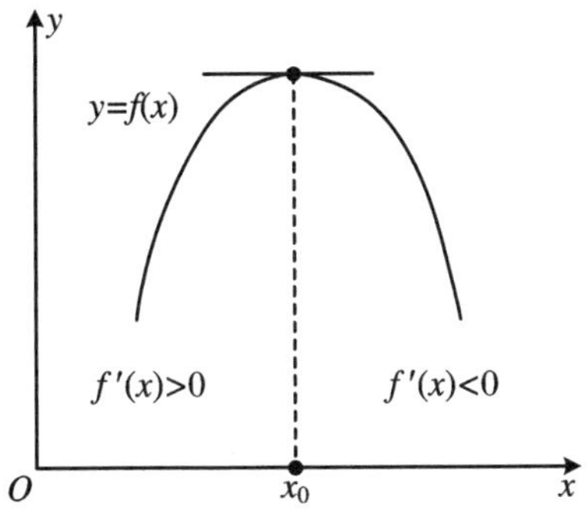

图 3.9

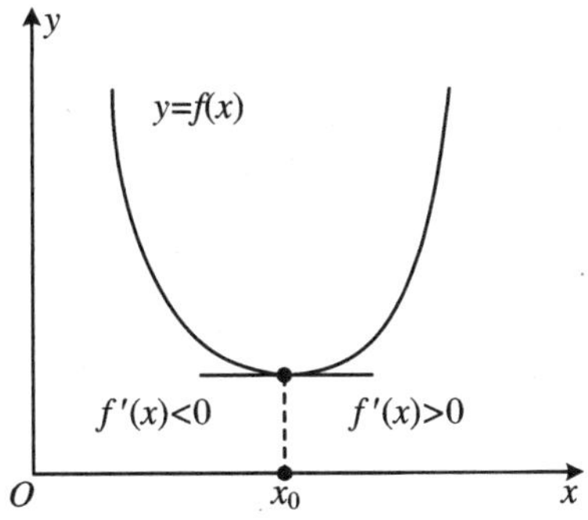

图 3.10

根据上述讨论,利用定理 3.6 求函数的极值点和极值的步骤如下:

(1) 确定函数 $f(x)$的定义域;

(2) 求 $f'(x)$,求出 $f(x)$的驻点及不可导点;

(3) 用步骤(2)中求出的点将函数的定义区间划分为若干个子区间,确定 $f'(x)$在各个子区间的符号、函数 $f(x)$的极值点和极值.

例 3.15　求函数 $f(x)=x^3-3x^2-9x+7$ 的极值.

解　(1) 函数的定义域为$(-\infty,+\infty)$;

(2) $f'(x)=3x^2-6x-9=3(x+1)(x-3)$,令 $f'(x)=0$,得驻点:$x=-1$,$x=3$;

(3) 用 $x=-1$ 和 $x=3$ 将定义域划分为三个区间:$(-\infty,-1)$、$(-1,3)$、$(3,+\infty)$,列表确定 $f'(x)$的符号、函数 $f(x)$的极值点和极值(表 3.3).

表 3.3

x	$(-\infty,-1)$	-1	$(-1,3)$	3	$(3,+\infty)$
$f'(x)$	$+$	0	$-$	0	$+$
$f(x)$	↗	极大值	↘	极小值	↗

所以,函数的极大值为 $f(-1)=12$,极小值为 $f(3)=-20$.

当函数 $f(x)$ 在驻点处的二阶导数存在且不为零时,也可以利用下述定理来判定 $f(x)$ 在驻点处是取得极大值还是极小值.

定理 3.7 (判别极值的第二充分条件)设函数 $f(x)$ 在点 x_0 处具有二阶导数,且 $f'(x_0)=0,f''(x_0)\neq 0$,则

(1) 当 $f''(x_0)>0$ 时,函数 $f(x)$ 在点 x_0 处取得极小值;

(2) 当 $f''(x_0)<0$ 时,函数 $f(x)$ 在点 x_0 处取得极大值.

证明从略.

注 定理 3.6 和定理 3.7 虽然都是判定极值点的充分条件,但在应用时又有区别.定理 3.6 对驻点和导数不存在的点均适用,定理 3.7 只对二阶导数存在且不为零的驻点适用,下列两种情形,定理 3.7 不适用:(1) $f'(x_0)$ 不存在的点;(2) $f'(x_0)=0$, $f''(x_0)=0$ 的点.这时,x_0 可能是极值点,也可能不是极值点.

例 3.16 求函数 $f(x)=(x^2-1)^3+1$ 的极值.

解 (1) $f(x)$ 的定义域为 $(-\infty,+\infty)$;

(2) $f'(x)=6x(x^2-1)^2,f''(x)=6(x^2-1)(5x^2-1)$;令 $f'(x)=0$,求得驻点 $x=-1,x=0,x=1$,没有不可导点;

(3) 因为 $f''(0)=6>0$,所以 $f(x)$ 在 $x=0$ 处取得极小值,极小值为 $f(0)=0$;因为 $f''(-1)=f''(1)=0$,用定理 3.7 无法判定,改用定理 3.6 判定.因为在 $x=-1$ 的左右邻域内 $f'(x)<0$,所以 $f(x)$ 在 $x=-1$ 处没有极值;同理,$f(x)$ 在 $x=1$ 处也没有极值.

综上所述,函数 $f(x)$ 只有极小值 $f(0)=0$.

3.3.2 函数的最值

函数的极值是函数在局部范围内的最大值或最小值,本节讨论函数在其定义域或指定范围上的最大值或最小值.

1. 闭区间上连续函数的最值

由最值定理可知,若函数 $f(x)$ 在闭区间 $[a,b]$ 上连续,则 $f(x)$ 在 $[a,b]$ 上必有最大值与最小值.参照图 3.6 可知,函数的最值只能在驻点、不可导点、端点取得.

因此,求闭区间上连续函数 $f(x)$ 的最大值与最小值的方法如下:

(1) 求函数 $f(x)$ 的定义域;

(2) 求 $f'(x)$,求出函数的驻点以及不可导点;

(3) 计算 $f(x)$ 在驻点、不可导点、端点的函数值,比较大小,即可得函数的最大值与最小值.

例 3.17 求函数 $f(x)=x^4-8x^2+2$ 在 $[-1,3]$ 上的最大值和最小值.

解　(1) 指定的区间为$[-1,3]$；

(2) $f'(x)=4x^3-16x=4x(x+2)(x-2)$，令 $f'(x)=0$，得$(-1,3)$内的驻点为 $x=0,2$；

(3) $f(-1)=-5, f(0)=2, f(2)=-14, f(3)=11$，比较可得函数的最大值为 $f(3)=11$，最小值为 $f(2)=-14$.

如图 3.9、图 3.10 所示，如果函数 $f(x)$在某个连续区间内只有唯一的极值点 x_0，可以断定，当 x_0 是 $f(x)$的极大(小)点时，$f(x_0)$就是函数 $f(x)$在该区间上的最大(小)值，这是实际应用中经常遇到的情况.

2. 实际问题的最值

在实际应用中，常常会遇到求最大值或最小值的问题(称为最优化问题)，比如，制作一个容积一定的容器，要求用料最少；生产中投入同样多的人力、物力、财力，要求产出最大、利润最大，等等.这类问题在数学上往往可归结为求某一函数(通常称为目标函数)的最大值或最小值问题.

应用极值和最值理论解决最优化问题时，首先要弄清要求最大值或最小值的量，该量与问题中其他量的关系怎样，以要最优化的量为目标，建立目标函数，并确定函数的定义域；其次，应用极值和最值理论求目标函数的最大值或最小值；最后应按问题的要求给出结论.

例 3.18　如图 3.11 所示，设工厂 C 到铁路的垂直距离为 20 km，垂足为 A，铁路线上距 A 点 100 km 处有一原料供应站 B，现在要在 AB 线上选定一点 D 修建一个原料中转车站，再由车站 D 向工厂修筑一条公路.已知每千米铁路的运费与公路的运费之比为 3∶5，为了使原料从供应站 B 运到工厂 C 的运费最省，问 D 点应选在何处？

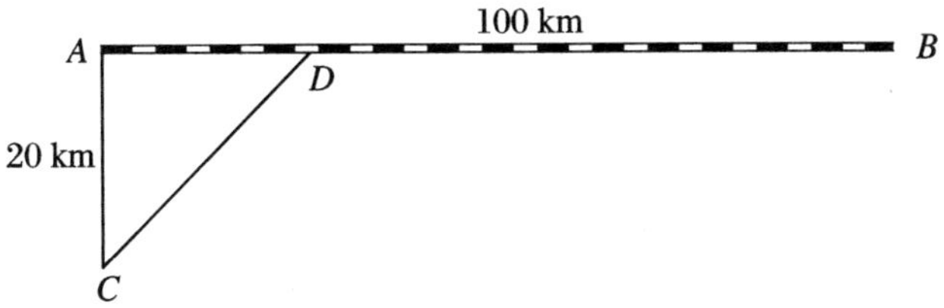

图 3.11

解　首先，建立目标函数.

设 $AD=x$(km)，则 $DB=100-x$，$CD=\sqrt{20^2+x^2}=\sqrt{400+x^2}$；又设公路运费为 $5k$ 元/km(k 是正数)，铁路运费为 $3k$ 元/km，从 B 点到 C 点需要的总运费为y(元)，则目标函数为

$$y=5kCD+3kDB$$

即

$$y=5k\sqrt{400+x^2}+3k(100-x)\quad(0\leqslant x\leqslant 100)$$

其次，将实际问题的最值转化为函数的最值.

问题转化为：求函数 $y=5k\sqrt{400+x^2}+3k(100-x)$在$[0,100]$上的最小值.

求导数，得

$$y' = 5k\frac{x}{\sqrt{400+x^2}} - 3k = k\left(\frac{5x}{\sqrt{400+x^2}} - 3\right)$$

令 $y'=0$,得驻点 $x=15$($x=-15$ 舍去).

因为运费问题中必有最小值,现在又只有一个驻点 $x=15$,由此知 $x=15$ 为函数 y 的最小值点.因此,当车站 D 建于 A、B 之间与 A 相距 15 km 处时,运费最省.

注 在实际问题中,如果函数 $f(x)$在某区间内有唯一的驻点 x_0,而且从实际问题本身又可知道 $f(x)$在该区间内必定有最大值或最小值,则 x_0 就是 $f(x)$的最大值点或最小值点.

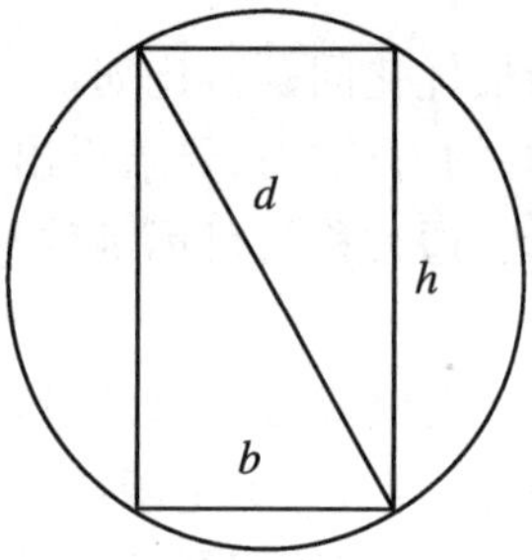

图 3.12

例 3.19 如图 3.12 所示,把一根直径为 d 的圆木锯成截面为矩形的梁,问矩形截面的高 h 和宽 b 应如何选择才能使梁的抗弯截面模量 $W=\frac{1}{6}bh^2$ 最大?

解 首先,建立目标函数.

依题意,目标函数为

$$W = \frac{1}{6}bh^2$$

因为

$$h^2 = d^2 - b^2$$

所以

$$W = \frac{1}{6}(d^2 b - b^3) \quad (0 < b < d)$$

其次,将实际问题的最值转化为函数的最值问题.

问题转化为:求函数 $W=\frac{1}{6}b(d^2-b^2)$在$(0,d)$内的最大值.

求导数,得

$$W' = \frac{1}{6}(d^2 - 3b^2)$$

令 $W'=0$,得驻点 $b=\sqrt{\frac{1}{3}}d$.

由于梁的最大抗弯截面模量一定存在,而且在$(0,d)$内部取得,现在函数 W 在$(0,d)$内只有一个驻点,所以当 $b=\sqrt{\frac{1}{3}}d$ 时,W 的值最大,这时,$h^2=d^2-b^2=d_2-\frac{1}{3}d^2=\frac{2}{3}d^2$,即 $h=\sqrt{\frac{2}{3}}d$,

$$h : b = \sqrt{\frac{2}{3}}d : \sqrt{\frac{1}{3}}d = \sqrt{2} : 1$$

所以,矩形截面的高和宽之为$\sqrt{2}:1$时,梁的抗弯截面模量最大.

课堂练习

1. 设 $f(x)$ 在点 x_0 处取得极值,则 $f'(x_0)$ 可能会有哪几种情况?

2. 求函数的极值:

(1) $y=x-\ln(1+x)$;

(2) $f(x)=-x^4+2x^2$.

3. 设 $y=2x^2+ax+3$ 在点 $x=1$ 处取得极小值,则 a 的值为多少?

4. 某车间靠墙壁要盖一间长方形小屋,现有存砖只够砌 20 m 长的墙壁,问应围成怎样的长方形才能使这间小屋的面积最大?

习　题　3

A　组

1. 求下列极限:

(1) $\lim\limits_{x\to1}\dfrac{x^3-3x+2}{x^3-x^2-x+1}$;　　(2) $\lim\limits_{x\to\pi}\dfrac{\sin3x}{\tan5x}$;

(3) $\lim\limits_{x\to0}\dfrac{e^{2x}-1}{xe^x+2e^x-2}$;　　(4) $\lim\limits_{x\to\infty}\dfrac{\ln(1+e^x)}{\sqrt{1+x^2}}$;

(5) $\lim\limits_{x\to0^+}\dfrac{\ln x}{\ln(e^x-1)}$;　　(6) $\lim\limits_{x\to1}\left(\dfrac{2}{x^2-1}-\dfrac{1}{x-1}\right)$;

(7) $\lim\limits_{x\to0}\dfrac{e^x-e^{-x}-2x}{x-\sin x}$;　　(8) $\lim\limits_{x\to0}\dfrac{a^x-b^x}{x}$;

(9) $\lim\limits_{x\to1^+}\left(\dfrac{x}{x-1}-\dfrac{1}{\ln x}\right)$;　　(10) $\lim\limits_{x\to0^+}x(e^{\frac{1}{x}}-1)$.

2. 求下列函数的单调区间:

(1) $y=2x^3+3x^2-12x+2$;　　(2) $y=x+\sqrt{1-x}$;

(3) $y=x-\ln(1+x)$;　　(4) $y=e^x-x-1$.

3. 求下列函数的单调区间和极值:

(1) $y=-x^3+3x$;　　(2) $y=x(48-2x)^2$;

(3) $y=\dfrac{2x}{1+x^2}$;　　(4) $y=x-\dfrac{3}{2}x^{\frac{2}{3}}$.

4. 求下列函数在闭区间上的最值:

(1) $y=2x^3-3x^2\,(x\in[-1,4])$;　　(2) $y=\sqrt[3]{(x^2-2x)^2}\,(x\in[0,3])$.

5. 证明下列不等式:

(1) 当 $x>0$ 时,$\ln(1+x)>\dfrac{x}{1+x}$;　　(2) 当 $x>0$ 时,$\sin x>x-\dfrac{x^3}{6}$.

6. 利用 36 m 长的铁丝围成一个矩形,应如何设计使面积最大?

7. 甲、乙两村合用一台变压器(如图 3.13),若两村用同型号的线架设输电线,问变压器设在输电主干线上的什么位置,可使所需输电线最短?

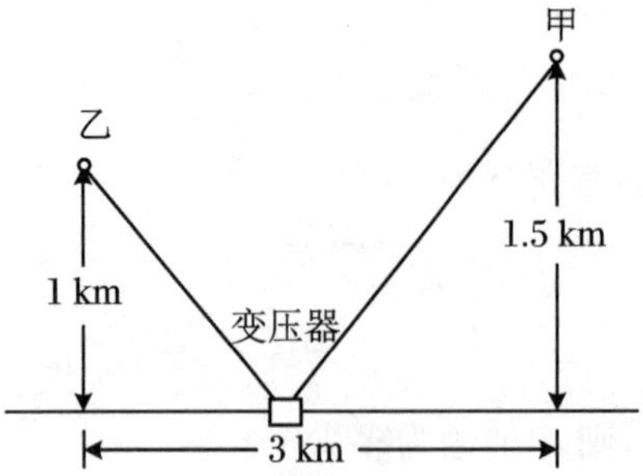

图 3.13

8. 要做一个容积为 300 m^3 的无盖圆柱体蓄水池，已知池底单位造价为侧面单位造价的两倍，问应该怎样设计使得造价最低？

9. 某厂每批生产某种产品 x 个单位的费用为 $C(x)=5x+200$（元），得到的收入为 $R(x)=10x-0.01x^2$（元），问每批生产多少单位时，才能使利润最大？

10. 求下列曲线的凹凸区间和拐点：

（1）$y=3x^4-4x^3+1$；

（2）$y=xe^{-x}$.

B 组

1. 求下列极限：

（1）$\lim\limits_{x\to0}\dfrac{\tan x+x}{\sin^2 x}$；（2）$\lim\limits_{x\to+\infty}\dfrac{e^x-e^{-x}}{e^x+e^{-x}}$；

（3）$\lim\limits_{x\to\frac{\pi}{2}}\dfrac{\tan x-6}{\sec x+3}$；（4）$\lim\limits_{x\to+\infty}x^{\frac{1}{x}}$.

2. 求下列函数的极值：

（1）$y=(x+1)e^{-x}$；（2）$y=x^2e^{-x^2}$.

（3）$y=\sqrt[3]{(x^2-1)^2}$；（4）$y=\dfrac{2x}{\ln x}$.

3. 试确定常数 a,b，使函数 $f(x)=a\ln x+bx^2+x$ 在 $x=1$ 和 $x=2$ 处有极值，并求此极值.

4. a 为何值时，函数 $y=a\sin x+\dfrac{1}{3}\sin 3x$ 在 $x=\dfrac{\pi}{3}$ 处取得极值？并求出极值.

5. 求下列函数的最值：

（1）$y=x+\sqrt{1-x^2}\,(-5\leqslant x\leqslant1)$；（2）$y=\dfrac{x}{1+x^2}\,(x\geqslant0)$；

（3）$y=x^2-\dfrac{54}{x}\,(x<0)$.

6. 在平面直角坐标系的第一象限给定一点 $M_0(x_0,y_0)$，过点 M_0 引直线使它与坐标轴正向所构成的三角形的面积最小，求此直线方程.

7. 要做一个体积为 72 立方厘米的有盖的长方体盒子，底面的边长成 1∶2 的关系，问长方体各边长度为多少时，才能使表面积最小？

自 测 题 3

1. 求下列极限：

（1）$\lim\limits_{x\to0}\dfrac{e^x-e^{-x}}{\sin x}$；（2）$\lim\limits_{x\to0}\dfrac{\sin x-x\cos x}{x-\sin x}$；

(3) $\lim\limits_{x \to a}\dfrac{a^x - x^a}{x - a}$；　　(4) $\lim\limits_{x \to 0} x\cot 2x$；

(5) $\lim\limits_{x \to +\infty} x^3 \cdot e^{-0.1x}$；　　(6) $\lim\limits_{x \to 0}\left(\dfrac{1}{x\tan x} - \dfrac{1}{x^2}\right)$.

2. 求下列函数的单调区间和极值：

(1) $y = 2x^3 - 6x^2 - 18x - 7$；　　(2) $y = 3 - 2(x+1)^{\frac{1}{3}}$；

(3) $y = x - e^x$；　　(4) $y = (x-1) \cdot \sqrt[3]{x^2}$.

3. 求下列函数的最大值和最小值：

(1) $y = x^4 - 2x^2 + 5(-2 \leqslant x \leqslant 2)$；　　(2) $y = \sin 2x - x\left(-\dfrac{\pi}{2} \leqslant x \leqslant \dfrac{\pi}{2}\right)$.

4. 求下列函数的凹凸区间和拐点：

(1) $y = 1 - x^2$；　　(2) $y = \ln(x^2 + 1)$.

5. 要制造一个容积为 32π 立方米的圆柱形桶(有盖)，已知桶的侧面每平方米造价是上下两底面造价的一半，问怎样设计，才使总造价最低？

数 学 欣 赏

“微积分”课程中的数学文化

1. “微积分”中的数学史

“微积分”本身就极具“文化”特征，其产生过程是科学史上的重大变革，是人类文明进程重要的里程碑.微积分从萌芽到逐步完善，乃至被各个学科广泛运用的过程，是数学史上最华彩的篇章.

微积分的思想从古希腊就开始萌芽，如安提丰和苏格拉底等人对圆求积问题做出了杰出的贡献，欧多里克斯创造的“穷竭法”和中国古代刘徽的“割圆术”可以说是异曲同工，《庄子·天下篇》“一尺之棰，日取其半，万世不竭”就是朴素的极限思想，芝诺所提出的悖论对极限理论的影响极大，甚至导致了数学危机.到16世纪，由于力学、天文学、物理学等自然科学的发展，对其研究工具提出了新要求，于是数学从常量数学往变量数学过渡，在此过程中笛卡儿、牛顿、莱布尼茨等做出了重要贡献.其中极限理论产生并成熟、导数和积分概念的建立并完善、无穷级数理论的产生及其对微积分的作用等，无处不闪烁着科学和人文的光辉.了解微积分产生和发展的数学史，对于理解数学发展的继承性、积累性、规律性，树立唯物主义世界观，建立对人类文明敬仰的情感，都有不可忽视的作用.

2. “微积分”中的数学家

在微积分发展过程中，一大批数学巨匠为之做出了杰出贡献.没有笛卡儿坐标系的建立，难以想象会有微积分的诞生，开普勒观察到一个函数的增量通常在其极大值或极小值处变得无限小，费马则根据这一现象找到了求极大值、极小值的方法，这些都为现代微积分的建立奠定了坚实的基础.到17世纪中叶，牛顿发表了著名的《自然哲学的数学原理》，其中“流数术”则是导数方法的前身，莱布尼茨意识到求面积依赖于横坐标上无限小区间的无限累加，于1686年发表了他的第一篇积分学论文，牛顿和莱布尼茨共同奠定了构建微积分的主体框架，莱布尼茨还对积分计算提出了如换元积分、分部积分等方法.

微积分诞生以后，其基础理论——极限理论存在着缺陷，人们称“一座宏伟大厦建立在沙滩上”.拉格朗日是最早使微积分严谨化的数学家，波尔查诺首先将严格的论证引入到微积分中，他在无穷级数收敛概念的基础上，对极限、连续变量有了深刻理解，柯西则给出了精确的极限定义，然后用极限来定义连续、导数、微分、定积分，从而使微积分有了完整的、严谨的理论体系.

3.“微积分”中的数学思想与方法

微积分中蕴含了大量的、重要的数学思想和方法，一些数学思想和方法甚至是首创的.我们看到，在微积分诞生前夕，在诸多学科发展和实际生产中，迫切需要处理下面一些问题：求运动物体的瞬时速度问题，求曲线的切线和弧长问题，求函数的最大值和最小值问题，求曲边梯形的面积问题，求连续函数的平均值问题等等，为解决这些问题推动了微积分的诞生，而这些问题的解决也奠定了微积分中的基本思想和基本方法.如运动物体的瞬时速度求法的核心思想是“以不变代变，然后通过取极限把平均速度过渡到瞬时速度”；如求曲边梯形面积的核心思想是“近似代精确，通过无限分割然后过渡到精确”；如求曲线的切线的核心思想是“以直代曲，然后从割线过渡到切线”.在这些问题的解决过程中无不体现了数学的函数与方程的思想、转化与化归的思想、数形结合的思想.

“微积分”也包含了大量的数学方法，如分析法、综合法、反证法、归纳法、穷举法、消元法、换元法、降次法、代入法、图像法、配方法、待定系数(函数)法等等.如对间断点的识别与判断用的是分析法和穷举法，求不定积分用到换元法，对函数极值点的判断与求解用到综合法，牛顿-莱布尼茨公式的推导用到代入法，一阶线性非齐次微分方程的求解用到待定函数法等等.

微积分的思想方法还有很多具体的内容，在此不一一列举，数学教师在课程讲授的过程中不仅要利用这些思想和方法解决课程中的问题，而且要对这些思想方法进行提炼，以使这些数学的思想和方法在学生的脑中固化，以成为他们在日常生活中分析问题、解决问题的工具.

4.“微积分”中的数学“美”

数学是美的.古代数学家普罗克拉斯早就说过：“哪里有数，哪里就有美”“微积分可谓是美轮美奂”.微积分中的数学美也具有简单与统一、精巧与对称、和谐与奇异、实用与创新四大美学特征.在微积分教学中，可以引导学生欣赏数学之美.

(1) 微积分具有简洁美和统一美.“微积分”建立了一套独有的、统一的语言和公式系统，使其表述和书写变得十分简洁和美观，从微积分所使用的符号来看，牛顿与莱布尼茨最初都有自己的一套符号体系，特别是莱布尼茨精心设计了一套令人满意的微积分符号，他说：好的符号可以精确深刻地表达概念、方法和逻辑关系.如他用拉丁字母“summa(求和)”的第一个字母s拉长“$\int$”来表示积分.统一符号后的微积分才会显得那么简洁、统一、和谐、完美.

(2) 微积分具有精巧美和对称美.微积分是精巧的,如连续性的判定、极值点的判定与求法、分部积分的方法、牛顿-莱布尼茨公式等等,无不在精巧中充满了逻辑与智慧.微积分中的对称美也无处不在,如概念的对称:有限与无限、无穷大与无穷小、连续与间断、分割与求和、微分与积分、精确与近似、收敛与发散等;公式的对称:如求导公式与积分公式、第一类换元和第二类换元等;图形的对称:如奇偶函数、函数与反函数、单调增与单调减等;方法的对称:如分割与求和、换元与回代等.

(3) 微积分具有和谐与奇异美.和谐与奇异是美的两个方面,微积分充满了和谐,如换元的和谐、通过取极限从近似过渡到精确的和谐、微元与积分的和谐、中值定理的和谐等等,同时微积分也充满了奇异,如无穷的奇异、可积性的奇异、广义积分的奇异等.

有时在微积分中和谐与奇异是相辅相成的,如连续的和谐与间断的奇异、近似的和谐与精确的奇异、曲线的和谐与以直代曲的奇异、可导的和谐与不可导的奇异.

(4) 微积分具有实用美和创新美.微积分的实用性自不必说,“一门科学如果用到了微积分,标志着它的成熟”.如果没有微积分很难想象牛顿的力学三定律和麦克斯韦电学方程组能够产生,没有微积分可能至今“海王星”还未被发现.微积分本身极具独创性,无论是导数、积分,还是它们的数学应用,其思想和方法都为人们开辟了新的视野,微积分的思维和方法是全新的思维和方法.如我们在讨论瞬时电流时当 Δt 趋于0的过程中 ΔQ 也趋于0,但 $\frac{0}{0}$ 是以前数学家们思维的瓶颈,微积分的思想创造性地突破了这个瓶颈,瞬时电流的问题就立刻迎刃而解了!

第4章　一元函数的积分学

我思故我在.

——笛卡儿

本章学习要求

1. 理解原函数与不定积分的概念及其关系,知道不定积分的性质;
2. 在理解的基础上熟记不定积分基本公式,熟练掌握直接积分法;
3. 熟练掌握不定积分的凑微分法,掌握第二类换元法;
4. 掌握不定积分的分部积分法,会求简单的有理函数的不定积分;
5. 理解定积分的概念及其几何意义,知道定积分的性质;
6. 理解变上限积分是变上限的函数,掌握对变上限积分求导数的方法;
7. 熟练运用牛顿-莱布尼茨公式计算定积分;
8. 理解广义积分的概念,掌握其计算方法;
9. 掌握用定积分计算平面图形面积和旋转体体积。

微分学的基本问题是已知一个函数,求它的导数或微分.但是,在自然科学和工程技术领域中往往还会遇到与此相反的问题,即已知一个函数的导数和微分,由此产生了积分学.积分学包括不定积分和定积分两部分.本章将研究不定积分和定积分的概念、性质以及基本积分方法.

4.1　原函数和不定积分

4.1.1　不定积分的概念

1. 引例

设曲线在任意点(x,y)处的切线斜率为$3x^2$,且曲线过点$(1,2)$,求此曲线方程.

解　设所求曲线方程为 $y=F(x)$,由导数的几何意义可知,$k=3x^2$,即

$$F'(x)=3x^2$$

由于$(x^3+C)'=3x^2$,所以有 $F(x)=x^3+C$,又因为 $y|_{x=1}=2$,得 $C=1$,于是所求的曲线方程为

$$y=x^3+1$$

这就是已知一个函数的导数 $f(x)$,反过来求 $f(x)$原来的函数(可称为原函数).即设$f(x)$是定义在区间(a,b)内的已知函数.如果存在可导函数 $F(x)$,使得对于(a,b)内任一点 x,有

$$F'(x)=f(x)\quad 或\quad \mathrm{d}F(x)=f(x)\mathrm{d}x$$

那么称 $F(x)$为 $f(x)$在(a,b)内的一个原函数.

例如,因为$(x^3)=3x^2$,$(x^3+1)'=3x^2$,$(x^3+C)'=3x^2$(C 为任意常数),所以 x^3,x^3+1,x^3+C 都是 $3x^2$ 的原函数.

又如,因为$(\sin x)'=\cos x$,$(\sin x-3)'=\cos x$,$(\sin x+C)'=\cos x$(C 为任意常数),所以 $\sin x$,$\sin x-3$,$\sin x+C$ 都是 $\cos x$ 的原函数.

从这些例子可以看出,如果 $f(x)$有一个原函数,那么任何与 $F(x)$相差一个常数的函数 $F(x)+C$ 都是$f(x)$的原函数,而且 $F(x)+C$(C 为任意常数)为 $f(x)$全部的原函数.

2. 不定积分的定义

如果函数 $F(x)$为函数 $f(x)$的一个原函数,那么 $f(x)$的全部原函数 $F(x)+C$ 称为函数$f(x)$的不定积分,记为$\int f(x)\mathrm{d}x$,即

$$\int f(x)\mathrm{d}x=F(x)+C$$

其中,“$\int$”称为积分号,$f(x)$称为被积函数,$f(x)\mathrm{d}x$ 称为被积表达式,x 称为积分变量,C 称为积分常数.

求一个函数 $f(x)$的不定积分,就是求 $f(x)$的全部原函数.具体地说,只要先求出

$f(x)$的一个原函数,再加上积分常数 C 即可.

例如

$$\int 4x^3 \mathrm{d}x = x^4 + C$$

$$\int \cos x \mathrm{d}x = \sin x + C$$

求不定积分的方法称为积分法.由不定积分定义可以看出,积分法和微分法互为逆运算,它们有如下的关系:

(1) $\left[\int f(x)\mathrm{d}x\right]' = f(x)$ 或 $\mathrm{d}\left[\int f(x)\mathrm{d}x\right] = f(x)\mathrm{d}x$;

(2) $\int F'(x)\mathrm{d}x = F(x) + C$ 或 $\int \mathrm{d}F(x) = F(x) + C$.

由此可见,对一个函数先积分再微分,结果是两者互相抵消;若先微分再积分,则结果只差一个常数.

4.1.2 不定积分的基本公式

由于求不定积分是求导数的逆运算,因此由基本导数公式可以得到相应的基本积分公式.下面我们把一些基本的积分公式列出来:

(1) $\int x^a \mathrm{d}x = \dfrac{x^{a+1}}{a+1} + C\ (a \neq -1)$;　　(2) $\int \dfrac{1}{x}\mathrm{d}x = \ln|x| + C$;

(3) $\int a^x \mathrm{d}x = \dfrac{a^x}{\ln a} + C$;　　(4) $\int \mathrm{e}^x \mathrm{d}x = \mathrm{e}^x + C$;

(5) $\int \cos x \mathrm{d}x = \sin x + C$;　　(6) $\int \sin x \mathrm{d}x = -\cos x + C$;

(7) $\int \sec^2 x \mathrm{d}x = \int \dfrac{1}{\cos^2 x}\mathrm{d}x = \tan x + C$;

(8) $\int \csc^2 x \mathrm{d}x = \int \dfrac{1}{\sin^2 x}\mathrm{d}x = -\cot x + C$;

(9) $\int \sec x \tan x \mathrm{d}x = \sec x + C$;　　(10) $\int \csc x \cot x \mathrm{d}x = -\csc x + C$;

(11) $\int \dfrac{1}{1+x^2}\mathrm{d}x = \arctan x + C$;　　(12) $\int \dfrac{1}{\sqrt{1-x^2}}\mathrm{d}x = \arcsin x + C$.

基本积分公式是求不定积分的基础,必须牢记.

例 4.1　求下列不定积分:

(1) $\int \dfrac{1}{\sqrt{x}}\mathrm{d}x$;　　(2) $\int x^2 \sqrt{x}\mathrm{d}x$.

解　(1) 先把被积函数写成分数指数的形式,再利用基本积分公式(1),得

$$\int \frac{1}{\sqrt{x}}\mathrm{d}x = \int x^{-\frac{1}{2}}\mathrm{d}x = \frac{x^{-\frac{1}{2}+1}}{-\frac{1}{2}+1} + C = 2\sqrt{x} + C$$

(2) 用与(1)相同的方法,得

$$\int x^2\sqrt{x}\,dx = \int x^{\frac{5}{2}}dx = \frac{x^{\frac{5}{2}+1}}{\frac{5}{2}+1} + C = \frac{2}{7}x^{\frac{7}{2}} + C$$

例 4.2　求 $\int 3^x e^x dx$.

解　由于 $3^x e^x = (3e)^x$，利用基本积分公式(3)，得

$$\int 3^x e^x dx = \int (3e)^x dx = \frac{(3e)^x}{\ln(3e)} + C = \frac{3^x e^x}{1+\ln 3} + C$$

4.1.3　不定积分的性质

性质 1　被积函数中的常数因子可以提到积分号的前面，即

$$\int kf(x)dx = k\int f(x)dx \quad (k\text{ 为常数})$$

性质 2　两个函数代数和的不定积分等于各不定积分的代数和，即

$$\int[f(x) \pm g(x)]dx = \int f(x)dx \pm \int g(x)dx$$

性质 2 对于有限个函数的代数和的情形也是成立的，即

$$\int[f_1(x) \pm f_2(x) \pm \cdots \pm f_n(x)]dx = \int f_1(x)dx \pm \int f_2(x)dx \pm \cdots \pm \int f_n(x)dx$$

利用基本积分公式和不定积分的性质进行积分的方法称为直接积分法.用直接积分法可以求出一些简单函数的不定积分.

例 4.3　求 $\int\left(\frac{1}{x} + 2^x - 3\sin x\right)dx$.

解　$$\int\left(\frac{1}{x} + 2^x - 3\sin x\right)dx = \int \frac{1}{x}dx + \int 2^x dx - 3\int \sin x dx$$

$$= \ln|x| + \frac{2^x}{\ln 2} + 3\cos x + C.$$

注意　分项积分后的多个积分常数可以合并成一个积分常数.

例 4.4　求 $\int \frac{3x^3 - 2x^2 + \sqrt{x}}{x}dx$.

解　先将被积函数变形，化为代数和的形式，然后再分项积分.

$$\int \frac{3x^3 - 2x^2 + \sqrt{x}}{x}dx = \int\left(3x^2 - 2x + \frac{1}{\sqrt{x}}\right)dx$$

$$= 3\int x^2 dx - 2\int x dx + \int \frac{1}{\sqrt{x}}dx = x^3 - x^2 + 2\sqrt{x} + C$$

例 4.5　求 $\int \frac{1+2x^2}{x^2(1+x^2)}dx$.

解　被积函数是分式，通常将其化为几个分式之和，再分项积分.

$$\int \frac{1+2x^2}{x^2(1+x^2)}dx = \int \frac{x^2+(1+x^2)}{x^2(1+x^2)}dx = \int\left(\frac{1}{1+x^2} + \frac{1}{x^2}\right)dx = \arctan x - \frac{1}{x} + C$$

例 4.6　求 $\int \frac{x^4}{1+x^2}dx$.

解 被积函数是一个有理假分式,先将其变形为

$$\frac{x^4}{1+x^2}=\frac{x^4-1+1}{1+x^2}=\frac{(x^2-1)(x^2+1)+1}{1+x^2}=x^2-1+\frac{1}{1+x^2}$$

然后再积分,得

$$\int\frac{x^4}{1+x^2}\mathrm{d}x=\int\left(x^2-1+\frac{1}{1+x^2}\right)\mathrm{d}x$$

$$=\frac{x^3}{3}-x+\arctan x+C$$

注 将有理假分式做代数的变形时,通常采用在分子上“加1减1”的方法.

例4.7 求$\int\cos^2\frac{x}{2}\mathrm{d}x$.

解 先利用三角恒等式$\cos^2\frac{x}{2}=\frac{1}{2}(1+\cos x)$将被积函数变形后再分项积分,于是有

$$\int\cos^2\frac{x}{2}\mathrm{d}x=\int\frac{1+\cos x}{2}\mathrm{d}x=\frac{1}{2}\left(\int\mathrm{d}x+\int\cos x\mathrm{d}x\right)=\frac{1}{2}(x+\sin x)+C$$

例4.8 求$\int\frac{1}{\cos^2x\sin^2x}\mathrm{d}x$.

解 先利用三角恒等式$1=\sin^2x+\cos^2x$,将被积函数变形为

$$\frac{1}{\sin^2x\cos^2x}=\frac{\sin^2x+\cos^2x}{\sin^2x\cdot\cos^2x}=\frac{1}{\cos^2x}+\frac{1}{\sin^2x}$$

然后再进行分项积分,于是有

$$\int\frac{1}{\cos^2x\sin^2x}\mathrm{d}x=\int\frac{1}{\cos^2x}\mathrm{d}x+\int\frac{1}{\sin^2x}\mathrm{d}x=\tan x-\cot x+C$$

《课堂练习》

1. 已知$f'(x)=1+x^2$且$f(0)=1$,求$f(x)$.
2. 计算下列不定积分:

(1) $\int(x^3+3^x-2\mathrm{e}^x+\mathrm{e}^3)\mathrm{d}x$;

(2) $\int\frac{x^2}{1+x^2}\mathrm{d}x$;

(3) $\int\left(1-\frac{1}{u}\right)^2\mathrm{d}u$;

(4) $\int\frac{3x^2+5}{x^3}\mathrm{d}x$;

(5) $\int\mathrm{e}^x(3-\mathrm{e}^{-x})\mathrm{d}x$;

(6) $\int\tan^2x\mathrm{d}x$.

4.2 不定积分的积分法

在上节中,利用直接积分法计算了一些简单的不定积分.但是,利用直接积分法能计算的不定积分是非常有限的.例如,不定积分

$$\int\cos2x\mathrm{d}x,\int\mathrm{e}^{-3x}\mathrm{d}x,\int\sqrt{a^2-x^2}\mathrm{d}x,\int x\mathrm{e}^{2x}\mathrm{d}x,\int\ln x\mathrm{d}x$$

等就无法计算.因此,我们有必要进一步研究不定积分的积分法.

4.2.1　第一类换元积分法(凑微分法)

先看下面的例子:

例 4.9　求 $\int\mathrm{e}^{3x}\mathrm{d}x$.

解　在基本积分公式中只有 $\int\mathrm{e}^{x}\mathrm{d}x=\mathrm{e}^{x}+C$.为了求出这个积分,我们把它改写成

$$\int\mathrm{e}^{3x}\mathrm{d}x=\frac{1}{3}\int\mathrm{e}^{3x}\mathrm{d}(3x)$$

令 $3x=u$,把 u 看作新的积分变量,便可应用基本积分公式(4).于是有

$$\int\mathrm{e}^{3x}\mathrm{d}x=\frac{1}{3}\int\mathrm{e}^{u}\mathrm{d}u=\frac{1}{3}\mathrm{e}^{u}+C$$

再把 u 换成 $3x$,得到

$$\int\mathrm{e}^{3x}\mathrm{d}x=\frac{1}{3}\mathrm{e}^{3x}+C$$

对所得到的结果进行求导,容易验证 $\frac{1}{3}\mathrm{e}^{3x}$ 确实是 e^{3x} 的一个原函数.我们常用这种方法来检验积分所得的结果是否正确.

注　$\int\mathrm{e}^{3x}\mathrm{d}x\neq\mathrm{e}^{3x}+C$,这是因为 $\mathrm{d}(\mathrm{e}^{3x})=\mathrm{e}^{3x}\mathrm{d}(3x)$,而不是 $\mathrm{e}^{3x}\mathrm{d}x$.所以,必须先把 $\mathrm{d}x$ 变成 $\frac{1}{3}\mathrm{d}(3x)$,然后把 $3x$ 看成中间变量,才能利用基本积分公式.

例 4.9 所用的方法就是所谓的第一类换元积分法.一般的有:

设函数 $f(u)$ 具有原函数 $F(u)$,且 $u=\varphi(x)$ 可导,则 $F[\varphi(x)]$ 是 $f[\varphi(x)]\varphi'(x)$ 的原函数,即

$$\int f[\varphi(x)]\varphi'(x)\mathrm{d}x=\int f(u)\mathrm{d}u\,\Big|_{u=\varphi(x)}=F[\varphi(x)]+C$$

这个式子也称为不定积分的第一类换元积分公式.此时还可以形象地表述成

$$\int f[\varphi(x)]\varphi'(x)\mathrm{d}x\xlongequal{\text{凑微分}}\int f[\varphi(x)]\mathrm{d}\varphi(x)\xlongequal[\text{变量代换}]{\varphi(x)=u}\int f(u)\mathrm{d}u=F(u)+C$$

$$\xlongequal[u=\varphi(x)]{\text{还原}}F[\varphi(x)]+C$$

这种求不定积分的方法称为第一类换元积分法(凑微分法).

例 4.10　求 $\int\frac{\mathrm{d}x}{\sqrt[3]{1+2x}}$.

解　因为 $\mathrm{d}(1+2x)=2\mathrm{d}x,\mathrm{d}x=\frac{1}{2}\mathrm{d}(1+2x)$,所以可以进行变量代换 $u=1+2x$,于是有

$$\int\frac{1}{\sqrt[3]{1+2x}}\mathrm{d}x=\frac{1}{2}\int(1+2x)^{-\frac{1}{3}}\mathrm{d}(1+2x)\xlongequal{\text{令 }1+2x=u}\frac{1}{2}\int u^{-\frac{1}{3}}\mathrm{d}u=\frac{3}{4}u^{\frac{2}{3}}+C$$

$$\xlongequal{\text{以 } u = 1+2x \text{ 回代}} \frac{3}{4}(1+2x)^{\frac{2}{3}} + C$$

在对上述换元熟悉以后，可不必写出中间变量.

例 4.11 求 $\int \frac{\cos\sqrt{x}}{\sqrt{x}}\mathrm{d}x$.

解 因为 $\mathrm{d}\sqrt{x} = \frac{1}{2\sqrt{x}}\mathrm{d}x, \frac{\mathrm{d}x}{\sqrt{x}} = 2\mathrm{d}(\sqrt{x})$，所以有

$$\int \frac{\cos\sqrt{x}}{\sqrt{x}}\mathrm{d}x = 2\int \cos\sqrt{x}\,\mathrm{d}(\sqrt{x})$$

$$\xlongequal{\text{令}\sqrt{x} = u} 2\int \cos u\,\mathrm{d}u = 2\sin u + C$$

$$\xlongequal{u = \sqrt{x} \text{ 回代}} 2\sin\sqrt{x} + C$$

凑微分经常要用到下面的一些结果：

(1) $\mathrm{d}x = \frac{1}{a}\mathrm{d}(ax+b)$；

(2) $x\mathrm{d}x = \frac{1}{2}\mathrm{d}x^2 = \frac{1}{2a}\mathrm{d}(ax^2+b)$；

(3) $\frac{\mathrm{d}x}{x} = \mathrm{d}(\ln x)$；

(4) $\frac{\mathrm{d}x}{\sqrt{x}} = 2\mathrm{d}(\sqrt{x})$；

(5) $\cos x\mathrm{d}x = \mathrm{d}(\sin x)$；

(6) $\sin x\mathrm{d}x = -\mathrm{d}(\cos x)$；

(7) $\mathrm{e}^x\mathrm{d}x = \mathrm{d}\mathrm{e}^x$；

(8) $\frac{1}{1+x^2}\mathrm{d}x = \mathrm{d}(\arctan x)$；

(9) $\frac{1}{\sqrt{1-x^2}}\mathrm{d}x = \mathrm{d}(\arcsin x)$.

应当注意的是，凑微分的目的是便于利用公式.

例 4.12 求下列积分：

(1) $\int \cos^2 x\mathrm{d}x$；

(2) $\int \frac{1}{a^2+x^2}\mathrm{d}x$；

(3) $\int \frac{1}{\sqrt{a^2-x^2}}\mathrm{d}x\ (a>0)$；

(4) $\int \frac{1}{a^2-x^2}\mathrm{d}x$.

解 (1) $\int \cos^2 x\mathrm{d}x = \frac{1}{2}\int(1+\cos 2x)\mathrm{d}x$

$$= \frac{x}{2} + \frac{1}{4}\cos 2x\,\mathrm{d}(2x)$$

$$= \frac{x}{2} + \frac{1}{4}\sin 2x + C；$$

(2) $\int \frac{1}{a^2+x^2}\mathrm{d}x = \frac{1}{a}\int \frac{\mathrm{d}\frac{x}{a}}{1+\left(\frac{x}{a}\right)^2} = \frac{1}{a}\arctan\frac{x}{a} + C$；

(3) $\int \frac{1}{\sqrt{a^2-x^2}}\mathrm{d}x = \int \frac{\mathrm{d}\frac{x}{a}}{\sqrt{1-\left(\frac{x}{a}\right)^2}} = \arcsin\frac{x}{a} + C$；

(4) $\int \frac{1}{x^2 - a^2}dx = \frac{1}{2a}\int\left(\frac{1}{x-a} - \frac{1}{x+a}\right)dx = \frac{1}{2a}[\ln|x-a| - \ln|x+a|] + C$

$$= \frac{1}{2a}\ln\left|\frac{x-a}{x+a}\right| + C.$$

例 4.13　求下列积分：

(1) $\int x\sqrt{4-x^2}dx$；　(2) $\int \frac{dx}{x(2\ln x + 3)}$；

(3) $\int \sin x \cdot e^{\cos x}dx$；　(4) $\int \frac{\arctan x}{1+x^2}dx$.

解　(1) $\int x\sqrt{4-x^2}dx = -\frac{1}{2}\int(4-x^2)^{\frac{1}{2}}d(4-x^2)$

$$= -\frac{1}{2}\cdot\frac{2}{3}(4-x^2)^{\frac{3}{2}} + C = -\frac{1}{3}(4-x^2)^{\frac{3}{2}} + C;$$

(2) $\int \frac{dx}{x(2\ln x + 3)} = \int \frac{1}{2\ln x + 3}d(\ln x)$

$$= \frac{1}{2}\int \frac{1}{2\ln x + 3}(2\ln x + 3)$$

$$= \frac{1}{2}\ln|2\ln x + 3| + C;$$

(3) $\int \sin x \cdot e^{\cos x}dx = -\int e^{\cos x}d(\cos x)$

$$= -e^{\cos x} + C;$$

(4) $\int \frac{\arctan x}{1+x^2}dx = \int \arctan x d(\arctan x)$

$$= \frac{1}{2}(\arctan x)^2 + C.$$

例 4.14　求下列积分：

(1) $\int \tan x dx$；　(2) $\int \cot x dx$；

(3) $\int \sec x dx$；　(4) $\int \csc x dx$.

解　$\int \tan x dx = \int \frac{\sin x}{\cos x}dx = -\int \frac{d\cos x}{\cos x} = -\ln|\cos x| + C$；

同理：$\int \cot x dx = \ln|\sin x| + C$；

由于$(\sec^2 x + \sec x\tan x)dx = d(\tan x + \sec x)$，所以先对被积函数 $\sec x$ 变形后，再凑微分，有

$$\int \sec x dx = \int \frac{\sec x(\sec x + \tan x)}{\sec x + \tan x}dx = \int \frac{\sec^2 x + \sec x\tan x}{\sec x + \tan x}dx$$

$$= \int \frac{\sec^2 x + \sec x\tan x}{\sec x + \tan x}dx = \int \frac{1}{\tan x + \sec x}d(\tan x + \sec x)$$

$$= \ln|\tan x + \sec x| + C$$

同理可得

$$\int \csc x\mathrm{d}x = \ln|\csc x - c\tan x| + C$$

此式在以后的积分中可以作为公式使用.

4.2.2 第二类换元积分法

前面已经讲了第一类换元积分法,它是利用凑微分 $\varphi'(x)\mathrm{d}x = \mathrm{d}\varphi(x)$的方法,把一个较复杂的积分$\int f[\varphi(x)]\varphi'(x)\mathrm{d}x$ 化为较简单的且基本积分公式中已有的形式:

$$\int f[\varphi(x)]\varphi'(x)\mathrm{d}x \xlongequal{u = \varphi(x)} \int f(u)\mathrm{d}u$$

但是,有时不易找出凑微分形式,却可以设法做一个代换 $x = \varphi(t)$,把积分$\int f(x)\mathrm{d}x$ 化为$\int f[\varphi(t)]\varphi'(t)\mathrm{d}t$ 的形式,这就是第二类换元积分法.

设函数 $x = \varphi(t)$单调可导,且 $\varphi'(t)\neq 0$.如果

$$\int f[\varphi(t)]\varphi'(t)\mathrm{d}t = \Phi(t) + C$$

那么$\int f(x)\mathrm{d}x = \Phi[\varphi^{-1}(x)] + C$.其中,$t = \varphi^{-1}(x)$是$x = \varphi(t)$的反函数.

使用第二类换元积分法的关键在于合理地选择函数 $x=\varphi(t)$进行变量代换,然后求出积分$\int f[\varphi(t)]\varphi'(t)\mathrm{d}t$,再将结果中的变量 t 做变量回代.这一过程可形象地表述成

$$\int f(x)\mathrm{d}x \xlongequal[\text{令}x = \varphi(t)]{\text{变量代换}} \int f[\varphi(t)]\varphi'(t)\mathrm{d}t \xlongequal{\text{求积分}} \Phi(t) + C \xlongequal[t = \varphi^{-1}(x)]{\text{回代}} \Phi[\varphi^{-1}(t)] + C$$

1. 换根代换

当被积函数中含有形如$\sqrt[n]{ax+b}$的根式时,可选择新的积分变量 $t=\sqrt[n]{ax+b}$,从中解出 $x=\dfrac{1}{a}(t^n - b)$,则 $\mathrm{d}x=\dfrac{n}{a}t^{n-1}\mathrm{d}t$.将其代入积分中,可去除根式,使被积函数有理化.

例 4.15 求$\int \dfrac{\mathrm{d}x}{1+\sqrt{2x-1}}$.

解 令 $t=\sqrt{2x-1}\,(t>0)$,于是有 $x=\dfrac{1}{2}(t^2+1)$,$\mathrm{d}x=t\mathrm{d}t$.从而

$$\begin{aligned}\int \frac{\mathrm{d}x}{1+\sqrt{2x-1}} &= \int \frac{1}{1+t}\cdot t\mathrm{d}t = \int\left(1-\frac{1}{1+t}\right)\mathrm{d}t\\ &= t - \ln|1+t| + C\\ &= \sqrt{2x-1} - \ln\left|1+\sqrt{2x-1}\right| + C\end{aligned}$$

例 4.16 求$\int \dfrac{1}{\sqrt{x}(1+\sqrt[3]{x})}\mathrm{d}x$.

解 被积函数中含有根式$\sqrt{x}$与$\sqrt[3]{x}$,它们的根指数分别为 2 与 3,为了同时消除这些根式,则以 2 与 3 的最小公倍数 6 为根指数,即令 $t=\sqrt[6]{x}$,于是有 $x=t^6$,$\mathrm{d}x=6t^5\mathrm{d}t$.从而

$$\int \frac{1}{\sqrt{x}(1+\sqrt[3]{x})}dx = \int \frac{1}{t^3(1+t^2)} \cdot 6t^5 dt = 6\int\left(1-\frac{1}{1+t^2}\right)dt$$
$$= 6(t - \arctan t) + C$$
$$= 6(\sqrt[6]{x} - \arctan \sqrt[6]{x}) + C$$

2. 三角代换

当被积函数中含有形如$\sqrt{a^2-x^2}$，$\sqrt{x^2 \pm a^2}$的根式时，可以利用三角函数进行换元，使被积函数有理化.具体代换为：

(1) 当被积函数中含有$\sqrt{a^2-x^2}$时，可做代换 $x = a\sin t\left(-\frac{\pi}{2}<t<\frac{\pi}{2}\right)$；

(2) 当被积函数中含有$\sqrt{x^2+a^2}$时，可做代换 $x = a\tan t\left(-\frac{\pi}{2}<t<\frac{\pi}{2}\right)$；

(3) 当被积函数中含有$\sqrt{x^2-a^2}$时，可做代换 $x = a\sec t\left(0<t<\frac{\pi}{2}\right)$.

这三种代换统称为三角代换.

例 4.17　求$\int \sqrt{a^2-x^2}dx\ (a>0)$.

解　令 $x = a\sin t$，则 $dx = a\cos t dt$，$\sqrt{a^2-x^2} = a\cos t$，于是有

$$\int \sqrt{a^2-x^2}dx = a^2\int \cos^2 t dt = \frac{a^2}{2}\int(1+\cos 2t)dt$$
$$= \frac{a^2}{2}\left(t + \frac{1}{2}\sin 2t\right) + C = \frac{a^2}{2}(t + \sin t\cos t) + C$$

为了将结果中的 t 回代成x 的函数，可以根据 $\sin t = \frac{x}{a}$画一个直角三角形，称为辅助三角形，如图 4.1 所示.因为

$$t = \arcsin\frac{x}{a},\quad \cos t = \frac{\sqrt{a^2-x^2}}{a}$$

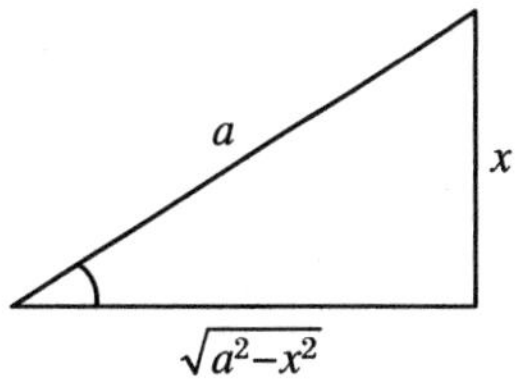

图 4.1

所以

$$\int \sqrt{a^2-x^2}dx = \frac{a^2}{2}\arcsin\frac{x}{a} + \frac{x}{2}\sqrt{a^2-x^2} + C$$

例 4.18　求$\int \frac{dx}{\sqrt{x^2+a^2}}\ (a>0)$.

解　令 $x = a\tan t$，则 $dx = a\sec^2 t dt$，于是有

$$\int \frac{dx}{\sqrt{x^2+a^2}} = \int \frac{a\sec^2 t dt}{a\sec t} = \int \sec t dt = \ln|\sec t + \tan t| + C$$

根据 $\tan t = \frac{x}{a}$做辅助三角形，如图 4.2 所示，则 $\sec t = \frac{\sqrt{x^2+a^2}}{a}$，因此

$$\int \frac{dx}{\sqrt{x^2+a^2}} = \ln|\tan t + \sec t| + C_1$$

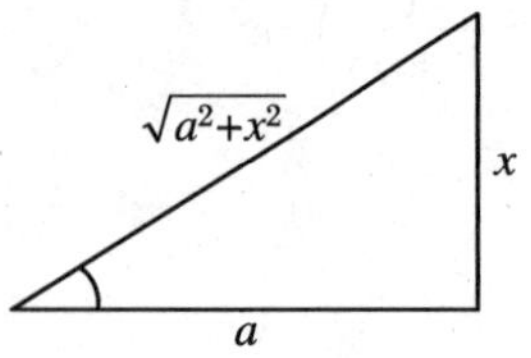

图 4.2

$$= \ln\left|\frac{x}{a} + \frac{\sqrt{x^2+a^2}}{a}\right| + C_1$$
$$= \ln(x + \sqrt{x^2+a^2}) + C_1 - \ln a$$
$$= \ln(x + \sqrt{x^2+a^2}) + C$$

其中，$C = C_1 - \ln a$.

例 4.19 求$\int \frac{dx}{\sqrt{x^2-a^2}}(a>0)$.

解 令 $x = a\sec t$，则 $dx = a\sec t \cdot \tan t$，于是有

$$\int \frac{dx}{\sqrt{x^2-a^2}} = \int \frac{a\sec t \cdot \tan t}{a\tan t}dt = \int \sec t dt = \ln|\sec t + \tan t| + C_1$$

根据 $\sec t = \frac{x}{a}$ 做辅助三角形，如图 4.3 所示，则 $\tan t = \frac{\sqrt{x^2-a^2}}{a}$，因此

$$\int \frac{dx}{\sqrt{x^2-a^2}} = \ln|\sec t + \tan t| + C_1$$
$$= \ln\left|\frac{x}{a} + \frac{\sqrt{x^2-a^2}}{a}\right| + C_1$$
$$= \ln(x + \sqrt{x^2-a^2}) + C$$

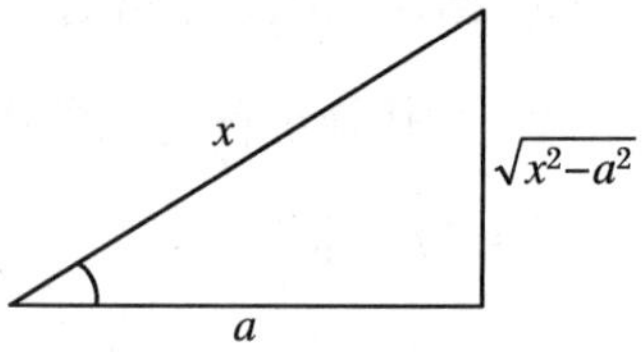

图 4.3

其中，$C = C_1 - \ln a$.

从上面三个例子看出，用三角代换可以化去被积函数中含有的根式，但具体解题时，还需要灵活运用. 例如，积分$\int x\sqrt{a^2-x^2}dx$ 就不必做三角代换，而用凑微分法化为 $-\frac{1}{2}\int(a^2-x^2)^{\frac{1}{2}}d(a^2-x^2)$，这样积分更为方便.

在使用第二类换元法的同时，应注意根据需要，随时与被积函数的恒等变形及不定积分的性质、凑微分法等结合使用.

例 4.20 求$\int x^2(2-x)^{100}dx$.

解 设 $t = 2-x, x = 2-t, dx = -dt$，

$$\int x^2(2-x)^{100}dx = -\int (2-t)^2 t^{100}dt = -\int(4t^{100} - 4t^{101} + t^{102})dt$$
$$= -\frac{4}{101}t^{101} + \frac{4}{102}t^{102} - \frac{1}{103}t^{103} + C$$
$$= \frac{4}{101}(2-x)^{101} + \frac{2}{51}(2-x)^{102} - \frac{1}{103}(2-x)^{103} + C$$

在本节的例题中，有几个积分的类型是以后经常会遇到的，它们通常也被当作公式使用，这样，常用的积分公式再添加下面几个，其中 $a>0$.

(13) $\int \tan x dx = -\ln|\cos x| + C$；

(14) $\int \cot x dx = \ln|\sin x| + C$；

(15) $\int \sec dx = \ln|\tan x + \sec x| + C$；

(16) $\int \csc x dx = \ln|\csc x - c\tan x| + C$；

(17) $\int \frac{1}{a^2 + x^2}dx = \frac{1}{a}\arctan\frac{x}{a} + C$；

(18) $\int \frac{1}{\sqrt{a^2 - x^2}}dx = \arcsin\frac{x}{a} + C$；

(19) $\int \frac{1}{x^2 - a^2}dx = \frac{1}{2a}\ln\left|\frac{x-a}{x+a}\right| + C$；

(20) $\int \frac{dx}{\sqrt{x^2 - a^2}} = \ln(x + \sqrt{x^2 - a^2}) + C$；

(21) $\int \frac{dx}{\sqrt{x^2 + a^2}} = \ln(x + \sqrt{x^2 + a^2}) + C$.

4.2.3 分部积分法

根据函数乘积的求导法则，可以得到计算不定积分的又一重要方法——分部积分法.

设函数 $u = u(x)$，$v = v(x)$具有连续导数，由

$$(uv)' = u'v + uv'$$

移项得

$$uv' = (uv)' - u'v$$

两边对 x 求不定积分，于是有

$$\int uv'dx = uv - \int vu'dx$$

即

$$\int udv = uv - \int vdu$$

这就是分部积分公式，利用该公式求不定积分的方法称为分部积分法.其特点是把左边的积分$\int udv$换成了右边的积分$\int vdu$.因此，当积分$\int vdu$比积分$\int udv$易求时，就可试用此法.

例4.21　求$\int xe^x dx$.

解　这是被积函数为多项式与指数函数乘积的形式，用分部积分法时应选择 $u = x$，$dv = e^x dx = de^x$，由分部积分公式可得

$$\int xe^x dx = \int xde^x = xe^x - \int e^x dx = xe^x - e^x + C$$

注意　如果选择 $u = e^x$，$dv = xdx = d\left(\frac{x^2}{2}\right)$，则有

$$\int xe^x dx = \int e^x d\left(\frac{x^2}{2}\right) = \frac{x^2}{2}e^x - \int \frac{1}{2}x^2e^x dx$$

上式右端的新积分$\int \frac{1}{2}x^2e^x dx$比左端的原积分$\int xe^x dx$更难求出，所以不能这样选择 u 和 dv.

由此可知，运用分部积分法的关键在于选择 u 和 dv. 一般地，选择 u 和 dv 的原则是：

(1) 使 v 容易求出；

(2) 新积分$\int v du$比原积分$\int u dv$容易求出.

例 4.22 求$\int x\cos x dx$.

解 这是被积函数为多项式与余弦函数乘积的形式，应选择 $u = x, dv = \cos x dx = d\sin x$，于是有

$$\int x\cos x dx = \int x d\sin x = x\sin x - \int \sin x dx$$
$$= x\sin x + \cos x + C$$

例 4.23 求$\int \ln x dx$.

解 这是被积函数为多项式与对数函数乘积的形式，应选择 $u = \ln x, dv = 1 \cdot dx = dx$，于是有

$$\int \ln x dx = x\ln x - \int x d\ln x = x\ln x - \int dx$$
$$= x\ln x - x + C$$

例 4.24 求$\int x\arctan x dx$.

解 这是被积函数为多项式与反三角函数乘积的形式，应选择 $u = \arctan x, dv = x dx = d\left(\frac{x^2}{2}\right)$，于是有

$$\int x\arctan x dx = \int \arctan x d\left(\frac{x^2}{2}\right) = \frac{x^2}{2}\arctan x - \int \frac{x^2}{2} d\arctan x$$
$$= \frac{x^2}{2}\arctan x - \frac{1}{2}\int \frac{x^2}{1+x^2}dx$$
$$= \frac{1}{2}x^2\arctan x - \frac{1}{2}\int\left(1 - \frac{1}{1+x^2}\right)dx$$
$$= \frac{1}{2}x^2\arctan x - \frac{1}{2}(x - \arctan x) + C$$

从以上各例可以看出，当被积函数是两种不同类型函数的乘积时，可考虑用分部积分法，选择 u 和 dv 的原则可归纳如下：

(1) 当被积函数是多项式与指数函数或正弦(或余弦)函数的乘积时，选多项式为 u，剩余部分与 dx 的乘积为 dv；

(2) 当被积函数是多项式与对数函数或反三角函数的乘积时，选对数函数或反三角函数为 u，剩余部分与 dx 的乘积为 dv.

例 4.25　求 $\int e^{2x}\sin x\mathrm{d}x$.

解　这是被积函数为指数函数与正弦函数乘积的形式,可任选其中一个函数作为 u,不妨取 $u=e^{2x}$,$\mathrm{d}v=\sin x\mathrm{d}x=-\mathrm{d}\cos x$,于是有

$$\begin{aligned}\int e^{2x}\sin x\mathrm{d}x &= -\int e^{2x}\mathrm{d}\cos x = -e^{2x}\cos x+\int\cos x\mathrm{d}e^{2x}\\ &= -e^{2x}\cos x+2\int\cos x e^{2x}\mathrm{d}x = -e^{2x}\cos x+2\int e^{2x}\mathrm{d}\sin x\\ &= -e^{2x}\cos x+2e^{2x}\sin x-2\int\sin x\mathrm{d}e^{2x}\\ &= -e^{2x}\cos x+2e^{2x}\sin x-4\int e^{2x}\sin x\mathrm{d}x\end{aligned}$$

移项得

$$5\int e^{2x}\sin x\mathrm{d}x = e^{2x}(2\sin x-\cos x)+C_1$$

即

$$\int e^{2x}\sin x\mathrm{d}x = \frac{1}{5}e^{2x}(2\sin x-\cos x)+C$$

有些不定积分需要综合运用换元积分法与分部积分法才能求出结果.

例 4.26　求 $\int\sin\sqrt{x}\mathrm{d}x$.

解　令 $\sqrt{x}=t$,则 $x=t^2$,$\mathrm{d}x=2t\mathrm{d}t$,于是有

$$\begin{aligned}\int\sin\sqrt{x}\mathrm{d}x = 2\int t\sin t\mathrm{d}t &= -2\int t\mathrm{d}\cos t = -2t\cos t+2\int\cos t\mathrm{d}t\\ &= -2t\cos t+2\sin t+C\end{aligned}$$

回代 $t=\sqrt{x}$,得

$$\int\sin\sqrt{x}\mathrm{d}x = 2(\sin\sqrt{x}-\sqrt{x}\cos\sqrt{x})+C$$

《课 堂 练 习》

求下列不定积分:

(1) $\int\frac{1}{x\cdot\sqrt[3]{x^2}}\mathrm{d}x$;　　(2) $\int\frac{2^x}{3^x}\mathrm{d}x$;

(3) $\int\left(\frac{x^3}{1+x^2}+\sin^2x\right)\mathrm{d}x$;　　(4) $\int\cos^2(5x-1)\mathrm{d}x$;

(5) $\int x\cdot\sqrt{2x^2+1}\mathrm{d}x$;　　(6) $\int\frac{x+2}{\sqrt{16-x^2}}\mathrm{d}x$;

(7) $\int\frac{1}{1+\sqrt{x}}\mathrm{d}x$;　　(8) $\int\arccos x\mathrm{d}x$;

(9) $\int\left(\frac{\ln x}{x}\right)^2\mathrm{d}x$;　　(10) $\int xe^{-2x}\mathrm{d}x$;

(11) $\int \frac{1}{x^2+2x+2}\mathrm{d}x$； (12) $\int \mathrm{e}^{\sqrt{x}}\mathrm{d}x$.

4.3 定积分的概念

不定积分是微分法逆运算的一个侧面，本节要介绍的定积分是它的另一个侧面，定积分起源于求图形的面积和体积等实际问题，17 世纪中叶，牛顿和莱布尼茨先后提出了定积分的概念，并发现了积分和微分之间的内在关系，给出了计算定积分的一般方法，从而使定积分成为解决有关实际问题的有力工具.

在过去的学习中，我们已经知道正方形、三角形、平行四边形、梯形等平面“直边图形”的面积；物理中，我们知道了匀速直线运动的时间、速度与路程的关系等. 在数学和物理中，我们还经常会遇到计算平面曲线围成的平面“曲边图形”的面积、变速直线运动物体的位移、变力做功的问题. 如何解决这些问题？能否把求“曲边图形”面积问题转化为求“直边图形”面积问题？能否利用匀速直线运动的知识解决变速直线运动的问题？为此我们需要学习新的数学知识——定积分.

4.3.1 两个实际问题

1. 面积问题

设函数 $y=f(x)\geqslant 0$，且在区间 $[a,b]$ 上连续. 由曲线 $y=f(x)$，直线 $x=a$、$x=b$ 及 x 轴所围成的平面图形称为曲边梯形，如图 4.4 所示.

如何来计算它的面积？

为了计算曲边梯形的面积 A，我们用一组垂直于 x 轴的直线把曲边梯形任意分割成许多小曲边梯形. 因为每一个小曲边梯形的底边是很窄的，而 $f(x)$ 又是连续变化的，所以，可用小曲边梯形的底边作为底、底边上任一点 ξ_i 所对应的函数值 $f(\xi_i)$ 作为高的小矩形的面积来近似代替小曲边梯形的面积. 再把所有这些小矩形的面积加起来，就可以得到曲边梯形的面积 A 的近似值. 由图 4.5 可知，分割越细密，所有小矩形的面积之和与曲边梯形的面积 A 越接近. 当分割无限细密时，如果所有小矩形的面积之和的极限值存在，此极限值就定义为曲边梯形的面积 A. 根据上面的分析，曲边梯形的面积可按下述步骤来计算：

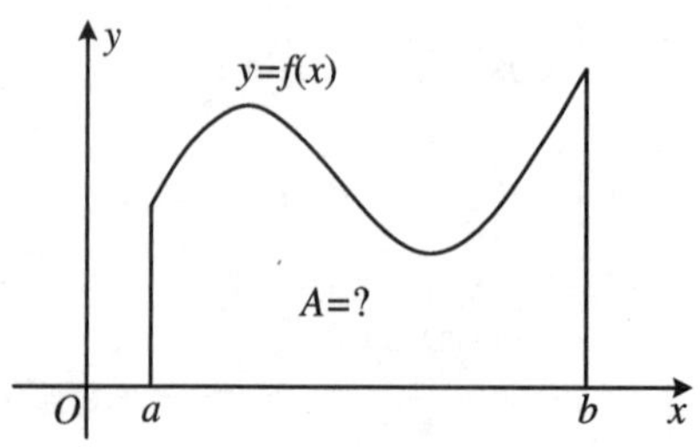

图 4.4

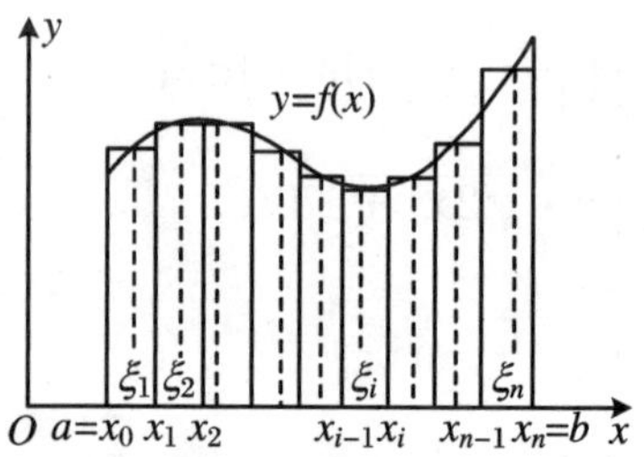

图 4.5

(1) 分割.在$[a,b]$中任意插入 $n-1$ 个分点 $x_1,x_2,\cdots,x_{n-1}$,且

$$a = x_0 < x_1 < x_2 < \cdots < x_{n-1} < x_n = b$$

把曲边梯形的底边$[a,b]$分成 n 个小区间:

$$[x_0,x_1],[x_1,x_2],\cdots,[x_{n-1},x_n]$$

小区间$[x_{i-1},x_i]$的长度记为 $\Delta x_n = x_n - x_{n-1}\Delta s_i(i=1,2,\cdots,n)$.

过各分点做垂直于 x 轴的直线,把整个曲边梯形分成 n 个小曲边梯形,其中第 i 个小曲边梯形的面积记为 $\Delta A_i(i=1,2,\cdots,2n)$.

(2) 近似代替.在小区间$[x_{i-1},x_i]$上任取一点 $\xi_i(x_{i-1}\leqslant\xi_i\leqslant x_i)$,以 $f(\xi_i)$为高,Δx_i 为底做一小矩形,用小矩形的面积 $f(\xi_i)\Delta x_i$ 近似代替第i 个小曲边梯形的面积,记为 ΔA_i,即

$$\Delta A_i \approx f(x_i)\Delta x_i \quad (i = 1,2,\cdots,n)$$

(3) 求和.将这 n 个小矩形的面积加起来,可得到曲边梯形的面积 A 的近似值,即

$$\begin{aligned}A &\approx f(\xi_1)\Delta x_1 + f(\xi_2)\Delta x_2 + \cdots + f(\xi_n)\Delta x_n \\ &= \sum_{i=1}^{n} f(\xi_i)\Delta x_i\end{aligned}$$

(4) 取极限.记 $\lambda=\max\{\Delta x_1,\Delta x_2,\cdots,\Delta x_n\}$,当 $\lambda\to 0$ 时,和式 $\sum\limits_{i=1}^{n} f(\xi_i)\Delta x_i$ 的极限就是所求曲边梯形的面积A,即

$$A = \lim_{\lambda\to 0}\sum_{i=1}^{n} f(\xi_i)\Delta x_i$$

2. 路程问题

如果一质点做直线运动,其速度 $v=v(t)$是时间间隔$[a,b]$上的连续函数,且 $v(t)\geqslant 0$,求此质点在这段时间内所经过的路程.

我们采用以上相同的思路:以不变代变,通过以下四步:分割→近似→求和→取极限,可得质点在这段时间内所经过的路程: $s = \lim\limits_{\lambda\to 0}\sum\limits_{i=1}^{n} v(\xi_i)\Delta t_i$.

求曲边梯形的面积和变速直线运动的路程的步骤为:分割→近似→求和→取极限,是先借用以前的知识,求得近似值,再用极限的思想得到准确值,先分成局部,再积成整体,巧妙并有效地解决了初等数学所不能解决的问题.

上面所讨论的两个实际问题,尽管它们的具体意义各不相同,但解决问题的方法却完全相同.我们都采用了任意分割、近似代替、求和、取极限 4 个步骤,并且最后都归结为求具有相同结构的一种特定和式的极限.如果抽去它们的实际意义,只从数学的结构上加以抽象的研究,就引出了定积分的概念.

4.3.2　定积分的定义

定义　设函数 $f(x)$在区间$[a,b]$上有界,在$[a,b]$中任意插入 $n-1$ 个分点

$$a = x_0 < x_1 < x_2 < \cdots < x_{n-1} < x_n = b$$

把区间$[a,b]$分成 n 个小区间

$$[x_0,x_1],[x_1,x_2],\cdots,[x_{n-1},x_n]$$

各个小区间的长度依次为

$$\Delta x_1 = x_1 - x_0, \Delta x_2 = x_2 - x_1, \cdots, \Delta x_n = x_n - x_{n-1}$$

在第 i 个小区间$[x_{i-1}, x_i]$上任取一点 $\xi_i(i=1,2,\cdots,n)$，作函数值 $f(\xi_i)$与小区间长度 Δx_i 的乘积$f(\xi_i)\Delta x_i(i=1,2,\cdots,n)$，并作出和式

$$\sum_{i=1}^{n} f(\xi_i)\Delta x_i \tag{1}$$

记$\lambda = \max\{\Delta x_1, \Delta x_2, \cdots, \Delta x_n\}$，如果不论对$[a,b]$进行怎样的分法，也不论在小区间$[x_{i-1}, x_i]$上的点 ξ_i 怎样的取法，只要当 $\lambda \to 0$ 时，和式(1) 总趋于确定的极限 I，这时我们称此极限为函数 $f(x)$ 在区间$[a,b]$上的定积分(简称积分)，记作$\int_a^b f(x)\mathrm{d}x$，即

$$\int_a^b f(x)\mathrm{d}x = I = \lim_{\lambda\to 0}\sum_{i=1}^{n} f(\xi_i)\Delta x_i$$

其中，$f(x)$叫作被积函数，$f(x)\mathrm{d}x$ 叫作被积表达式，x 叫作积分变量，a 叫作积分下限，b 叫做积分上限，$[a,b]$叫作积分区间，和 $\sum\limits_{i=1}^{n} f(\xi_i)\Delta x_i$ 通常称为$f(x)$的积分和.

根据定积分的定义，前面所讨论的曲边梯形的面积 A 和变速直线运动的路程 s 可分别表示为

$$A = \lim_{\lambda\to 0}\sum_{i=1}^{n} f(\xi_i)\Delta x_i = \int_a^b f(x)\mathrm{d}x, \quad s = \lim_{\lambda\to 0}\sum_{i=1}^{n} v(\xi_i)\Delta x_i = \int_a^b v(t)\mathrm{d}t$$

关于定积分，有如下几点说明：

(1) 定积分$\int_a^b f(x)\mathrm{d}x$ 是积分和式的极限，它是一个定值. 它只与被积函数 $f(x)$和积分区间$[a,b]$有关，而与积分变量用什么字母表示无关，即

$$\int_a^b f(x)\mathrm{d}x = \int_a^b f(t)\mathrm{d}t = \int_a^b f(u)\mathrm{d}u$$

(2) 在定积分$\int_a^b f(x)\mathrm{d}x$ 的定义中，我们总是假定 $a < b$. 为了应用方便起见，对于 $a > b$ 或$a = b$ 的情形，我们做以下补充规定：

当 $a > b$ 时，$\int_a^b f(x)\mathrm{d}x = -\int_b^a f(x)\mathrm{d}x$；

当 $a = b$ 时，$\int_a^b f(x)\mathrm{d}x = 0$.

说明 如果函数 $f(x)$ 在区间$[a,b]$上连续，则定积分$\int_a^b f(x)\mathrm{d}x$ 一定存在.

4.3.3 定积分的几何意义

如果在区间$[a,b]$上 $f(x) \geqslant 0$，则定积分$\int_a^b f(x)\mathrm{d}x$ 在几何上表示由曲线$y = f(x)$，直线 $x = a$、$x = b$ 及x 轴所围成的曲边梯形的面积.

如果在区间$[a,b]$上 $f(x) \leqslant 0$，则由曲线 $y = f(x)$，直线 $x = a$、$x = b$ 及x 轴所围

成的曲边梯形位于 x 轴下方．和式 $\sum_{i=1}^{n} f(\xi_i)\Delta x_i$ 每一项中的 $f(\xi_i) \leqslant 0, \Delta x_i > 0$，而面积总是正的，所以曲边梯形的面积为

$$A = -\int_a^b f(x)\mathrm{d}x$$

这时，定积分 $\int_a^b f(x)\mathrm{d}x$ 在几何上表示上述曲边梯形面积的负值，如图 4.6 所示．

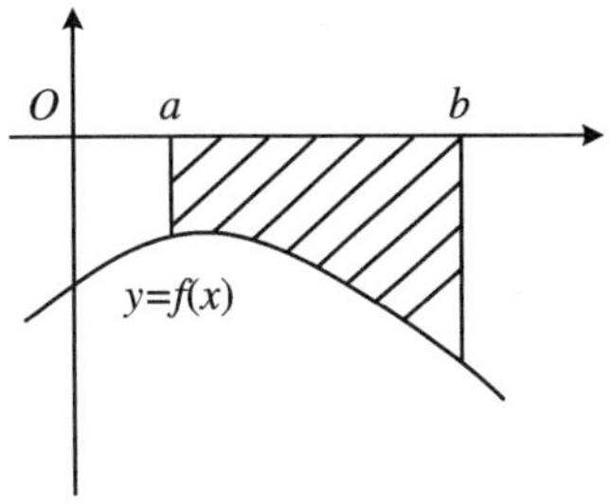

图 4.6

如果在区间 $[a,b]$ 上 $f(x)$ 的值有正有负，则函数图形的某些部分在 x 轴的上方，而其他部分在 x 轴的下方，如图 4.7 所示．此时，定积分 $\int_a^b f(x)\mathrm{d}x$ 的几何意义是由曲线 $y = f(x)$，直线 $x = a$、$x = b$ 及 x 轴所围成的曲边梯形的面积的代数和，即

$$\int_a^b f(x)\mathrm{d}x = A_1 - A_2 + A_3 - A_4$$

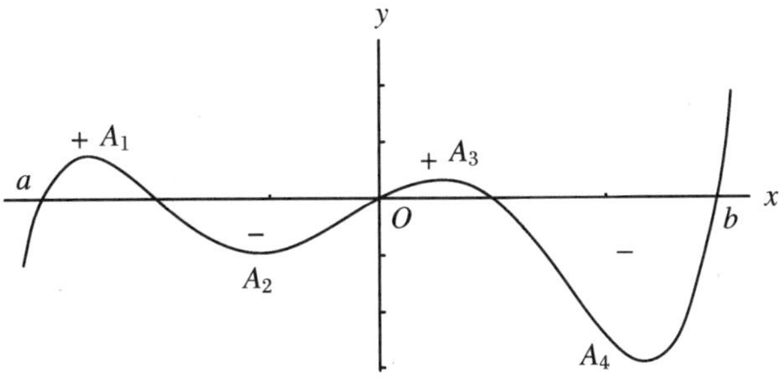

图 4.7

利用定积分的几何意义，容易验证下列结论：

设函数 $f(x)$ 在区间 $[a,b]$ 上连续，则

(1) 若 $f(x)$ 为偶函数，则 $\int_{-a}^{a} f(x)\mathrm{d}x = 2\int_0^a f(x)\mathrm{d}x$；

(2) 若 $f(x)$ 为奇函数，则 $\int_{-a}^{a} f(x)\mathrm{d}x = 0$.

该结论可以简化关于原点对称区间上定积分的计算．

例 4.27　计算下列定积分：

(1) $\int_{-\frac{\pi}{2}}^{\frac{\pi}{2}} \frac{x}{1+\cos x}\mathrm{d}x$；　　(2) $\int_{-1}^{1} \sqrt{1-x^2}\mathrm{d}x$.

解　(1) 记 $f(x) = \int_{-\frac{\pi}{2}}^{\frac{\pi}{2}} \frac{x}{1+\cos x}\mathrm{d}x$，因为 $f(-x) = -f(x)$，所以 $f(x)$ 在 $\left[-\frac{\pi}{2}, \frac{\pi}{2}\right]$ 上为奇函数，于是有

$$\int_{-\frac{\pi}{2}}^{\frac{\pi}{2}} \frac{x}{1+\cos x}\mathrm{d}x = 0$$

(2) $\sqrt{1-x^2}$ 在 $[-1,1]$ 上为偶函数，利用定积分的几何意义，可知

$$\int_{-1}^{1}\sqrt{1-x^2}\mathrm{d}x = 2\int_{0}^{1}\sqrt{1-x^2}\mathrm{d}x = \frac{\pi}{2} \quad (\text{单位圆面积的一半})$$

4.3.4 定积分的性质

在下列各性质中，假定函数 $f(x)$和 $g(x)$在区间$[a,b]$上都是连续的.

性质 1 两个函数代数和的定积分等它们的定积分的代数和，即

$$\int_a^b[f(x)\pm g(x)]\mathrm{d}x = \int_a^b f(x)\mathrm{d}x \pm \int_a^b g(x)\mathrm{d}x$$

此性质可以推广到有限个函数的代数和的情形，即

$$\int_a^b[f_1(x)\pm f_2(x)\pm\cdots\pm f_n(x)]\mathrm{d}x$$

$$= \int_a^b f_1(x)\mathrm{d}x \pm \int_a^b f_2(x)\mathrm{d}x \pm\cdots\pm \int_a^b f_n(x)\mathrm{d}x$$

性质 2 被积函数中的常数因子可以提到积分号外，即

$$\int_a^b kf(x)\mathrm{d}x = k\int_a^b f(x)\mathrm{d}x \quad (k\text{ 为常数})$$

性质 3 被积函数 $f(x)\equiv 1$ 时，积分值等于积分区间的长度，即

$$\int_a^b \mathrm{d}x = b-a$$

性质 4 （区间可加性）若 $a<c<b$，则

$$\int_a^b f(x)\mathrm{d}x = \int_a^c f(x)\mathrm{d}x + \int_c^b f(x)\mathrm{d}x$$

实际上，对于 a,b,c 三点的任何其他相对位置，性质 4 仍然成立. 例如，当 $a<b<c$ 时，由于

$$\int_a^c f(x)\mathrm{d}x = \int_a^b f(x)\mathrm{d}x + \int_b^c f(x)\mathrm{d}x$$

于是有

$$\int_a^b f(x)\mathrm{d}x = \int_a^c f(x)\mathrm{d}x - \int_b^c f(x)\mathrm{d}x = \int_a^c f(x)\mathrm{d}x + \int_c^b f(x)\mathrm{d}x$$

性质 5 如果在区间$[a,b]$上有 $f(x)\leqslant g(x)$，则

$$\int_a^b f(x)\mathrm{d}x \leqslant \int_a^b g(x)\mathrm{d}x$$

特别地，若在区间$[a,b]$上有 $f(x)\geqslant 0$，则 $\int_a^b f(x)\mathrm{d}x \geqslant 0$.

性质 1 到性质 5 均可由定积分的定义证得，这里从略.

性质 6 设 M 和 m 分别为 $f(x)$在区间$[a,b]$上的最大值与最小值，则

$$m(b-a)\leqslant \int_a^b f(x)\mathrm{d}x \leqslant M(b-a)$$

性质 7 （积分中值定理）如果 $f(x)$在$[a,b]$上连续，则在$[a,b]$上至少存在一点 ξ，使下式成立：

$$\int_a^b f(x)\mathrm{d}x = f(\xi)(b-a)\quad(a\leqslant\xi\leqslant b)$$

上式称为积分中值公式. 当 $f(x)\geqslant 0$ 时,积分中值定理的几何解释为:由曲线 $y=f(x)$,直线 $x=a$、$x=b$ 及 x 轴所围成的曲边梯形的面积恰好等于以区间$[a,b]$为底、以 $f(\xi)$为高的矩形面积,如图 4.8 所示.

通常称这个高度 $f(\xi)$为该曲边梯形的"平均高度",也称之为 $f(x)$在区间$[a,b]$上的平均值,即

$$f(\xi)=\frac{1}{b-a}\int_a^b f(x)\mathrm{d}x$$

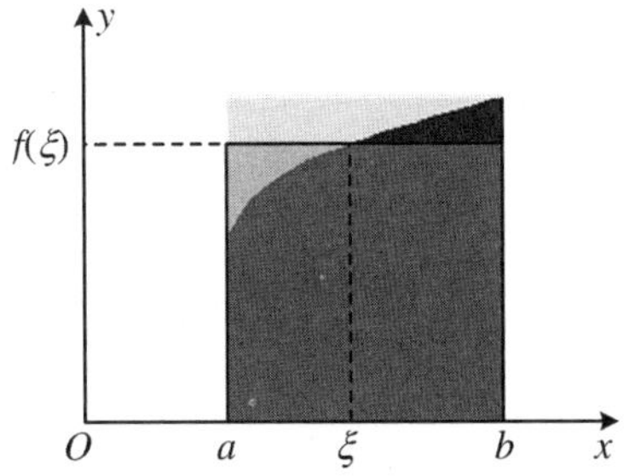

图 4.8

课 堂 练 习

1. 用定积分的定义说明:

(1) $\int_0^2 x^2\mathrm{d}x$ 与$\int_0^2 t^2\mathrm{d}t$ 的值是否相等?

(2) $\int_a^b f(x)\mathrm{d}x$ 与$\int_a^b f(u)\mathrm{d}x$ 的值是否相等?

(3) $\int_a^b f(x)\mathrm{d}x$ 的值与哪些量有关,与哪些量无关?

(4) $\left(\int_a^b f(x)\mathrm{d}x\right)'$ 的值是否等于零?

2. 填空:

(1) $\frac{\mathrm{d}}{\mathrm{d}x}\int_1^2 \sin x\mathrm{d}x=$ __________;　　(2) $\int_{-1}^2 3\mathrm{d}x=$ __________;

(3) $\int_2^2 f(x)\mathrm{d}x=$ __________;

(4) 已知$\int_a^b f(x)\mathrm{d}x=1$,则$\int_a^b f(x)\mathrm{d}x=$ __________;

(5) 设 $f(x)$ 为连续函数,则$\frac{\mathrm{d}}{\mathrm{d}x}\int_a^b f(x)\mathrm{d}x=$ __________;

(6) $\left(\int_1^2 \arctan x\mathrm{d}x\right)'=$ __________;

(7) 设 $f(x)$ 在$[a,b]$上连续,则$\int_a^b f(x)\mathrm{d}x-\int_a^b f(t)\mathrm{d}t=$ __________;

(8) 设 $f(x)$ 在$[a,b]$上连续,则曲线 $y=f(x)$,直线 $x=a$、$x=b$ 及$y=0$围成的平面图形面积为__________.

3. 利用定积分的几何意义说明:

(1) $\int_0^{2\pi}\cos x\mathrm{d}x=0$;　　(2) $\int_a^b x\mathrm{d}x=\frac{1}{2}(b^2-a^2)$.

4. 用定积分表示曲线 $y=\sin x(0\leqslant x\leqslant \pi)$ 与 x 轴所围成图形的面积.

5. 已知自由落体的速度为 $v=2+gt$,其中 g 是重力加速度,试用定积分表示物体从第 1 秒开始,经过 2 秒后所经过的路程.

4.4 定积分的计算

4.4.1 牛顿-莱布尼茨公式

1. 变上限积分

设函数 $f(x)$在区间$[a,b]$上可积，x 为区间$[a,b]$上的任意一点，则 $f(x)$在$[a,b]$上也可积，即变上限积分

$$\int_a^x f(t)\mathrm{d}t$$

存在，并且对于每一个 $x\in[a,b]$，都有一个确定的值与之对应，因此它是定义在$[a,b]$上的函数，称为积分上限函数，记为 $\Phi(x)$，即

$$\Phi(x)=\int_a^x f(t)\mathrm{d}t \quad (a\leqslant x\leqslant b)$$

积分上限函数具有下面的重要性质：

如果函数$f(x)$在区间$[a,b]$上连续，则积分上限函数$\int_a^x f(t)\mathrm{d}t$在$[a,b]$上可导，且它的导数为

$$\Phi'(x)=\frac{\mathrm{d}}{\mathrm{d}x}\int_a^x f(t)\mathrm{d}t=f(x) \qquad (a\leqslant x\leqslant b)$$

积分上限函数 $\Phi(x)=\int_a^x f(t)\mathrm{d}t$ 是$f(x)$的一个原函数，这表明连续函数的原函数总是存在的.

注 如果函数 $f(x)$在区间$[a,b]$上连续，则

(1) $\int_a^b f(x)\mathrm{d}x$ 表示一个常数，$\int_a^x f(x)\mathrm{d}x$ 变上限积分表示$f(x)$在区间$[a,b]$上的一个原函数.

(2) $\int f(x)\mathrm{d}x$ 表示$f(x)$的所有原函数.

例 4.28 设 $\Phi(x)=\int_a^x \mathrm{e}^{-t^2}\mathrm{d}t$，求 $\Phi'(-1)$.

解 由公式得

$$\Phi'(x)=\frac{\mathrm{d}}{\mathrm{d}x}\int_0^x \mathrm{e}^{-t^2}\mathrm{d}t=\mathrm{e}^{-x^2}$$

于是有

$$\Phi'(-1)=\mathrm{e}^{-x^2}\big|_{x=-1}=\mathrm{e}^{-1}$$

例 4.29 设 $\Phi(x)=\int_0^{\sqrt{x}}\sin t^2\mathrm{d}t$，求 $\Phi'(x)$.

解 因为积分上限是$\sqrt{x}$，所以不能直接应用上面的公式，而应按复合函数求导，得

$$\frac{\mathrm{d}}{\mathrm{d}x}\left(\int_0^{\sqrt{x}}\sin t^2\mathrm{d}t\right)=\frac{\mathrm{d}\left(\int_0^{\sqrt{x}}\sin t^2\mathrm{d}t\right)}{\mathrm{d}(\sqrt{x})}\cdot\frac{\mathrm{d}(\sqrt{x})}{\mathrm{d}x}=\sin(\sqrt{x})^2\cdot\frac{1}{2\sqrt{x}}=\frac{1}{2\sqrt{x}}\sin x$$

当积分上限为自变量 x 的函数 $\varphi(x)$ 时,可以得到推广式为

$$\frac{\mathrm{d}}{\mathrm{d}x}\left(\int_0^{\varphi(x)}f(t)\mathrm{d}t\right)=f[\varphi(x)]\cdot\varphi'(x)$$

例 4.30　设 $y=\int_x^{x^2}\sqrt{1+t^3}\mathrm{d}t$,求 $\frac{\mathrm{d}y}{\mathrm{d}x}$.

解　由于积分的上、下限都是变量,因此先把 y 拆成两个积分之和,然后再求导,即

$$\begin{aligned}\frac{\mathrm{d}y}{\mathrm{d}x}&=\frac{\mathrm{d}}{\mathrm{d}x}\left(\int_x^{x^2}\sqrt{1+t^3}\mathrm{d}t\right)\\&=\frac{\mathrm{d}}{\mathrm{d}x}\left(\int_x^{a}\sqrt{1+t^3}\mathrm{d}t+\int_a^{x^2}\sqrt{1+t^3}\mathrm{d}t\right)\\&=-\frac{\mathrm{d}}{\mathrm{d}x}\left(\int_a^{x}\sqrt{1+t^3}\mathrm{d}x\right)+\frac{\mathrm{d}}{\mathrm{d}x}\left(\int_a^{x^2}\sqrt{1+t^3}\mathrm{d}x\right)\\&=-\sqrt{1+x^3}+\sqrt{1+x^6}\cdot(x^2)'\\&=2x\sqrt{1+x^6}-\sqrt{1+x^3}\end{aligned}$$

例 4.31　求 $\lim\limits_{x\to0}\frac{\int_0^x \mathrm{e}^t\mathrm{d}t}{x}=\lim\limits_{x\to0}\frac{\mathrm{e}^x}{1}=1$.

解　由洛必达法则得

$$\lim_{x\to0}\frac{\int_0^x \mathrm{e}^t\mathrm{d}t}{x}=\lim_{x\to0}\frac{\mathrm{e}^x}{1}=1$$

2. 牛顿-莱布尼茨公式

用定积分的定义计算定积分是十分麻烦的,有时甚至无法计算,下面我们从求变速直线运动的路程来研究定积分的计算方法.

我们知道如果物体沿直线运动,速度为 $v(t)$,那么从 $t=a$ 到 $t=b$ 这段时间物体所经过的路程为

$$s=\int_a^b v(t)\mathrm{d}t \tag{4.1}$$

另一方面假设已知物体的路程 s 和时间 t 的函数为 $s=s(t)$,从 $t=a$ 到 $t=b$ 这段时间物体经过的路程为

$$s=s(b)-s(a) \tag{4.2}$$

由(4.1)和(4.2)式得

$$\int_a^b v(t)\mathrm{d}t=s(b)-s(a)$$

根据导数的物理意义可知 $s'(t)=v(t)$,即 $s(t)$ 是 $v(t)$ 的一个原函数,因此可知函数 $v(t)$ 在区间 $[a,b]$ 上的定积分,就等于它的一个原函数 $s(t)$ 在积分上限和下限处的函数值之差.抽去上面问题的物理意义,其结论对一般函数也是成立的,有:

如果函数 $f(x)$ 在区间 $[a,b]$ 上连续,$F(x)$ 是 $f(x)$ 的一个原函数,即 $F'(x)=f(x)$,

那么

$$\int_a^b f(x)\mathrm{d}x = F(x)\big|_a^b = F(b) - F(a)$$

这个公式叫作牛顿-莱布尼茨公式,它揭示了定积分和不定积分的内在联系,表明在$[a,b]$上连续的函数的定积分等于这个函数的一个原函数在该区间上的增量,这就为计算定积分提供了一种有效而又简便的方法.

牛顿-莱布尼茨公式揭示了定积分与原函数之间的联系,表明一个连续函数区间$[a,b]$上的定积分等于它的任意一个原函数区间$[a,b]$上的增量.也就是说,要计算定积分,只要先用不定积分求出被积函数的一个原函数,再将上、下限分别代入,求其差即可.

例 4.32 计算$\int_0^1 x^2\mathrm{d}x$.

解 因为

$$\int x^2\mathrm{d}x = \frac{1}{3}x^3 + C$$

所以

$$\int_0^1 x^2\mathrm{d}x = \frac{1}{3}x^3\big|_0^1 = \frac{1}{3} - 0 = \frac{1}{3}$$

例 4.33 计算下列定积分:

(1) $\int_{-1}^0 \frac{3x^4+3x^2+1}{x^2+1}\mathrm{d}x$; (2) $\int_1^{\sqrt{3}}\left(\frac{1}{x^2+1}+\frac{1}{x}\right)\mathrm{d}x$;

(3) $\int_0^1 \mathrm{e}^{3x}\mathrm{d}x$; (4) $\int_1^{\sqrt{\frac{\pi}{2}}} x\cos x^2\mathrm{d}x$.

解 (1) 由于

$$\int \frac{3x^4+3x^2+1}{x^2+1}\mathrm{d}x = \int\left(3x^2+\frac{1}{x^2+1}\right)\mathrm{d}x = x^3 + \arctan x + C$$

于是有

$$\int_{-1}^0 \frac{3x^4+3x^2+1}{x^2+1}\mathrm{d}x = (x^3+\arctan x)\big|_{-1}^0 = 1 + \frac{\pi}{4}$$

(2) $\int_1^{\sqrt{3}}\left(\frac{1}{x^2+1}+\frac{1}{x}\right)\mathrm{d}x = [\arctan x + \ln x]_1^{\sqrt{3}} = \frac{\pi}{12} + \frac{1}{2}\ln 3$;

(3) $\int_0^1 \mathrm{e}^{3x}\mathrm{d}x = \frac{1}{3}\int_0^1 \mathrm{e}^{3x}\mathrm{d}(3x) = \frac{1}{3}\mathrm{e}^{3x}\big|_0^1 = \frac{1}{3}(\mathrm{e}^3 - 1)$;

(4) $\int_1^{\sqrt{\frac{\pi}{2}}} x\cos x^2\mathrm{d}x = \frac{1}{2}\int_1^{\sqrt{\frac{\pi}{2}}}\cos x^2\mathrm{d}x^2 = \frac{1}{2}(\sin x^2)\Big|_1^{\sqrt{\frac{\pi}{2}}} = \frac{1}{2}(1-\sin 1)$.

例 4.34 设函数

$$f(x) = \begin{cases} x-1, & x < 0 \\ x^2, & x \geqslant 0 \end{cases}$$

计算

$$\int_{-1}^2 f(x)\mathrm{d}x$$

解　由于 $f(x)$ 是分段函数，在积分区间 $[-1,2]$ 上的解析式不同，所以要利用定积分的区间可加性，将定积分 $\int_{-1}^{2} f(x)\mathrm{d}x$ 写成区间 $[-1,0]$ 与 $[0,2]$ 上两个定积分的和，即

$$\int_{-1}^{2} f(x)\mathrm{d}x = \int_{-1}^{0} f(x)\mathrm{d}x + \int_{0}^{2} f(x)\mathrm{d}x = \int_{-1}^{0}(x-1)\mathrm{d}x + \int_{0}^{2} x^2\mathrm{d}x$$
$$= \left(\frac{x^2}{2} - x\right)\bigg|_{-1}^{0} + \frac{x^3}{3}\bigg|_{0}^{2} = -\frac{3}{2} + \frac{8}{3} = \frac{7}{6}$$

牛顿-莱布尼茨公式是计算定积分的最重要的公式，但在有些情况下求原函数比较复杂，因而定积分的计算就比较麻烦．为了解决这个问题，下面将介绍定积分的分部积分公式，使得定积分的计算更为简便．

4.4.2　定积分的换元法

设函数 $f(x)$ 在区间 $[a,b]$ 上连续，函数 $x=\varphi(t)$ 在区间 $[\alpha,\beta]$ 上单调且有连续的导数 $\varphi'(t)$，又 $\varphi(\alpha)=a$，$\varphi(\beta)=b$，则

$$\int_a^b f(x)\mathrm{d}x = \int_\alpha^\beta f[\varphi(t)]\varphi'(t)\mathrm{d}t$$

这就是定积分的换元积分公式．

注意　(1) 在作换元代换时，积分的上、下限要跟着变换，即“换元必换限”．值得注意的是，下限 α 不一定小于上限 β．

(2) 换元积分后，不必换回原积分变量．

例 4.35　计算 $\int_0^4 \frac{1}{1+\sqrt{x}}\mathrm{d}x$．

解　设 $\sqrt{x}=t$，则 $x=t^2$，$\mathrm{d}x=2t\mathrm{d}t$，且当 $x=0$ 时，$t=0$；当 $x=4$ 时，$t=2$．由公式得

$$\int_0^4 \frac{1}{1+\sqrt{x}}\mathrm{d}x = \int_0^2 \frac{1}{1+t}\cdot 2t\mathrm{d}t = 2\int_0^2\left(1-\frac{1}{1+t}\right)\mathrm{d}t$$
$$= 2\left[t - \ln|1+t|\right]_0^2 = 4 - 2\ln 3$$

例 4.36　计算 $\int_{\frac{\sqrt{3}}{3}a}^{a} \frac{1}{x^2\sqrt{x^2+a^2}}\mathrm{d}x\ (a>0)$．

解　令 $x=a\tan t$，则 $\mathrm{d}x=a\sec^2 t\mathrm{d}t$，且当 $x=\frac{\sqrt{3}}{3}a$ 时，$t=\frac{\pi}{6}$；当 $x=a$ 时，$t=\frac{\pi}{4}$．于是有

$$\int_{\frac{\sqrt{3}}{3}}^{a} \frac{1}{x^2\sqrt{x^2+a^2}}\mathrm{d}x = \int_{\frac{\pi}{6}}^{\frac{\pi}{4}} \frac{a\sec^2 t}{a^2\tan^2 t\cdot a\sec t}\mathrm{d}t$$
$$= \frac{1}{a^2}\int_{\frac{\pi}{6}}^{\frac{\pi}{4}}\frac{\cos t}{\sin^2 t}\mathrm{d}t = \frac{1}{a^2}\left(-\frac{1}{\sin t}\right)\bigg|_{\frac{\pi}{6}}^{\frac{\pi}{4}}$$
$$= \frac{1}{a^2}(2-\sqrt{2})$$

4.4.3　定积分的分部积分法

设函数 $u(x)$，$v(x)$ 在区间 $[a,b]$ 上有连续导数，则

$$\int_a^b u dv = (uv)\Big|_a^b - \int_a^b v du$$

这就是定积分的分部积分公式.

注意 在使用分部积分公式时,通常将已经积出来的部分进行化简,这样可简化计算.

例 4.37 计算$\int_0^{\frac{1}{2}} \arcsin x dx$.

解

$$\begin{aligned}\int_0^{\frac{1}{2}} \arcsin x dx &= (x\arcsin x)\Big|_0^{\frac{1}{2}} - \int_0^{\frac{1}{2}} x d(\arcsin x)\\ &= \frac{1}{2}\arcsin\frac{1}{2} - \int_0^{\frac{1}{2}} \frac{x}{\sqrt{1-x^2}}dx\\ &= \frac{\pi}{12} + \frac{1}{2}\int_0^{\frac{1}{2}} \frac{1}{\sqrt{1-x^2}}d(1-x^2)\\ &= \frac{\pi}{12} + \sqrt{1-x^2}\Big|_0^{\frac{1}{2}}\\ &= \frac{\pi}{12} + \frac{\sqrt{3}}{2} - 1.\end{aligned}$$

例 4.38 计算$\int_0^{\pi} x\cos x dx$.

解

$$\begin{aligned}\int_0^{\pi} x\cos x dx &= \int_0^{\pi} x d(\sin x)\\ &= x\sin x\Big|_0^{\pi} - \int_0^{\pi}\sin x dx\\ &= \cos x\Big|_0^{\pi} = -2.\end{aligned}$$

数学家小传

皮耶·德·费马(1601～1665 年,图 4.9),法国律师,也是一位业余数学家.之所以称费马"业余",是由于费马具有律师的全职工作,但费马在诸多数学分支上取得的成就可以和任何一位数学家相媲美,被称为"业余数学家之王".

图 4.9

在解析几何中,费马的《平面与立体轨迹引论》所做的工作是开创性的.他指出:"两个未知量决定的一个方程式,对应着一条轨迹,可以描绘出一条直线或曲线."费马的发现比笛卡儿发现解析几何的基本原理还早七年.费马在书中还对一般直线和圆的方程以及双曲线、椭圆、抛物线进行了讨论.

费马在数论领域中的成果是巨大的,其中主要有:

费马大定理：设 n 为大于 2 的整数，则方程 $x^n+y^n=z^n$ 没有满足 $xyz\neq 0$ 的整数解. 这是个不定方程，它已经由英国数学家怀尔斯证明了（1995 年），证明是相当艰深的！

费马小定理：假如 p 是质数，且 a,p 互质，那么 a 的 $p-1$ 次方除以 p 的余数恒等于 1. 费马小定理是数论四大定理（威尔逊定理、欧拉定理、孙子剩余定理和费马小定理）之一，在初等数论中有着非常广泛和重要的应用.

《课 堂 练 习》

1. (1) 当 $k=$ ________ 时，$\int_0^k (2x-3x^2)\mathrm{d}x=0$；

(2) 当 $k=$ ________ 时，$\int_0^1 (2x+k)\mathrm{d}x=2$.

2. (1) $\int_{-2}^{3} 4\mathrm{d}x=$ ________；　(2) $\int_0^1 (1+x^2)\mathrm{d}x^2=$ ________；

(3) $\int_{-\frac{\pi}{4}}^{\frac{\pi}{4}} \tan x\mathrm{d}x=$ ________；　(4) $\int_{-1}^{1} \frac{\sin x}{\cos^2 x}\mathrm{d}x=$ ________；

(5) $\int_{-\frac{\pi}{2}}^{\frac{\pi}{2}} x\sin x^2\mathrm{d}x=$ ________；　(6) $\left(\int_0^x \mathrm{e}^{-t}\mathrm{d}t\right)'=$ ________.

3. 设 k 为正整数，证明下列各题：

(1) $\int_{-\pi}^{\pi} \cos kx\mathrm{d}x=0$；　(2) $\int_{-\pi}^{\pi} \sin kx\mathrm{d}x=0$；

(3) $\int_{-\pi}^{\pi} \cos^2 kx\mathrm{d}x=\pi$；　(4) $\int_{-\pi}^{\pi} \sin^2 kx\mathrm{d}x=\pi$.

4. 求下列定积分：

(1) $\int_0^{\pi} (x+\sin x)\mathrm{d}x$；　(2) $\int_0^1 \frac{x^2+2}{1+x^2}\mathrm{d}x$；

(3) $\int_{-2}^{3} (x-1)^3\mathrm{d}x$；　(4) $\int_{-\frac{\sqrt{2}}{2}}^{\frac{\sqrt{2}}{2}} \frac{1}{\sqrt{1-x^2}}\mathrm{d}x$；

(5) $\int_{\frac{\pi}{4}}^{\frac{\pi}{3}} \cos 2x\mathrm{d}x$；　(6) $\int_0^{\pi} x\sin x\mathrm{d}x$；

(7) $\int_0^1 x\mathrm{e}^x\mathrm{d}x$；　(8) $\int_0^1 \arctan x\mathrm{d}x$；

(9) $\int_1^3 |x-2|\mathrm{d}x$；　(10) $\int_0^{\frac{\pi}{2}} \sqrt{1-\sin 2x}\mathrm{d}x$.

5. 设 $\begin{cases} x=\int_0^t \sin u^2\mathrm{d}u \\ y=\cos t^2 \end{cases}$，求 $\frac{\mathrm{d}y}{\mathrm{d}x}$.

4.5 无穷区间上的广义积分

前面讨论的定积分,是以有限积分区间与有界函数为前提的.但在实际问题中,常常会遇到积分区间是无限的或被积函数是无界的积分,因此我们有必要把定积分的概念加以推广,从而引入广义积分的概念.本书只讨论无穷区间上的广义积分.

设函数 $f(x)$ 在$[a,+\infty)$上连续,任取实数 $b>a$,则把极限称为 $f(x)$ 在无穷区间$[a,+\infty)$上的广义积分,记为$\int_a^{+\infty}f(x)\mathrm{d}x$,即

$$\int_a^{+\infty}f(x)\mathrm{d}x=\lim_{b\to+\infty}\int_a^b f(x)\mathrm{d}x$$

如果上式右端的极限存在,则称广义积分$\int_a^{+\infty}f(x)\mathrm{d}x$ 收敛,否则称广义积分$\int_a^{+\infty}f(x)\mathrm{d}x$ 发散.

类似地,可定义函数 $f(x)$在无穷区间$(-\infty,b]$上的广义积分为

$$\int_{-\infty}^b f(x)\mathrm{d}x=\lim_{a\to-\infty}\int_a^b f(x)\mathrm{d}x$$

函数 $f(x)$在无穷区间$(-\infty,+\infty)$上的广义积分为

$$\int_{-\infty}^{+\infty}f(x)\mathrm{d}x=\int_{-\infty}^{c}f(x)\mathrm{d}x+\int_c^{+\infty}f(x)\mathrm{d}x$$

其中,c 为任意实数,当右端两个广义积分都收敛时,广义积分$\int_{-\infty}^{+\infty}f(x)\mathrm{d}x$ 才收敛;否则广义积分$\int_{-\infty}^{+\infty}f(x)\mathrm{d}x$ 是发散的.

例 4.39 计算广义积分 $\int_0^{+\infty}\frac{\mathrm{d}x}{1+x^2}$.

解 取实数 $b>0$,有

$$\begin{aligned}\int_0^{+\infty}\frac{\mathrm{d}x}{1+x^2}&=\lim_{b\to+\infty}\int_0^b\frac{\mathrm{d}x}{1+x^2}\\&=\lim_{b\to+\infty}(\arctan x)\Big|_0^b\\&=\lim_{b\to+\infty}\arctan b=\frac{\pi}{2}\end{aligned}$$

所以广义积分$\int_0^{+\infty}\frac{\mathrm{d}x}{1+x^2}$是收敛的.

为了书写方便,实际运算过程中常常省去极限记号,而形式地把“∞”写成一个“数”,直接利用牛顿-莱布尼茨公式的计算形式,即

$$\int_a^{+\infty}f(x)\mathrm{d}x=F(x)\Big|_a^{+\infty}=F(+\infty)-F(a)$$

$$\int_{-\infty}^b f(x)\mathrm{d}x=F(x)\Big|_{-\infty}^b=F(b)-F(-\infty)$$

$$\int_{-\infty}^{+\infty} f(x)\mathrm{d}x = F(x)\Big|_{-\infty}^{+\infty} = F(+\infty) - F(-\infty)$$

其中 $F(x)$为 $f(x)$的一个原函数.记号 $F(\pm\infty)$应理解为极限运算,即 $F(\pm\infty)=\lim\limits_{x\to\pm\infty}F(x)$.

例 4.40　计算广义积分$\int_{\mathrm{e}}^{+\infty}\frac{\mathrm{d}x}{x(\ln x)^2}$.

解　利用凑微分法,有

$$\int_{\mathrm{e}}^{+\infty}\frac{\mathrm{d}x}{x(\ln x)^2} = \int_{\mathrm{e}}^{+\infty}\frac{\mathrm{d}(\ln x)}{(\ln x)^2} = -\frac{1}{\ln x}\Big|_{\mathrm{e}}^{+\infty} = \ln \mathrm{e} = 1$$

所以此广义积分收敛.

例 4.41　判定广义积分$\int_{-\infty}^{0} x\cdot \mathrm{e}^{x^2}\mathrm{d}x$ 的敛散性.

解　因为

$$\begin{aligned}\int_{-\infty}^{0} x\cdot \mathrm{e}^{x^2}\mathrm{d}x &= \frac{1}{2}\int_{-\infty}^{0}\mathrm{e}^{x^2}\mathrm{d}x^2 = \frac{1}{2}\mathrm{e}^{x^2}\Big|_{-\infty}^{0}\\ &= \frac{1}{2}(1-\lim_{x\to-\infty}\mathrm{e}^{x^2}) = \infty\end{aligned}$$

《《 课 堂 练 习 》》

1. $\int_0^{+\infty}\mathrm{e}^{-x}\mathrm{d}x =$ ________;$\int_1^{+\infty}x^{-\frac{4}{3}}\mathrm{d}x =$ ________.

2. 已知$\int_0^{+\infty}\frac{k}{1+x^2}\mathrm{d}x = 1$,其中 k 为常数,求 k.

3. 计算下列广义积分:

(1) $\int_1^{+\infty}\frac{1}{x^4}\mathrm{d}x$;　　(2) $\int_{\mathrm{e}}^{+\infty}\frac{\ln x}{x}\mathrm{d}x$;

(3) $\int_0^{+\infty}\mathrm{e}^{-x}\sin x\mathrm{d}x$;　　(4) $\int_{+\infty}^{+\infty}\frac{1}{x^2+2x+2}\mathrm{d}x$.

4. 下列广义积分中收敛的是(　　).

A. $\int_1^{+\infty}x\mathrm{d}x$　　B. $\int_1^{+\infty}x^2\mathrm{d}x$　　C. $\int_1^{+\infty}\frac{1}{x}\mathrm{d}x$　　D. $\int_1^{+\infty}\frac{1}{x^2}\mathrm{d}x$

4.6　定积分的几何应用

4.6.1　平面图形的面积

根据定积分的几何意义,曲线 $y=f(x)$($f(x)\geqslant 0$ 且 $f(x)$ 在$[a,b]$上连续)和 x 轴与直线 $x=a$、$x=b$ 围成的曲边梯形的面积是$S=\int_a^b f(x)\mathrm{d}x$,如果 $f(x)\leqslant 0$,这时曲边梯形的面积应该是 $S=-\int_a^b f(x)\mathrm{d}x$.其实只要曲线 $y=f(x)$ 在$[a,b]$上连续,则和 x 轴

及直线 $x = a$、$x = b$ 所围成的曲边梯形的面积就是(图 4.10)

$$S = \int_a^b |f(x)| \mathrm{d}x$$

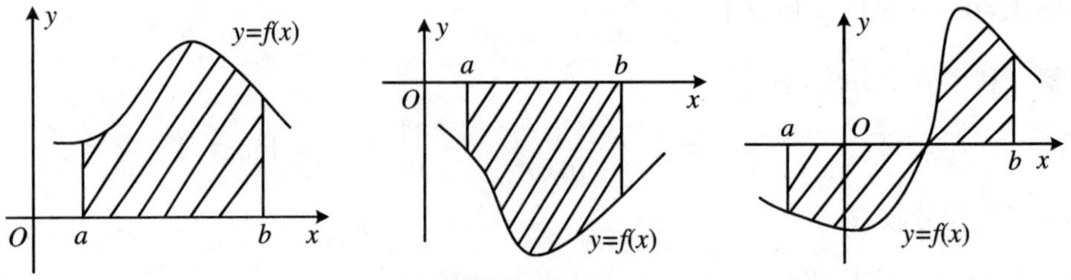

图 4.10

同理可得以 y 为积分变量的曲边梯形的面积计算(图 4.11)

$$S = \int_c^d f(y) \mathrm{d}y$$

例 4.42 求由抛物线 $y=x^2$ 和 $y=2x$ 所围区域的面积.

解 画出图形如图 4.12 所示,求出交点坐标(0,0)、(2,4).

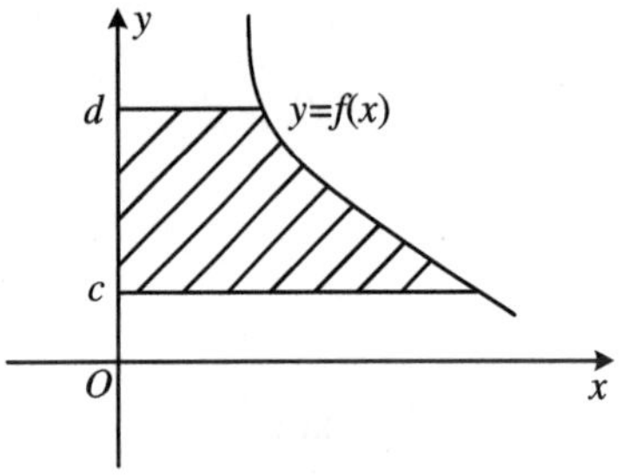

图 4.11

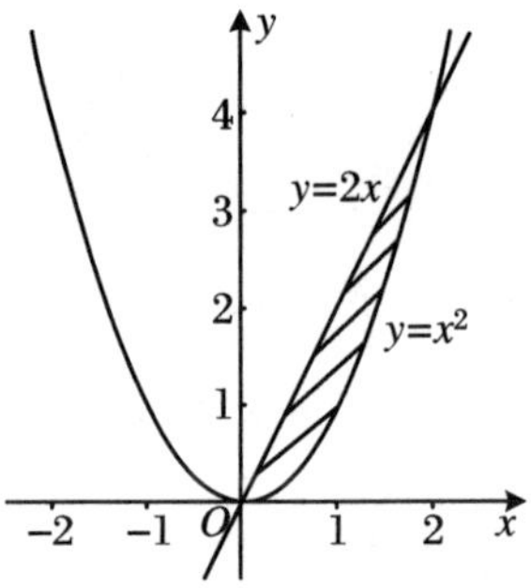

图 4.12

选择积分变量为 x,积分区间为[0,2],于是 $y=x^2$ 和 $y=2x$ 所围区域的面积为

$$S = \int_0^2 (2x - x^2) \mathrm{d}x = \left(x^2 - \frac{1}{3}x^3\right)\Big|_0^2 = \frac{4}{3}$$

例 4.43 求由曲线 $y=x^2$ 与 $y=2-x^2$ 所围图形的面积.

解 画出图形如图 4.13 所示,所围面积可以看成是由直线 $x=\pm 1$ 与抛物线 $y=2-x^2$所围面积减去由 $x=\pm 1$ 与抛物线 $y=x^2$ 所围的面积,并且两抛物线的交点是(−1,1)和(1,1),故

$$S = \int_{-1}^1 [(2 - x^2) - x^2] \mathrm{d}x = 4\int_0^1 (1 - x^2) \mathrm{d}x$$

$$= 4\left(x - \frac{1}{3}x^3\right)\Big|_0^1 = \frac{8}{3}$$

例 4.44 求由曲线 $xy=1$ 及直线 $y=x$、$y=2$ 围成的面积.

解 画出图形如图 4.14 所示,首先求出所围区域的边界曲线的交点坐标,是(1,1)、(2,2)和$\left(\frac{1}{2},2\right)$,选择以 y 为积分变量

$$S=\int_1^2 y\mathrm{d}y-\int_1^2\frac{1}{y}\mathrm{d}y$$
$$=\left(\frac{1}{2}y^2-\ln y\right)\Big|_1^2=2-\frac{1}{2}-\ln 2=\frac{3}{2}-\ln 2$$

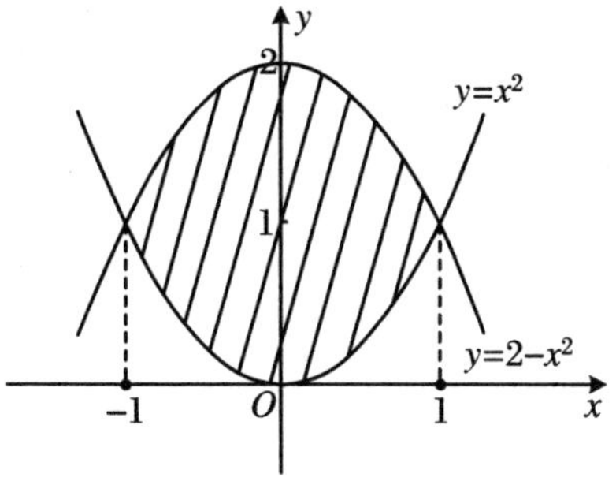

图 4.13

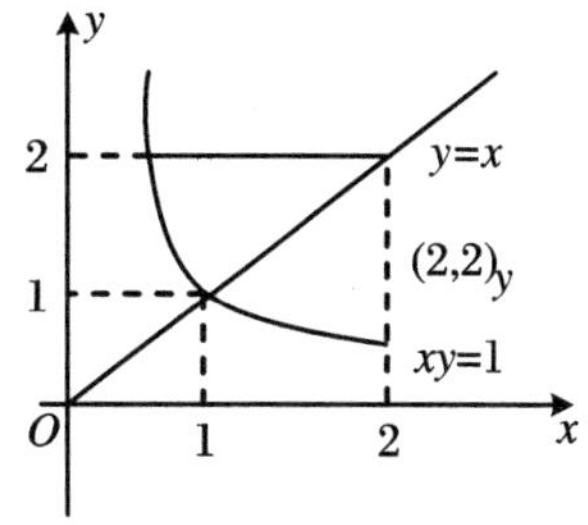

图 4.14

4.6.2 旋转体的体积

平面上的一个区域,绕一条直线旋转一周所形成的立体称为旋转体.

设旋转体是由连续曲线 $y=f(x)$和直线 $x=a$、$x=b$ 及 x 轴所围成的曲边梯形绕 x 轴旋转而成的(图 4.15),那么其体积为

$$V_x=\pi\int_a^b[f(x)]^2\mathrm{d}x$$

同样可得,由连续曲线 $x=\varphi(y)$和直线 $y=c$、$y=d$ 及 y 轴所围成的曲边梯形绕 y 轴旋转而成的旋转体体积(图 4.16)为

$$V_y=\pi\int_c^d[\varphi(y)]^2\mathrm{d}y$$

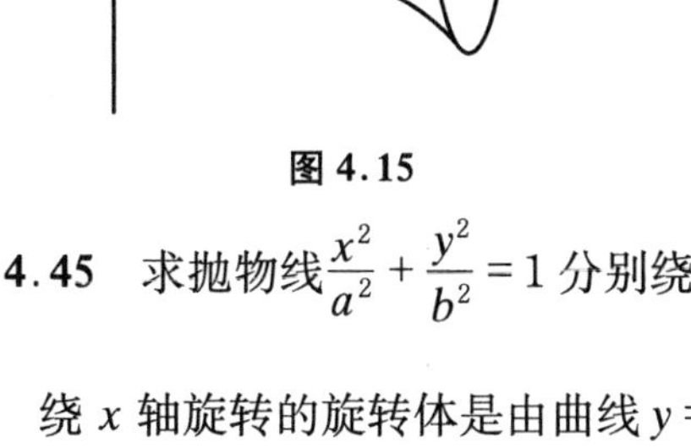

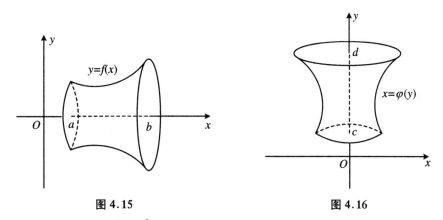

图 4.15

图 4.16

例 4.45　求抛物线$\dfrac{x^2}{a^2}+\dfrac{y^2}{b^2}=1$分别绕 x 轴和 y 轴旋转而成的立体的体积.

解　绕 x 轴旋转的旋转体是由曲线$y=b\sqrt{1-\dfrac{x^2}{a^2}}$和 x 轴所围的平面图形绕 x 轴旋转而成的,所以

$$V_x = \pi\int_{-a}^{a} y^2 \mathrm{d}x = \pi b^2 \int_{-a}^{a}\left(1 - \frac{x^2}{a^2}\right)\mathrm{d}x = \pi b^2\left(x - \frac{x^3}{3a^2}\right)\Bigg|_{-a}^{a} = 2\pi b^2\left(a - \frac{a^3}{3a^2}\right)$$
$$= \frac{4}{3}\pi a b^2$$

同理可得绕 y 轴的旋转体体积是

$$V_y = \pi\int_{-b}^{b} x^2 \mathrm{d}y = \pi a^2 \int_{-b}^{b}\left(1 - \frac{y^2}{b^2}\right)\mathrm{d}y = \frac{4}{3}\pi a^2 b$$

例 4.46 求由抛物线 $y=2x^2$,直线 $y=2$ 及 y 轴所围的图形绕 y 轴旋转一周所形成的旋转体的体积.

解 因为曲线方程是

$$x^2 = \frac{y}{2}$$

所以有

$$V_y = \pi\int_0^2 x^2 \mathrm{d}y = \frac{\pi}{2}\int_0^2 y\mathrm{d}y = \frac{\pi}{4}y^2\Big|_0^2 = \pi$$

《 课 堂 练 习 》

1. 求由曲线 $y=x^3$ 与 $y=x$ 所围成平面图形的面积.
2. 求由曲线 $y=4-x^2$ 与 x 轴所围平面图形的面积.
3. 求由曲线 $y=\frac{1}{x}$ 和直线 $y=x$ 及 $x=2$ 所围平面图形的面积.
4. 求由曲线 $y=\mathrm{e}^x$ 和直线 $y=0$ 及 $x=-1$ 和 $x=2$ 所围平面图形的面积.
5. 求由曲线 $y=x^2-4$、$y=0$ 围成平面图形绕 x 轴旋转所生成旋转体的体积.
6. 求由曲线 $y=x^2$、$x=y^2$ 所围成的平面图形绕 y 轴旋转所生成旋转体的体积.

数学家小传

祖冲之(公元 429~500 年,南北朝时期,图 4.17)河北涞水人,是我国杰出的数学家.其主要贡献是在数学、天文历法和机械三方面.在世界数学史上他第一次将圆周率(π)值计算到小数点后六位,即 3.1415926 到 3.1415927 之间.他提出约率 22/7 和密率 355/113,这一密率值是世界上最早提出的,比欧洲早一千多年,所以有人主张叫它"祖率".他将自己的数学研究成果汇集成一部著作,名为《缀术》,唐朝国学曾经将此书定为数学课本.他编制的《大明历》,第一次将"岁差"引进历法.他提出在 391 年中设置 144 个闰月.他推算出一回归年的长度为 365.24281481 日,误差只有 50 s 左右.他不仅是一位杰出的数学家和天文学家,而且还是一位杰出的机械专家,重新造

图 4.17

出早已失传的指南车、千里船等多种机械.

习　题　4

A　组

1. 验证下列各等式成立：

(1) $\int(3x^2-2x+3)\mathrm{d}x = x^3-x^2+3x+C$；

(2) $\int\frac{\mathrm{d}x}{\sqrt{x}} = 2\sqrt{x}+C$；

(3) $\int\cos^2 x\mathrm{d}x = \frac{x}{2}+\frac{1}{4}\sin 2x+C$.

2. 填空：

(1) $\left(\int\frac{\sin x}{x}\mathrm{d}x\right)' =$ ________；(2) $\int\mathrm{d}(\mathrm{e}^{-x^2}) =$ ________；

(3) $\mathrm{d}\left(\int\sqrt{1+x^4}\mathrm{d}x\right) =$ ________；(4) $\int(\ln x)'\mathrm{d}x =$ ________；

(5) 如果 $f'(x) = g'(x)(x\in(a,b))$，则 $f(x)$ 与 $g(x)$ 的关系是________；

(6) 一质点做直线运动，其加速度为 $a = \frac{1}{1+t^2}$，若 $v(1) = \frac{\pi}{4}$，$s(1) = \frac{\pi}{4}$，$v(t) =$ ________；$s(t) =$ ________；

(7) 若 $f(x)$ 在 $[-a,a]$ 上为连续的奇函数，则 $\int_{-a}^{+a}f(x)\mathrm{d}x =$ ________；

(8) 抛物线 $y = 1-x^2$ 与 $y = 0$ 所围图形的面积用定积分表示为________；

(9) 已知 $\int f(x)\mathrm{d}x = F(x)+C$，则 $\int\mathrm{e}^x f(\mathrm{e}^x)\mathrm{d}x =$ ________；

(10) $\int_{-\frac{1}{2}}^{0}(2x+1)^{99}\mathrm{d}x =$ ________.

3. 求下列不定积分：

(1) $\int(2^x+x^2-\sin x+3)\mathrm{d}x$；　(2) $\int\frac{2x^2-x\mathrm{e}^x+1}{x}\mathrm{d}x$；

(3) $\int\frac{x^2-1}{x^2+1}\mathrm{d}x$；　(4) $\int\frac{x^3+x-1}{x^2+1}\mathrm{d}x$；

(5) $\int\left(\mathrm{e}^{2x}+\frac{1}{\sqrt{x}}-3x^2\right)\mathrm{d}x$.

4. 求下列不定积分：

(1) $\int\cos 2x\mathrm{d}x$；　(2) $\int\frac{\mathrm{d}x}{4x-1}$；

(3) $\int x\mathrm{e}^{-x^2}\mathrm{d}x$；　(4) $\int\frac{\sin\frac{1}{x}}{x^2}\mathrm{d}x$；

(5) $\int \frac{x}{1+3x^2}dx$；　　(6) $\int \frac{1+\ln x}{x}dx$；

(7) $\int \frac{x}{\sqrt{1+2x^2}}dx$.

5. 求下列不定积分：

(1) $\int \frac{dx}{1+\sqrt[3]{x}}$；　　(2) $\int \frac{\sqrt{1+x}}{1+\sqrt{1+x}}dx$；

(3) $\int \sqrt{9-x^2}dx$；　　(4) $\int \frac{dx}{\sqrt{4+x^2}}dx$；

(5) $\int \frac{\sqrt{x^2-1}}{x}dx$.

6. 求下列不定积分：

(1) $\int x \cdot \sin x dx$；　　(2) $\int \ln x dx$；

(3) $\int x\arctan x dx$；　　(4) $\int e^x \cos x dx$.

7. 计算下列定积分：

(1) $\int_0^1 \frac{1}{x+2}dx$；　　(2) $\int_0^1 xe^{x^2}dx$；

(3) $\int_0^2 \frac{1}{4-x^2}dx$；　　(4) $\int_0^{\pi} t\sin 2t dt$；

(5) $\int_{-1}^1 \frac{x}{1+x^2}dx$；　　(6) $\int_0^1 (x+1)e^{2x}dx$.

8. 求下列各曲线围成平面图形的面积：

(1) $y=e^x, y=-x, x=1, x=2$；

(2) $y=x^2, x=y^2$；

(3) $y=x^2-1, y=0$.

9. 求下列平面区域按指定轴旋转而成的旋转体的体积：

(1) $2x-y+4=0, x=0$ 及 $y=0$ 绕 x 轴；

(2) $y=x^2-4, y=0$ 绕 x 轴；

(3) $y=x^2, x=y^2$ 绕 y 轴；

(4) $x^2+(y-2)^2=1$ 分别绕 x 轴和 y 轴.

10. 求 $\lim\limits_{x\to 0} \frac{\int_0^x \ln(1+2t)dt}{x^2}$.

B　组

1. 下列函数是否为函数 $f(x)=e^{2x}$ 的原函数：

(1) e^{2x}；　(2) $\frac{1}{2}e^{2x}$；　(3) $\frac{1}{2}e^{2x}+1$；　(4) $\frac{1}{3}e^{2x}$.

2. 求通过点 $\left(1,\frac{\pi}{4}\right)$ 且它在任一点 x 处的切线斜率为 $\frac{1}{1+x^2}$ 的曲线方程.

3. 求下列不定积分：

(1) $\int \sec x(\sec x - \tan x)\mathrm{d}x$；

(2) $\int \frac{(x+1)(x-1)}{\sqrt{x}}\mathrm{d}x$；

(3) $\int \frac{\mathrm{d}x}{x^2(1+x^2)}$；

(4) $\int \frac{\mathrm{d}x}{(x+1)(x-2)}$；

(5) $\int \frac{\cos 2x\mathrm{d}x}{\cos^2 x \cdot \sin^2 x}$；

(6) $\int \frac{\mathrm{d}x}{3+x^2}$；

(7) $\int \frac{\mathrm{d}x}{\sqrt{x}(x+1)}$；

(8) $\int \frac{\mathrm{e}^x\mathrm{d}x}{2+\mathrm{e}^x}$；

(9) $\int \tan^2 x\mathrm{d}x$；

(10) $\int \frac{1}{4+\sqrt{x}}\mathrm{d}x$；

(11) $\int \frac{1}{x^2}\tan\frac{1}{x}\mathrm{d}x$；

(12) $\int \frac{x+1}{x\sqrt{x-2}}\mathrm{d}x$；

(13) $\int \frac{1}{\sqrt{1+\mathrm{e}^x}}\mathrm{d}x$；

(14) $\int x\sin x\cos x\mathrm{d}x$；

(15) $\int \mathrm{e}^{\sqrt{x}}\mathrm{d}x$；

(16) $\int \frac{x}{\sqrt{x-3}}\mathrm{d}x$；

(17) $\int \frac{\mathrm{d}x}{\sqrt{(x^2-3)^3}}$.

4. 画出由下列定积分表示的曲边梯形的面积：

(1) $\int_0^1 (\mathrm{e}^x - 1)\mathrm{d}x$；

(2) $\int_1^{\mathrm{e}} \ln x\mathrm{d}x$；

(3) $\int_0^2 \sqrt{4-x^2}\mathrm{d}x$；

(4) $\int_{-1}^1 x\mathrm{d}x$.

5. 求下列定积分：

(1) $\int_0^a (\sqrt{a} - \sqrt{x})\mathrm{d}x$；

(2) $\int_0^{\sqrt{\pi}} x\cos x^2\mathrm{d}x$；

(3) $\int_0^{\frac{\pi}{2}} \cos^2 x\mathrm{d}x$；

(4) $\int_0^{\sqrt{\ln 2}} x^3\mathrm{e}^{x^2}\mathrm{d}x$；

(5) $\int_0^{\pi} \frac{\sin x}{1+\cos^2 x}\mathrm{d}x$；

(6) $\int_{-\frac{1}{2}}^{\frac{1}{2}} \frac{(\arcsin x)^2}{\sqrt{1-x^2}}\mathrm{d}x$；

(7) $\int_{-1}^3 |2-x|\mathrm{d}x$.

6. 求下列广义积分：

(1) $\int_0^{+\infty} \mathrm{e}^{-x}\mathrm{d}x$；

(2) $\int_0^{+\infty} \frac{1}{x^2+2x+2}\mathrm{d}x$；

(3) $\int_{\mathrm{e}}^{+\infty} \frac{1}{x\ln x}\mathrm{d}x$；

(4) $\int_1^{+\infty} \frac{1}{\sqrt{x^3}}\mathrm{d}x$.

7. 求 $y = x^2 - 2x + 3$ 与直线 $y = x + 3$ 围成图形的面积.

8. 求抛物线 $2x = y^2$ 与直线 $y = x - 4$ 围成图形的面积.

自 测 题 4

1. 填空题：

(1) $\left[\int(1+\ln x)\mathrm{d}x\right]' =$ ________； (2) $\left(\int_1^2 x^2\mathrm{e}^x\mathrm{d}x\right)' =$ ________；

(3) $\int \mathrm{e}^{2x}\mathrm{d}x =$ ________； (4) $\int \sin x\mathrm{d}x =$ ________；

(5) 若 $f(x)$的一个原函数为 $\ln x$，则 $f'(x) =$ ________；

(6) $\int_a^b f(x)\mathrm{d}x + \int_a^a f(x)\mathrm{d}x + \int_b^a f(t)\mathrm{d}t =$ ________；

(7) $\int_0^1 2\mathrm{d}x =$ ________； (8) $\int_{-1}^1 \frac{\sin x}{1+x^2}\mathrm{d}x =$ ________.

2. 计算下列积分：

(1) $\int \frac{2+\ln x-\sqrt{x}+x\cos x}{x}\mathrm{d}x$； (2) $\int \frac{x}{\sqrt{1-3x^2}}\mathrm{d}x$；

(3) $\int \sqrt{4-3x}\mathrm{d}x$； (4) $\int \frac{x}{1+x}\mathrm{d}x$；

(5) $\int_0^{\frac{\pi}{2}} \mathrm{e}^{\sin x}\cos x\mathrm{d}x$； (6) $\int_1^{\mathrm{e}} \ln x\mathrm{d}x$；

(7) $\int_0^{\frac{1}{2}} \arcsin x\mathrm{d}x$.

3. 求函数 $f(x) = \int_{\frac{1}{2}}^x \ln t\mathrm{d}t$ 的极值点和极值.

4. 求 $\lim\limits_{x\to 0}\frac{\int_0^x \frac{\sin t^2}{t^2}\mathrm{d}t}{x^2}$.

5. 在区间[0,4]上计算曲线 $y = 4-x^2$ 与 x 轴、y 轴、直线 $x = 4$ 所围成的图形的面积.

6. 设曲线 $x = \sqrt{y}$，$y = 2$，$x = 0$ 所围成的平面图形为 D，

(1) 求平面图形 D 的面积；

(2) 求平面图形 D 绕 y 轴旋转一周生成的旋转体的体积.

数 学 欣 赏

微积分的文化意义

微积分的诞生具有划时代的意义，是数学史上的分水岭和转折点. 微积分是人类智慧的伟大结晶，恩格斯说：“在一切理论成就中，未必再有什么像 17 世纪下半叶微积分的发现那样被看作人类精神的最高胜利了.”当代数学分析权威柯朗(R. Courant)指出：“微积分乃是一种震撼心灵的智力奋斗的结晶.”

微积分的重大意义可从下面几个方面去看：

1. 对数学自身的作用

由古希腊继承下来的数学是常量的数学，是静态的数学. 自从有了解析几何和微积分后，就开辟了变量数学的时代，数学成为动态的数学. 数学开始描述变化、运动，改变了整个数学世界的面貌. 数学也由几何的时代而进入分析的时代.

微积分给数学注入了旺盛的生命力，使数学获得了极大的发展，取得了空前的繁荣，如微分方程、无穷级数、变分法等数学分支的建立，以及复变函数、微分几何的产生. 严密的微积分的逻辑基础理论进一步显示了它在数学领域的普遍意义.

2. 对其他学科和工程技术的作用

有了微积分，人类把握了运动的过程，微积分成了物理学的基本语言、寻求问题解答的有力工具. 有了微积分就有了工业大革命，有了大工业生产，也就有了现代化的社会. 航天飞机、宇宙飞船等现代化的交通工具都是微积分的成果. 在微积分的帮助下，牛顿发现了万有引力定律，发现了宇宙中没有哪一个角落不在这些定律所包含的范围内，强有力地证明了宇宙的数学设计. 现在化学、生物学、地理学等学科都必须同微积分打交道.

3. 对人类物质文明的影响

现代的工程技术直接影响到人们的物质生产，而工程技术的基础是数学. 如今微积分不但成了自然科学和工程技术的基础，而且还渗透到人们的经济、金融活动中，也就是说微积分在人文社会科学领域中也有着其广泛的应用.

4. 对人类文化的影响

如今无论是研究自然规律还是社会规律都离不开微积分，因为微积分是研究运动规律的科学.

现代微积分理论基础的建立是认识上的一个飞跃. 极限概念揭示了变量与常量、无限与有限的辩证对立统一关系. 从极限的观点看，无穷小量不过是极限为零的变量，即在变化过程中，它的值可以是“非零”，但它的趋向是“零”，可以无限地接近于“零”. 因此，现代微积分理论的建立，不仅消除了微积分长期以来带有的“神秘性”，使得贝克莱主教等神学信仰者对微积分的攻击彻底破产，而且在思想上和方法上也深刻影响了近代数学的发展. 这就是微积分对哲学的启示、对人类文化的启示和影响.

第5章　一阶微分方程

数学是人类知识活动留下来的最具威力的知识工具，是一些现象的根源. 数学是不变的，是客观存在的……

——笛卡儿

本章学习要求

1. 理解微分方程的概念，知道微分方程的阶、解、通解、初始条件和特解.
2. 熟练掌握可分离变量的微分方程的解法.
3. 熟练掌握一阶线性微分方程的解法.
4. 会用微分方程解决生活和专业中的实际问题.

在科学技术和生产实践中，经常讨论变量间的函数关系，但是这种关系往往不能够直接建立，而是通过导数或者微分来确立它们的关系式，这就是通常说的微分方程.本章将介绍微分方程的一些基本概念，以及两种最简单的一阶微分方程的解法.

5.1　微分方程的概念

5.1.1　两个引例

例 5.1　一条曲线通过点(1,2)，且在该曲线上任一点 $M(x,y)$处的切线的斜率为 $2x$，求这条曲线的方程.

解　设曲线方程为 $y=y(x)$.由导数的几何意义可知函数 $y=y(x)$满足

$$\frac{dy}{dx}=2x \tag{5.1}$$

同时还满足以下条件：

$$当\ x=1\ 时,\quad y=2 \tag{5.2}$$

把(5.1)式两端积分，得

$$y=\int 2x\,dx \quad 即 \quad y=x^2+C \tag{5.3}$$

其中，C 是任意常数.

把条件(5.2)代入(5.3)式，得

$$C=1$$

由此得到所求曲线方程：

$$y=x^2+1 \tag{5.4}$$

例 5.2　列车在平直线路上以 20 m/s 的速度行驶；当制动时列车获得加速度 $-0.4\ \mathrm{m/s^2}$.问开始制动后多少时间列车才能停住，以及列车在这段时间里行驶了多少路程?

解　设列车开始制动后 t s时行驶了 s m.根据题意，反映制动阶段列车运动规律的函数 $s=s(t)$满足

$$\frac{d^2s}{dt^2}=-0.4 \tag{5.5}$$

此外，还满足条件：

$$s|_{t=0}=0,\quad v|_{t=0}=20 \tag{5.6}$$

(5.5)式两端积分一次得

$$v=\frac{ds}{dt}=-0.4t+C_1 \tag{5.7}$$

再积分一次得

$$s=-0.2t^2+C_1t+C_2 \tag{5.8}$$

其中，C_1，C_2都是任意常数.

把条件“$t=0$ 时，$v=20$”和“$t=0$ 时，$s=0$”分别代入(5.7)式和(5.8)式，得

$$C_1 = 20, \quad C_2 = 0$$

把 C_1，C_2的值代入(5.7)式及(5.8)式得

$$v = -0.4t + 20 \tag{5.9}$$

$$s = -0.2t^2 + 20t \tag{5.10}$$

在(5.9)式中令 $v=0$，得到列车从开始制动到完全停止所需的时间

$$t = \frac{20}{0.4} = 50(\mathrm{s})$$

再把 $t=50$ 代入(5.10)式，得到列车在制动阶段行驶的路程

$$s = -0.2\times 50^2 + 20\times 50 = 500(\mathrm{m})$$

上述两个例子中的关系式(5.1)和(5.5)都含有未知函数的导数，它们都是微分方程.

5.1.2 微分方程的基本概念

由前面的例子我们看到，在研究某些实际问题时，经常要寻求变量间的函数关系，但是这种关系往往不能直接建立，而是通过导数或者微分来确立它们的关系式，我们把含有未知函数的导数或微分的方程，叫作微分方程.未知函数是一元函数的方程叫作常微分方程.

微分方程中所出现的未知函数的最高阶导数的阶数，叫作微分方程的阶.

例如，方程(5.1)是一阶微分方程；方程(5.5)是二阶微分方程.

再如

$$y' = 2xy^5 + \sin x \qquad \text{一阶}$$

RC 回路中的电压回路方程 $RC\dfrac{\mathrm{d}U_C}{\mathrm{d}t} + U_C = E$ 就是一阶常微分方程.

$$\frac{\mathrm{d}^2 y}{\mathrm{d}x^2} + x^3\frac{\mathrm{d}y}{\mathrm{d}x} - \ln x = 3 \qquad \text{二阶}$$

无阻尼自由振动的微分方程 $\dfrac{\mathrm{d}^2 x}{\mathrm{d}t^2} + w^2 x = 0$ 就是二阶常微分方程.

满足微分方程的函数就叫作该微分方程的解.

例如，函数(5.3)和(5.4)都是微分方程(5.1)的解；函数(5.8)和(5.10)都是微分方程(5.5)的解.

如果微分方程的解中含有任意常数，且任意常数的个数与微分方程的阶数相同，这样的解叫作微分方程的通解.例如，函数(5.3)是方程(5.1)的通解，函数(5.8)是方程(5.5)的通解.

由于通解中含有任意常数，所以它还不能完全确定地反映某一客观事物的规律性，必须确定这些常数的值.为此，要根据问题的实际情况提出确定这些常数的条件.

设微分方程中的未知函数为 $y=y(x)$，如果微分方程是一阶的，通常用来确定任意常数的条件是

$$\text{当 } x = x_0 \text{ 时，} \quad y = y_0$$

或写成

$$y\big|_{x=x_0}=y_0$$

上述条件叫作初始条件.例如,例 5.1 中的条件(5.2),例 5.2 中的条件(5.6).

确定了通解中的任意常数以后,就得到了微分方程的特解.例如,(5.4)式是方程(5.1)满足条件(5.2)的特解;(5.10)式是方程(5.5)满足条件(5.6)的特解.

例 5.3　验证函数

$$x=C_1\cos kt+C_2\sin kt$$

是微分方程$\frac{\mathrm{d}^2x}{\mathrm{d}t^2}+k^2x=0$的解.

解　求出所给函数的导数

$$\frac{\mathrm{d}x}{\mathrm{d}t}=-kC_1\sin kt+kC_2\cos kt$$

$$\frac{\mathrm{d}^2x}{\mathrm{d}t^2}=-k^2C_1\cos kt-k^2C_2\sin kt=-k^2(C_1\cos kt+C_2\sin kt)$$

把$\frac{\mathrm{d}^2x}{\mathrm{d}t^2}$及 x 的表达式代入微分方程,得

$$-k^2(C_1\cos kt+C_2\sin kt)+k^2(C_1\cos kt+C_2\sin kt)\equiv 0$$

函数及其导数代入微分方程后成为一个恒等式,因此该函数是微分方程的解.

《课 堂 练 习》

1. 请说出下列微分方程的阶数:

(1) $xy'''-x^2y^4=0$;　　(2) $L\frac{\mathrm{d}^2Q}{\mathrm{d}t^2}+R\frac{\mathrm{d}Q}{\mathrm{d}t}+\frac{Q}{C}=0$.

2. 指出下列各题中的函数是否为所给微分方程的解:

(1) $x^2y'=-4y,y=x^2$;　　(2) $4y''+3y-25\cos x=0,y=3\sin x-4\cos x$.

数学家小传

苏步青(1902～2003 年,图 5.1),中国科学院院士,中国杰出的数学家,被誉为“数学之王”,与棋王谢侠逊、新闻王马星野并称“平阳三王”.他主要从事微分几何学和计算几何学等方面的研究.他在仿射微分几何学和射影微分几何学研究方面取得出色成果,在一般空间微分几何学、高维空间共轭理论、几何外形设计、计算机辅助几何设计等方面都取得了突出成就.他曾担任中国科学院学部委员、多届全国政协委员、全国人大代表、第五和第六届全国人大常委会委员、第七和第八届全国政协副主席和民盟中央副主席、浙江大学数学系主任、复旦大学校长等,1978 年获全国科学大会奖.

图 5.1

5.2 一阶微分方程及其应用

本节我们将讨论两种最常见的一阶的微分方程的解法.在 5.1 节的例 5.1 中,我们遇到一阶微分方程

$$\frac{dy}{dx} = 2x$$

或

$$dy = 2x dx$$

把上式两端积分就得到这个方程的通解

$$y = x^2 + C$$

但是并不是所有的一阶微分方程都能这样求解.例如,对于一阶微分方程

$$\frac{dy}{dx} = 2xy^2 \tag{5.11}$$

就不能像上面那样直接两端用积分的方法求出它的通解.原因是方程(5.11)的右端含有未知函数 y 积分

$$\int 2xy^2 dx$$

求不出来.为了解决这个困难,将方程(5.11)化为

$$\frac{dy}{y^2} = 2x dx$$

这样,变量 x 与 y 已分离在等式的两端,然后两端积分得

$$-\frac{1}{y} = x^2 + C$$

或

$$y = -\frac{1}{x^2 + C} \tag{5.12}$$

其中,C 是任意常数.

可以验证,函数(5.12)确实满足一阶微分方程(5.11),且含有一个任意常数,所以它是方程(5.11)的通解.

5.2.1 可分离变量的微分方程

1. 形如

$$\frac{dy}{dx} = \varphi(x)\varphi(y) \quad 或者 \quad f(x)dx = g(y)dy$$

的微分方程,称为可分离变量的微分方程.

2. 解法

(1) 分离变量,得

$$g(y)\mathrm{d}y = f(x)\mathrm{d}x$$

(2) 两边积分,得

$$\int g(y)\mathrm{d}y = \int f(x)\mathrm{d}x$$

(3) 求出通解,得

$$G(y) = F(x) + C$$

例 5.4　求微分方程$\frac{\mathrm{d}y}{\mathrm{d}x}=2xy$ 的通解.

解　方程是可分离变量的,分离变量后得

$$\frac{\mathrm{d}y}{y} = 2x\mathrm{d}x$$

两端积分

$$\int \frac{\mathrm{d}y}{y} = \int 2x\mathrm{d}x$$

得

$$\ln|y| = x^2 + C_1$$

从而

$$y = \pm\, \mathrm{e}^{x^2+C_1} = \pm\, \mathrm{e}^{C_1}\mathrm{e}^{x^2}$$

又因为$\pm\,\mathrm{e}^{C_1}$仍是任意常数,把它记作 C 便得到方程的通解

$$y = C\mathrm{e}^{x^2}$$

例 5.5　(马尔萨斯人口方程)英国人口学家马尔萨斯在 1798 年提出了人口指数增长模型:人口的增长率与当时的人口总数成正比.若已知 $t=t_0$时人口总数为 x_0,试根据马尔萨斯模型,确定时间 t 与人口总数$x(t)$之间的函数关系.据我国有关人口统计的资料数据,1990 年我国人口总数为 11.6 亿,在以后的 8 年中,年人口平均增长率为 14.8‰,假定年增长率一直保持不变,试用马尔萨斯方程预测 2005 年我国的人口总数.

解　记 t 时的人口总数为$x=x(t)$,则人口的增长率为$\frac{\mathrm{d}x}{\mathrm{d}t}$,故人口指数增长模型为

$$\frac{\mathrm{d}x}{\mathrm{d}t} = rx(t) \quad (r\text{ 为比例系数,即马尔萨斯增长指数})$$

并满足初始条件:$x(t_0)=x_0$.

该方程是可分离变量的方程,易得它的通解为 $x=C\mathrm{e}^{rt}$.将初始条件 $x(t_0)=x_0$ 代入,得 $C=x_0\mathrm{e}^{-rt_0}$.

于是时间 t 与人口总数$x(t)$之间的函数关系为 $x(t)=x_0\mathrm{e}^{r(t-t_0)}$.

将 $t=2005$,$t_0=1990$,$r=0.0148$ 代入,可预测出 2005 年我国的人口总数为

$$x\big|_{t=2005} = 11.6\mathrm{e}^{0.0148(2005-1990)} \approx 14.5(\text{亿})$$

例 5.6　放射性元素铀由于不断地有原子放射出微粒子而变成其他元素,铀的含量就不断减少,这种现象叫作衰变.由原子物理学知道,铀的衰变速度与当时未衰变的原子的含量 M 成正比.已知 $t=0$ 时铀的含量为 M_0,求在衰变过程中含量 $M(t)$随时间变化的规律.

解 铀的衰变速度就是 $M(t)$ 对时间 t 的导数 $\frac{dM}{dt}$. 由于铀的衰变速度与其含量成正比,得到微分方程如下:

$$\frac{dM}{dt} = -\lambda M$$

其中, $\lambda(\lambda>0)$ 是常数,叫作衰变系数. λ 前的负号是指当 t 增加时 M 单调减少,即 $\frac{dM}{dt}<0$ 的缘故.

由题易知,初始条件为

$$M\big|_{t=0} = M_0$$

此方程是可以分离变量的,分离后得

$$\frac{dM}{M} = -\lambda dt$$

两端积分

$$\int \frac{dM}{M} = \int(-\lambda)dt$$

以 $\ln C$ 表示任意常数,因为 $M<0$,得

$$\ln M = -\lambda t + \ln C$$

即

$$M = Ce^{-2t}$$

是微分方程的通解. 以初始条件代入上式,解得

$$M_0 = Ce^0 = C$$

故得

$$M = M_0 e^{-2t}$$

由此可见,铀的含量随时间的增加而按指数规律衰减.

5.2.2 一阶线性微分方程

1. 形如 $\frac{dy}{dx}+P(x)y=Q(x)$ 的微分方程,称为一阶线性微分方程

特点 关于未知函数 y 及其导数 y' 是一次的.

若 $Q(x)=0$,称 $\frac{dy}{dx}+P(x)y=0$ 为齐次的;

若 $Q(x)\neq 0$,称 $\frac{dy}{dx}+P(x)y=Q(x)$ 为非齐次的.

如:① $y'+2xy=2xe^{-x^2}$;② $y'-\frac{2y}{x+1}=(x+1)^{\frac{5}{2}}$.

2. 解法

(1) 当 $Q(x)=0$ 时,求 $\frac{dy}{dx}+P(x)y=0$ 的通解.

此方程为可分离变量的微分方程,其通解为 $y=Ce^{-\int P(x)dx}$.

(2) 当 $Q(x)\neq 0$ 时,求

$$\frac{dy}{dx}+P(x)y=Q(x) \tag{*}$$

的通解利用常数变易法,用函数 $u(x)$ 代替其对应的齐次方程通解中的常数 C,即设方程(*)的通解为

$$y=u(x)e^{-\int P(x)dx}$$

于是,有

$$\frac{dy}{dx}=u'e^{-\int P(x)dx}+ue^{-\int P(x)dx}[-P(x)]$$

代入方程(*),得

$$u=\int Q(x)e^{\int P(x)dx}dx+C$$

故通解为

$$y=e^{-\int P(x)dx}\left[\int Q(x)e^{\int P(x)dx}dx+C\right]$$

例 5.7　求方程 $y'+y=xe^x$ 的通解.

解　此方程是一阶线性非齐次微分方程.

方法 1　先求 $y'+y=0$ 的解.

方程化为

$$\frac{dy}{dx}=-y,\quad \frac{1}{y}dy=-dx$$

两边积分,得对应的齐次方程的通解是

$$y=Ce^{-x}$$

再设原方程的解为

$$y=u(x)e^{-x}$$

则

$$y'=u'(x)e^{-x}-u(x)e^{-x}$$

代入原方程得

$$u'(x)e^{-x}-u(x)e^{-x}+u(x)e^{-x}=xe^x,\quad \frac{du(x)}{dx}=xe^{2x}$$

解得

$$u(x)=\int xe^{2x}dx=\frac{1}{2}\int xde^{2x}=\frac{1}{2}xe^{2x}-\frac{1}{4}e^{2x}+C$$

所以该方程的通解为

$$y=\frac{1}{4}e^x(2x-1)+Ce^{-x}$$

方法 2　设 $p(x)=1,q(x)=xc^x$,将它们代入公式得

$$y=e^{-\int p(x)dx}\left[\int q(x)e^{\int p(x)dx}dx+C\right]=e^{-\int dx}\left[\int xe^xe^{\int dx}dx+C\right]$$

$$=e^{-x}\left[\int xe^{2x}dx+C\right]=\frac{1}{4}e^x(2x-1)+Ce^{-x}$$

例 5.8 求方程 $y'-\frac{2y}{x+1}=(x+1)^{\frac{5}{2}}$ 的通解.

解 此方程是一阶线性非齐次微分方程,可以直接应用公式得到方程的通解.

$$P(x)=-\frac{2}{x+1},\quad Q(x)=(x+1)^{\frac{5}{2}}$$

代入公式 $y=\mathrm{e}^{-\int P(x)\mathrm{d}x}\left(\int Q(x)\mathrm{e}^{\int P(x)\mathrm{d}x}\mathrm{d}x+C\right)$,可求得方程通解

$$y=(x+1)^2\left[\frac{2}{3}(x+1)^{\frac{3}{2}}+C\right]$$

例 5.9 降落伞张开后下降,设所受空气阻力与降落伞的下降速度成正比,降落伞张开时($t=0$)的速度为 0,求降落伞下降速度 v 与时间 t 的函数关系.

解 这是一个运动问题,对于运动问题一般总是由牛顿运动第二定律 $F=ma$ 出发来建立微分方程的,其中只是物体所受的外力,加速度 $a=\frac{\mathrm{d}v}{\mathrm{d}t}$.先来分析降落伞下降时所受到的外力情况:

降落伞下降时受重力 mg 及阻力 kv (k 为比例系数且大于 0)的作用.阻力的方向与 v 相反,即阻力等于 $-kv$,所以总外力为

$$F=mg-kv$$

由牛顿第二定律 $F=ma$,得微分方程

$$m\frac{\mathrm{d}v}{\mathrm{d}t}=mg-kv$$

即

$$v'+\frac{k}{m}v=g$$

这是一阶线性微分方程.又知其初始条件为 $v|_{t=0}=0$,这样就变成初值问题

$$v'+\frac{k}{m}v=g$$

$$v|_{t=0}=0$$

容易求出该初值问题的解为

$$v=\frac{mg}{k}\left(1-\mathrm{e}^{-\frac{k}{m}t}\right)$$

例 5.10 有一由电阻、电感串接而成的电路,如图 5.2 所示,其中电源电动势 $E=E_0\sin\omega t$(E_0,ω 为常量),电阻 R 和电感 L 为常量,在 $t=0$ 时合上开关 S,这时电流为零,求此电路中电流 i 与时间 t 的函数关系.

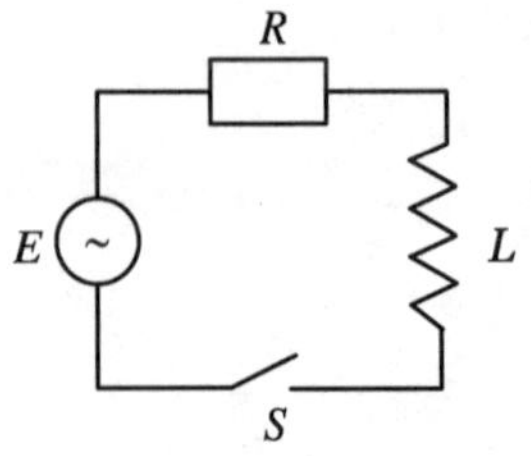

图 5.2

解 由电学知识知,电感 L 上的感应电动势为 $L\frac{\mathrm{d}i}{\mathrm{d}t}$,根据回路电压定律,有

$$E=Ri+L\frac{\mathrm{d}i}{\mathrm{d}t}$$

即

$$\frac{di}{dt}+\frac{R}{L}i=\frac{E_0}{L}\sin\omega t$$

初始条件为 $i(0)=0$.

方程是一阶非齐次线性微分方程,它的通解为

$$i(t)=Ce^{-\frac{R}{L}t}+\frac{E_0}{R^2+\omega^2L^2}(R\sin\omega t-\omega L\cos\omega t)$$

将初始条件 $i(0)=0$ 代入上式,得 $C=\frac{E_0\omega L}{R^2+\omega^2L^2}$. 于是所求电流为

$$i(t)=\frac{E_0}{R^2+\omega^2L^2}\left(\omega Le^{-\frac{R}{L}t}+R\sin\omega t-\omega L\cos\omega t\right)\quad(t\geqslant0)$$

《《 课 堂 练 习 》》

1. 求微分方程 $y'=3xy^2$ 的通解.

2. 求微分方程$\frac{dy}{dx}+3y=8$ 满足初始条件 $y|_{x=0}=2$ 的特解.

3. 求微分方程$\frac{dy}{dx}+2xy=4x$ 的通解.

4. 有一个 $30\times30\times12\ m^3$的车间,空气中 CO_2 的容积浓度为 0.12%.为降低 CO_2 的含量,用一台风量为 1500 m^3/min 的进风鼓风机通入 CO_2 浓度为 0.04% 的新鲜空气,假定通入的新鲜空气与车间内原有空气能很快混合均匀,用另一台风量为 1500 m^3/min 的排风鼓风机排出,问两台鼓风机同时开动 10 min 后,车间中 CO_2 的容积浓度为多少?

5. 把温度为 100 ℃的沸水,放在室温为 20 ℃的环境中自然冷却,5 min 后测得水温为 60 ℃,求水温的变化规律.

习　题　5

A　组

1. 请验证由方程 $x^2-xy+y^2=C$ 所确定的函数是不是$(x-2y)y'=2x-y$ 这个微分方程的解.

2. 设质量为 m 的降落伞从飞机上下落后,所受空气阻力与速度成正比,并设降落伞离开飞机时($t=0$)速度为零.求降落伞下落的速度与时间的函数关系.

3. 确定函数 $y=(C_1+C_2x)e^{2x}$ 中的参数 C_1,C_2,使函数满足初始条件 $y|_{x=0}=0$, $y'|_{x=0}=1$.

4. 求解微分方程$\frac{dy}{dx}=-\frac{y}{x}$.

5. 求解微分方程 $(1+x)ydx+(1-y)xdy=0$.

6. 求微分方程 $y'+y=e^{-x}$的通解.

7. 求微分方程$\frac{dy}{dx}=y+\sin x$ 的通解.

B 组

1. 求解微分方程 $y^2dx+(x+1)dy=0$,并求满足初始条件 $y|_{x=0}=1$ 的特解.

2. 求微分方程 $y'=3(x-1)^2(1+y^2)$ 的通解.

3. 求微分方程 $\frac{dy}{dx}=\frac{1+y^2}{xy+x^3y}$的通解.

4. 求微分方程$(e^{x+y}-e^x)dx+(e^{x+y}-e^y)dy=0$ 的通解.

5. 求方程 $2\frac{dy}{dx}=\frac{1}{3x+2y}$ 的通解.

6. 设有一个由电阻 $R=10(\Omega)$、电感 $L=2(\mathrm{H})$和电源电压 $E=20\sin 5t(\mathrm{V})$组成的串联电路. 开关合上后,电路中有电流通过,求电流 i 与时间 t 的函数关系$\left(提示:E=Ri+L\frac{di}{dt}\right)$.

自 测 题 5

1. 微分方程 $x\frac{dy}{dx}=2y$ 满足初值$y|_{x=1}=2$ 的特解为________.

2. 解下列微分方程:

(1) $2y'=3x^2y$;　　(2) $\frac{dy}{dx}=\frac{1-y}{1+x}$;

(3) $xy'+y=x^2+3x+2$;　　(4) $\frac{dy}{dx}+\frac{y}{x}=\frac{\sin x}{x}$.

3. 设火车在平直的轨道上以 16 m/s 的速度行驶. 当司机发现前方约 200 m 处铁轨上有异物时,立即以加速度 $-0.8\ \mathrm{m/s^2}$ 制动(刹车). 试问:

(1) 自刹车后需经多长时间火车才能停车?

(2) 自开始刹车到停车,火车行驶了多少路程?

4. 一曲线过点(1,1),且曲线上任意点 $M(x,y)$处的切线与过原点的直线 OM 垂直,求此曲线方程.

第6章　级　　数

没有哪门学科能比数学更为清晰地阐明自然界的和谐性.

——保罗·卡洛斯

本章学习要求

1. 理解无穷级数及其收敛、发散的概念,会根据定义判定一些简单级数的敛散性;
2. 了解级数的性质,会利用级数收敛的必要条件判定级数发散;
3. 熟知等比级数和 p-级数的敛散性;
4. 掌握正项级数的比较审敛法和比值审敛法;
5. 掌握交错级数的莱布尼茨审敛法;
6. 理解幂级数的有关概念,会求幂级数的收敛半径和收敛域;
7. 记住函数 e^x, $\sin x$, $\cos x$, $\dfrac{1}{1-x}$, $\ln(1+x)$ 的展开式,会用间接展开法求一些初等函数的幂级数展开式,了解函数的幂级数展开在近似计算中的应用;
8. 了解傅里叶级数收敛定理的条件和结论,掌握傅里叶级数的系数计算公式,知道奇、偶周期函数的傅里叶级数的特征,会将周期为 2π 的函数展开成傅里叶级数.

历史上,无穷级数的求和问题曾困扰数学家长达几个世纪.有时一个无穷级数的和是一个数,比如

$$\frac{1}{2}+\frac{1}{4}+\frac{1}{8}+\frac{1}{16}+\cdots=1$$

我们可以从图 6.1 中看出这一事实.

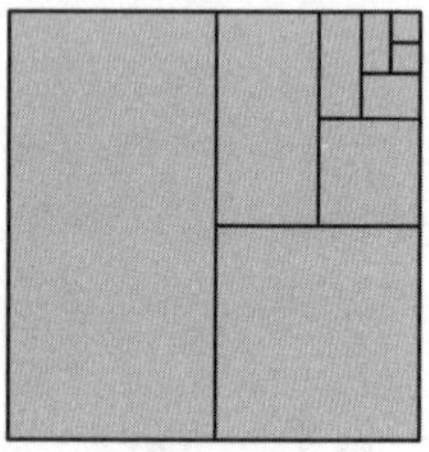

图 6.1

有时一个无穷级数的和为无穷大,比如

$$1+\frac{1}{2}+\frac{1}{3}+\frac{1}{4}+\frac{1}{5}+\cdots=\infty$$

(尽管这远非显然)这个事实我们会在后面的学习中加以证明.

有时一个无穷级数的和没有确定的结果,比如

$$1-1+1-1+1-1+\cdots$$

我们无法确定是 0 还是 1 或是别的什么?

19 世纪上半叶,法国数学家柯西建立了无穷级数的理论基础,使得无穷级数成为一个威力强大的数学工具,这个工具使我们能把许多函数表示成"无穷多项式",并告诉我们把它截断成有限多项式时带来多少误差.这些"无穷多项式"(称为幂级数)不仅提供了可微函数的有效的多项式逼近,而且还有许多其他的应用.我们还要考察用三角函数项级数(称为傅里叶级数)表示在科学和工程应用中遇到的重要函数.从以上角度可见,无穷级数提供了一个有效的手段,在表达函数、研究函数的性质、计算函数值等方面都有重要的应用.在本章学到的内容将为级数在科学和工程中扮演的角色搭建好舞台.

6.1 常数项级数的概念和性质

6.1.1 常数项级数的概念

人们认识事物在数量方面的特性,往往有一个由近似到精确的过程.我们来看通过圆内接正多边形的面积来逐步逼近圆的面积的过程.

如图 6.2 所示,依次作圆内接多边形,设圆内接正三角形的面积记为 u_1,作圆内接正六边形时增加的面积记为 u_2,作圆内接正十二边形时增加的面积记为 u_3,如此继续下去……

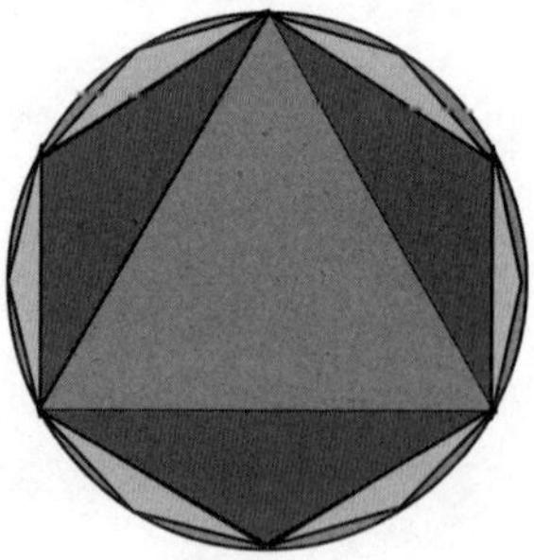

图 6.2

$$u_1+u_2+u_3+\cdots+u_n$$

当 $n\to\infty$ 时,这个和逼近于圆的面积.即

$$A=u_1+u_2+u_3+\cdots+u_n+\cdots$$

一般地,对于一个无穷数列 $u_1,u_2,u_3,\cdots,u_n,\cdots$,我们称表达式 $u_1+u_2+u_3+\cdots+u_n+\cdots$ 为(常数项)无穷级数,简称为级数,记为 $\sum\limits_{n=1}^{\infty}u_n$,即

$$\sum_{n=1}^{\infty} u_n = u_1 + u_2 + u_3 + \cdots + u_n + \cdots$$

式中每个数均称为级数的项，其中第 n 项 u_n 叫作级数的一般项或通项.

无穷级数的定义只是形式上表达了无穷多项的和，无穷级数中无穷多个数量怎样相加？由于任意有限个数的和是完全可以确定的，因此，我们可以通过考察无穷级数的前 n 项的和，观察当 $n \to \infty$ 时，级数的前 n 项的和的变化趋势，即通过极限的方法，来解决无穷多项的求和问题.

设级数的前 n 项的和

$$S_n = u_1 + u_2 + \cdots + u_n = \sum_{i=1}^{n} u_i$$

称 S_n 为级数 $\sum\limits_{n=1}^{\infty} u_n$ 的部分和.

若当 $n \to \infty$ 时，级数的前 n 项的和 S_n 的极限存在，即 $\lim\limits_{n\to\infty} S_n = S$，则称级数 $\sum\limits_{n=1}^{\infty} u_n$ 收敛，此时极限值 S 叫作此级数的和，并记为 $S = u_1 + u_2 + u_3 + \cdots + u_n + \cdots$；否则，则称级数 $\sum\limits_{n=1}^{\infty} u_n$ 发散. 发散的级数没有和.

如果级数 $\sum\limits_{n=1}^{\infty} u_n$ 收敛于 S，则部分和 $S_n \approx S$，它们之间的差

$$r_n = S - S_n = u_{n+1} + u_{n+2} + u_{n+3} + \cdots$$

称为级数的余项. 显然有 $\lim\limits_{n\to\infty} r_n = 0$，而 $|r_n|$ 是用 S_n 近似代替 S 所产生的误差.

先讨论等比级数的敛散性.

等比级数是形如

$$a + aq + aq^2 + \cdots + aq^{n-1} + \cdots = \sum_{n=1}^{\infty} aq^{n-1}$$

的级数，其中 a 和 q 是常数，并且 $a \neq 0$，公比 q 可为正的，如

$$1 + \frac{1}{2} + \frac{1}{4} + \cdots + \left(\frac{1}{2}\right)^{n-1} + \cdots$$

也可为负的，如

$$1 - \frac{1}{3} + \frac{1}{9} - \cdots + \left(-\frac{1}{3}\right)^{n-1} + \cdots$$

例 6.1　（等比级数）讨论等比级数 $a + aq + aq^2 + \cdots + aq^{n-1} + \cdots = \sum\limits_{n=1}^{\infty} aq^{n-1}$（又称为几何级数）的敛散性，其中，$a \neq 0$，$q$ 叫作级数的公比.

解　当 $q \neq 1$ 时，所给级数的部分和

$$S_n = a + aq + aq^2 + \cdots + aq^{n-1} = \frac{a(1-q^n)}{1-q} = \frac{a}{1-q}(1-q^n)$$

(1) 当 $|q| < 1$ 时，因为 $\lim\limits_{n\to\infty} q^n = 0$，所以 $\lim\limits_{n\to\infty} S_n = \frac{a}{1-q}$，因此级数收敛，其和为 $\frac{a}{1-q}$.

(2) 当 $|q| > 1$ 时，因为 $\lim\limits_{n\to\infty} q^n = \infty$，所以 $\lim\limits_{n\to\infty} S_n = \infty$，因此级数发散.

(3) 当 $|q|=1$ 时,若 $q=1$,则 $S_n=na\to\infty$,因此级数发散.

若 $q=-1$,则 $S_n=a-a+a-a+\cdots+(-1)^{n-1}a=\begin{cases}a, & n\text{ 为奇数}\\ 0, & n\text{ 为偶数}\end{cases}$.

显然 $\lim\limits_{n\to\infty}S_n$ 不存在,因此级数发散.

综上所述可知,当 $|q|<1$ 时,等比级数收敛,且

$$a+aq+aq^2+\cdots+aq^{n-1}+\cdots=\frac{a}{1-q}$$

当 $|q|\geqslant1$ 时,等比级数发散.

这就彻底解决了几何级数的收敛问题.对于等比级数,我们知道哪一个收敛,哪一个发散.对于收敛情形,我们知道和是什么.

注 等比级数是收敛级数中最著名的一个级数.挪威数学家阿贝尔说"除了几何级数外,数学中不存在任何一种它的和已被严格确定的无穷级数".几何级数在判断无穷级数的收敛性、求无穷级数的和以及将一个函数展开为无穷级数等方面都有广泛而重要的应用.

例 6.2 (分析等比级数)说明下列级数收敛还是发散,如果收敛,求出它的和.

(1) $\sum\limits_{n=1}^{\infty}3\left(\frac{1}{2}\right)^{n-1}$;

(2) $-\frac{1}{2}+\frac{1}{4}-\frac{1}{8}+\cdots+\left(-\frac{1}{2}\right)^n+\cdots$;

(3) $\sum\limits_{n=0}^{\infty}\left(\frac{2}{5}\right)^n=\sum\limits_{n=1}^{\infty}\left(\frac{2}{5}\right)^{n-1}$;

(4) $\frac{\pi}{2}+\frac{\pi^2}{4}+\frac{\pi^3}{8}+\cdots$.

解 (1) 第一项是 $a=3$,公比 $q=\frac{1}{2}$,级数收敛,其和为

$$\frac{a}{1-q}=\frac{3}{1-\frac{1}{2}}=6$$

(2) 第一项是 $a=-\frac{1}{2}$,公比 $q=-\frac{1}{2}$,级数收敛,其和为

$$\frac{a}{1-q}=\frac{-\frac{1}{2}}{1+\frac{1}{2}}=-\frac{1}{3}$$

(3) 第一项是 $a=1$,公比 $q=\frac{2}{5}$,级数收敛,其和为

$$\frac{a}{1-q}=\frac{1}{1-\frac{2}{5}}=\frac{5}{3}$$

(4) 这个级数公比 $q=\frac{\pi}{2}>1$,此级数发散.

例 6.3 (跳跃球)你从 a 高度让一个球下落到地平面,球接触地面后又弹起来,假定

每次弹起的垂直高度以比例系数 r 减少，r 是一个小于 1 的正数，求这个球上下的总距离（图 6.3）.

解 总距离是

$$s = a + 2ar + 2ar^2 + 2ar^3 + \cdots = a + \frac{2ar}{1-r}$$

若 $a=5\text{m}, r=\frac{3}{5}$，则总距离是

$$s = a + \frac{2ar}{1-r} = 5 + \frac{2\times 5\times \frac{3}{5}}{1-\frac{3}{5}} = 20(\text{m})$$

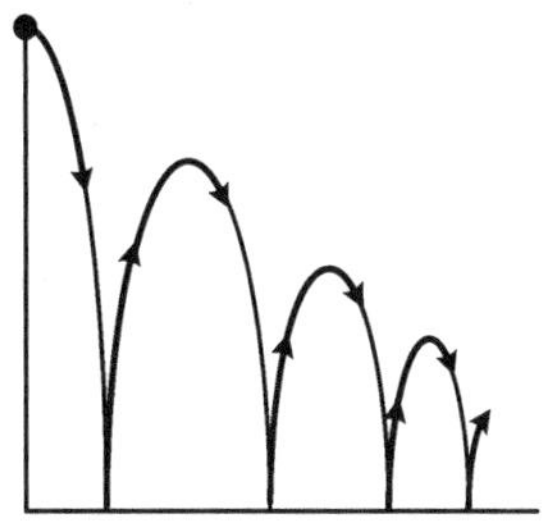

图 6.3

例 6.4 （循环小数）把循环小数 3.272727…表示成两个整数之比.

解
$$3.272727\cdots = 3 + \frac{27}{100} + \frac{27}{100^2} + \frac{27}{100^3} + \cdots$$
$$= 3 + \frac{27}{100}\left[1 + \frac{1}{100} + \left(\frac{1}{100}\right)^2 + \cdots\right]$$
$$= 3 + \frac{27}{100} \times \frac{1}{0.99} = \frac{36}{11}$$

我们对无穷级数的讨论刚刚开始，而对一整类（几何）级数，我们对其收敛和发散了如指掌. 遗憾的是，像收敛几何级数的和这样的公式凤毛麟角，我们通常必须解决的问题是估计级数的和（后面更多谈及）. 不过，下一个例子提供可以直接求和的另一种情况.

例 6.5 求级数 $\sum_{n=1}^{\infty} \frac{1}{n(n+1)} = \frac{1}{1\cdot 2} + \frac{1}{2\cdot 3} + \cdots + \frac{1}{n(n+1)} + \cdots$ 的和.

解 由于 $\frac{1}{n(n+1)} = \frac{1}{n} - \frac{1}{n+1}$，所以级数的部分和为

$$S_n = \frac{1}{1\cdot 2} + \frac{1}{2\cdot 3} + \cdots + \frac{1}{n(n+1)}$$
$$= \left(1-\frac{1}{2}\right) + \left(\frac{1}{2}-\frac{1}{3}\right) + \cdots + \left(\frac{1}{n}-\frac{1}{n+1}\right) = 1 - \frac{1}{n+1}$$

因为 $\lim_{n\to\infty} S_n = \lim_{n\to\infty}\left(1-\frac{1}{n+1}\right) = 1$，所以此级数收敛，其和为 1.

下面再看几个发散的级数.

例 6.6 证明级数 $1+2+3+\cdots+n+\cdots$ 是发散的.

证明 所给级数的部分和为

$$S_n = 1+2+3+\cdots+n = \frac{n(n+1)}{2}$$

显然 $\lim_{n\to\infty} S_n = \infty$，因此该级数发散.

例 6.7 证明级数 $\sum_{n=1}^{\infty} \ln\left(1+\frac{1}{n}\right)$ 是发散的.

证明 所给级数的部分和为

$$\begin{aligned} S_n &= \ln(1+1) + \ln\left(1+\frac{1}{2}\right) + \ln\left(1+\frac{1}{3}\right) + \cdots + \ln\left(1+\frac{1}{n}\right) \\ &= \ln 2 + \ln\frac{3}{2} + \ln\frac{4}{3} + \cdots + \ln\frac{n+1}{n} \\ &= \ln 2 + \ln 3 - \ln 2 + \ln 4 - \ln 3 + \cdots + \ln(n+1) - \ln n \\ &= \ln(n+1) \end{aligned}$$

显然$\lim\limits_{n\to\infty} S_n = \infty$,因此该级数发散.

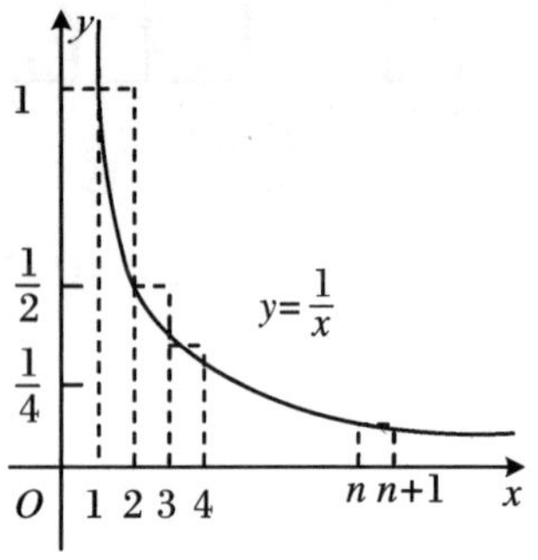

图 6.4

例 6.8 (调和级数)讨论$\sum\limits_{n=1}^{\infty}\frac{1}{n}$的敛散性.

解 调和级数的部分和为

$$S_n = 1 + \frac{1}{2} + \frac{1}{3} + \cdots + \frac{1}{n}$$

如图 6.4 所示,各小矩形的面积依次为$1,\frac{1}{2},\frac{1}{3},\cdots,\frac{1}{n}$.

显然这个矩形面积之和大于由曲线$y=\frac{1}{x}$,直线$y=0$,$x=1$和$x=n+1$所围成的曲边梯形的面积,即

$$S_n > \int_1^{n+1}\frac{1}{x}\mathrm{d}x = [\ln x]_1^{n+1} = \ln(n+1)$$

于是

$$\lim_{n\to\infty} S_n = \infty$$

因此,调和级数$\sum\limits_{n=1}^{\infty}\frac{1}{n}$发散.

说明 (1) 除了等比级数以外,p-级数$\sum\limits_{n=1}^{\infty}\frac{1}{n^p} = 1 + \frac{1}{2^p} + \frac{1}{3^p} + \cdots + \frac{1}{n^p} + \cdots$是我们今后经常会遇到的另一类重要级数,调和级数$\sum\limits_{n=1}^{\infty}\frac{1}{n}$是当$p=1$时的特例情况.对一般的$p$-级数,我们直接给出结论:当$p>1$时,$p$-级数$\sum\limits_{n=1}^{\infty}\frac{1}{n^p}$收敛;当$p\leqslant 1$时,$p$-级数$\sum\limits_{n=1}^{\infty}\frac{1}{n^p}$发散.

例如,级数$\sum\limits_{n=1}^{\infty}\frac{1}{n^2}\left(p=2>1\right)$是收敛的,而级数$\sum\limits_{n=1}^{\infty}\frac{1}{\sqrt{n}}\left(p=\frac{1}{2}<1\right)$是发散的.

(2) 当$p=1$时的p-级数,也就是调和级数$\sum\limits_{n=1}^{\infty}\frac{1}{n} = 1 + \frac{1}{2} + \frac{1}{3} + \cdots + \frac{1}{n} + \cdots$,或许是数学中最著名的发散级数.$p$-级数判别法指出,调和级数正好是勉强发散的:比如把p增加到 1.000000001,级数就收敛.

调和级数趋向无穷的缓慢性给人深刻的印象.考虑下面的例子.

例 6.9 (调和级数的缓慢发散)为使调和级数的部分和大于 20,大约需要多少项?

解 如图 6.5、6.6 所示.

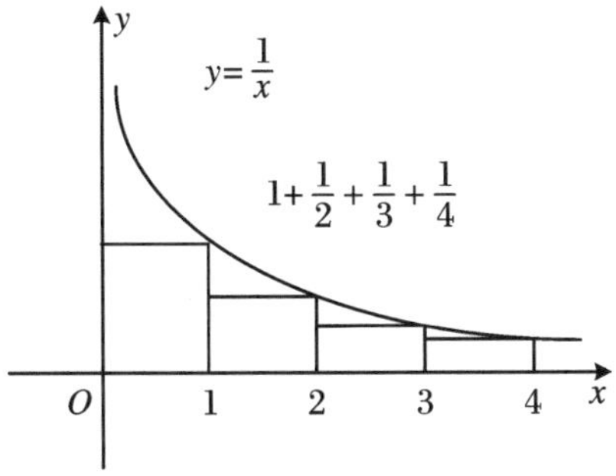

图 6.5

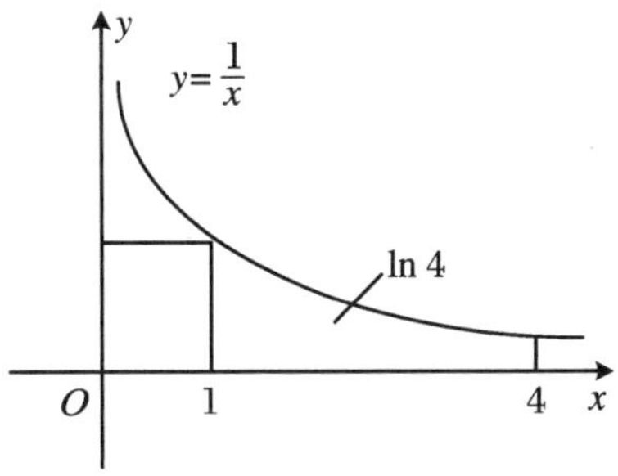

图 6.6

用 S_n 表示调和级数的部分和，比较两个图，我们看到 $S_4<(1+\ln 4)$，一般地，$S_n\leqslant 1+\ln n$. 如果希望 S_n 大于 20，则

$$1+\ln n>S_n>20$$
$$1+\ln n>20$$
$$\ln n>19$$
$$n>e^{19}$$

e^{19} 的精确值接近 178482301. 至少取调和级数的这么多项，才能使部分和超过 20. 由此可以看出调和级数发散的速度之缓慢，但是，级数到底还是发散的.

6.1.2　无穷级数的性质

当我们有两个收敛级数，可以对它们逐项相加、相减以及用常数相乘以得到新的收敛级数.

性质 1　(级数的组合)设 $\sum\limits_{n=1}^{\infty}u_n=A$，$\sum\limits_{n=1}^{\infty}v_n=B$，则

(1) 和规则 $\sum\limits_{n=1}^{\infty}(u_n+v_n)=\sum\limits_{n=1}^{\infty}u_n+\sum\limits_{n=1}^{\infty}v_n=A+B$；

(2) 差规则 $\sum\limits_{n=1}^{\infty}(u_n-v_n)=\sum\limits_{n=1}^{\infty}u_n-\sum\limits_{n=1}^{\infty}v_n=A-B$；

(3) 常倍数规则 $\sum\limits_{n=1}^{\infty}ku_n=k\sum\limits_{n=1}^{\infty}u_n=kA$.

例 6.10　判定级数 $\sum\limits_{n=1}^{\infty}\dfrac{2+(-1)^n}{3^n}$ 是否收敛?若收敛，求其和.

解　因为 $\sum\limits_{n=1}^{\infty}\dfrac{2}{3^n}$ 是首项 $a=\dfrac{2}{3}$，公比 $q=\dfrac{1}{3}$ 的等比级数，它是收敛的，其和为 $S_1=\dfrac{\frac{2}{3}}{1-\frac{1}{3}}=1$；$\sum\limits_{n=1}^{\infty}\dfrac{(-1)^n}{3^n}$ 是首项 $a=-\dfrac{1}{3}$，公比 $q=-\dfrac{1}{3}$ 的等比级数，它也是收敛的，其和为

$$S_2=\frac{-\frac{1}{3}}{1-\left(-\frac{1}{3}\right)}=-\frac{1}{4}$$

所以根据性质可知，级数

$$\sum_{n=1}^{\infty}\frac{2+(-1)^n}{3^n}=\sum_{n=1}^{\infty}\left[\frac{2}{3^n}+\frac{(-1)^n}{3^n}\right]$$

收敛，其和为 $S=S_1+S_2=1-\frac{1}{4}=\frac{3}{4}$.

性质 2 （添加或取消项）在级数中去掉、增加或改变有限项，不会改变该级数的敛散性.

例如，级数 $\sum\limits_{n=1}^{\infty}\frac{1}{n}=1+\frac{1}{2}+\frac{1}{3}+\cdots+\frac{1}{n}+\cdots$ 发散，则级数 $\sum\limits_{n=1}^{\infty}\frac{1}{n+5}=\frac{1}{6}+\frac{1}{7}+\frac{1}{8}+\cdots$ 发散.

性质 3 （收敛级数第 n 项的极限）若级数 $\sum\limits_{n=1}^{\infty}u_n$ 收敛，则 $\lim\limits_{n\to\infty}u_n=0$.

说明 其逆命题不成立. 即由 $\lim\limits_{n\to\infty}u_n=0$，并不能推出级数 $\sum\limits_{n=1}^{\infty}u_n$ 收敛，例如，调和级数 $\sum\limits_{n=1}^{\infty}\frac{1}{n}$ 的一般项趋向于 0，但它是发散的. 所以 $\lim\limits_{n\to\infty}u_n=0$ 只是级数收敛的必要条件.

推论 （发散级数的第 n 项判别法）若 $\lim\limits_{n\to\infty}u_n$ 不存在或不为 0，则级数 $\sum\limits_{n=1}^{\infty}u_n$ 发散. 这为我们提供了一种判别级数发散的方法. 在讨论级数敛散性时，我们常常先考察 $\lim\limits_{n\to\infty}u_n$，若它不存在或不为零，则级数必发散.

例 6.11 应用第 n 项判别法（若 $\lim\limits_{n\to\infty}u_n\neq 0$，则级数 $\sum\limits_{n=1}^{\infty}u_n$ 发散），判断级数的敛散性：

(1) $\frac{1}{2}+\frac{2}{3}+\frac{3}{4}+\cdots+\frac{n}{n+1}+\cdots$； (2) $\sum\limits_{n=1}^{\infty}n^2$；

(3) $\sum\limits_{n=1}^{\infty}(-1)^{n+1}=1-1+1-1+1-1+\cdots$； (4) $\sum\limits_{n=1}^{\infty}\frac{-n}{2n+5}$.

解 (1) 因为 $\lim\limits_{n\to\infty}u_n=\lim\limits_{n\to\infty}\frac{n}{n+1}=1$，所以此级数发散；

(2) 因为 $\lim\limits_{n\to\infty}u_n=\lim\limits_{n\to\infty}n^2=\infty$，所以此级数发散；

(3) 因为 $\lim\limits_{n\to\infty}u_n=\lim\limits_{n\to\infty}(-1)^{n+1}$ 不存在，所以此级数发散；

(4) 因为 $\lim\limits_{n\to\infty}u_n=\lim\limits_{n\to\infty}\left(\frac{-n}{2n+5}\right)=-\frac{1}{2}\neq 0$，所以此级数发散.

例 6.12 （$u_n\to 0$，但级数发散）级数

$$1+\frac{1}{2}+\frac{1}{2}+\frac{1}{4}+\frac{1}{4}+\frac{1}{4}+\frac{1}{4}+\cdots+\frac{1}{2^n}+\frac{1}{2^n}+\cdots+\frac{1}{2^n}+\cdots$$
$$=1+1+1+\cdots+1+\cdots$$

发散，虽然 $u_n \to 0$.

数学家小传

刘徽(约公元 225～295 年，图 6.7)，山东临淄人，魏晋期间伟大的数学家，中国古典数学理论的奠基者之一. 他是中国数学史上一个非常伟大的数学家，他的杰作《九章算术注》和《海岛算经》，是中国最宝贵的数学遗产. 他是世界上最早提出十进小数概念的人，并用十进小数来表示无理数的立方根. 在代数方面，他正确地提出了正负数的概念及其加减运算的法则，改进了线性方程组的解法；在几何方面，他提出了"割圆术"，即将圆周用内接或外切正多边形穷竭的一种求圆面积和圆周长的方法. 他利用割圆术科学地求出了圆周率 $\pi=3.14$ 的结果. 他从直径为 2 尺的圆内接正六边形开始割圆，依次得正 12 边形、正 24 边形……割得越细，正多边形面积和圆面积之差越小，用他的原话说是"割之弥细，所失弥少，割之又割，以至于不可割，则与圆周合体而无所失矣". 他计算了 3072 边形面积并验证了这个值. 刘徽提出的计算圆周率的科学方法，奠定了此后千余年中国圆周率计算在世界上的领先地位.《九章算术注》包括分数理论及其完整的算法、比例和比例分配算法、面积和体积算法，以及各类应用问题的解法，在书中的方田、粟米、衰分、商功、均输等章已有了相当详备的叙述. 而少广、盈不足、方程、勾股等章中的开立方法、盈不足术(双假设法)、正负数概念、线性联立方程组解法、整数勾股弦的一般公式等内容都是世界数学史上的卓越成就. 鉴于刘徽的巨大贡献，不少书上把他称作"中国数学史上的牛顿".

图 6.7

《课堂练习》

1. 写出下列级数的前 5 项：

(1) $\sum\limits_{n=1}^{\infty}\dfrac{1+n}{1+n^2}$；　　(2) $\sum\limits_{n=1}^{\infty}\dfrac{1\cdot 3\cdot\cdots\cdot(2n-1)}{2\cdot 4\cdot\cdots\cdot 2n}$；

(3) $\sum\limits_{n=1}^{\infty}\dfrac{(-1)^{n-1}}{4^n}$.

2. 写出下列级数的一般项：

(1) $\dfrac{2}{1}-\dfrac{3}{2}+\dfrac{4}{3}-\dfrac{5}{4}+\dfrac{6}{5}-\dfrac{7}{6}+\cdots$；(2) $\dfrac{1}{1\cdot 3}+\dfrac{1}{3\cdot 5}+\dfrac{1}{5\cdot 7}+\dfrac{1}{7\cdot 9}+\dfrac{1}{9\cdot 11}+\cdots$；

(3) $-\dfrac{3}{1}+\dfrac{4}{4}-\dfrac{5}{9}+\dfrac{6}{16}-\dfrac{7}{25}+\dfrac{8}{36}-\cdots$.

3. 下列命题正确的是(　　).

A. 若 $\lim\limits_{n\to\infty}u_n=0$，则级数 $\sum\limits_{n=1}^{\infty}u_n$ 收敛　　B. 若 $\lim\limits_{n\to\infty}u_n\neq 0$，则级数 $\sum\limits_{n=1}^{\infty}u_n$ 发散

C. 若级数$\sum_{n=1}^{\infty} u_n$发散，则$\lim_{n\to\infty} u_n \neq 0$　　D. 若级数$\sum_{n=1}^{\infty} u_n$发散，则$\lim_{n\to\infty} u_n = \infty$

4. $\sum_{n=1}^{\infty} \left(\frac{1}{n}\right)^2$ 是(　　).

A. p-级数　　B. 等比级数　　C. 调和级数　　D. 等差级数

5. 下列级数中收敛的是(　　).

A. $\sum_{n=1}^{\infty} (\sqrt{n+1} - \sqrt{n})$　　B. $\sum_{n=1}^{\infty} (2^{\frac{1}{2n+1}} - 2^{\frac{1}{2n-1}})$

C. $\sum_{n=1}^{\infty} \ln \frac{n+1}{n}$　　D. $\sum_{n=1}^{\infty} (n+1)$

6. 判断下列级数的敛散性：

(1) $1+2+3+\cdots+n+\cdots$;　　(2) $\frac{1}{2}+\frac{1}{4}+\frac{1}{6}+\cdots+\frac{1}{2n}+\cdots$;

(3) $\sum_{n=1}^{\infty} \frac{n}{3n+2}$;　　(4) $\sum_{n=1}^{\infty} \left(\frac{1}{2^n} - \frac{2}{3^n}\right)$;

(5) $\sum_{n=1}^{\infty} (-\mathrm{e})^n$;　　(6) $\sum_{n=1}^{\infty} \frac{1}{n\sqrt{n}}$.

6.2 常数项级数的审敛法

在研究级数时，一个重要的问题是判断级数是否收敛，而只利用级数收敛、发散的定义和性质来判断级数的敛散性，常常是很困难的，因此需要建立判断级数敛散性的审敛法.本节着重讨论几种基本的数项级数的敛散性.

6.2.1 正项级数审敛法

所谓正项级数，就是级数的每一项都是正数或零，即 $u_n \geqslant 0 (n=1,2,3,\cdots)$. 这是一类十分重要的级数，以后会看到许多级数的敛散性问题可归结为正项级数的敛散性问题.

下面不加证明地给出定理.

定理 6.1 (正项级数的比较审敛法)设有正项级数$\sum_{n=1}^{\infty} u_n$和$\sum_{n=1}^{\infty} v_n$.

(1) 若 $u_n \leqslant v_n (n=1,2,\cdots)$，且级数$\sum_{n=1}^{\infty} v_n$收敛，则级数$\sum_{n=1}^{\infty} u_n$也收敛；

(2) 若 $u_n \geqslant v_n (n=1,2,\cdots)$，且级数$\sum_{n=1}^{\infty} v_n$发散，则级数$\sum_{n=1}^{\infty} u_n$也发散.

例 6.13 判定级数$\sum_{n=1}^{\infty} \frac{1}{(n+1)(n+2)}$的敛散性.

解 因为 $\frac{1}{(n+1)(n+2)} < \frac{1}{n^2}$，而级数$\sum_{n=1}^{\infty} \frac{1}{n^2}$收敛，根据比较审敛法知，级数

$\sum_{n=1}^{\infty}\frac{1}{(n+1)(n+2)}$ 收敛.

例 6.14 判定级数$\sum_{n=1}^{\infty}\frac{1}{\sqrt{n(n+1)}}$的敛散性.

解 因为$\frac{1}{\sqrt{n(n+1)}}\geqslant\frac{1}{n+1}$，而级数$\sum_{n=1}^{\infty}\frac{1}{n+1}$发散，根据比较审敛法知，级数$\sum_{n=1}^{\infty}\frac{1}{\sqrt{n(n+1)}}$发散.

说明 比较审敛法的基本思想是将要判断的级数与我们熟悉的级数进行比较，通过比较一般项的大小，来判断给定级数的敛散性. 因为等比级数或 p-级数是敛散性已知的级数，所以通常找这两类级数来进行比较.

定理 6.2 （比较审敛法的极限形式）设有正项级数$\sum_{n=1}^{\infty}u_n$和$\sum_{n=1}^{\infty}v_n$.

(1) 若$\lim_{n\to\infty}\frac{u_n}{v_n}=l(0\leqslant l<+\infty)$，且级数$\sum_{n=1}^{\infty}v_n$收敛，则级数$\sum_{n=1}^{\infty}u_n$也收敛；

(2) 若$\lim_{n\to\infty}\frac{u_n}{v_n}=l>0$或$\lim_{n\to\infty}\frac{u_n}{v_n}=+\infty$，且级数$\sum_{n=1}^{\infty}v_n$发散，则级数$\sum_{n=1}^{\infty}u_n$也发散.

例 6.15 判别级数$\sum_{n=1}^{\infty}\sin\frac{1}{n}$的敛散性.

解 因为$\lim_{n\to\infty}\frac{\sin\frac{1}{n}}{\frac{1}{n}}=1$，又$\sum_{n=1}^{\infty}\frac{1}{n}$发散. 由比较审敛法的极限形式可知，级数$\sum_{n=1}^{\infty}\sin\frac{1}{n}$发散.

定理 6.3 正项级数的比值审敛法（或达朗贝尔判别法）：

设$\sum_{n=1}^{\infty}u_n$为正项级数，如果$\lim_{n\to\infty}\frac{u_{n+1}}{u_n}=\rho$，则

(1) 当 $\rho<1$ 时级数收敛；

(2) 当 $\rho>1$ 时级数发散；

(3) 当 $\rho=1$ 时级数可能收敛，也可能发散.

关于第(3)条，例如 p-级数，不论 p 为何值都有$\lim_{n\to\infty}\frac{u_{n+1}}{u_n}=\lim_{n\to\infty}\frac{\frac{1}{(n+1)^p}}{\frac{1}{n^p}}=1$，但我们知道，当 $p>1$ 时级数收敛，当 $p\leqslant1$ 时级数发散. 即当 $\rho=1$ 时比值审敛法失效，此时需改用其他方法判定级数的敛散性.

例 6.16 判定级数$\sum_{n=1}^{\infty}\frac{5^n}{n^5}$的敛散性.

解 因为$\rho=\lim_{n\to\infty}\frac{u_{n+1}}{u_n}=\lim_{n\to\infty}\frac{5^{n+1}}{(n+1)^5}\cdot\frac{n^5}{5^n}=\lim_{n\to\infty}5\cdot\left(\frac{n}{n+1}\right)^5=5>1$.

由比值审敛法知，级数 $\sum_{n=1}^{\infty}\frac{5^n}{n^5}$ 发散.

例 6.17 判定级数 $\sum_{n=1}^{\infty}\frac{2^n\cdot n!}{n^n}$ 的敛散性.

解 因为
$$\rho=\lim_{n\to\infty}\frac{u_{n+1}}{u_n}=\lim_{n\to\infty}\frac{2^{n+1}\cdot(n+1)!}{(n+1)^{n+1}}\cdot\frac{n^n}{2^n\cdot n!}$$
$$=2\lim_{n\to\infty}\left(\frac{n}{n+1}\right)^n=2\lim_{n\to\infty}\frac{1}{\left(1+\frac{1}{n}\right)^n}=\frac{2}{e}<1.$$

由正项级数的比值审敛法知，级数 $\sum_{n=1}^{\infty}\frac{2^n\cdot n!}{n^n}$ 收敛.

注 当级数的项包含乘除乘方或阶乘 $n!$ 时，通常用比值审敛法判断.

6.2.2 交错级数审敛法

设 $u_n>0(n=1,2,\cdots)$，形如
$$u_1-u_2+u_3-u_4+\cdots \quad 或 \quad -u_1+u_2-u_3+u_4-\cdots$$
的级数称为交错级数.

这里有三个例子：
$$1-\frac{1}{2}+\frac{1}{3}-\frac{1}{4}+\frac{1}{5}-\cdots+\frac{(-1)^{n+1}}{n}+\cdots \tag{6.1}$$
$$-\frac{1}{2}+\frac{1}{4}-\frac{1}{8}+\cdots+\frac{(-1)^n}{2^n}+\cdots \tag{6.2}$$
$$1-2+3-4+5-6+\cdots+(-1)^{n+1}n+\cdots \tag{6.3}$$

级数(6.1) 称为交错调和级数，马上我们会看到它收敛. 级数(6.2) 是一个等比级数，$a=-\frac{1}{2}$，$q=-\frac{1}{2}$，收敛到$\frac{a}{1-q}=-\frac{1}{3}$. 根据第 n 项判别法，级数(6.3) 发散.

对于交错级数，经常用下面的判别方法：

莱布尼茨判别法 如果交错级数 $\sum_{n=1}^{\infty}(-1)^{n-1}u_n$ 满足条件：

(1) $u_n\geqslant u_{n+1}(n=1,2,3,\cdots)$；

(2) $\lim_{n\to\infty}u_n=0$.

则级数收敛.

例 6.18 （交错调和级数）判定 $\sum_{n=1}^{\infty}(-1)^{n-1}\frac{1}{n}=1-\frac{1}{2}+\frac{1}{3}-\frac{1}{4}+\cdots+(-1)^{n-1}\frac{1}{n}+\cdots$ 的敛散性.

解 级数$\sum_{n=1}^{\infty}(-1)^{n-1}\frac{1}{n}$ 为交错级数，且满足

(1) $u_n=\frac{1}{n}>\frac{1}{n+1}=u_{n+1}(n=1,2,\cdots)$；

(2) $\lim_{n\to\infty}u_n=\lim_{n\to\infty}\frac{1}{n}=0$.

所以该级数收敛.

6.2.3　绝对收敛与条件收敛

现在我们讨论一般的级数$\sum_{n=1}^{\infty} u_n$,其中$u_n(n=1,2,3,\cdots)$为任意实数,这样的级数称为任意项级数.对于任意项级数$\sum_{n=1}^{\infty} u_n$,我们可以先考察由各项的绝对值所构成的正项级数$\sum_{n=1}^{\infty} |u_n|$,有下列结论:

如果级数$\sum_{n=1}^{\infty} |u_n|$收敛,则级数$\sum_{n=1}^{\infty} u_n$必收敛.

例6.19　判定级数$\sum_{n=1}^{\infty} \frac{\sin n\alpha}{n^4}$的敛散性.

解　因为$\left|\frac{\sin n\alpha}{n^4}\right| \leqslant \frac{1}{n^4}$,而级数$\sum_{n=1}^{\infty} \frac{1}{n^4}$收敛.由正项级数的比较审敛法知,级数$\sum_{n=1}^{\infty} \left|\frac{\sin n\alpha}{n^4}\right|$收敛.所以级数$\sum_{n=1}^{\infty} \frac{\sin n\alpha}{n^4}$收敛.

例6.20　判定级数$\sum_{n=1}^{\infty} \frac{(-1)^n 3^n}{n!}$的敛散性.

解　先考察级数$\sum_{n=1}^{\infty} \left|\frac{(-1)^n 3^n}{n!}\right| = \sum_{n=1}^{\infty} \frac{3^n}{n!}$的敛散性

$$\rho = \lim_{n\to\infty} \frac{u_{n+1}}{u_n} = \lim_{n\to\infty} \frac{3^{n+1}}{(n+1)!} \cdot \frac{n!}{3^n} = \lim_{n\to\infty} \frac{3}{n+1} = 0 < 1$$

由正项级数的比值审敛法知,级数$\sum_{n=1}^{\infty} \frac{3^n}{n!}$收敛.因而级数$\sum_{n=1}^{\infty} \frac{(-1)^n 3^n}{n!}$收敛.

说明　根据级数$\sum_{n=1}^{\infty} |u_n|$收敛,则级数$\sum_{n=1}^{\infty} u_n$必收敛,许多任意项级数收敛性的判定问题可以转化为正项级数收敛性的判定问题,但需注意的是,对于任意项级数$\sum_{n=1}^{\infty} u_n$,如果级数$\sum_{n=1}^{\infty} |u_n|$发散,则级数$\sum_{n=1}^{\infty} u_n$不一定也发散.例如,级数$\sum_{n=1}^{\infty} (-1)^{n-1} \frac{1}{n}$收敛,但$\sum_{n=1}^{\infty} \left|(-1)^{n-1} \frac{1}{n}\right| = \sum_{n=1}^{\infty} \frac{1}{n}$却发散.

如果级数$\sum_{n=1}^{\infty} |u_n|$收敛,则称级数$\sum_{n=1}^{\infty} u_n$绝对收敛.如果级数$\sum_{n=1}^{\infty} u_n$收敛,而级数$\sum_{n=1}^{\infty} |u_n|$发散,则称级数$\sum_{n=1}^{\infty} u_n$条件收敛.

例如,上面例6.19、例6.20中的级数绝对收敛,而级数$\sum_{n=1}^{\infty} (-1)^{n-1} \frac{1}{n}$条件收敛.

《课 堂 练 习》

1. 判断下列级数的敛散性：

(1) $1+\frac{1}{3}+\frac{1}{5}+\cdots+\frac{1}{2n-1}+\cdots$；　(2) $\sum_{n=1}^{\infty}\frac{1}{n^2+1}$；

(3) $\sum_{n=1}^{\infty}\frac{1}{n\sqrt{n+1}}$；　(4) $\sum_{n=1}^{\infty}\frac{n\cdot 2^n}{3^n}$；

(5) $\sum_{n=1}^{\infty}\frac{3^n}{n!}$；　(6) $1-\frac{1}{\sqrt{2}}+\frac{1}{\sqrt{3}}-\frac{1}{\sqrt{4}}+\cdots$.

2. 判定下列级数是否收敛?如果收敛,指出是绝对收敛还是条件收敛.

(1) $\sum_{n=1}^{\infty}(-1)^{n-1}\frac{1}{n^2}$；　(2) $1-\frac{1}{3}+\frac{1}{5}-\frac{1}{7}+\cdots$；

(3) $\sum_{n=1}^{\infty}\frac{\cos n\alpha}{n^2}$；　(4) $\sum_{n=1}^{\infty}\frac{\sin n\alpha}{\sqrt{n(n+1)(n+2)}}$.

3. 下列级数中收敛的是(　　).

A. $\sum_{n=1}^{\infty}\frac{3^n-7^n}{4^n}$　B. $\sum_{n=1}^{\infty}\frac{1}{\sqrt{3n-2}}$　C. $\sum_{n=1}^{\infty}\frac{n^3}{2^n}$　D. $\sum_{n=1}^{\infty}\sin\frac{1}{2n}$

4. 下列级数中绝对收敛的是(　　).

A. $\sum_{n=1}^{\infty}\frac{1}{n+1}$　B. $\sum_{n=1}^{\infty}\frac{(-1)^n}{n+1}$　C. $\sum_{n=1}^{\infty}\frac{(-1)^n 2^n}{n^2+1}$　D. $\sum_{n=1}^{\infty}\frac{(-1)^n}{2^n}$

数学家小传

达朗贝尔(1717～1783 年,图 6.8),法国著名的物理学家、数学家和天文学家.他一生研究了大量课题,完成了涉及多个科学领域的论文和专著,其中最著名的有八卷巨著《数学手册》、力学专著《动力学》、23 卷的《文集》、《百科全书》的序言等等.达朗贝尔是 18 世纪少数几个把收敛级数和发散级数分开的数学家之一,并且他还提出了一种判别级数绝对收敛的方法——达朗贝尔判别法,即现在还在使用的比值判别法.他同时是三角级数理论的奠基人.达朗贝尔为偏微分方程的发现也做出了巨大的贡献,1746 年,他发表了论文《张紧的弦振动形成的曲线研究》,在这篇论文里,他首先提出了波动方程,并于 1750 年证明了它们的函数关系;1763 年,他进一步讨论了不均匀弦的振动,提出了广义的波动方程.另外,达朗贝尔在复数的性质、概率论等方面也都有所研究,而且他还很早就证明了代数基本定理.

图 6.8

达朗贝尔在数学领域的各个方面都有所建树,但他并没有严密和系统地进行深入的研究，他甚至曾相信数学知识快穷尽了. 但无论如何，18 世纪数学的迅速发展是建立在他们那一代科学家的研究基础之上的，达朗贝尔为推动数学的发展做出了重要的贡献.

达朗贝尔认为力学应该是数学家的主要兴趣，所以他一生对力学也做了大量的研究. 达朗贝尔是 18 世纪为牛顿力学体系的建立做出卓越贡献的科学家之一.

6.3 幂　级　数

前面我们讨论的是数项级数，它的每一项都是常数，现在我们考虑每一项都是定义在区间 I 上的函数所构成的级数：

$$u_1(x) + u_2(x) + \cdots + u_n(x) + \cdots$$

这种级数称为函数项级数. 对于每一个确定的 $x_0 \in I$，对应一个数项级数

$$u_1(x_0) + u_2(x_0) + \cdots + u_n(x_0) + \cdots$$

若这个数项级数收敛，则称 x_0 为此函数项级数的一个收敛点，否则称 x_0 为此函数项级数的一个发散点. 函数项级数的所有收敛点的全体称为它的收敛域，所有发散点的全体称为它的发散域.

对应于收敛域内的任意一个数 x，函数项级数成为一个收敛的数项级数，因而有一确定的和 S，因此在收敛域上，函数项级数的和是 x 的函数 $S(x)$，我们称 $S(x)$ 为函数项级数的和函数，它的定义域就是级数的收敛域，记作

$$S(x) = u_1(x) + u_2(x) + \cdots + u_n(x) + \cdots$$

由于一般的函数项级数形式较复杂，要确定它的收敛域也十分困难，本节我们要学习的是一类简单而常见的函数项级数——幂级数.

6.3.1 幂级数的概念

形如

$$\sum_{n=0}^{\infty} a_n x^n = a_0 + a_1 x + a_2 x^2 + \cdots + a_n x^n + \cdots \tag{6.4}$$

的无穷多项式，称为一个中心在 $x=0$ 的幂级数，其中常数 $a_0, a_1, a_2, \cdots, a_n, \cdots$ 叫作幂级数的系数.

注　对于形如

$$\sum_{n=0}^{\infty} a_n (x - x_0)^n = a_0 + a_1(x - x_0) + a_2 (x - x_0)^2 + \cdots + a_n (x - x_0)^n + \cdots \tag{6.5}$$

的幂级数，称为一个中心在 x_0 的幂级数. 只要作代换 $X = x - x_0$，则级数(6.5)就转化为级数(6.4)的形式，所以我们着重讨论(6.4)型的幂级数.

6.3.2 幂级数的收敛半径与收敛域

对于给定的幂级数，它的收敛域是怎样的呢？我们先看下面的例子.

例 6.21　(几何级数)

$$\sum_{n=0}^{\infty} x^n = 1 + x + x^2 + x^3 + \cdots$$

是中心在 $x=0$ 的幂级数,当 $|x|<1$ 时,这个级数收敛于 $\frac{1}{1-x}$;当 $|x|\geqslant 1$ 时,这个级数发散.即

$$1 + x + x^2 + x^3 + \cdots = \frac{1}{1-x} \quad (-1<x<1)$$

该级数的收敛域是一个以 $x=0$ 为中心的对称区间.事实上,一般的幂级数也有类似的结论:对于 $\sum\limits_{n=0}^{\infty} a_n x^n$,会存在一个开区间 $(-R,R)$,在区间 $(-R,R)$ 内幂级数收敛,在区间 $(-R,R)$ 外幂级数发散,当 $x=\pm R$ 时,级数可能收敛,也可能发散.我们把 R 叫作幂级数的收敛半径,开区间 $(-R,R)$ 叫作幂级数的收敛区间.

关于幂级数收敛半径的求法,有下面的定理:

定理 6.4 如果幂级数的系数满足

$$\lim_{n\to\infty}\left|\frac{a_{n+1}}{a_n}\right| = \rho$$

则这幂级数的收敛半径为

$$R = \begin{cases} \dfrac{1}{\rho}, & \rho \neq 0 \\ +\infty, & \rho = 0 \\ 0, & \rho = +\infty \end{cases}$$

注 (1) 当 $\rho\neq 0$ 时,此时幂级数在 $(-R,R)$ 内收敛;(2) 当 $\rho=0$ 时,规定 $R=+\infty$,此时幂级数对一切 x 都收敛;当 $\rho=+\infty$ 时,规定 $R=0$,此时幂级数仅在 $x=0$ 处收敛.

求幂级数(6.4)收敛域的步骤是:首先求出收敛半径,而后判断 $x=\pm R$ 时级数的敛散性,最后写出收敛域.

例 6.22 求幂级数 $\sum\limits_{n=1}^{\infty} \frac{x^n}{2^n \cdot n}$ 的收敛半径以及收敛区间和收敛域.

解 $\rho = \lim\limits_{n\to\infty}\left|\frac{a_{n+1}}{a_n}\right| = \lim\limits_{n\to\infty}\dfrac{\frac{1}{2^{n+1}\cdot(n+1)}}{\frac{1}{2^n \cdot n}} = \frac{1}{2}\lim\limits_{n\to\infty}\frac{n}{n+1} = \frac{1}{2}$.

所以幂级数的收敛半径 $R=\frac{1}{\rho}=2$,因此级数的收敛区间是 $(-2,2)$.

当 $x=-2$ 时,级数为 $\sum\limits_{n=1}^{\infty}\frac{(-1)^n}{n}$ 收敛;当 $x=2$ 时,级数为 $\sum\limits_{n=1}^{\infty}\frac{1}{n}$ 发散,故该幂级数的收敛域为 $[-2,2)$.

例 6.23 求幂级数

$$x - \frac{x^2}{2!} + \frac{x^3}{3!} - \cdots + (-1)^{n-1}\frac{x^n}{n!} + \cdots$$

的收敛区间.

解 $\rho=\lim\limits_{n\to\infty}\left|\dfrac{a_{n+1}}{a_n}\right|=\lim\limits_{n\to\infty}\dfrac{\dfrac{1}{(n+1)!}}{\dfrac{1}{n!}}=\lim\limits_{n\to\infty}\dfrac{1}{n+1}=0.$

所以收敛半径 $R=+\infty$,级数的收敛区间为$(-\infty,+\infty)$.

例 6.24 求幂级数 $\sum\limits_{n=1}^{\infty}n^nx^n$ 的收敛半径.

解 $\rho=\lim\limits_{n\to\infty}\left|\dfrac{a_{n+1}}{a_n}\right|=\lim\limits_{n\to\infty}\dfrac{(n+1)^{n+1}}{n^n}=\lim\limits_{n\to\infty}\left(1+\dfrac{1}{n}\right)^n(n+1)=+\infty.$

所以收敛半径 $R=0$,级数仅在 $x=0$ 处收敛.

例 6.25 求幂级数 $\sum\limits_{n=1}^{\infty}\dfrac{(x-2)^n}{\sqrt{n}}$ 的收敛域.

解 令 $t=x-2$,则所给的级数变为 $\sum\limits_{n=1}^{\infty}\dfrac{t^n}{\sqrt{n}}$,因为

$$\rho=\lim_{n\to\infty}\left|\frac{a_{n+1}}{a_n}\right|=\lim_{n\to\infty}\frac{\dfrac{1}{\sqrt{n+1}}}{\dfrac{1}{\sqrt{n}}}=\lim_{n\to\infty}\frac{\sqrt{n}}{\sqrt{n+1}}=1$$

所以收敛半径 $R=\dfrac{1}{\rho}=1$,级数 $\sum\limits_{n=1}^{\infty}\dfrac{t^n}{\sqrt{n}}$ 的收敛区间为$(-1,1)$.

当 $t=-1$ 时,级数为 $\sum\limits_{n=1}^{\infty}\dfrac{(-1)^n}{\sqrt{n}}$ 收敛;当 $t=1$ 时,级数为$\sum\limits_{n=1}^{\infty}\dfrac{1}{\sqrt{n}}$ 发散,所以级数 $\sum\limits_{n=1}^{\infty}\dfrac{t^n}{\sqrt{n}}$ 的收敛域为$[-1,1)$.

从而原级数的收敛域为$[1,3)$.

例 6.26 求幂级数 $\sum\limits_{n=1}^{\infty}\dfrac{2n-1}{2^n}x^{2n}$ 的收敛半径.

解法 1 这是一个缺项的幂级数,不能直接用公式.

设 $t=x^2$,则原级数可化为 $\sum\limits_{n=1}^{\infty}\dfrac{2n-1}{2^n}t^n$, 对此幂级数有

$$\rho=\lim_{n\to\infty}\frac{u_{n+1}}{u_n}=\lim_{n\to\infty}\frac{2n+1}{2^{n+1}}\cdot\frac{2^n}{2n-1}=\frac{1}{2}$$

从而 $R_1=\dfrac{1}{\rho}=2$.

故当$|t|<2$ 时,新幂级数收敛,当$|x^2|<2$ 即$-\sqrt{2}<x<\sqrt{2}$时,原幂级数收敛,从而其收敛半径 $R=\sqrt{2}$.

解法 2 级数中没有奇次幂的项,故不能直接应用公式.我们根据比值审敛法来求收敛半径,

$$\lim_{n\to\infty}\left|\frac{u_{n+1}}{u_n}\right|=\lim_{n\to\infty}\left|\frac{\dfrac{2(n+1)-1}{2^{n+1}}x^{2(n+1)}}{\dfrac{2n-1}{2^n}x^{2n}}\right|=\frac{1}{2}|x|^2$$

当$\frac{1}{2}|x|^2<1$即$|x|<\sqrt{2}$时,级数收敛;当$\frac{1}{2}|x|^2>1$即$|x|>\sqrt{2}$时,级数发散.所以收敛半径 $R=\sqrt{2}$.

6.3.3 幂级数的运算性质

幂级数在它们的收敛域内有着和多项式相似的性质.我们不加证明地给出幂级数的一些重要性质.

性质 1 (逐项相加)幂级数在其收敛区间内可逐项相加.

性质 2 (逐项相乘)幂级数在其收敛区间内可逐项相乘.

性质 3 (逐项求导)幂级数在其收敛区间内可逐项求导.

性质 4 (逐项积分)幂级数在其收敛区间内可逐项积分.

例 6.27 (应用逐项求导)设

$$f(x)=\frac{1}{1-x}=1+x+x^2+x^3+x^4+\cdots+x^n+\cdots$$
$$=\sum_{n=0}^{\infty}x^n \quad (-1<x<1)$$

求 $f'(x)$的级数.

解 $f'(x)=\frac{1}{(1-x)^2}=1+2x+3x^2+4x^3+\cdots+nx^{n-1}+\cdots$

$$=\sum_{n=1}^{\infty}nx^{n-1} \quad (-1<x<1).$$

例 6.28 (应用逐项积分)($\ln(1+x)$的级数,$-1<x\leqslant 1$)级数

$$\frac{1}{1+t}=1-t+t^2-t^3+\cdots \quad (-1<t<1)$$

逐项积分,有

$$\ln(1+x)=\int_0^x\frac{1}{1+t}\mathrm{d}t=\left[t-\frac{t^2}{2}+\frac{t^3}{3}-\frac{t^4}{4}+\cdots\right]_0^x$$
$$=x-\frac{x^2}{2}+\frac{x^3}{3}-\frac{x^4}{4}+\cdots \quad (-1<x<1)$$

可以证明:当 $x=-1$ 时,级数发散;当 $x=1$ 时,级数收敛到 ln2.所以

$$\ln(1+x)=\sum_{n=1}^{\infty}(-1)^{n-1}\frac{x^n}{n} \quad (-1<x\leqslant 1)$$

说明 (1) 幂级数逐项求导和逐项积分后收敛半径不变,但当 $x=\pm R$ 时敛散情况可能会有变化,如例 6.28.

(2) 利用幂级数性质还可以求某些数项级数的和或做数值近似计算.如在例 6.28 中,令 $x=1$,可得 $\ln 2=1-\frac{1}{2}+\frac{1}{3}+\cdots+(-1)^{n-1}\frac{1}{n}+\cdots$.

课堂练习

1. 求下列幂级数的收敛半径和收敛区间：

(1) $x+2x^2+3x^3+\cdots+nx^n+\cdots$；

(2) $\frac{x}{1\cdot 3}+\frac{x^2}{2\cdot 3^2}+\frac{x^3}{3\cdot 3^3}+\cdots+\frac{x^n}{n\cdot 3^n}+\cdots$；

(3) $\sum_{n=0}^{\infty} n!x^n$.

2. 求下列各幂级数的收敛域：

(1) $\sum_{n=1}^{\infty}\frac{x^n}{n}$；　　(2) $\sum_{n=1}^{\infty}\frac{x^n}{(2n)!}$；

(3) $\sum_{n=1}^{\infty}\frac{(x-1)^n}{n\cdot 2^n}$；　　(4) $\sum_{n=1}^{\infty}\frac{1}{5^n n^2}x^{2n}$.

3. 幂级数$\sum_{n=1}^{\infty}\frac{3^n}{n+3}x^n$ 的收敛半径$R=$(　　).

A. 1　　B. 3　　C. $\frac{1}{3}$　　D. ∞

4. 幂级数$\sum_{n=1}^{\infty}(-1)^{n+1}\frac{x^n}{n+1}$的收敛域是(　　).

A. $(-1,1)$　　B. $[-1,1]$　　C. $[-1,1)$　　D. $(-1,1]$

5. 幂级数$\sum_{n=1}^{\infty}(-1)^{n+1}\frac{(x+1)^n}{n+1}$的收敛域是(　　).

A. $[-2,0]$　　B. $(-2,0)$　　C. $(-2,0]$　　D. $[-2,0)$

数学家小传

泰勒(1685～1731年,图6.9),英国数学家,英国皇家学会会员,法学博士.泰勒以微积分学中将函数展开成无穷级数的定理著称于世.这条定理大致可以叙述为:函数在一个点的邻域内的值可以用函数在该点的值及各阶导数值组成的无穷级数表示出来.然而,在半个世纪里,数学家们并没有认识到泰勒定理的重大价值.这一重大价值是后来由拉格朗日发现的,他把这一定理刻画为微积分的基本定理.泰勒定理的严格证明是在定理诞生一个世纪之后由柯西给出的.

图6.9

泰勒定理开创了有限差分理论,使任何单变量函数都可展开成幂级数;同时亦使泰勒成了有限差分理论的奠基者.泰勒在书中还讨论了微积分对一系列物理问题的应用,其中以有关弦的横向振动的结果尤为重要.他透过求解方程导出了基本频率公式,开创了研究弦振问题的先河.此外,此书还包括了他在数学上其他的创造性工作,如论述常微分方程的奇异解、曲率问题的研究等.

6.4 函数展开成幂级数

前面我们在讨论用函数的微分近似代替函数的改变量时,曾得到

$$f(x) \approx f(x_0) + f'(x_0)(x - x_0)$$

这实际上是用曲线 $f(x)$上点$(x_0, f(x_0))$的切线(一次函数)来近似表示函数 $f(x)$,可以设想用2次、3次、…、n 次多项式来近似代替$f(x)$效果会更好,本节我们讨论将函数用无穷多项式表示的问题.

6.4.1 泰勒级数

可以证明,当 $f(x)$在点 x_0 的邻域内具有 $n+1$ 阶导数时,有

$$f(x) = f(x_0) + f'(x_0)(x - x_0) + \frac{f''(x_0)}{2!}(x - x_0)^2 + \cdots + \frac{f^{(n)}(x_0)}{n!}(x - x_0)^n + R_n(x) \tag{6.6}$$

其中余项

$$R_n(x) = \frac{f^{(n+1)}(\xi)}{(n+1)!}(x - x_0)^{n+1}$$

ξ 是 x 与 x_0 之间的某个值.

式(6.6)称为函数 $f(x)$在点 x_0 处的 n 阶泰勒公式.特别地,当 $x_0 = 0$ 时,称式(6.6)为函数 $f(x)$的 n 阶麦克劳林公式.

如果 $f(x)$在点 x_0 的邻域内具有任意阶导数,则称幂级数

$$f(x_0) + f'(x_0)(x - x_0) + \frac{f''(x_0)}{2!}(x - x_0)^2 + \cdots + \frac{f^{(n)}(x_0)}{n!}(x - x_0)^n + \cdots \tag{6.7}$$

为函数 $f(x)$在点 x_0 处的泰勒级数.

现在的问题是:由 $f(x)$作出的泰勒级数(6.7)是否收敛? 若收敛是否就收敛于 $f(x)$呢? 一般说来,这两个问题的答案都不是肯定的.那么 $f(x)$还需满足什么条件,它的泰勒级数才能收敛于 $f(x)$呢? 实际上有:

如果函数 $f(x)$在点 x_0 的某个邻域内具有任意阶导数,则 $f(x)$的泰勒级数(6.7)在该邻域内收敛于 $f(x)$的充要条件是$\lim\limits_{n\to\infty} R_n(x) = 0$.

此时有

$$f(x) = f(x_0) + f'(x_0)(x - x_0) + \frac{f''(x_0)}{2!}(x - x_0)^2 + \cdots + \frac{f^{(n)}(x_0)}{n!}(x - x_0)^n + \cdots \tag{6.8}$$

称 $f(x)$在该邻域内能展开成$(x - x_0)$的幂级数,并称式(6.8)为函数 $f(x)$在点 x_0 处的

泰勒展开式.

在式(6.8)中若 $x_0=0$,得

$$f(x)=f(0)+f'(0)x+\frac{f''(0)}{2!}x^2+\cdots+\frac{f^{(n)}(0)}{n!}x^n+\cdots \tag{6.9}$$

此时称 $f(x)$能展开成 x 的幂级数,并称式(6.9)为函数 $f(x)$的麦克劳林展开式.

6.4.2 常用的基本展开式

例 6.29 将函数 $f(x)=e^x$ 展开成 x 的幂级数.

解 因为 $f(x)=e^x$ 的各阶导数均为 $f^{(n)}(x)=e^x(n=1,2,\cdots)$,所以

$$f(0)=f'(0)=f''(0)=\cdots=f^{(n)}(0)=\cdots=1$$

于是有级数

$$1+x+\frac{x^2}{2!}+\cdots+\frac{x^n}{n!}+\cdots$$

它的收敛半径 $R=+\infty$.

可以证明 $\lim\limits_{n\to\infty}R_n(x)=0$. 于是得展开式

$$e^x=1+x+\frac{x^2}{2!}+\cdots+\frac{x^n}{n!}+\cdots\quad(-\infty<x<+\infty)$$

例 6.30 将函数 $f(x)=\sin x$ 展开成 x 的幂级数.

解 $f(x)=\sin x$ 的各阶导数为 $f^{(n)}(x)=\sin\left(x+\frac{n\pi}{2}\right)(n=1,2,\cdots)$,所以

$$f(0)=0,f'(0)=1,f''(0)=0,f'''(0)=-1,f^{(4)}(0)=0,\cdots$$

于是有级数

$$x-\frac{x^3}{3!}+\frac{x^5}{5!}-\frac{x^7}{7!}+\cdots+(-1)^{n-1}\frac{x^{2n-1}}{(2n-1)!}+\cdots$$

它的收敛半径 $R=+\infty$.

可以证明 $\lim\limits_{n\to\infty}R_n(x)=0$. 于是得展开式

$$\sin x=x-\frac{x^3}{3!}+\frac{x^5}{5!}-\frac{x^7}{7!}+\cdots+(-1)^{n-1}\frac{x^{2n-1}}{(2n-1)!}+\cdots\quad(-\infty<x<+\infty)$$

对上述展开式逐项求导,得到另一基本展开式

$$\cos x=1-\frac{x^2}{2!}+\frac{x^4}{4!}-\frac{x^6}{6!}+\cdots+(-1)^n\frac{x^{2n}}{(2n)!}+\cdots\quad(-\infty<x<+\infty)$$

例 6.31 将函数 $f(x)=\frac{1}{1-x}$展开成 x 的幂级数.

解 由等比级数敛散性的结论可知

$$\frac{1}{1-x}=1+x+x^2+x^3+\cdots+x^n+\cdots\quad(-1<x<1)$$

例 6.32 将函数 $f(x)=\ln(1+x)$展开成 x 的幂级数.

解 因为$[\ln(1+x)]'=\frac{1}{1+x}$,利用例 6.31 的结论,有

$$[\ln(1+x)]'=1-x+x^2-x^3+\cdots+(-1)^nx^n+\cdots\quad(-1<x<1)$$

将上式从 0 到 x 逐项积分,得

$$\ln(1+x)=x-\frac{x^2}{2}+\frac{x^3}{3}-\frac{x^4}{4}+\cdots+(-1)^n\frac{x^{n+1}}{n+1}+\cdots\quad(-1<x\leqslant 1)$$

上述展开式对 $x=1$ 也成立，这是因为当 $x=1$ 时，级数收敛.

综上所述，我们得到以下几个常用的展开式：

(1) $e^x=1+x+\frac{x^2}{2!}+\cdots+\frac{x^n}{n!}+\cdots(-\infty<x<+\infty)$；

(2) $\sin x=x-\frac{x^3}{3!}+\frac{x^5}{5!}-\frac{x^7}{7!}+\cdots+(-1)^{n-1}\frac{x^{2n-1}}{(2n-1)!}+\cdots(-\infty<x<+\infty)$；

对上述展开式逐项求导，得到另一基本展开式：

(3) $\cos x=1-\frac{x^2}{2!}+\frac{x^4}{4!}-\frac{x^6}{6!}+\cdots+(-1)^n\frac{x^{2n}}{(2n)!}+\cdots(-\infty<x<+\infty)$；

(4) $\frac{1}{1-x}=1+x+x^2+x^3+\cdots+x^n+\cdots(-1<x<1)$；

(5) $\ln(1+x)=x-\frac{x^2}{2}+\frac{x^3}{3}-\frac{x^4}{4}+\cdots+(-1)^n\frac{x^{n+1}}{n+1}+\cdots(-1<x\leqslant 1)$.

6.4.3 函数的幂级数展开

以后我们通常是利用上述的几个基本展开式，通过变量代换、幂级数的运算以及逐项微分、逐项积分等方法，将所给的函数展开成幂级数.

例 6.33 将函数 $f(x)=e^{x^2}$ 展开成 x 的幂级数.

解 因为

$$e^x=1+x+\frac{x^2}{2!}+\cdots+\frac{x^n}{n!}+\cdots\quad(-\infty<x<+\infty)$$

把 x 换成 x^2，得

$$e^{x^2}=1+x^2+\frac{x^4}{2!}+\cdots+\frac{x^{2n}}{n!}+\cdots\quad(-\infty<x<+\infty)$$

例 6.34 将函数 $f(x)=\frac{1}{x-3}$ 展开成 x 的幂级数.

解 因为

$$\frac{1}{1-x}=1+x+x^2+x^3+\cdots+x^n+\cdots\quad(-1<x<1)$$

$$\frac{1}{x-3}=-\frac{1}{3-x}=-\frac{1}{3}\cdot\frac{1}{1-\frac{x}{3}}=-\frac{1}{3}\left[1+\frac{x}{3}+\left(\frac{x}{3}\right)^2+\cdots+\left(\frac{x}{3}\right)^n+\cdots\right]\quad\left(-1<\frac{x}{3}<1\right)$$

所以

$$\frac{1}{x-3}=-\frac{1}{3}-\frac{x}{3^2}-\frac{x^2}{3^3}-\cdots-\frac{x^n}{3^{n+1}}-\cdots\quad(-3<x<3)$$

例 6.35 将函数 $f(x)=\frac{1}{x^2-x-6}$ 展开成 x 的幂级数.

解 $f(x)=\frac{1}{(x-3)(x+2)}=\frac{1}{5}\left(\frac{1}{x-3}-\frac{1}{x+2}\right)=\frac{1}{5}\left[\left(-\frac{1}{3}\right)\frac{1}{1-\frac{x}{3}}-\frac{1}{2}\cdot\frac{1}{1+\frac{x}{2}}\right]$

$$\frac{1}{1-\frac{x}{3}}=1+\frac{x}{3}+\left(\frac{x}{3}\right)^2+\left(\frac{x}{3}\right)^3+\cdots+\left(\frac{x}{3}\right)^n+\cdots\quad (x\in(-3,3))$$

$$\frac{1}{1+\frac{x}{2}}=1-\frac{x}{2}+\left(\frac{x}{2}\right)^2-\left(\frac{x}{2}\right)^3+\cdots+\left(-\frac{x}{2}\right)^n+\cdots\quad (x\in(-2,2))$$

故

$$f(x)=-\frac{1}{5}\left[\left(\frac{1}{3}+\frac{1}{2}\right)+\left(\frac{1}{3^2}-\frac{1}{2^2}\right)x+\left(\frac{1}{3^3}+\frac{1}{2^3}\right)x^2+\left(\frac{1}{3^4}-\frac{1}{2^4}\right)x^3+\cdots+\left(\frac{1}{3^{n+1}}+\frac{(-1)^n}{2^{n+1}}\right)x^n+\cdots\right]\quad (x\in(-2,2))$$

例 6.36 将函数 $f(x)=\ln x$ 展开成$(x-1)$的幂级数.

解 因为

$$\ln(1+x)=x-\frac{x^2}{2}+\frac{x^3}{3}-\frac{x^4}{4}+\cdots+(-1)^n\frac{x^{n+1}}{n+1}+\cdots\quad (-1<x\leqslant 1)$$

所以

$$\begin{aligned}\ln x&=\ln[1+(x-1)]\\&=(x-1)-\frac{(x-1)^2}{2}+\frac{(x-1)^3}{3}-\frac{(x-1)^4}{4}+\cdots+(-1)^n\frac{(x-1)^{n+1}}{n+1}+\cdots\end{aligned}$$

其中$-1<x-1\leqslant 1$,因此$0<x\leqslant 2$.

6.4.4 函数的幂级数展开式在近似计算中的应用

有了函数的幂级数展开式,就可用它来进行近似计算,即在展开式成立的区间上,函数值可以近似地利用这个级数计算出来.

例 6.37 利用 $\sin x\approx x-\frac{x^3}{3!}$求 $\sin 9^\circ$的近似值,并估计误差.

解 首先把角度化为弧度,

$$9^\circ=\frac{\pi}{180}\times 9=\frac{\pi}{20}(\text{rad})$$

从而

$$\sin 9^\circ=\sin\frac{\pi}{20}\approx\frac{\pi}{20}-\frac{1}{3!}\left(\frac{\pi}{20}\right)^3$$

其次估计这个近似值的精确度.

在展开式

$$\sin x=x-\frac{x^3}{3!}+\frac{x^5}{5!}-\frac{x^7}{7!}+\cdots+(-1)^{n-1}\frac{x^{2n-1}}{(2n-1)!}+\cdots$$

中,令 $x=\frac{\pi}{20}$,得

$$\sin\frac{\pi}{20}=\frac{\pi}{20}-\frac{1}{3!}\left(\frac{\pi}{20}\right)^3+\frac{1}{5!}\left(\frac{\pi}{20}\right)^5-\frac{1}{7!}\left(\frac{\pi}{20}\right)^7+\cdots$$

等式右端是一个收敛的交错级数,且各项的绝对值单调减少.取它的前两项之和作为 $\sin\frac{\pi}{20}$的近似值,其误差为

$$|r_2| < \frac{1}{5!}\left(\frac{\pi}{20}\right)^5 < \frac{1}{120}\cdot(0.2)^5 < \frac{1}{300000}$$

因此取

$$\frac{\pi}{20} \approx 0.157080, \quad \left(\frac{\pi}{20}\right)^3 \approx 0.003876$$

于是得

$$\sin 9^\circ \approx 0.15643$$

这时误差不超过 10^{-5}.

《《 课 堂 练 习 》》

1. 将下列函数展开成 x 的幂级数:

(1) e^{3x};　　(2) $\frac{1}{5-x}$;

(3) $\sin 2x$;　　(4) $\frac{1}{1-x^2}$;

(5) $\cos^2 x$;　　(6) $\ln(a+x)(a>0)$;

(7) $\frac{1}{x^2-3x+2}$.

2. 将函数 $f(x)=\frac{1}{x}$展开成 $x-3$ 的幂级数.

3. 将函数 $\sin x$ 展开成 $x-\frac{\pi}{4}$的幂级数.

4. 利用函数 $f(x)=\cos x$ 的 4 次近似多项式计算 $\cos 18^\circ$,并估计误差.

数学家小传

傅里叶(1768～1830 年,图 6.10),生于法国中部欧塞尔一个裁缝家庭,8 岁时沦为孤儿,就读于地方军校,1795 年任巴黎综合工科大学助教,1798 年随拿破仑军队远征埃及,受到拿破仑器重,回国后被任命为格伦诺布尔省省长.

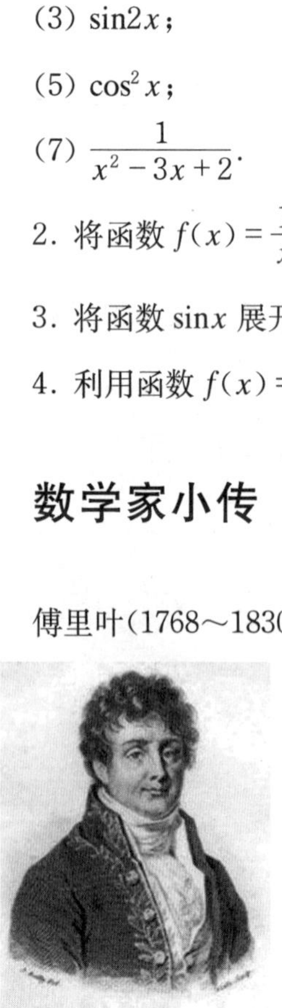

图 6.10

傅里叶早在 1807 年就写成关于热传导的基本论文《热的解析与传播》,向巴黎科学院呈交,但经拉格朗日、拉普拉斯和勒让德审阅后被科学院拒绝,1811 年又提交了经修改的论文,该文获巴黎科学院大奖.傅里叶应用三角级数求解热传导方程,为了处理无穷区域的热传导问题又导出了当前所称的"傅里叶积

分”,这一切都极大地推动了偏微分方程边值问题的研究.然而傅里叶的工作意义远不止此,它迫使人们对函数概念做修正、推广,特别是引起了对不连续函数的探讨;三角级数收敛性问题更刺激了集合论的诞生.傅里叶由于对传热理论的贡献于 1817 年当选为巴黎科学院院士.

在数学领域,尽管最初傅里叶分析是作为热过程的解析分析的工具,但是其思想方法仍然具有典型的还原论和分析主义的特征,傅里叶在推导出著名的热传导方程,并在求解该方程时发现解函数可以由三角函数构成的级数形式表示,从而提出任一函数都可以展成三角函数的无穷级数.傅里叶级数(即三角级数)、傅里叶分析等理论均由此创始.

“任意”的函数通过一定的分解,都能够表示为正弦函数的线性组合的形式,而正弦函数在物理上是被充分研究而相对简单的函数类,这一想法跟化学上的原子论想法何其相似! 奇妙的是,现代数学发现傅里叶变换具有非常好的性质,使得它如此的好用和有用,让人不得不感叹造物的神奇.傅里叶变换的基本思想首先由傅里叶提出,所以以其名字来命名以示纪念.从现代数学的眼光来看,傅里叶变换是一种特殊的积分变换.它能将满足一定条件的某个函数表示成正弦基函数的线性组合或者积分.在不同的研究领域,傅里叶变换具有多种不同的变体形式,如连续傅里叶变换和离散傅里叶变换.

在电子学中,傅里叶级数是一种频域分析工具,可以理解成一种复杂的周期波分解成直流项、基波(角频率为 ω)和各次谐波(角频率为 $n\omega$)的和,也就是级数中的各项.一般地,随着 n 的增大,各次谐波的能量逐渐衰减,所以一般从级数中取前 n 项之和就可以很好地接近原周期波形.这是傅里叶级数在电子学分析中的重要应用.

6.5　周期为 2π 的函数展开成傅里叶级数

6.5.1　三角级数、三角函数系的正交性

在自然界和工程技术领域中,有大量周期现象,如四季循环、日夜更替、单摆振动、电磁感应、交流电强度等,都涉及周期性的变化或运动.正弦函数是一种常见而简单的周期函数,例如,描述简谐运动的函数

$$y = A\sin(\omega t + \varphi)$$

其中,y 表示动点的位置,t 表示时间,A 为振幅,ω 为角频率,φ 为初相.

人们早就发现,许多周期性的变化或运动可以表示为一系列简谐运动之和.也就是说,周期函数 $f(x)$ 可用一系列正弦函数所组成的级数来表示,即

$$f(x) = A_0 + \sum_{n=1}^{\infty} A_n \sin(nx + \varphi_n) \tag{6.10}$$

其中,$A_0, A_n, \varphi_n (n = 1,2,3,\cdots)$ 均为与 x 无关的常数.如周期矩形波函数可以展开成级数

$$\sum_{n=1}^{\infty} \frac{\sin(2n-1)x}{2n-1}$$

图 6.11 中画出了此级数前 10 个部分和函数的曲线.

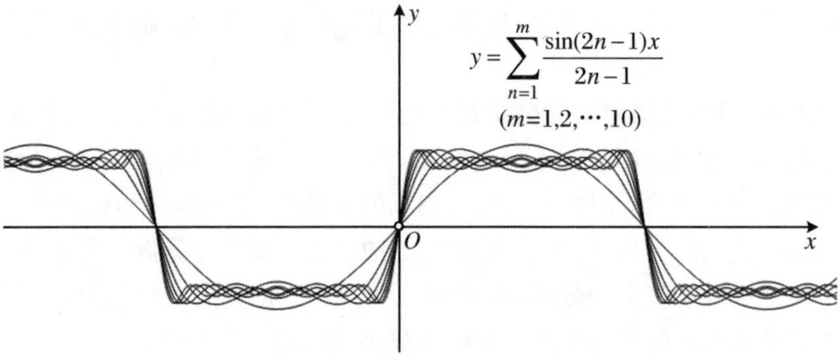

图 6.11　正弦波叠加成为方波

类似地,锯齿波函数也可以展开为系列正弦函数之和 $\sum_{n=1}^{\infty}\frac{\sin nx}{n}$,如图 6.12 所示.

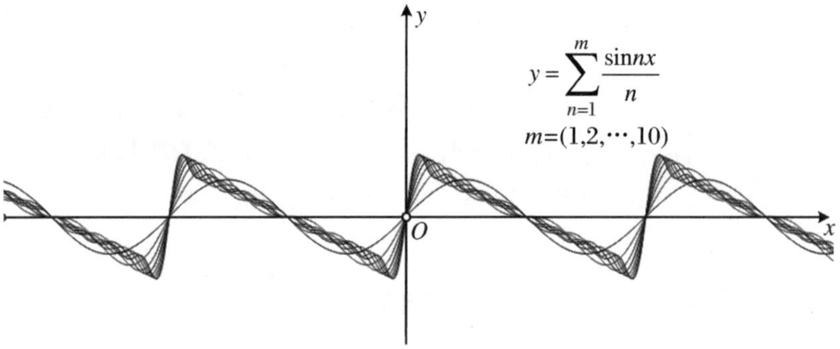

图 6.12　正弦波叠加成为锯齿波

将式(6.10)做一些简单的变形,可得形为

$$\frac{a_0}{2}+\sum_{n=1}^{\infty}(a_n\cos nx+b_n\sin nx) \tag{6.11}$$

的函数项级数,其中,$a_0,a_n,b_n(n=1,2,3,\cdots)$都是与 x 无关的常数.一般地,形如(6.11)的级数称为三角级数,特别地,当 $a_n=0(n=0,1,2,3,\cdots)$时,级数只含正弦项,称为正弦级数;当 $b_n=0(n=1,2,3,\cdots)$时,级数只含常数项和余弦项,称为余弦级数.

在讨论如何把周期函数展开成三角级数前,先介绍三角函数系的正交性.

三角函数系指的是,在三角级数(6.11)中出现的三角函数,以及常函数 1 组成的函数列:$1,\cos x,\sin x,\cos 2x,\sin 2x,\cdots,\cos nx,\sin nx,\cdots$.

所谓三角函数系的正交性,是指三角函数系中任意两个不同函数的乘积在区间$[-\pi,\pi]$上的积分必为零,即

$$\int_{-\pi}^{\pi}1\cdot\cos nx\mathrm{d}x=0,\quad\int_{-\pi}^{\pi}1\cdot\sin nx\mathrm{d}x=0\quad(n=1,2,3,\cdots)$$

$$\int_{-\pi}^{\pi}\cos mx\cdot\cos nx\mathrm{d}x=0\quad(m,n=1,2,3,\cdots,m\neq n)$$

$$\int_{-\pi}^{\pi} \sin mx \cdot \sin nx \mathrm{d}x = 0 \quad (m,n = 1,2,3,\cdots,m \neq n)$$

$$\int_{-\pi}^{\pi} \cos mx \cdot \sin nx \mathrm{d}x = 0 \quad (m,n = 1,2,3,\cdots)$$

以上等式都可以通过计算定积分来验证,请读者自己完成.

此外,还可以得到三角函数系中两个相同函数的乘积在区间$[-\pi,\pi]$上的积分都不为零,有

$$\int_{-\pi}^{\pi} 1^2 \mathrm{d}x = 2\pi$$

$$\int_{-\pi}^{\pi} \cos^2 nx \mathrm{d}x = \pi, \quad \int_{-\pi}^{\pi} \sin^2 nx \mathrm{d}x = \pi \quad (n = 1,2,3,\cdots)$$

这几个等式同样可以通过计算定积分来验证.

6.5.2 周期为 2π 的函数展开成傅里叶级数

设 $f(x)$是以 2π 为周期的周期函数,且能展开成三角级数,即

$$f(x) = \frac{a_0}{2} + \sum_{k=1}^{\infty}(a_k \cos kx + b_k \sin kx) \tag{6.12}$$

那么如何确定级数(6.12)中的系数 $a_0,a_1,b_1,\cdots$? 为此,我们再假定级数(6.12)是可以逐项积分的.

先求 a_0,对式(6.12)从 $-\pi$ 到 π 逐项积分,得

$$\int_{-\pi}^{\pi} f(x)\mathrm{d}x = \int_{-\pi}^{\pi} \frac{a_0}{2}\mathrm{d}x + \sum_{k=1}^{\infty}\left[a_k \int_{-\pi}^{\pi} \cos kx \mathrm{d}x + b_k \int_{-\pi}^{\pi} \sin kx \mathrm{d}x\right]$$

根据三角函数系的正交性,上式右端除第一项外,其余各项均为零.于是有

$$\int_{-\pi}^{\pi} f(x)\mathrm{d}x = \frac{a_0}{2} \cdot 2\pi = \pi a_0$$

所以

$$a_0 = \frac{1}{\pi}\int_{-\pi}^{\pi} f(x)\mathrm{d}x$$

其次确定 a_n,在式(6.12)两边同乘以 $\cos nx$,再从 $-\pi$ 到 π 逐项积分,得

$$\int_{-\pi}^{\pi} f(x)\cos nx \mathrm{d}x = \frac{a_0}{2}\int_{-\pi}^{\pi} \cos nx \mathrm{d}x + \sum_{k=1}^{\infty}\left[a_k \int_{-\pi}^{\pi} \cos kx \cos nx \mathrm{d}x + b_k \int_{-\pi}^{\pi} \sin kx \cos nx \mathrm{d}x\right]$$

根据三角函数系的正交性,上式右端除 $k=n$ 此一项外,其余各项均为零.于是有

$$\int_{-\pi}^{\pi} f(x)\cos nx \mathrm{d}x = a_n \int_{-\pi}^{\pi} \cos^2 nx \mathrm{d}x = a_n \pi$$

所以

$$a_n = \frac{1}{\pi}\int_{-\pi}^{\pi} f(x)\cos nx \mathrm{d}x \quad (n = 1,2,3,\cdots)$$

类似地,在式(6.12)两边同乘以 $\sin nx$,再从 $-\pi$ 到 π 逐项积分,得

$$b_n = \frac{1}{\pi}\int_{-\pi}^{\pi} f(x)\sin nx \mathrm{d}x \quad (n = 1,2,3,\cdots)$$

综上所述,得

$$\begin{aligned} a_0 &= \frac{1}{\pi}\int_{-\pi}^{\pi} f(x)\mathrm{d}x \\ a_n &= \frac{1}{\pi}\int_{-\pi}^{\pi} f(x)\cos nx\mathrm{d}x \quad (n = 1,2,3,\cdots) \\ b_n &= \frac{1}{\pi}\int_{-\pi}^{\pi} f(x)\sin nx\mathrm{d}x \quad (n = 1,2,3,\cdots) \end{aligned} \tag{6.13}$$

由公式(6.13)算出的系数 a_0, a_n, b_n 称为函数 $f(x)$ 的傅里叶系数，由 $f(x)$ 的傅里叶系数所作出的三角级数

$$\frac{a_0}{2} + \sum_{n=1}^{\infty}(a_n\cos nx + b_n\sin nx)$$

称为函数 $f(x)$ 的傅里叶级数.

现在的问题是由此作出的 $f(x)$ 的傅里叶级数是否收敛？若收敛是否就收敛于 $f(x)$ 呢？和幂级数中的情况类似，$f(x)$ 的傅里叶级数不一定收敛. 即使收敛也不一定就收敛于 $f(x)$. 那么一个周期函数 $f(x)$ 需满足什么条件，它的傅里叶级数才能收敛于 $f(x)$ 呢？我们有以下关于傅里叶级数收敛的充分条件.

狄利克雷(Dirichlet)收敛定理 设 $f(x)$ 是以 2π 为周期的函数，如果它满足以下条件：

1. 在一个周期内连续或只有有限多个第一类间断点；
2. 在一个周期内至多只有有限多个极值点.

那么 $f(x)$ 的傅里叶级数收敛，并且

(1) 当 x 是 $f(x)$ 的连续点时，级数收敛于 $f(x)$；

(2) 当 x 是 $f(x)$ 的间断点时，级数收敛于该点处左、右极限的算术平均值

$$\frac{1}{2}[f(x-0) + f(x+0)]$$

通常在实际应用中，所遇到的周期函数都能满足狄利克雷收敛定理的条件，因此它的傅里叶级数除 $f(x)$ 的间断点外，都收敛于 $f(x)$，这时称 $f(x)$ 的傅里叶级数为该函数的傅里叶级数展开式，也称 $f(x)$ 可以展开成傅里叶级数. 我们看到函数展开成傅里叶级数的条件比函数展开为幂级数的条件要低得多.

例 6.38 设 $f(x)$ 是周期为 2π 的函数，它在一个周期内的表达式为

$$f(x) = \begin{cases} 0, & -\pi \leqslant x < 0 \\ x, & 0 \leqslant x < \pi \end{cases}$$

将 $f(x)$ 展开成傅里叶级数(图 6.13).

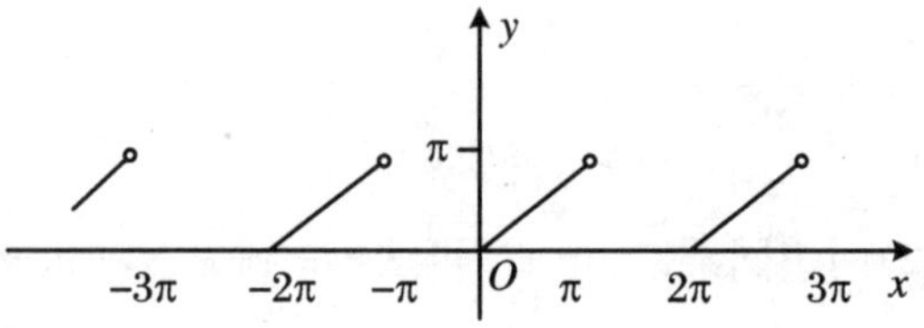

图 6.13

解 根据函数 $f(x)$ 的图形，$f(x)$ 在 $x=(2k+1)\pi(k=0,\pm1,\pm2,\cdots)$ 处间断，在其

他点处连续，因此 $f(x)$ 可以展开为傅里叶级数. 下面计算傅里叶系数：

$$a_0 = \frac{1}{\pi}\int_{-\pi}^{\pi} f(x)\mathrm{d}x = \frac{1}{\pi}\int_0^{\pi} x\mathrm{d}x = \frac{\pi}{2}$$

$$a_n = \frac{1}{\pi}\int_{-\pi}^{\pi} f(x)\cos nx\mathrm{d}x = \frac{1}{\pi}\int_0^{\pi} x\cos nx\mathrm{d}x$$

$$= \frac{1}{\pi}\left[\frac{x\sin nx}{n} + \frac{\cos nx}{n^2}\right]_0^{\pi} = \frac{1}{n^2\pi}(\cos n\pi - 1) = \frac{(-1)^n - 1}{n^2\pi}$$

$$= \begin{cases} -\dfrac{2}{n^2\pi}, & n \text{ 为奇数} \\ 0, & n \text{ 为偶数} \end{cases}$$

$$b_n = \frac{1}{\pi}\int_{-\pi}^{\pi} f(x)\sin nx\mathrm{d}x = \frac{1}{\pi}\int_0^{\pi} x\sin nx\mathrm{d}x$$

$$= \frac{1}{\pi}\left[-\frac{x\cos nx}{n} + \frac{\sin nx}{n^2}\right]_0^{\pi} = \frac{(-1)^{n+1}}{n}$$

于是得到 $f(x)$ 的傅里叶级数展开式为

$$f(x) = \frac{\pi}{4} - \frac{2}{\pi}\left(\cos x + \frac{\cos 3x}{3^2} + \frac{\cos 5x}{5^2} + \cdots\right)$$

$$+ \left(\sin x - \frac{\sin 2x}{2} + \frac{\sin 3x}{3} - \cdots\right) \quad (-\infty < x < +\infty, x \neq (2k+1)\pi, k \in \mathbf{Z})$$

例 6.39　设 $f(x)$ 是周期为 2π 的函数，它在 $[-\pi,\pi)$ 上的表达式为

$$f(x) = \begin{cases} -1, & -\pi \leqslant x < 0 \\ 1, & 0 \leqslant x < \pi \end{cases}$$

将 $f(x)$ 展开成傅里叶级数.

解　由函数 $f(x)$ 的图形知道(图 6.14)，$f(x)$ 在 $x = k\pi(k = 0, \pm 1, \pm 2, \cdots)$ 处间断，在其他点处连续，因此 $f(x)$ 可以展开为傅里叶级数.

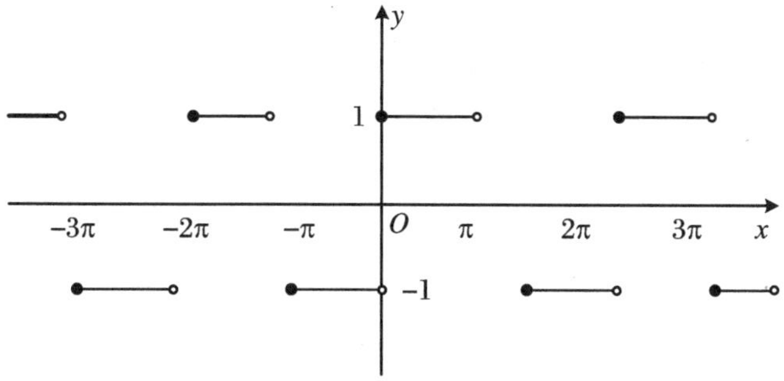

图 6.14

下面计算傅里叶系数：

因为 $f(x)$ 是奇函数，所以利用函数的奇偶性可知

$$a_n = \frac{1}{\pi}\int_{-\pi}^{\pi} f(x)\cos nx\mathrm{d}x = 0 \quad (n = 0,1,2,\cdots)$$

故 $f(x)$ 的展开式为正弦级数，只要求出 b_n 即可.

$$b_n = \frac{1}{\pi}\int_{-\pi}^{\pi} f(x)\sin nx\mathrm{d}x = \frac{2}{\pi}\int_0^{\pi}\sin nx\mathrm{d}x = \frac{2}{n\pi}[-\cos nx]_0^{\pi} = \frac{2}{n\pi}(1-\cos n\pi)$$

$$= \begin{cases} \dfrac{4}{n\pi}, & n \text{ 为奇数} \\ 0, & n \text{ 为偶数} \end{cases}$$

于是得到 $f(x)$的傅里叶级数展开式为

$$f(x) = \frac{4}{\pi}\left(\sin x + \frac{\sin 3x}{3} + \frac{\sin 5x}{5} + \cdots\right) \quad (-\infty < x < +\infty, x \neq k\pi, k \in \mathbf{Z})$$

例 6.40 设 $f(x)$是周期为 2π 的函数,它在$[-\pi,\pi)$上的表达式为

$$f(x) = \begin{cases} \pi + x, & -\pi \leqslant x < 0 \\ \pi - x, & 0 \leqslant x < \pi \end{cases}$$

将 $f(x)$展开成傅里叶级数.

解 根据函数 $f(x)$的图形(图 6.15),$f(x)$在$(-\infty,+\infty)$内处处连续,因此 $f(x)$可以展开为傅里叶级数.

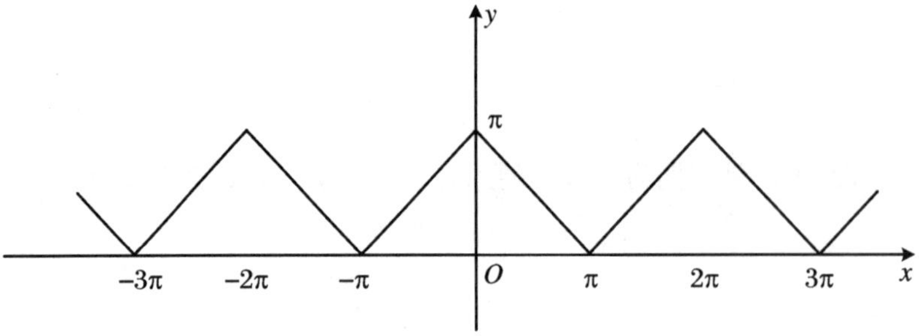

图 6.15

下面计算傅里叶系数:

因为 $f(x)$是偶函数,可以利用函数的奇偶性简化计算.

$b_n=0(n=1,2,3,\cdots)$,故 $f(x)$的展开式为余弦级数,只要求出 a_n 即可.

$$a_0 = \frac{1}{\pi}\int_{-\pi}^{\pi} f(x)\mathrm{d}x = \frac{2}{\pi}\int_0^{\pi}(\pi - x)\mathrm{d}x = \pi$$

$$a_n = \frac{1}{\pi}\int_{-\pi}^{\pi} f(x)\cos nx\mathrm{d}x = \frac{2}{\pi}\int_0^{\pi}(\pi - x)\cos nx\mathrm{d}x$$

$$= 2\int_0^{\pi}\cos nx\mathrm{d}x - \frac{2}{\pi}\int_0^{\pi}x\cos nx\mathrm{d}x$$

$$= -\frac{2}{n\pi}\left[x\sin nx + \frac{1}{n}\cos nx\right]_0^{\pi} = \frac{2}{n^2\pi}(1-\cos n\pi)$$

$$= \begin{cases} \dfrac{4}{n^2\pi}, & n \text{ 为奇数} \\ 0, & n \text{ 为偶数} \end{cases}$$

于是得到 $f(x)$的傅里叶级数展开式为

$$f(x) = \frac{\pi}{2} + \frac{4}{\pi}\left(\cos x + \frac{\cos 3x}{3^2} + \frac{\cos 5x}{5^2} + \cdots\right) \quad (-\infty < x < +\infty)$$

说明　傅里叶级数：

$$\frac{a_0}{2}+\sum_{n=1}^{\infty}(a_n\cos nx+b_n\sin nx)$$

在“电工学”“电工电子技术”等课程中，将周期函数 $f(x)$ 展开为傅里叶级数，叫作谐波分析，主要用于研究非正弦周期电流电路中的电压、电流波的分解. 其中常数项 $\frac{a_0}{2}$ 叫作 $f(x)$ 的直流分量，$a_1\cos x+b_1\sin x$ 叫作基波，而 $a_2\cos 2x+b_2\sin 2x$，$a_3\cos 3x+b_3\sin 3x$，…依次叫作二次谐波、三次谐波……

《课 堂 练 习》

1. 设 $f(x)$ 是周期为 2π 的函数，它在 $[-\pi,\pi)$ 上的表达式为

$$f(x)=\begin{cases}0, & -\pi\leqslant x<0\\ 1, & 0\leqslant x<\pi\end{cases}$$

将 $f(x)$ 展开成傅里叶级数，并画出 $f(x)$ 的傅里叶级数的和函数的图形.

2. 设 $f(x)$ 是周期为 2π 的函数，$f(x)=x(-\pi\leqslant x<\pi)$，将 $f(x)$ 展开成傅里叶级数.

3. 以 2π 为周期的脉冲电压(或电流)函数 $f(t)$，在 $[-\pi,\pi]$ 上的表达式为

$$f(t)=\begin{cases}0, & -\pi\leqslant t<0\\ t, & 0\leqslant t<\pi\end{cases}$$

求电压的直流分量，并将 $f(t)$ 展开成傅里叶级数.

数学家小传

伽利略(1564～1642年，图6.16)是16～17世纪的意大利数学家、物理学家、天文学家. 伽利略发明了摆针和温度计，他在科学上为人类做出过巨大贡献，是近代实验科学的奠基人之一. 他被誉为“近代力学之父”“现代科学之父”和“现代科学家的第一人”. 他在力学领域进行过著名的比萨斜塔重物自由下落实验，推翻了亚里士多德关于“物体落下的速度与重量成正比例”的学说(两个铁球同时落地)，建立了自由落体定律；还发现物体的惯性定律、摆振动的等时性和抛体运动规律，并确定了伽利略相对性原理. 他是利用望远镜观察天体取得大量成果的第一人，重要发现有：月球表面凹凸不平、木星的四个卫星、太阳黑子、银河由无数恒星组成，以及金星、水星的盈亏现象等.

图6.16

习 题 6

1. 选择题.

(1) 若级数$\sum_{n=1}^{\infty}u_n$收敛,则下列级数中发散的是( ).

A. $\sum_{n=1}^{\infty}100u_n$ B. $\sum_{n=1}^{\infty}(u_n+100)$ C. $100+\sum_{n=1}^{\infty}u_n$ D. $\sum_{n=1}^{\infty}u_{n+100}$

(2) 下列结论中正确的是( ).

A. 若级数$\sum_{n=1}^{\infty}u_n$收敛,则级数$\sum_{n=1}^{\infty}u_n^2$也收敛

B. 若级数$\sum_{n=1}^{\infty}u_n$发散,则级数$\sum_{n=1}^{\infty}u_n^2$也发散

C. 若级数$\sum_{n=1}^{\infty}u_n$发散,则级数$\sum_{n=1}^{\infty}\frac{1}{u_n}$收敛

D. 若级数$\sum_{n=1}^{\infty}u_n$收敛,则级数$\sum_{n=1}^{\infty}0.001u_n$也收敛

(3) 下列级数中收敛的是( ).

A. $\sum_{n=1}^{\infty}\frac{1}{n}$ B. $\sum_{n=1}^{\infty}\left(\frac{3}{2}\right)^n$ C. $\sum_{n=1}^{\infty}\frac{1}{n\sqrt{n}}$ D. $\sum_{n=1}^{\infty}\frac{n}{2n+1}$

(4) 下列级数中绝对收敛的是( ).

A. $\sum_{n=1}^{\infty}\frac{(-1)^{n-1}}{\sqrt{n}}$ B. $\sum_{n=1}^{\infty}(-1)^{n-1}\frac{n}{3^{n-1}}$

C. $\sum_{n=1}^{\infty}\frac{(-1)^n}{\ln(1+n)}$ D. $\sum_{n=1}^{\infty}(-1)^{n+1}\frac{2^{n^2}}{n!}$

(5) 下列级数中绝对收敛的是( ).

A. $\sum_{n=1}^{\infty}(-1)^{n-1}\frac{1}{n}$ B. $\sum_{n=1}^{\infty}(-1)^{n-1}\frac{n}{2n-1}$

C. $\sum_{n=1}^{\infty}(-1)^{n-1}\frac{1}{\sqrt{n}}$ D. $\sum_{n=1}^{\infty}(-1)^{n-1}\frac{1}{n^2}$

(6) 若$\sum_{n=0}^{\infty}a_n(x+4)^n$在$x=-2$处收敛,则它在$x=2$处( ).

A. 收敛 B. 发散 C. 不能判断

(7) 幂级数$\sum_{n=2}^{\infty}\frac{x^n}{n(n-1)}$的收敛半径$R=$( ).

A. 4 B. 3 C. 1 D. 2

(8) 幂级数$\sum_{n=1}^{\infty}\frac{1}{n\cdot 3^n}\cdot x^{2n}$的收敛区间为( ).

A. $(-\sqrt{3},\sqrt{3})$　　B. $\left(-\frac{1}{\sqrt{3}},\frac{1}{\sqrt{3}}\right)$

C. $\left(-\frac{1}{3},\frac{1}{3}\right)$　　D. $(-3,3)$

(9) 幂级数$\sum_{n=1}^{\infty}\frac{x^n}{n}$的和函数为(　　).

A. $\ln(1+x)$　B. $-\ln(1+x)$　C. $\ln(1-x)$　D. $-\ln(1-x)$

(10) 设 $f(x)$ 是以 2π 为周期的函数,在$(-\pi,\pi]$上的表达式为

$$f(x)=\begin{cases}-x, & -\pi<x\leqslant 0\\ 1+x, & 0<x\leqslant\pi\end{cases}$$

则 $f(x)$的傅里叶级数在 $x=\pi$ 处收敛于(　　).

A. $1+\pi$　B. π　C. $\frac{1}{2}+\pi$　D. $\frac{1}{2}$

2. 填空题.

(1) 若级数$\sum_{n=1}^{\infty}u_n$的部分和$S_n=\frac{2n}{n+1}$,则 $u_n=$ ________,$\sum_{n=1}^{\infty}u_n=$ ________.

(2) 若级数$\sum_{n=1}^{\infty}\frac{3^n}{n!}$收敛,则$\lim\limits_{n\to\infty}\frac{3^n}{n!}=$ ________.

(3) 若级数$\sum_{n=1}^{\infty}\frac{1}{q^n}$收敛,则 q 的取值范围是________.

(4) 若级数$\sum_{n=1}^{\infty}\frac{1}{n^{p-1}}$收敛,则 p 的取值范围是________.

(5) 级数$\sum_{n=1}^{\infty}\frac{2^n+1}{4^n}$的和是________.

(6) 级数$\sum_{n=1}^{\infty}\frac{1}{(2n-1)(2n+1)}$的和是________.

(7) 级数$\sum_{n=1}^{\infty}\frac{n!}{2^n}$与$\sum_{n=1}^{\infty}\frac{(-1)^n}{\sqrt{n+1}}$的敛散性依次为________.

(8) 幂级数$\sum_{n=2}^{\infty}\frac{2^n}{n+2}x^n$的收敛半径$R=$ ________.

(9) 幂级数$\sum_{n=1}^{\infty}(-1)^{n-1}\frac{x^n}{n}$的收敛域为________.

(10) 幂级数$\sum_{n=1}^{\infty}\frac{(x+2)^n}{2^n}$的收敛区间为________.

3. 判定下列级数的敛散性:

(1) $\frac{1}{3}+\frac{2}{5}+\frac{3}{7}+\cdots+\frac{n}{2n+1}+\cdots$;

(2) $1-e+e^2-e^3+\cdots+(-1)^n e^n+\cdots$;

(3) $\frac{1}{\sqrt{1\cdot 2}}+\frac{1}{\sqrt{2\cdot 5}}+\cdots+\frac{1}{\sqrt{n(n^2+1)}}+\cdots$;

(4) $\frac{1}{1\cdot 3}+\frac{1}{2\cdot 5}+\frac{1}{3\cdot 7}\cdots+\frac{1}{n(2n+1)}+\cdots$;

(5) $1+\frac{1+2}{1+2^2}+\frac{1+3}{1+3^2}+\cdots+\frac{1+n}{1+n^2}+\cdots$;

(6) $\frac{3}{1\cdot 2}+\frac{3^2}{2\cdot 2^2}+\frac{3^3}{3\cdot 2^3}+\cdots+\frac{3^n}{n\cdot 2^n}+\cdots$;

(7) $1-\frac{2}{7}+\frac{3}{13}-\cdots+(-1)^{n-1}\frac{n}{6n-5}+\cdots$;

(8) $\sum_{n=1}^{\infty}\frac{n^2}{3^n}$;　　(9) $\sum_{n=1}^{\infty}\ln\frac{n+1}{n}$;

(10) $\sum_{n=1}^{\infty}\frac{1}{[5+(-1)^n]^n}$;　　(11) $\sum_{n=1}^{\infty}2^n\sin\frac{\pi}{3^n}$;

(12) $\sum_{n=1}^{\infty}\frac{n!}{n^n}$;　　(13) $\sum_{n=1}^{\infty}\frac{1}{\ln(n+1)}$.

4. 判定下列级数是否收敛.如果收敛,指出是绝对收敛还是条件收敛.

(1) $\sum_{n=1}^{\infty}(-1)^{n-1}\frac{1}{n}$;　　(2) $\sum_{n=1}^{\infty}(-1)^{n-1}\frac{1}{n^2}$;

(3) $\sum_{n=1}^{\infty}(-1)^n\frac{2^n}{n!}$;　　(4) $1-\frac{1}{3}+\frac{1}{5}-\frac{1}{7}+\cdots$;

(5) $\sum_{n=1}^{\infty}(-1)^n n\sin\frac{1}{n}$;　　(6) $\frac{1}{\pi}\sin\frac{\pi}{2}-\frac{1}{\pi^2}\sin\frac{\pi}{3}+\frac{1}{\pi^3}\sin\frac{\pi}{4}-\cdots$;

(7) $\sum_{n=1}^{\infty}\frac{\sin n\alpha}{\sqrt{n(n+1)(n+2)}}$.

5. 一个球从 6 m 高处下落,接触地面后又弹起来,每次再弹起的高度是下落的$\frac{2}{3}$.求这个球上下的总距离.

6. 把循环小数 4.212121…表示成两个整数之比.

7. 求下列幂级数的收敛半径和收敛区间:

(1) $\sum_{n=2}^{\infty}\frac{x^n}{n(n-1)}$;　　(2) $\sum_{n=0}^{\infty}\frac{x^n}{n!}$;

(3) $\sum_{n=1}^{\infty}\frac{(-1)^n}{3^{n-1}\sqrt{n}}x^n$;　　(4) $\sum_{n=1}^{\infty}\frac{2^n}{n^2+1}x^n$;

(5) $\sum_{n=1}^{\infty}\frac{(x+2)^n}{n^2}$;　　(6) $\sum_{n=1}^{\infty}(-1)^n\frac{x^{2n}}{5^n}$.

8. 将下列函数展开为 x 的幂级数:

(1) $f(x)=x^2e^{2x}$;　　(2) $f(x)=\frac{1}{4-x}$;

(3) $f(x)=\sin 3x$;　　(4) $f(x)=\ln\frac{1+x}{1-x}$;

(5) $f(x)=\frac{x}{x^2+3x+2}$;　　(6) $f(x)=\arctan x$.

9. 将下列各周期函数展开成傅里叶级数,它们在一个周期内的表达式分别是:

(1) $f(x)=\begin{cases}1, & -\pi\leqslant x<0\\ 0, & 0\leqslant x<\pi\end{cases}$;

(2) $f(x)=\begin{cases}-x, & -\pi\leqslant x<0\\ x, & 0\leqslant x<\pi\end{cases}$.

10. 将单相半波整流波形(图 6.17)

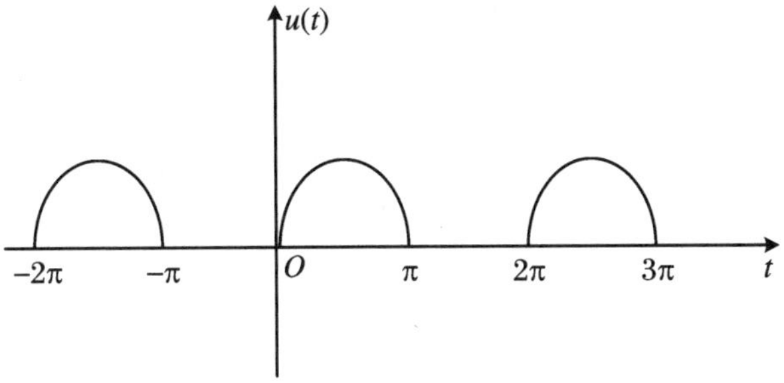

图 6.17

$$u(t)=\begin{cases}u_m\sin t, & 0\leqslant t<\pi\\ 0, & -\pi\leqslant t<0\end{cases}$$

展开成傅里叶级数.

11. 把如图 6.18 所示的锯齿波展开成傅里叶级数.

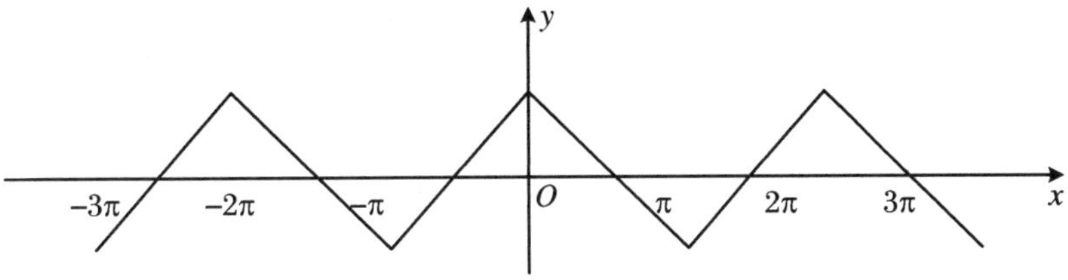

图 6.18

自 测 题 6

1. 填空题.

(1) 级数 $3+\frac{3^2}{2!}+\frac{3^3}{3!}+\frac{3^4}{4!}+\cdots$的一般项为__________;

(2) 若级数 $\sum\limits_{n=1}^{\infty}u_n$ 收敛($u_n\neq 0$),则级数$\sum\limits_{n=1}^{\infty}\frac{1}{u_n}=$__________;

(3) 级数$\sum\limits_{n=1}^{\infty}\left(\frac{3}{5}\right)^n=$__________;

(4) 级数$\sum\limits_{n=1}^{\infty}\frac{1}{n^2}$的敛散性为__________;

(5) 级数$\sum_{n=1}^{\infty}\frac{n}{n^2+1}$的敛散性为__________；

(6) 级数$\sum_{n=1}^{\infty}\frac{1}{(n+1)3^n}$的敛散性为__________；

(7) 若级数$\sum_{n=1}^{\infty}\frac{(-1)^n+a}{n}$收敛，则 $a=$ __________；

(8) 设 α 为常数，则级数$\sum_{n=1}^{\infty}\left(\frac{\sin n\alpha}{n^2}-\frac{1}{\sqrt{n}}\right)$的敛散性为__________；

(9) 若交错级数$\sum_{n=1}^{\infty}\frac{(-1)^{n+1}}{n^{p+1}}$绝对收敛，则 p 的取值范围是__________；

(10) 若幂级数$\sum_{n=0}^{\infty}a_nx^n$在 $x=-1$ 处发散，则该级数在 $x=2$ 处__________；

(11) 级数$\sum_{n=0}^{\infty}(-1)^n\frac{x^{2n}}{(2n)!}$的和函数是__________；

(12) 设 $f(x)$ 是周期为 2π 的奇函数，则其傅里叶级数的形式为__________.

2. 判定下列级数的敛散性：

(1) $\sum_{n=1}^{\infty}\frac{1}{\sqrt{1+n^2}}$；

(2) $\sum_{n=1}^{\infty}\frac{3n-1}{3^n}$；

(3) $\sum_{n=1}^{\infty}\frac{(-1)^{n-1}}{\sqrt{n}}$；

(4) $\sum_{n=1}^{\infty}(\sqrt{n+2}-\sqrt{n+1})$；

(5) $\sum_{n=1}^{\infty}\frac{1}{2n(2n+2)}$；

(6) $\sum_{n=1}^{\infty}\frac{n+(-1)^n}{2^n}$；

(7) $\sum_{n=1}^{\infty}\sqrt{\frac{n+1}{2n}}$；

(8) $\sum_{n=1}^{\infty}\frac{n^4}{n!}$.

3. 求下列幂级数的收敛半径和收敛域：

(1) $\sum_{n=1}^{\infty}\frac{x^n}{n}$；

(2) $1+\frac{x}{2!}+\frac{x^2}{4!}+\frac{x^3}{6!}+\cdots$；

(3) $1-x+\frac{x^2}{2^2}-\frac{x^3}{3^2}+\cdots$；

(4) $\sum_{n=1}^{\infty}\frac{1}{2^n n}(x-1)^n$.

4. 将下列函数展开为 x 的幂级数：

(1) $f(x)=\sin^2 x$；

(2) $f(x)=\frac{1}{2}(e^x+e^{-x})$；

(3) $f(x)=\frac{3}{x+3}$.

5. 设 $f(x)$是周期为 2π 的函数，它在$[-\pi,\pi)$上的表达式为

$$f(x)=x^2\quad(-\pi\leqslant x<\pi)$$

将 $f(x)$展开成傅里叶级数.

数 学 欣 赏

数 学 悖 论

1. 什么是悖论?

笼统地说,是指这样的推理过程:它看上去是合理的,但结果却得出了矛盾.悖论在很多情况下表现为能得出不符合排中律的矛盾命题:由它的真,可以推出它为假;由它的假,则可以推出它为真.

悖论的定义有很多种说法,影响较大的有以下几种:

如"悖论"是指这样一个命题:由命题A出发,可以推出命题B,然后,若假定B真,则推出¬B真,即可推出B假.若假定¬B真,即B假,又可推导出B真.又如"悖论"是一种导致逻辑矛盾的命题,这种命题,如果承认它是真的,那么它又是假的;如果承认它是假的,那么它又是真的.再如如果某一理论的公理和推理原则看上去是合理的,但在这个理论中却推出了两个互相矛盾的命题,或者证明了这样一个复合命题,它表现为两个互相矛盾的命题的等价式,那么,我们就说这个理论包含了一个悖论.

悖论是一种认识矛盾,它既包括逻辑矛盾、语义矛盾,也包括思想方法上的矛盾.悖论有其存在的客观性和必然性,它是科学理论演进中的必然产物,在科学发展史上经常出现,普遍存在于各门科学之中.不仅在语义学、形式逻辑和数理逻辑等领域出现悖论,而且在物理学、天文学、系统论和哲学等领域也经常出现悖论.

悖论常常以逻辑推理为手段,深入到原理论的根基之实中不可能有的阶梯中,尖锐地揭露出该理论体系中潜藏着的无法回避的矛盾,所以它的出现必然导致现存理论体系的危机.科学危机的产生,往往是科学革命的前兆和强大杠杆,是科学认识飞跃的节点和开始进入新阶段的重要标志.

我国著名数学家徐利治教授指出:"产生悖论的根本原因,无非是人的认识与客观实际以及认识客观世界的方法与客观规律的矛盾,这种直接和间接的矛盾在一点上的集中表现就是悖论."所谓的主客观矛盾在某一点上的集中表现,是指由于客观事物的发展造成了原来的认识无法解释新现实,因而要求看问题的思想方法发生转换,于是在新旧两种思想方法转换的关节点上,思维矛盾特别尖锐,就以悖论的形式表现出来.

2. 悖论举例

(1) 理发师悖论

理发师悖论(罗素悖论):某村只有一人会理发,且该村的人都需要理发,理发师规定,给且只给村中不自己理发的人理发.试问:理发师给不给自己理发?从逻辑上看,如果理发师给自己理发,则违背了自己的约定;如果理发师不给自己理发,那么按照他的规定,又应该给自己理发.这样,理发师陷入了两难的境地.

(2) 说谎者悖论

说谎者悖论:公元前6世纪,古希腊克里特岛的哲学家伊壁门尼德斯有如此断言:"所有克里特人所说的每一句话都是谎话."

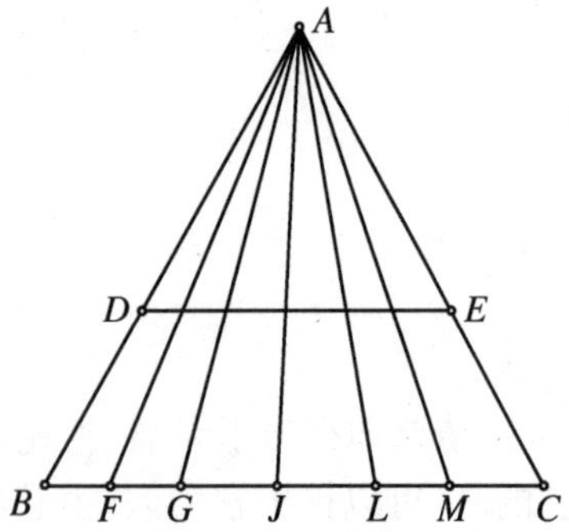

图 6.19

如果这句话是真的,那么也就是说,克里特人伊壁门尼德斯说了一句真话,但是却与他的真话——所有克里特人所说的每一句话都是谎话相悖;如果这句话不是真的,也就是说克里特人伊壁门尼德斯说了一句谎话,则真话应是:所有克里特人所说的每一句话都是真话,两者又相悖.

所以怎样都难以自圆其说,这就是著名的说谎者悖论.

(3) 跟无限相关的悖论

假设两个数集:{1,2,3,4,5,…}是自然数集,{1,4,9,16,25,…}是自然数平方的数集.这两个数集能够很容易构成一一对应,那么,在每个集合中有一样多的元素吗? 如果一样多显然不是事实,如果不一样多,它怎么又能按序号一一对应呢?

(4) 伽利略悖论

我们都知道整体大于部分.由线段 BC 上的点往顶点 A 连线,每一条线都会与线段 DE(D 点在 AB 上,E 点在 AC 上)相交,因此可得 DE 与 BC 一样长,与图 6.19 矛盾.为什么?

(5) 预料不到的考试的悖论

一位老师宣布,在下星期的五天内(星期一到星期五)的某一天将进行一场考试,但他又告诉班上的同学:"你们无法知道是哪一天,只有到了考试那天的早上八点钟才通知你们下午一点钟考."你能说出为什么这场考试无法进行吗?

分析:此悖论的关键在于老师说"你无法知道哪天考",逻辑推理的起点是假如周一到周四都没考,一定是周五考,事先已知,与老师的说法相悖,则排除周五.那么一定在周一到周四的某天考,假如到周三还没考,必定是周四考,事先又知,与老师的说法相悖,则排除周四……周一、二、三同理.如此逐一排除,按老师的说法,竟不能考试了.

(6) 分球定理

如果有人说,你能将一个地球那么大的东西分解成若干(有限)个部分,然后将这些部分分别经过多次旋转或者平移(都是刚性的,不做任何变形),重新拼接在一起竟然可以变得像乒乓球那么大,你是不是觉得不可思议呢?

1924 年,Banach-Tarski 提出并证明的分球定理恰恰保证了这一点.该定理说:一个球 U 可以分解为两个不相交的集合 X 和 Y 的并,使得 U 全等于 X,也全等于 Y.两个集合全等就是说这两个集合可以分别分解为相同数目的有限个不相交的子集的并,其中对应的两个子集可以经旋转和平移完全重合.多次运用分球定理,当然就可以让地球这么大的东西全等于小小乒乓球啦.

这个极度违背人们日常常识的东西竟然是数学的定理? 是的,令人惊讶,但它与所有其他的数学结论都没有任何矛盾.有时候,常识也未必像你想象的那样永远可靠呢.

简单地说,这个结论和大家的常识不一致的根本原因是两个集合虽然全等,但有可能它们都没有办法定义符合常识的体积(不是说体积为零,而是没有办法定义体积).所以虽然地球和乒乓球全等,但它们的体积还是可以很悬殊的.

以上我们对"悖论"做了简单介绍,你觉得很有趣吗?

第 7 章　拉普拉斯变换

数学知识终究要依赖于某种类型的直觉洞察力.

——希尔伯特

本章学习要求

1. 理解拉氏变换的基本概念和主要性质;
2. 熟记拉氏变换的常用公式;
3. 熟练掌握用定义和性质求函数的拉氏变换;
4. 熟练掌握拉氏逆变换的求法;
5. 熟练掌握用拉氏变换求二阶常系数线性非齐次微分方程满足初始条件的特解.

在解决实际问题和工程技术问题中,我们会注重速度和效益,从而需要把复杂的问题转化为简单的问题.在数学中,同样也需要采用某种方法把较复杂的运算转换为简单的运算.如通过对数的变换,就可以用加减运算代替乘除运算等.下面将要介绍的拉普拉斯(Laplace)变换(简称拉氏变换)则是另一种化繁为简的做法,拉氏变换在电气工程、自动控制等领域是一种不可缺少的运算工具,有着广泛的应用.

7.1 拉普拉斯变换的概念

7.1.1 拉普拉斯变换的定义

定义 设函数 $f(t)$在 $t\geqslant 0$ 时有定义,而且积分

$$\int_0^{+\infty} f(t)\mathrm{e}^{-st}\mathrm{d}t$$

在复参数 s 的某一范围内收敛,则称由此积分所确定的关于复参数 s 的函数

$$F(s)=\int_0^{+\infty} f(t)\mathrm{e}^{-st}\mathrm{d}t$$

为函数 $f(t)$的拉普拉斯变换(简称拉氏变换),记为

$$F(s)=L[f(t)]$$

也称 $F(s)$是 $f(t)$的像函数,而 $f(t)$也称为 $F(s)$的拉氏逆变换(或称为象原函数),记为

$$f(t)=L^{-1}[F(s)]$$

说明 (1) 在定义中,只要求 $f(t)$在 $t\geqslant 0$ 时有定义,为了研究拉氏变换性质的方便,以后总假定在 $t<0$ 时,$f(t)\equiv 0$;

(2) 拉氏变换是一种特定的积分变换,通过这种变换将给定的函数 $f(t)$转换成另一个新的函数 $F(s)$.

例 7.1 设 $u(t)=\begin{cases}1, & t\geqslant 0\\ 0, & t<0\end{cases}$,求 $L[u(t)]$.

解 根据定义

$$L[u(t)]=\int_0^{+\infty} u(t)\mathrm{e}^{-st}\mathrm{d}t=\int_0^{+\infty}\mathrm{e}^{-st}\mathrm{d}t=-\frac{1}{s}\int_0^{+\infty}\mathrm{e}^{-st}\mathrm{d}(-st)\quad (s\neq 0)$$

$$=-\frac{1}{s}\mathrm{e}^{-st}\Big|_0^{+\infty}=\frac{1}{s}-\frac{1}{s}\lim_{t\to+\infty}\mathrm{e}^{-st}=\frac{1}{s}\quad [\mathrm{Re}(s)>0]$$

说明 (1) $u(t)$是工程中常用的函数,叫作单位阶跃函数,本章中的 $u(t)$都指这个函数.

(2) 设 $s=a+b\mathrm{i}$,则 $\mathrm{Re}(s)=a$,$\mathrm{Im}(s)=b$,如果 $\mathrm{Re}(s)=a>0$,那么

$$\lim_{t\to+\infty}\mathrm{e}^{-st}=\lim_{t\to+\infty}\mathrm{e}^{-at-bt\mathrm{i}}=\lim_{t\to+\infty}\frac{1}{\mathrm{e}^{at}}(\cos bt-\mathrm{i}\sin bt)=0$$

(3) 为方便起见,以后求拉氏变换时不再指出 s 的取值范围.

例 7.2 求 $L[\sin\alpha t]$.

解　$L[\sin\alpha t] = \int_0^{+\infty} e^{-st}\sin\alpha t\,dt = -\frac{1}{\alpha}\int_0^{+\infty} e^{-st}d\cos\alpha t$

$$= -\frac{1}{\alpha}e^{-st}\cos\alpha t\Big|_0^{+\infty} + \frac{1}{\alpha}\int_0^{+\infty}\cos\alpha t\,de^{-st}$$

$$= \frac{1}{\alpha} - \frac{s}{\alpha^2}\int_0^{+\infty} e^{-st}d\sin\alpha t = \frac{1}{\alpha} - \frac{s}{\alpha^2}e^{-st}\sin t\Big|_0^{+\infty} - \frac{s^2}{\alpha^2}L[\sin\alpha t]$$

$$= \frac{1}{\alpha} - \frac{s^2}{\alpha^2}L[\sin\alpha t].$$

即

$$L[\sin\alpha t] = \frac{\alpha}{s^2+\alpha^2},\quad \mathrm{Re}(s) > 0$$

同理

$$L[\cos\alpha t] = \frac{s}{s^2+\alpha^2},\quad \mathrm{Re}(s) > 0$$

例 7.3　求 $L[e^{at}]$.

解　$L[e^{at}] = \int_0^{+\infty} e^{-st}e^{at}dt = \frac{1}{a-s}\int_0^{+\infty} e^{(a-s)t}d(a-s)t = \frac{1}{a-s}e^{(a-s)t}\Big|_0^{+\infty}$

$$= \frac{1}{s-a}.$$

例 7.4　设 $f(t)=\begin{cases}0, & t\leqslant 1\\ 2, & 1<t\leqslant 3\\ t, & t>3\end{cases}$，求 $F(s)$.

解

$$L[f(t)] = \int_0^{+\infty} f(t)e^{-st}dt = 0 + \int_1^3 2e^{-st}dt + \int_3^{+\infty} te^{-st}dt$$

$$= -\frac{2}{s}e^{-st}\Big|_1^3 - \frac{1}{s}\int_3^{+\infty} t\,de^{-st} = \frac{2}{s}(e^{-s} - e^{-3s}) - \frac{1}{s}te^{-st}\Big|_3^{+\infty} + \frac{1}{s}\int_3^{+\infty} e^{-st}dt$$

$$= \frac{2}{s}(e^{-s} - e^{-3s}) + \frac{3}{s}e^{-3s} + \frac{1}{s}e^{-3s} = \frac{2}{s}(e^{-s} + e^{-3s})$$

综上所述，我们得到以下几个常用的拉氏变换公式：

(1) $L[u(t)] = L[1] = \frac{1}{s}$；　　(2) $L[e^{at}] = \frac{1}{s-a}$；

(3) $L[\sin\alpha t] = \frac{\alpha}{s^2+\alpha^2}$；　　(4) $L[\cos\alpha t] = \frac{s}{s^2+\alpha^2}$.

7.1.2　拉氏变换的存在定理

拉氏变换的存在定理　若函数 $f(t)$ 满足下列条件：

(1) 在 $t\geqslant 0$ 上的任意一个有限区间上连续；

(2) 当 $t\to+\infty$ 时，$f(t)$ 的增长速度不超过某一指定的函数，即存在正数 $M>0$ 及 $c\geqslant 0$，使得

$$|f(t)| \leqslant Me^{ct}\quad (0\leqslant t<+\infty)$$

则 $f(t)$ 的拉氏变换

$$F(s) = \int_0^{+\infty} f(t)e^{-st}dt$$

在半平面 $\mathrm{Re}(s) > c$ 上一定存在.

这个定理的条件是拉氏变换存在的充分条件，在物理学和工程技术中常见的函数大都满足这两个条件.因此拉氏变换的应用比较广泛.尤其在线性系统分析上，拉氏变换的应用更为广泛.

《课 堂 练 习》

求下列函数的拉氏变换：

(1) $f(t)=2t+1$；　　(2) $f(t)=\cos 3t$；

(3) $f(t)=\begin{cases}3, & 0\leqslant t<2\\ -1, & t\geqslant 2\end{cases}$；　　(4) $f(t)=t$；

(5) $f(t)=\sin 5t$；　　(6) $f(t)=e^{-2t}$.

数学家小传

拉普拉斯(1749～1827 年，图 7.1)，法国分析学家、概率论学家和物理学家，法国科学院院士.1749 年 3 月 23 日生于法国西北部卡尔瓦多斯的博蒙昂诺日，1827 年 3 月 5 日在巴黎去世.1816 年被选为法兰西学院院士，1817 年任该院院长.1812 年出版了重要的《概率分析理论》一书，在该书中总结了当时整个概率论的研究，论述了概率在选举审判调查、气象等方面的应用，导入“拉普拉斯变换”等.他是决定论的支持者，提出了拉普拉斯妖.他致力于挽救世袭制的没落：他当了六个星期的拿破仑的内政部长，后来成为元老院的掌玺大臣，并在拿破仑皇帝时期和路易十八时期两度获颁爵位，后被选为法兰西学院院长.拉普拉斯曾任拿破仑的老师，所以和拿破仑结下不解之缘.

图 7.1

7.2 拉氏变换的性质

拉氏变换是一个含复参数的广义积分，所以求拉氏变换就是求积分.但是很多函数的拉氏变换可以通过下面的性质，而无需求积分也能够得到结果.不仅如此，拉氏变换的性质还可以用来求拉氏逆变换.利用拉氏变换的定义和积分的性质，可以较为方便地得到下面的拉氏变换的性质，所以我们将直接给出，而不加证明.

7.2.1 线性性质

设 $L[f_1(t)]=F_1(s)$，$L[f_2(t)]=F_2(s)$，并且 α,β 均为常数，则

$$L[\alpha f_1(t)+\beta f_2(t)]=L[\alpha f_1(t)]+L[\beta f_2(t)]=\alpha F_1(s)+\beta F_2(s)$$

这个性质实际上包含了两个性质，即

$$L[f_1(t)\pm f_2(t)]=L[f_1(t)]\pm L[f_2(t)],\quad L[\alpha f(t)]=\alpha L[f(t)]$$

该性质还可以推广到多个函数的运算中去. 这个性质表明，多个函数线性组合的拉氏变换等于各函数拉氏变换的线性组合.

例 7.5　设 $f(t)=2\sin 3t-3e^t$，求 $L[f(t)]$.

解　$L[f(t)]=L[2\sin 3t]+L[-3e^t]=\dfrac{6}{s^2+9}-\dfrac{3}{s-1}$.

例 7.6　求下列函数的拉氏变换：

(1) $f(t)=\cos^2 t$；　　(2) $f(t)=\sin 2t\cos 3t$.

解　(1) $L[f(t)]=L\left[\dfrac{1+\cos 2t}{2}\right]=\dfrac{1}{2}(L[1]+L[\cos 2t])$

$$=\frac{1}{2}\left(\frac{1}{s}+\frac{s}{s^2+4}\right)$$

(2) 因为 $f(t)=\sin 2t\cos 3t=\dfrac{1}{2}(\sin 5t-\sin t)$，所以

$$L[f(t)]=\frac{1}{2}(L[\sin 5t]-L[\sin t])=\frac{1}{2}\left(\frac{5}{s^2+25}-\frac{1}{s^2+1}\right)$$

7.2.2 位移性质

设 $L[f(t)]=F(s)$，则

$$L[e^{\alpha t}f(t)]=F(s-\alpha)$$

这个性质主要是对含有 $e^{\alpha t}$ 因子的函数，利用该性质和已知函数的拉氏变换，可以较方便地求出这一类函数的拉氏变换.

这个性质表明，一个函数乘以 $e^{\alpha t}$ 的拉氏变换等于其像函数平移 α 个单位.

例 7.7　求 $L[e^{3t}\sin 2t]$.

解　因为

$$L[\sin 2t]=\frac{2}{s^2+4}=F(s)$$

所以

$$L[e^{3t}\sin 2t]=F(s-3)=\frac{2}{(s-3)^2+4}$$

例 7.8　求 $L[e^{kt}\cos at]$.

解　$L[\cos at]=\dfrac{s}{s^2+a^2}=F(s)$，根据位移性质，有

$$L[e^{kt}\cos at]=\frac{s-k}{(s-k)^2+a^2}$$

7.2.3 微分性质

设 $L[f(t)]=F(s)$，且 $f(t)$ 可微，则

$$L[f'(t)] = sF(s) - f(0)$$

这个性质表明，一个函数的导数取拉氏变换等于这个函数的拉氏变换乘以 s 再减去它的初值.

这是一个非常重要的性质，不仅可以用它方便地求拉氏变换，而且后面的拉氏变换的应用也主要使用的是这个性质.该性质还可以推广为：

推论 如果 $f(t)$ 的任意阶导数都存在，且 $L[f(t)]=F(s)$，则

$$L[f^{(n)}(t)] = s^nF(s) - s^{n-1}f(0) - s^{n-2}f'(0) - \cdots - f^{(n-1)}(0)$$

特别地，当 $f(0)=f'(0)=f''(0)=\cdots=f^{(n-1)}(0)=0$ 时，有

$$L[f^{(n)}(t)] = s^nF(s)$$

例 7.9 利用微分性质求 $L[t^n]$，其中 n 是正整数.

解 记 $f(t)=t^n$，则该函数有任意阶导数，且

$$f(0) = f'(0) = f''(0) = \cdots = f^{(n-1)}(0) = 0,\quad f^{(n)}(t) = n!$$

$$L[f^{(n)}(t)] = s^nL[f(t)],\quad L[f^{(n)}(t)] = L[n!] = n!L[1] = \frac{n!}{s}$$

所以

$$s^nL[f(t)] = \frac{n!}{s}$$

即

$$L[t^n] = \frac{n!}{s^{n+1}}$$

说明 $L[t^n]=\dfrac{n!}{s^{n+1}}$ 是拉氏变换常用公式.利用该公式可得，$L[t^2]=\dfrac{2!}{s^3}$，$L[t^4]=\dfrac{4!}{s^5}$ 等.

此外，还有像函数的微分性质.

像函数的微分性质 设 $L[f(t)]=F(s)$，则一般地，有

$$L[t^nf(t)] = (-1)^nF^{(n)}(s)$$

性质表明，一个函数乘以 t^n 的拉氏变换等于这个函数的拉氏变换的 n 阶导数乘以 $(-1)^n$，尽管这是对复参数 s 求导，但具体计算时和实数一样.

例 7.10 求 $L[te^{-3t}]$.

解 因为 $L[e^{-3t}]=\dfrac{1}{s+3}$，所以

$$L[te^{-3t}] = -\left(\frac{1}{s+3}\right)' = \frac{1}{(s+3)^2}$$

例 7.11 求 $L[te^{-3t}\cos 2t]$.

解 因为 $L[\cos 2t]=\dfrac{s}{s^2+4}$，根据位移性质，有

$$L[e^{-3t}\cos 2t]=\frac{s+3}{(s+3)^2+4}$$

所以

$$L[te^{-3t}\cos 2t]=-\left[\frac{s+3}{(s+3)^2+4}\right]'=-\frac{(s^2+6s+13)-(s+3)(2s+6)}{(s^2+6s+13)^2}$$

$$=\frac{s^2+6s+5}{(s^2+6s+13)^2}$$

7.2.4 积分性质

设 $L[f(t)]=F(s)$，则

$$L\left[\int_0^t f(t)\mathrm{d}t\right]=\frac{1}{s}F(s)$$

这个性质表明，一个函数的积分取拉氏变换等于这个函数的拉氏变换除以 s.

一般地，有

$$L\left[\underbrace{\int_0^t \mathrm{d}t\int_0^t \mathrm{d}t\cdots\int_0^t}_{n个} f(t)\mathrm{d}t\right]=\frac{1}{s^n}F(s)$$

例 7.12　求 $L\left[\int_0^t e^{3t}\cos 4t\mathrm{d}t\right]$.

解　因为 $L[\cos 4t]=\dfrac{s}{s^2+4^2}$，所以根据位移性质可得

$$L[e^{3t}\cos 4t]=\frac{s-3}{(s-3)^2+4^2}$$

再根据积分性质，可得

$$L\left[\int_0^t e^{3t}\cos 4t\mathrm{d}t\right]=\frac{1}{s}\cdot\frac{s-3}{(s-3)^2+4^2}$$

此外，还有像函数的积分性质.

像函数的积分性质　设 $L[f(t)]=F(s)$，且积分 $\int_s^{+\infty}F(s)\mathrm{d}s$ 收敛，则

$$L\left[\frac{f(t)}{t}\right]=\int_s^{+\infty}F(s)\mathrm{d}s$$

性质表明，一个函数除以 t 的拉氏变换等于这个函数的拉氏变换在 $[s,+\infty)$ 上的积分.

还可以将其推广为

$$L\left[\frac{f(t)}{t^n}\right]=\underbrace{\int_s^{+\infty}\mathrm{d}s\int_s^{+\infty}\mathrm{d}s\cdots\int_s^{+\infty}}_{n个}F(s)\mathrm{d}s$$

例 7.13　求 $L\left[\dfrac{\sin t}{t}\right]$.

解　因为 $L[\sin t]=\dfrac{1}{s^2+1}$，所以由像函数的积分性质得

$$L\left[\frac{\sin t}{t}\right]=\int_s^{+\infty}\frac{1}{s^2+1}\mathrm{d}s$$

$$= \arctan s \Big|_s^{+\infty} = \frac{\pi}{2} - \arctan s$$

利用以上拉氏变换的性质和拉氏变换的常用公式,无需计算积分,就可以较方便地求出函数的拉氏变换(表 7.1,表中 α 均为常数).

表 7.1 拉氏变换常用公式

序号	$f(t)$	$F(s)$
1	1	$\frac{1}{s}$
2	$t^n(n\in\mathbf{Z}^+)$	$\frac{n!}{s^{n+1}}$
3	$e^{\alpha t}$	$\frac{1}{s-\alpha}$
4	$\sin\alpha t$	$\frac{\alpha}{s^2+\alpha^2}$
5	$\cos\alpha t$	$\frac{s}{s^2+\alpha^2}$

例 7.14 求下列函数的拉氏变换:

(1) $f(t)=t^2+3t-te^t$;　　(2) $f(t)=(t+1)^2e^{-2t}$;

(3) $f(t)=t\int_0^t e^{-2t}\sin 6t\,dt$;　　(4) $f(t)=\frac{t}{2a}\sin at$.

解 (1) $L[t^2+3t-te^t]=L[t^2]+3L[t]-L[te^t]$

$$=\frac{2}{s^3}+\frac{3}{s^2}-\frac{1}{(s-1)^2};$$

(2) $L[(t+1)^2e^{-2t}]=L[(t^2+2t+1)e^{-2t}]$

$$=\frac{2}{(s+2)^3}+\frac{2}{(s+2)^2}+\frac{1}{s+2};$$

(3) $L\left[t\int_0^t e^{-2t}\sin 6t\,dt\right]=-\left\{L\left[\int_0^t e^{-2t}\sin 6t\,dt\right]\right\}'$

$$=-\left\{\frac{1}{s}L[e^{-2t}\sin 6t]\right\}'=-\left\{\frac{6}{s[(s+2)^2+36]}\right\}'$$

$$=-\left(\frac{6}{s^3+4s^2+40s}\right)'=6\,\frac{3s^2+8s+40}{(s^3+4s^2+40s)^2};$$

(4) $L\left[\frac{t}{2a}\sin at\right]=-\frac{1}{2a}\{L[\sin at]\}'=-\frac{1}{2}\left[\frac{1}{s^2+a^2}\right]'=\frac{s}{(s^2+a^2)^2}.$

《课堂练习》

求下列函数的拉氏变换：

(1) $f(t)=2e^{-4t}$；　(2) $f(t)=(t-1)^2$；

(3) $f(t)=3\cos 3t-\sin 2t$；　(4) $f(t)=\sin t\cos t$；

(5) $f(t)=4-\dfrac{1}{2}te^{-t}$；　(6) $f(t)=\sin^2 t$；

(7) $f(t)=e^{-t}\cos 2t$；　(8) $f(t)=t^3e^{2t}$；

(9) $f(t)=t\sin 3t$；　(10) $f(t)=e^{2t}\sin 5t$；

(11) $f(t)=te^{-3t}\sin t$；　(12) $f(t)=\int_0^t te^{-3t}\mathrm{d}t$；

(13) $f(t)=t\int_0^t e^{3t}\sin 4t\mathrm{d}t$；　(14) $f(t)=\dfrac{\sin kt}{t}$；

(15) $f(t)=\dfrac{e^{2t}\sin 5t}{t}$.

数学家小传

阿尔伯特·爱因斯坦(1879～1955年,图7.2),德国物理学家.他于1879年出生于德国乌尔姆市的一个犹太人家庭(父母均为犹太人),1900年毕业于苏黎世联邦理工学院,入瑞士国籍.1905年获苏黎世大学哲学博士学位.曾在伯尔尼专利局任职,在苏黎世工业大学担任大学教授.1913年返回德国,任柏林威廉皇帝物理研究所所长和柏林洪堡大学教授,并当选为普鲁士皇家科学院院士.爱因斯坦在英国期间,被格拉斯哥大学授予荣誉法学博士学位.1933年因受到纳粹政权的迫害,逃离德国,迁居美国,担任普林斯顿大学教授,从事理论物理研究工作,1955年4月18日,病逝于普林斯顿.

图7.2

1905年,爱因斯坦提出光子假设,成功解释了光电效应,因此获得1921年诺贝尔物理学奖.1905年,创立狭义相对论.1915年创立广义相对论.

爱因斯坦为核能开发奠定了理论基础,在现代科学技术和他的深刻影响下,在广泛应用等方面开创了现代科学新纪元,被公认为是继伽利略、牛顿以来最伟大的物理学家.1999年12月26日,爱因斯坦被美国《时代周刊》评选为"世纪伟人".

7.3 拉氏逆变换

在拉氏变换的定义中,我们知道:如果 $L[f(t)]=F(s)$,那么 $f(t)$是 $F(s)$的拉氏逆变换,记为 $L^{-1}[F(s)]$,即 $f(t)=L^{-1}[F(s)]$.

本节所要讨论的是上节的逆运算,即已知 $F(s)$,如何求出它的逆运算 $f(t)$,也就是说,哪一个函数的拉氏变换等于 $F(s)$.

7.3.1 拉氏逆变换的常用公式

根据拉氏逆变换的定义和拉氏变换的常用公式,可以得到以下拉氏逆变换公式:

(1) $L^{-1}\left[\dfrac{1}{s}\right]=1$; (2) $L^{-1}\left[\dfrac{1}{s-a}\right]=e^{at}$;

(3) $L^{-1}\left[\dfrac{1}{s^2+a^2}\right]=\dfrac{1}{a}\sin at$; (4) $L^{-1}\left[\dfrac{s}{s^2+a^2}\right]=\cos at$;

(5) $L^{-1}\left[\dfrac{1}{s^{n+1}}\right]=\dfrac{1}{n!}t^n$.

7.3.2 拉氏逆变换的性质

线性性质 如果 $L[f_1(t)]=F_1(s)$,$L[f_2(t)]=F_2(s)$,α,β 是常数,则

$$L^{-1}[\alpha F_1(s)+\beta F_2(s)]=\alpha L^{-1}[F_1(s)]+\beta L^{-1}[F_2(s)]=\alpha f_1(t)+\beta f_2(t)$$

位移性质 如果 $L[f(t)]=F(s)$,则

$$L^{-1}[F(s-\alpha)]=e^{\alpha t}L^{-1}[F(s)]=e^{\alpha t}f(t)$$

积分性质 如果 $L[f(t)]=F(s)$,则

$$L^{-1}\left[\frac{F(s)}{s^n}\right]=\underbrace{\int_0^t dt\int_0^t dt\cdots\int_0^t}_{n个}L^{-1}[F(s)]dt=\underbrace{\int_0^t dt\int_0^t dt\cdots\int_0^t}_{n个}f(t)dt$$

当 $n=1$ 时,

$$L^{-1}\left[\frac{F(s)}{s}\right]=\int_0^t f(t)dt$$

像函数的微分性质 如果 $L[f(t)]=F(s)$,则

$$L^{-1}[F(s)]=\left(\frac{-1}{t}\right)^n L^{-1}[F^{(n)}(s)]$$

当 $n=1$ 时,

$$L^{-1}[F'(s)]=-tL^{-1}[F(s)]$$

像函数的积分性质 如果 $L[f(t)]=F(s)$,则

$$L^{-1}[F(s)]=t^nL^{-1}\left[\underbrace{\int_s^\infty ds\int_s^\infty ds\cdots\int_s^\infty}_{n个}F(s)ds\right]$$

当 $n=1$ 时,

$$L^{-1}[F(s)] = tL^{-1}\left[\int_s^{\infty} F(s)\mathrm{d}s\right]$$

该性质依然要求 $\int_s^{\infty} F(s)\mathrm{d}s$ 是收敛的.

7.3.3　求拉氏逆变换的常用方法

1. 利用公式和性质求拉氏逆变换

例 7.15　已知 $F(s)=\dfrac{1}{s-3}$，求 $f(t)$.

解　因为 $L[1]=\dfrac{1}{s}$，所以由位移性质得

$$f(t) = L^{-1}[F(s)] = L^{-1}\left[\frac{1}{s-3}\right] = \mathrm{e}^{3t}L^{-1}\left[\frac{1}{s}\right] = \mathrm{e}^{3t}$$

例 7.16　求 $L^{-1}\left[\dfrac{4s-1}{s^2+16}\right]$.

解　由于 $L^{-1}\left[\dfrac{a}{s^2+a^2}\right]=\sin at$，$L^{-1}\left[\dfrac{s}{s^2+a^2}\right]=\cos at$，由线性性质得

$$L^{-1}\left[\frac{4s-1}{s^2+16}\right] = 4L^{-1}\left[\frac{s}{s^2+4^2}\right]-\frac{1}{4}L^{-1}\left[\frac{4}{s^2+4^2}\right] = 4\cos 4t - \frac{1}{4}\sin 4t$$

例 7.17　求 $L^{-1}\left[\dfrac{2s+5}{s^2+2s+2}\right]$.

解　$L^{-1}\left[\dfrac{2s+5}{s^2+2s+2}\right]=L^{-1}\left[\dfrac{2(s+1)+3}{(s+1)^2+1}\right]=\mathrm{e}^{-t}L^{-1}\left[\dfrac{2s+3}{s^2+1}\right]$

$$=\mathrm{e}^{-t}\left(2L^{-1}\left[\frac{s}{s^2+1}\right]+3L^{-1}\left[\frac{1}{s^2+1}\right]\right)=\mathrm{e}^{-t}(2\cos t+3\sin t).$$

2. 利用部分分式法求拉氏逆变换

在运用拉氏变换解决工程技术中的应用问题时，通常遇到的像函数 $F(s)$ 是有理分式，对于有理分式一般可采用部分分式法将它分解成较简单的分式之和，然后利用拉氏逆变换的公式及性质可求出像函数的 $f(t)$.

例 7.18　求 $L^{-1}\left[\dfrac{s-13}{s^2-s-6}\right]$.

解　因为 $\dfrac{s-13}{s^2-s-6}=\dfrac{s-13}{(s-3)(s+2)}=\dfrac{3}{s+2}-\dfrac{2}{s-3}$，所以

$$L^{-1}\left[\frac{s-13}{s^2-s-6}\right] = L^{-1}\left[\frac{3}{s+2}\right]- L^{-1}\left[\frac{2}{s-3}\right] = 3\mathrm{e}^{-2t} - 2\mathrm{e}^{3t}$$

说明　本例中，$\dfrac{s-13}{(s-3)(s+2)}=\dfrac{3}{s+2}-\dfrac{2}{s-3}$ 是使用部分分式得来的.

例 7.19　求 $L^{-1}\left[\dfrac{s^2+2}{s^3+6s^2+9s}\right]$.

解　将 $F(s)$ 化成部分分式的和，设

$$\frac{s^2+2}{s^3+6s^2+9s} = \frac{s^2+2}{s(s+3)^2} = \frac{A}{s}+\frac{B}{s+3}+\frac{C}{(s+3)^2}$$

通分后得方程

$$s^2+2=A(s+3)^2+Bs(s+3)+Cs$$

利用代入法或者比较法解得

$$A=\frac{2}{9},\quad B=\frac{7}{9},\quad C=-\frac{11}{3}$$

所以

$$L^{-1}\left[\frac{s^2+2}{s^3+6s^2+9s}\right]=\frac{2}{9}L^{-1}\left[\frac{1}{s}\right]+\frac{7}{9}L^{-1}\left[\frac{1}{s+3}\right]-\frac{11}{3}L^{-1}\left[\frac{1}{(s+3)^2}\right]$$
$$=\frac{2}{9}+\frac{7}{9}e^{-3t}-\frac{11}{3}te^{-3t}$$

例 7.20 求 $L^{-1}\left[\frac{s}{(s^2-1)^2}\right]$.

解 设

$$F(s)=\frac{s}{(s^2-1)^2}=\frac{s}{(s+1)^2(s-1)^2}=\frac{A}{s+1}+\frac{B}{(s+1)^2}+\frac{C}{s-1}+\frac{D}{(s-1)^2}$$

通分后得方程

$$A(s+1)(s-1)^2+B(s-1)^2+C(s+1)^2(s-1)+D(s+1)^2=s$$

解得

$$A=C=0,\quad B=-\frac{1}{4},\quad D=\frac{1}{4}$$

故

$$L^{-1}\left[\frac{s}{(s^2-1)^2}\right]=-\frac{1}{4}L^{-1}\left[\frac{1}{(s+1)^2}\right]+\frac{1}{4}L^{-1}\left[\frac{1}{(s-1)^2}\right]=\frac{t}{4}(e^t-e^{-t})$$

3. 利用卷积定理求拉氏逆变换

卷积定义 我们称积分

$$\int_0^t f_1(\tau)f_2(t-\tau)d\tau$$

为 $f_1(t)$和 $f_2(t)$的卷积,记为 $f_1(t)*f_2(t)$,即

$$f_1(t)*f_2(t)=\int_0^t f_1(\tau)f_2(t-\tau)d\tau$$

利用定积分的性质,可以得到卷积满足交换律:$f_1(t)*f_2(t)=f_2(t)*f_1(t)$,并且两个函数的卷积仍然是一个 t 的函数.

例 7.21 求 $f_1(t)*f_2(t)$,其中 $f_1(t)=e^t$,$f_2(t)=t^2$.

解
$$f_1(t)*f_2(t)=\int_0^t e^\tau(t-\tau)^2d\tau=\int_0^t(t-\tau)^2de^\tau$$
$$=(t-\tau)^2e^\tau\Big|_0^t+2\int_0^t e^\tau(t-\tau)d\tau=-t^2+2\int_0^t(t-\tau)de^\tau$$
$$=-t^2+2(t-\tau)e^\tau\Big|_0^t+2\int_0^t e^\tau d\tau=-t^2-2t+2e^t-2.$$

卷积定理 设 $L[f_1(t)]=F_1(s)$,$L[f_2(t)]=F_2(s)$,则

$$L[f_1(t)*f_2(t)]=F_1(s)\cdot F_2(s)$$

或

$$L^{-1}[F_1(s)\cdot F_2(s)] = L^{-1}[F_1(s)] * L^{-1}[F_2(s)] = f_1(t) * f_2(t)$$

例 7.22　求 $L[f_1(t) * f_2(t)]$，其中 $f_1(t)=\mathrm{e}^t, f_2(t)=t^2$.

解　利用卷积定理，有

$$L[f_1(t) * f_2(t)] = L[f_1(t)]\cdot L[f_2(t)] = \frac{1}{s-1}\cdot\frac{2}{s^3} = \frac{2}{s^3(s-1)}$$

利用卷积定理还可以求一些函数的拉氏逆变换.

例 7.23　求 $L^{-1}\left[\frac{s^2}{(s^2+1)^2}\right]$.

解　设 $F(s)=\frac{s^2}{(s^2+1)^2}=\frac{s}{s^2+1}\cdot\frac{s}{s^2+1}$，根据卷积定理，得

$$L^{-1}\left[\frac{s^2}{(s^2+1)^2}\right] = L^{-1}\left[\frac{s}{s^2+1}\cdot\frac{s}{s^2+1}\right] = \cos t * \cos t = \frac{1}{2}[t\cos t + \sin t]$$

《课堂练习》

求下列函数的拉氏逆变换：

(1) $F(s)=\frac{2}{s-3}$；　(2) $F(s)=\frac{4s}{s^2+4}$；

(3) $F(s)=\frac{1}{4s^2+9}$；　(4) $F(s)=\frac{2s-5}{s^2+9}$；

(5) $F(s)=\frac{1}{(s+1)^4}$；　(6) $F(s)=\frac{4s-3}{s^2}$；

(7) $F(s)=\frac{1}{s^2-s-2}$；　(8) $F(s)=\frac{1}{s^2+2s+3}$；

(9) $F(s)=\frac{s-1}{s^2-2s+1}$；　(10) $F(s)=\frac{s}{s(s+2)^2}$.

7.4　拉氏变换的应用

在工程中，很多问题的解决最终都归纳为解微分方程，尽管使用不定积分可以求很多微分方程的解，但有的较繁(特别是高阶的)，而使用拉普拉斯变换来求一些常系数的微分方程却比较简单，这种方法的基本步骤是：

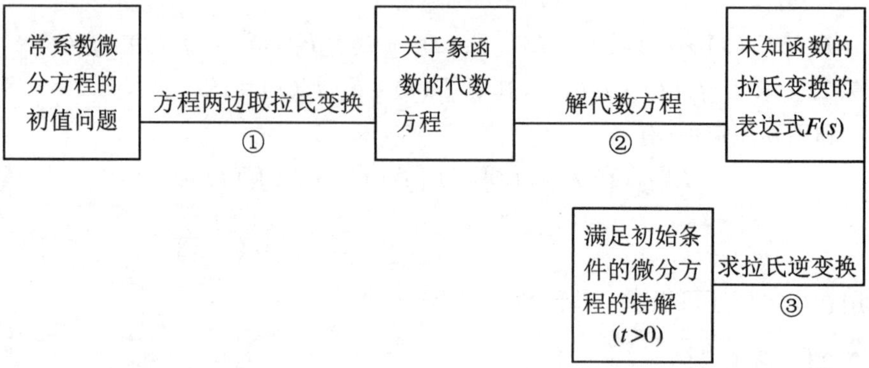

例 7.24 求微分方程

$$y'' + 4y = 0 \quad (t > 0)$$

满足初始条件：$y(0) = -2, y'(0) = 4$ 的特解.

解 微分方程两边取拉氏变换，并由拉氏变换的微分性质得

$$L[y''] + 4L[y] = 0$$

$$s^2 L[y] - sy(0) - y'(0) + 4L[y] = 0$$

$$(s^2 + 4)L[y] = 4 - 2s$$

$$L[y] = \frac{4 - 2s}{s^2 + 4}$$

求拉氏逆变换，有

$$y(t) = L^{-1}\left[\frac{4}{s^2 + 4}\right] - 2L^{-1}\left[\frac{s}{s^2 + 4}\right] = 2\sin 2t - 2\cos 2t$$

由上例可见，在解题过程中初始条件已同时用上，求出的结果就是方程满足条件的特解. 从而避免了微分方程的一般解法：先解出通解再由初始条件求出特解.

例 7.25 求微分方程 $y'' + 2y' - 3y = e^{-t}$ 满足初始条件

$$y(0) = 0, \quad y'(0) = 1$$

的解.

解 按求解问题的三个基本步骤

$$(s^2 L[y] - sy(0) - y'(0)) + 2(sL[y] - y(0)) - 3L[y] = \frac{1}{s+1}$$

$$L[y] = \frac{1}{s^2 + 2s - 3}\left(\frac{1}{s+1} + 1\right) = \frac{s+2}{(s+1)(s-1)(s+3)}$$

求拉氏逆变换，有

$$y = \frac{-1+2}{(-1-1)(-1+3)}e^{-t} + \frac{1+2}{(1+1)(1+3)}e^{t} + \frac{-3+2}{(-3+1)(-3-1)}e^{-3t}$$

$$= \frac{3}{8}e^{t} - \frac{1}{4}e^{-t} - \frac{1}{8}e^{-3t}$$

例 7.26 求解积分方程 $f(t) = at^2 + \int_0^t \sin(t - \tau) f(\tau) d\tau$.

解 由卷积定义可得 $\int_0^t \sin(t - \tau) f(\tau) d\tau = \sin t * f(t)$，所以

$$f(t)=at^2+\sin t*f(t)$$

对上式两边求拉氏变换，有

$$L[f(t)]=aL[t^2]+L[\sin t*f(t)]$$

$$L[f(t)]=\frac{2a}{s^3}+L[f(t)]\frac{1}{s^2+1}$$

解出

$$L[f(t)]=\frac{2a}{s^3}\cdot\frac{1+s^2}{s^2}=2a\left(\frac{1}{s^3}+\frac{1}{s^5}\right)$$

所以

$$f(t)=at^2+\frac{a}{12}t^4$$

《课 堂 练 习》

求下列微分方程的解：

(1) $y''+y'-6y=e^t,y(0)=1,y'(0)=0$;

(2) $i'(t)-2i(t)=0,i(0)=3$;

(3) $\frac{di}{dt}+5i=10e^{-3t},i(0)=0$;

(4) $y''+9y=0,y(0)=0,y'(0)=1$.

习　题　7

1. 求下列函数的拉氏变换：

(1) $f(t)=\sin 2t$;

(2) $f(t)=e^{-4t}$;

(3) $f(t)=\cos^2 t$;

(4) $f(t)=t^3$;

(5) $f(t)=\begin{cases}3, & 0\leqslant t<2\\ -1, & 2\leqslant t<4\\ 0, & t\geqslant 4\end{cases}$;

(6) $f(t)=\begin{cases}t+1, & 0\leqslant t<3\\ 0, & t\geqslant 3\end{cases}$;

(7) $f(t)=t^2+te^{-t}$;

(8) $f(t)=(t-1)^2e^{-2t}$;

(9) $f(t)=t\cos at$;

(10) $f(t)=5\sin 2t-3\cos 2t$;

(11) $f(t)=te^{3t}\sin 2t$;

(12) $f(t)=\frac{\sin 4t}{t}$;

(13) $f(t)=\frac{e^{-3t}\sin 2t}{t}$;

(14) $f(t)=\int_0^t te^{-3t}\sin 2t\,dt$;

(15) $f(t)=t*\sin t$;

(16) $f(t)=e^{2t}*\cos t$.

2. 求下列像函数的拉氏逆变换：

(1) $F(s)=\frac{1}{(s-2)^4}$;

(2) $F(s)=\frac{1}{s+3}$;

(3) $F(s)=\dfrac{2s+3}{s^2+9}$;　　(4) $F(s)=\dfrac{s+3}{(s+1)(s-3)}$;

(5) $F(s)=\dfrac{s+1}{s^2+s-6}$;　　(6) $F(s)=\dfrac{2s+5}{s^2+4s+13}$;

(7) $F(s)=\dfrac{1}{s^2(s^2+1)}$;　　(8) $F(s)=\dfrac{s}{(s^2+1)^2}$.

3. 求下列微分方程的解：

(1) $y''+k^2y=0, y(0)=A, y'(0)=B$($A,B$ 是常数)；

(2) $y''-y'-6y=2, y(0)=1, y'(0)=0$;

(3) $y''-3y'+2y=2e^{-t}, y(0)=2, y'(0)=-1$;

(4) $y''-y=4\sin t+5\cos 2t, y(0)=0, y'(0)=-2$;

(5) $y''-2y'+2y=2e^t\cos t, y(0)=y'(0)=0$;

(6) $y''-2y'-3y=4e^{2t}, y(0)=2, y'(0)=8$.

4. 求 $f'(t)=a+\int_0^t f(\tau)\cos(t-\tau)d\tau$ 满足 $f(0)=0$ 的解.

5. 求解积分方程 $f(t)=2t+\int_0^t f(\tau)\sin(t-\tau)d\tau$.

自 测 题 7

1. 填空题.

(1) 如果 $L[f(t)]=F(s)$,那么 $L[e^{-3t}f(t)]=$__________;

(2) $L[4-3e^{2t}]=$__________, $L[\sin t-\cos t]=$__________;

(3) $L[2t^2-te^{2t}]=$__________, $L[2e^{-t}\sin 3t]=$__________;

(4) $L^{-1}\left[\dfrac{2}{s+1}\right]=$__________, $L^{-1}\left[\dfrac{1}{s}\right]=$__________;

(5) $L^{-1}\left[\dfrac{2}{(s-1)^2}\right]=$__________, $L^{-1}\left[\dfrac{2}{s^2+4}\right]=$__________;

(6) $L[t*\sin 2t]=$__________, $L^{-1}\left[\dfrac{s-1}{(s-1)^2+9}\right]=$__________.

2. 用定义求 $L[f(t)]$,已知 $f(t)=\begin{cases}6, & 0\leqslant t<2\\ -1, & 2\leqslant t<4.\\ 0, & t\geqslant 4\end{cases}$

3. 设 $f(t)=t^3e^{2t}+t\sin 3t$,求 $L[f(t)]$.

4. 设 $f(t)=3e^{-2t}\cos 3t$,求 $L[f(t)]$.

5. 设 $f(t)=e^t, g(t)=\cos 2t$,求 $L[f(t)*g(t)]$.

6. 求下列函数的拉氏逆变换：

(1) $F(s)=\dfrac{s-1}{s^2+4}$;　　(2) $F(s)=\dfrac{1}{(s-2)^4}$;

(3) $F(s)=\dfrac{s-1}{s^2+4s+5}$;　　(4) $F(s)=\dfrac{s+1}{s^2+s-6}$.

7. 求下列微分方程的解：

(1) $y''+2y'+y=1$ 满足 $y(0)=y'(0)=1$ 的解；

(2) $y''-2y'-3y=4e^{2t}$ 满足 $y(0)=2, y'(0)=8$ 的解.

数 学 欣 赏

数学科普大师马丁·加德纳及其作品介绍

美国科普界叱咤风云数十年的三位大师级人物分别是艾萨克·阿西莫夫、卡尔·萨根与马丁·加德纳，堪称一时瑜亮，难分轩轾.阿西莫夫对加德纳有着一段非常中肯的评语："马丁·加德纳是一位业余的超级魔术大师，这是毫无疑义、众口一词的.但是，与他的一项看家本领相比，神乎其神的魔术招数毕竟是小巫见大巫，也许会退避三舍.原来，任何数学题材到了他手里都能写成雅俗共赏、妙不可言、使我爱不释手的文章."

1914 年 10 月 21 日，马丁·加德纳(Martin Gardner)生于美国俄克拉荷马州.1936 年毕业于芝加哥大学，学的专业是哲学.毕业后先当《民友报》的记者，后来在芝加哥大学公众关系部工作.第二次世界大战爆发后，他在美国海军中担任随军记者，曾到过印度、菲律宾、东南亚、土耳其等许多国家和地区，见闻甚广.战后，他开始了自由撰稿人的生涯.马丁·加德纳才华横溢，思如泉涌，博闻强记，文理双栖，据不完全统计，迄今已写了 50 本以上的书，其代表作有《密码传奇》《人人都能懂得的相对论》《表里不一的宇宙》《好科学、坏科学、伪科学》《不可思议的矩阵博士》《数学狂欢节》《啊哈？灵机一动》《从惊讶到思考——数学悖论奇景》等.

马丁·加德纳曾多次获得过大奖.他连获美国物理学会及美国钢铁基金会的优秀科学作者奖(美国一般都把科普作家称为"科学作者")，他的肖像曾在《生活》杂志及《新利周报》上刊登过.尽管他从来没有当过教授，但世界各国许多第一流的数学家一听到他的名字，都无不肃然起敬.总而言之，他是一名大名鼎鼎的人物.

传播数学科普的功臣

正如马丁·加德纳的继任者、物理学家道格拉斯·霍夫斯塔特所作的评价："加德纳先生是无可替代的""他是数学的大功臣"，他为数学招兵买马，把无数青少年引进了数学的庄严殿堂，以数学本身所具有的魅力和内在美吸引他们以之作为终身职业，在纯粹数学与应用数学的各个领域内寻找"对胃口"的分支学科，使自己逐步成长为数学尖子和接班人.他不愧是这门学科迄今为止最出色的宣传家、推销员、带路人.

在《科学美国人》杂志上撰稿的，一般都是各个科学、技术领域中的专家.众所周知，很少有人在这家杂志上发表过两篇以上的文章，罕见的例外就是加德纳.他从 1957 年第一期开始，一直写到 1980 年年底，整整 24 个年头，几乎月月有文章，前后不下 200 多篇.他所包办的这个《数学游戏》专栏，终于成了该杂志的一个"特色产品"，当然也是货真价实的“拳头产品”了.《科学美国人》杂志上就破例刊出了长达 8 页、2 万余字的他的专文《趣味数学五十年》.

马丁·加德纳读万卷书,行万里路,知识非常渊博,所发表的数学科普文章,内容几乎涉及数学的每一个分支,从最简单的算术、代数到莫测高深的拓扑学、超穷数,覆盖面之广泛,“热点”之众多,令人侧目.每个读者都可以“各取所需”,从他那里找到适合自己的文化程度、极为合身又能投其所好的阅读材料.

马丁·加德纳的一些最精彩的篇章,是关于数学中微积分以外的课题.其主要内容有数论、图论、概率论、群论、矩阵、组合分析、仿射几何、射影几何、差分学、算法理论、拓扑学等等.这些高级专题历来被认为是“阳春白雪”,曲高和寡,一般科普作家总是感到十分头痛而碰都不敢去碰的.然而马丁·加德纳却从中发掘出了大宗宝藏,这就使得他高出同行之上,独树一帜.在这方面,就连著名的苏联数学科普作家别莱利曼也比不上他.众所周知,群论是近代数学的一个重要主题,但一般教科书上都讲得玄之又玄,往往老师在课堂上讲得舌敝唇焦,下面的学生还是听不懂.马丁·加德纳却能用部队操练动作(立正,向左转,向右转,向后转……)、穿袜子、小姑娘编发辫等事例极其通俗地来说明“群论”的许多概念,而且丝毫无损于定义的严密性.这的确是巨大的成功!所以他的科普作品,对于高等数学的教学与传播是很能说明问题、很起作用的.这也是他的作品的真正价值所在.

马丁·加德纳非常重视科普文章的质量,十分注意并经常报道数学里头的“三新”:新见解、新发现与新进展,甚至还敢于报道涉及军事机密的题材.加德纳是趣题大师.让我们看看他的题:

5 个水手带着 1 只猴子来到一座荒岛,见岛上有大量椰子,他们便把这些椰子平均分成 5 堆.夜深人静,一个水手偷偷起来拿走了一堆椰子,把剩下的椰子又平均分成 5 堆,结果多出 1 个椰子丢给猴子吃掉了.过了一会儿,另一个水手也偷偷起来,拿走了一堆椰子后,再把剩下的椰子平均分成 5 堆,结果还是多了 1 个,丢给猴子吃了.就这样一个多事的夜晚,5 个水手都偷偷藏起一堆,重分了椰子,每次都多出 1 个椰子让猴子占了便宜.第二天一早,岛上依然平均堆放着 5 堆椰子.试问:原先的椰子最少要有多少个?——这就是马丁·加德纳提出的“水手分椰子”名题.解法很多,可谓八仙过海,各显神通.

马丁·加德纳语言诙谐,文笔生动,懂得读者心理.他的文章能满足社会各阶层的需要,尤其能紧紧抓住青少年读者的心.他经常发表这样一些闻名世界的数学趣题,这类问题与传统的奥林匹克数学竞赛题截然不同,趣味性极强,雅俗共赏,看一眼就能把你“抓”住不放,又不需要很多预备知识,使你情不自禁地跃跃欲试.出题能达到这样的水平,可谓“炉火纯青”了.此类问题大致有着多种求解途径.例如,涉及运筹学的“小鱼吃大鱼”问题,涉及几何与运动轨迹的“四只臭虫”问题等.这些题目一经披露,往往会引起连锁反应,各地读者来信犹如雪片飞来,使《科学美国人》印数剧增,编辑部工作人员又惊又喜.有些素昧平生者因为同解一道题而顿成莫逆之交,这在数学家和业余爱好者之间架起了一座金桥.

马丁·加德纳的出身是位哲学家,所以他的一些科普文章较少使用华丽的辞藻,却蕴涵着很深的哲理.他令人信服地证明:数学家既可以是诗人,也可以是画家.

第8章　线性代数

没有大胆的猜测，就做不出伟大的发现.

——艾萨克·牛顿

本章学习要求

1. 会利用行列式性质计算三阶、四阶行列式，并会计算简单的 n 阶行列式；
2. 知道克拉默法则(包括推论)的条件和结论；
3. 理解矩阵的概念，熟知矩阵的各种运算；
4. 熟悉矩阵的三种初等行变换；
5. 能够熟练利用矩阵的初等行变换将矩阵化成阶梯形和最简阶梯形矩阵；
6. 理解逆矩阵的概念，会求矩阵的逆矩阵，会解矩阵方程；
7. 会用矩阵的初等行变换求矩阵的秩；
8. 掌握线性方程组解的情况的判定方法；
9. 熟练掌握利用矩阵的初等行变换解线性方程组的方法；
10. 知道 n 维向量的概念，会判断向量组是否线性相关；
11. 会求齐次线性方程组的基础解系，知道线性方程组的解的结构.

线性代数是一门将理论、应用和计算有机融合起来的课程，它被广泛地应用于科技的各个领域，尤其在计算机日益普及的今天，求解线性方程组等问题已成为研究科技问题经常遇到的课题.本章围绕线性方程组，重点介绍行列式、矩阵以及向量组的一些基础知识，并以此为工具，讨论线性方程组的解.

8.1 行 列 式

8.1.1 行列式的概念

1. 二阶、三阶行列式

首先来看一个例题.

解二元一次方程组

$$\begin{cases} a_{11}x_1 + a_{12}x_2 = b_1 \\ a_{21}x_1 + a_{22}x_2 = b_2 \end{cases} \quad (x_1, x_2 \text{ 为未知元}) \tag{8.1}$$

现在用消元法来求解.

用 a_{22}乘以第 1 个方程，用 a_{12}乘以第 2 个方程，然后两式相减，则消去了 x_2 得

$$(a_{11}a_{22} - a_{12}a_{21})x_1 = b_1a_{22} - b_1a_{12}$$

类似地，消去 x_1 得

$$(a_{11}a_{22} - a_{12}a_{21})x_2 = b_2a_{11} - b_1a_{21}$$

若 $a_{11}a_{22} - a_{12}a_{21} \neq 0$，则方程组的解为

$$x_1 = \frac{b_1a_{22} - b_2a_{12}}{a_{11}a_{22} - a_{12}a_{21}}, \quad x_2 = \frac{b_2a_{11} - b_1a_{21}}{a_{11}a_{22} - a_{12}a_{21}} \tag{8.2}$$

为使这繁琐的结果有一个简单的表示，我们引入二阶行列式的概念.

定义 我们把方程组(8.1)中各未知数的系数，按其在方程组中的位置，记为如下形式：

$$\begin{vmatrix} a_{11} & a_{12} \\ a_{21} & a_{22} \end{vmatrix}$$

称它为二阶行列式；表示一个代数式 $a_{11}a_{22} - a_{12}a_{21}$，即

$$\begin{vmatrix} a_{11} & a_{12} \\ a_{21} & a_{22} \end{vmatrix} = a_{11}a_{22} - a_{12}a_{21}$$

其中 $a_{ij}(i, j = 1,2)$称为行列式的元素，元素 a_{ij} 中的 i 是行标，j 是列标.

由二阶行列式的定义，我们可将 $b_1a_{22} - b_2a_{12}$转化为行列式 $D_1 = \begin{vmatrix} b_1 & a_{12} \\ b_2 & a_{22} \end{vmatrix}$，类似地，$b_2a_{11} - b_1a_{21} = D_2 = \begin{vmatrix} a_{11} & b_1 \\ a_{21} & b_2 \end{vmatrix}$，于是(8.2)式可化为，当系数行列式 $D \neq 0$ 时，方程组有唯一解

$$\begin{cases} x_1 = \dfrac{D_1}{D} \\ x_2 = \dfrac{D_2}{D} \end{cases}$$

例 8.1 计算下列行列式：

(1) $\begin{vmatrix} 4 & 5 \\ -1 & 3 \end{vmatrix}$；　　(2) $\begin{vmatrix} 3 & -2 \\ y & x \end{vmatrix}$.

解 (1) $\begin{vmatrix} 4 & 5 \\ -1 & 3 \end{vmatrix} = 4\times3-5\times(-1)=17$；

(2) $\begin{vmatrix} 3 & -2 \\ y & x \end{vmatrix} = 3x-(-2)y=3x+2y$.

例 8.2 用行列式求解二元线性方程组

$$\begin{cases} -3x_1+4x_2=3 \\ x_1-2x_2=-2 \end{cases}$$

解 因为

$$D=\begin{vmatrix} -3 & 4 \\ 1 & -2 \end{vmatrix}=2\neq0,\quad D_1=\begin{vmatrix} 3 & 4 \\ -2 & -2 \end{vmatrix}=2,\quad D_2=\begin{vmatrix} -3 & 3 \\ 1 & -2 \end{vmatrix}=3$$

所以

$$x_1=\frac{D_1}{D}=\frac{2}{2}=1,\quad x_2=\frac{D_2}{D}=\frac{3}{2}$$

现在要问：对于三元线性方程组

$$\begin{cases} a_{11}x_1+a_{12}x_2+a_{13}x_3=b_1 \\ a_{21}x_1+a_{22}x_2+a_{23}x_3=b_2 \\ a_{31}x_1+a_{32}x_2+a_{33}x_3=b_3 \end{cases} \tag{8.3}$$

是不是也可用行列式来求解呢？

定义 三阶行列式

$$D=\begin{vmatrix} a_{11} & a_{12} & a_{13} \\ a_{21} & a_{22} & a_{23} \\ a_{31} & a_{32} & a_{33} \end{vmatrix}=a_{11}\begin{vmatrix} a_{22} & a_{23} \\ a_{32} & a_{33} \end{vmatrix}-a_{12}\begin{vmatrix} a_{21} & a_{23} \\ a_{31} & a_{33} \end{vmatrix}+a_{13}\begin{vmatrix} a_{21} & a_{22} \\ a_{31} & a_{32} \end{vmatrix} \tag{8.4}$$

其中，$a_{ij}(i=1,2,3;j=1,2,3)$称为 D 中的元素.

若将(8.4)式中的二阶行列式展开，则可得到

$$\begin{aligned} D=&\begin{vmatrix} a_{11} & a_{12} & a_{13} \\ a_{21} & a_{22} & a_{23} \\ a_{31} & a_{32} & a_{33} \end{vmatrix} \\ =&a_{11}a_{22}a_{33}+a_{21}a_{32}a_{13}+a_{31}a_{23}a_{12}-a_{13}a_{22}a_{31}-a_{23}a_{32}a_{11}-a_{33}a_{21}a_{12} \end{aligned}$$

等式的右端称为三阶行列式的展开式.

有定义可知：三阶行列式的展开式有 6 项，每项都是不同行不同列的 3 个元素的乘积，其中有三项附“+”号，三项附“-”号，其规律遵循图 8.1 所示的对角线法则：实线上 3 个元素的乘积取正号，虚线上 3 个元素的乘积取负号.

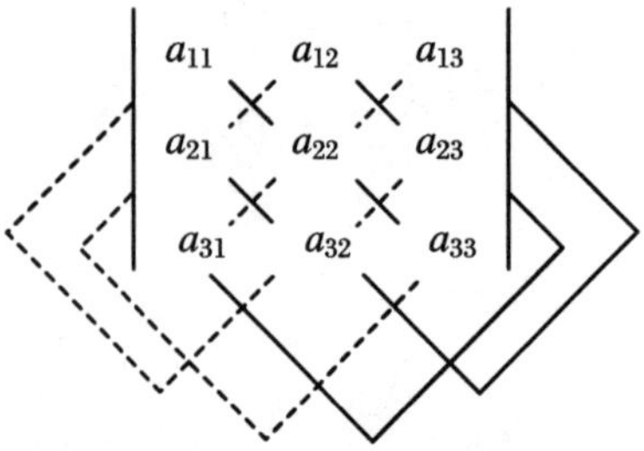

图 8.1　三阶行列式的展开式

我们把 a_{ij} 所在的行(第 i 行)和列(第 j 列)($i=1,2,3;j=1,2,3$)划去后,剩下的二阶行列式记为 M_{ij},那么有

$$M_{11}=\begin{vmatrix} a_{22} & a_{23} \\ a_{32} & a_{33} \end{vmatrix},\quad M_{12}=\begin{vmatrix} a_{21} & a_{23} \\ a_{31} & a_{33} \end{vmatrix},\quad M_{13}=\begin{vmatrix} a_{21} & a_{22} \\ a_{31} & a_{32} \end{vmatrix}$$

这时三阶行列式可以表示成

$$D=a_{11}M_{11}-a_{12}M_{12}+a_{13}M_{13}$$

M_{ij} 称为元素 a_{ij} 的余子式,若令 $A_{ij}=(-1)^{i+j}M_{ij}$,D 还可以写成

$$D=a_{11}A_{11}+a_{12}A_{12}+a_{13}A_{13}=\sum_{k=1}^{3}a_{1k}A_{1k}$$

A_{ij} 称为元素 a_{ij} 的代数余子式,也把这个式子称为行列式按第 1 行展开.

例 8.3　计算三阶行列式 $D=\begin{vmatrix} 1 & 5 & 4 \\ -2 & 3 & 6 \\ 0 & -1 & 1 \end{vmatrix}$.

解法 1　按对角线法则,有

$$\begin{aligned} D&=1\times3\times1+(-2)\times(-1)\times4+0\times5\times6-4\\ &\quad\times3\times0-6\times(-1)\times1-1\times(-2)\times5\\ &=3+8+0-0+6+10=27 \end{aligned}$$

解法 2　按第 1 行展开,有

$$D=\begin{vmatrix} 3 & 6 \\ -1 & 1 \end{vmatrix}-5\begin{vmatrix} -2 & 6 \\ 0 & 1 \end{vmatrix}+4\begin{vmatrix} -2 & 3 \\ 0 & -1 \end{vmatrix}=9-5\times(-2)+4\times2=27$$

注　与二元线性方程组类似,有以下结论:

当系数行列式 $D=\begin{vmatrix} a_{11} & a_{12} & a_{13} \\ a_{21} & a_{22} & a_{23} \\ a_{31} & a_{32} & a_{33} \end{vmatrix}\neq0$ 时,三元线性方程组(8.3)有唯一解

$$\begin{cases} x_1=\dfrac{D_1}{D} \\ x_2=\dfrac{D_2}{D} \\ x_3=\dfrac{D_3}{D} \end{cases}$$

其中

$$D_1=\begin{vmatrix} b_1 & a_{12} & a_{13} \\ b_2 & a_{22} & a_{23} \\ b_3 & a_{32} & a_{33} \end{vmatrix},\quad D_2=\begin{vmatrix} a_{11} & b_1 & a_{13} \\ a_{21} & b_2 & a_{23} \\ a_{31} & b_3 & a_{33} \end{vmatrix},\quad D_3=\begin{vmatrix} a_{11} & a_{12} & b_1 \\ a_{21} & a_{22} & b_2 \\ a_{31} & a_{32} & b_3 \end{vmatrix}$$

2. n 阶行列式

前面我们看到可用二阶行列式定义三阶行列式，类似地，可用三阶行列式定义四阶行列式，一般地：

定义 由 n^2 个数排成 n 行 n 列的正方形数表，按照以下规律，可以得到一个数：

$$D=\begin{vmatrix} a_{11} & a_{12} & \cdots & a_{1n} \\ a_{21} & a_{22} & \cdots & a_{2n} \\ \vdots & \vdots & & \vdots \\ a_{n1} & a_{n2} & \cdots & a_{nn} \end{vmatrix}=a_{11}A_{11}+a_{12}A_{12}+\cdots+a_{1n}A_{1n}=\sum_{k=1}^{n}a_{1k}A_{1k}$$

称为 n 阶行列式，其中 $A_{ij}=(-1)^{i+j}M_{ij}$，M_{ij} 表示 D 划去第 i 行第 j 列 $(i,j=1,2,\cdots,n)$后所剩下的 $n-1$ 阶行列式.

M_{ij} 称为元素 a_{ij} 的余子式，A_{ij} 称为元素 a_{ij} 的代数余子式. 一般把四阶以及四阶以上的行列式称为高阶行列式.

下面我们介绍几个特殊的 n 阶行列式

(1) 上三角行列式 $\begin{vmatrix} a_{11} & a_{12} & \cdots & a_{1n} \\ 0 & a_{22} & \cdots & a_{2n} \\ \vdots & \vdots & & \vdots \\ 0 & 0 & \cdots & a_{nn} \end{vmatrix}=a_{11}a_{22}\cdots a_{nn}$.

其中从 a_{11} 到 a_{nn} 的直线叫作主对角线.

(2) 下三角行列式 $\begin{vmatrix} a_{11} & 0 & \cdots & 0 \\ a_{21} & a_{22} & \cdots & 0 \\ \vdots & \vdots & & \vdots \\ a_{n1} & a_{n2} & \cdots & a_{nn} \end{vmatrix}=a_{11}a_{22}\cdots a_{nn}$.

(3) 对角形行列式(其对角线上的元素是 λ_i，未写出的元素都为 0)

$$\begin{vmatrix} \lambda_1 & & & \\ & \lambda_2 & & \\ & & \ddots & \\ & & & \lambda_n \end{vmatrix}=\lambda_1\lambda_2\cdots\lambda_n,\quad \begin{vmatrix} & & & \lambda_1 \\ & & \lambda_2 & \\ & ⋰ & & \\ \lambda_n & & & \end{vmatrix}=(-1)^{\frac{n(n-1)}{2}}\lambda_1\lambda_2\cdots\lambda_n$$

例 8.4 计算行列式

$$D=\begin{vmatrix} 2 & -3 & 1 & 0 \\ 4 & -1 & 6 & 2 \\ 0 & 4 & 0 & 0 \\ 5 & 7 & -1 & 0 \end{vmatrix}$$

解 按照定义

$$D=2\times(-1)^{1+1}\begin{vmatrix}-1&6&2\\4&0&0\\7&-1&0\end{vmatrix}+(-3)\times(-1)^{1+2}\begin{vmatrix}4&6&2\\0&0&0\\5&-1&0\end{vmatrix}$$

$$+1\times(-1)^{1+3}\begin{vmatrix}4&-1&2\\0&4&0\\5&7&0\end{vmatrix}+0$$

$$=2\times(-8)+(-3)\times0+1\times(-40)=-56$$

说明 在 n 阶行列式的定义中,其值是利用行列式的第 1 行元素来定义的,这个式子通常称为行列式按第 1 行展开.可以证明:行列式按第 1 列元素展开也有相同的结果,即

$$D=\begin{vmatrix}a_{11}&a_{12}&\cdots&a_{1n}\\a_{21}&a_{22}&\cdots&a_{2n}\\\vdots&\vdots&&\vdots\\a_{n1}&a_{n2}&\cdots&a_{nn}\end{vmatrix}=a_{11}A_{11}+a_{21}A_{21}+\cdots+a_{n1}A_{n1}=\sum_{k=1}^{n}a_{k1}A_{k1}$$

实际上行列式按任意行(列)展开,都有相同的结果,即有

$$D=a_{i1}A_{i1}+a_{i2}A_{i2}+\cdots+a_{in}A_{in}(按第\ i\ 行展开)$$

$$=a_{1j}A_{1j}+a_{2j}A_{2j}+\cdots+a_{nj}A_{nj}(按第\ j\ 列展开)(其中\ i,j=1,2,\cdots,n)$$

所以在例 8.4 中,如果按第 3 行(或第 4 列)展开就非常简单,因为行(列)中“0”元素较多

$$D=4\times(-1)^{3+2}\begin{vmatrix}2&1&0\\4&6&2\\5&-1&0\end{vmatrix}=-4\times2\,(-1)^{2+3}\begin{vmatrix}2&1\\5&-1\end{vmatrix}=-56$$

也可以按照第 4 列展开,方便地求出结果.

例 8.5 计算行列式 $D=\begin{vmatrix}a_{11}&0&\cdots&0\\a_{21}&a_{22}&\cdots&0\\\vdots&\vdots&&\vdots\\a_{n1}&a_{n2}&\cdots&a_{nn}\end{vmatrix}$ 的值.

解 $D=a_{11}\cdot(-1)^{1+1}\cdot\begin{vmatrix}a_{22}&0&\cdots&0\\a_{32}&a_{33}&\cdots&0\\\vdots&\vdots&&\vdots\\a_{n2}&a_{n3}&\cdots&a_{nn}\end{vmatrix}=\cdots=a_{11}a_{22}a_{33}\cdots a_{nn}$.

8.1.2 行列式的性质

对于行列式 $D=\begin{vmatrix}a_{11}&a_{12}&\cdots&a_{1n}\\a_{21}&a_{21}&\cdots&a_{2n}\\\vdots&\vdots&&\vdots\\a_{n1}&a_{n2}&\cdots&a_{nn}\end{vmatrix}$,把 D 的行依次变成同序号的列,得到行列式

$D^{\mathrm{T}}=\begin{vmatrix} a_{11} & a_{21} & \cdots & a_{n1} \\ a_{12} & a_{22} & \cdots & a_{n2} \\ \vdots & \vdots & & \vdots \\ a_{1n} & a_{2n} & \cdots & a_{nn} \end{vmatrix}$（或 D'），我们把行列式 D^{T} 称为行列式 D 的转置行列式.

性质1 行列式 D 与它的转置行列式 D^{T} 相等，即 $D=D^{\mathrm{T}}$.

由此可知，在行列式中行与列的地位是对称的. 因此关于行的性质，对列也同样成立，反之亦然.

如 $D=\begin{vmatrix} 2 & -1 \\ 3 & 2 \end{vmatrix}$，$D^{\mathrm{T}}=\begin{vmatrix} 2 & 3 \\ -1 & 2 \end{vmatrix}$，$D=D^{\mathrm{T}}$.

性质2 互换行列式的两行(列)，行列式变号.

如 $D=\begin{vmatrix} a & b \\ c & d \end{vmatrix}=ad-bc$，$\begin{vmatrix} c & d \\ a & b \end{vmatrix}=bc-ad=-D$.

以 r_i 表示第 i 行，c_j 表示第 j 列. 交换 i,j 两行记为 $r_i\leftrightarrow r_j$，交换 i,j 两列记作 $c_i\leftrightarrow c_j$.

性质3 行列式的某一行(列)中所有的元素都乘以同一个数 k，等于用数 k 乘此行列式(第 i 行乘以 k，记作：kr_i).

如

$$\begin{vmatrix} a_{11} & a_{12} & a_{13} \\ ka_{21} & ka_{22} & ka_{23} \\ a_{31} & a_{32} & a_{33} \end{vmatrix} = k\begin{vmatrix} a_{11} & a_{12} & a_{13} \\ a_{21} & a_{22} & a_{23} \\ a_{31} & a_{32} & a_{33} \end{vmatrix}$$

推论 行列式中某一行(列)的所有元素的公因子可以提到行列式的外面.

性质4 若行列式中有两行(列)元素成比例，则此行列式的值为零.

推论 若行列式有两行(列)完全相同，则此行列式的值为零.

性质5 若行列式的某一行(列)的元素均能表示成两个元素的和的形式，则此行列式可拆成两个行列式的和.

例如：

$$\begin{vmatrix} a_1 & a_2 & a_3 \\ b_1+d_1 & b_2+d_2 & b_3+d_3 \\ c_1 & c_2 & c_3 \end{vmatrix} = \begin{vmatrix} a_1 & a_2 & a_3 \\ b_1 & b_2 & b_3 \\ c_1 & c_2 & c_3 \end{vmatrix} + \begin{vmatrix} a_1 & a_2 & a_3 \\ d_1 & d_2 & d_3 \\ c_1 & c_2 & c_3 \end{vmatrix}$$

性质6 把行列式的某一行(列)的各元素乘以数 k 然后加到另一行(列)对应的元素上去，行列式的值不变(例如，第 j 行乘以 k，加到第 i 行上，可记作 r_i+kr_j).

$$\begin{vmatrix} \vdots & \vdots & & \vdots \\ a_{i1} & a_{i2} & \cdots & a_{in} \\ \vdots & \vdots & \cdots & \vdots \\ a_{j1} & a_{j2} & \cdots & a_{jn} \\ \vdots & \vdots & & \vdots \end{vmatrix} \overset{r_i+kr_j}{=\!=\!=} \begin{vmatrix} \vdots & \vdots & & \vdots \\ a_{i1}+ka_{j1} & a_{i2}+ka_{j2} & \cdots & a_{in}+ka_{jn} \\ \vdots & \vdots & & \vdots \\ a_{j1} & a_{j2} & \cdots & a_{jn} \\ \vdots & \vdots & \vdots & \vdots \end{vmatrix}$$

例 8.6 证明 $D=\begin{vmatrix} p+q & q+r & r+p \\ p_1+q_1 & q_1+r_1 & r_1+p_1 \\ p_2+q_2 & q_2+r_2 & r_2+p_2 \end{vmatrix}=2\begin{vmatrix} p & q & r \\ p_1 & q_1 & r_1 \\ p_2 & q_2 & r_2 \end{vmatrix}$.

证明 $D \xlongequal[\text{性质5}]{\text{第1列}} \begin{vmatrix} p & q+r & r+p \\ p_1 & q_1+r_1 & r_1+p_1 \\ p_2 & q_2+r_2 & r_2+p_2 \end{vmatrix} + \begin{vmatrix} q & q+r & r+p \\ q_1 & q_1+r_1 & r_1+p_1 \\ q_2 & q_2+r_2 & r_2+p_2 \end{vmatrix} = \begin{vmatrix} p & q+r & r \\ p_1 & q_1+r_1 & r_1 \\ p_2 & q_2+r_2 & r_2 \end{vmatrix}$

$$+\begin{vmatrix} q & r & r+p \\ q_1 & r_1 & r_1+p_1 \\ q_2 & r_2 & r_2+p_2 \end{vmatrix} = \begin{vmatrix} p & q & r \\ p_1 & q_1 & r_1 \\ p_2 & q_2 & r_2 \end{vmatrix} + \begin{vmatrix} q & r & p \\ q_1 & r_1 & p_1 \\ q_2 & r_2 & p_2 \end{vmatrix} = 2\begin{vmatrix} p & q & r \\ p_1 & q_1 & r_1 \\ p_2 & q_2 & r_2 \end{vmatrix}.$$

8.1.3 行列式的计算

1. 行列式按某一行(列)展开

例 8.7 试按第 4 列展开计算行列式 $D=\begin{vmatrix} 1 & 1 & 1 & 1 \\ 1 & -1 & 2 & 1 \\ 4 & 1 & 2 & 0 \\ 5 & 0 & 4 & 0 \end{vmatrix}$.

解 利用定理,按第 4 列展开,有 $D=a_{14}A_{14}+a_{24}A_{24}+a_{34}A_{34}+a_{44}A_{44}$,因为 $a_{14}=1$, $a_{24}=1$, $a_{34}=0$, $a_{44}=0$; $A_{14}=0$, $A_{24}=-7$, $A_{34}=-7$, $A_{44}=7$,所以 $D=1\times0+1\times(-7)+0\times(-7)+0\times7=-7$.

2. 利用行列式的性质计算

例 8.8 计算四阶行列式 $D=\begin{vmatrix} 3 & -4 & 6 & 1 \\ 2 & -1 & 4 & -2 \\ -2 & 5 & -5 & 2 \\ 2 & -4 & 6 & 0 \end{vmatrix}$.

解 利用行列式的性质,可将 D 化为上三角行列式,再求值

$$D=\begin{vmatrix} 3 & -4 & 6 & 1 \\ 2 & -1 & 4 & -2 \\ -2 & 5 & -5 & 2 \\ 2 & -4 & 6 & 0 \end{vmatrix} \xlongequal{r_1-r_4} \begin{vmatrix} 1 & 0 & 0 & 1 \\ 2 & -1 & 4 & -2 \\ -2 & 5 & -5 & 2 \\ 2 & -4 & 6 & 0 \end{vmatrix}$$

$$\xlongequal[r_4+(-2)r_1]{\substack{r_2+(-2)r_1 \\ r_3+2r_1}} \begin{vmatrix} 1 & 0 & 0 & 1 \\ 0 & -1 & 4 & -4 \\ 0 & 5 & -5 & 4 \\ 0 & -4 & 6 & -2 \end{vmatrix} \xlongequal[r_4+(-4)r_2]{r_3+5r_2} \begin{vmatrix} 1 & 0 & 0 & 1 \\ 0 & -1 & 4 & -4 \\ 0 & 0 & 15 & -16 \\ 0 & 0 & -10 & 14 \end{vmatrix}$$

$$\xlongequal{r_4+\frac{2}{3}r_2} \begin{vmatrix} 1 & 0 & 0 & 1 \\ 0 & -1 & 4 & -4 \\ 0 & 0 & 15 & -16 \\ 0 & 0 & 0 & \frac{10}{3} \end{vmatrix} = -50$$

此外,利用行列式的性质把某一行(或列)的元素化为仅有一个非零元素,然后再按这一行(或列)展开,这是计算行列式的一种常用的基本方法,称为"降阶法".下面举例说明.

例 8.9 计算 $D=\begin{vmatrix}1&1&1&1\\1&-1&1&1\\1&1&-1&1\\1&1&1&-1\end{vmatrix}$.

解 $D=\begin{vmatrix}1&1&1&1\\1&-1&1&1\\1&1&-1&1\\1&1&1&-1\end{vmatrix}\xlongequal[i=2,3,4]{r_i-r_1}\begin{vmatrix}1&1&1&1\\0&-2&0&0\\0&0&-2&0\\0&0&0&-2\end{vmatrix}$

$=-8.$

例 8.10 计算行列式 $D=\begin{vmatrix}3&1&-1&2\\-5&1&3&-4\\2&0&1&-1\\1&-5&3&-3\end{vmatrix}$.

解 $D\xlongequal[c_4+c_3]{c_1-2c_3}\begin{vmatrix}5&1&-1&1\\-11&1&3&-1\\0&0&1&0\\-5&-5&3&0\end{vmatrix}=1\times(-1)^{3+3}\begin{vmatrix}5&1&1\\-11&1&-1\\-5&-5&0\end{vmatrix}$

$\xlongequal{c_2-c_1}\begin{vmatrix}5&-4&1\\-11&12&-1\\-5&0&0\end{vmatrix}=-5\times(-1)^{3+1}\begin{vmatrix}-4&1\\12&-1\end{vmatrix}=40.$

例 8.11 计算 n 阶行列式 $D=\begin{vmatrix}x&a&\cdots&a\\a&x&\cdots&a\\\vdots&\vdots&&\vdots\\a&a&\cdots&x\end{vmatrix}$.

解 因为该行列式中各行(列)的元素之和都是 $x+(n-1)a$,所以,可把各列元素都加到第1列上,然后提取公因式 $x+(n-1)a$,在利用性质6,把第1列的元素尽量化为零,并按第1列展开,即有

$$D\xlongequal{c_1+c_2+\cdots+c_n}\begin{vmatrix}x+(n-1)a&a&\cdots&a\\x+(n-1)a&x&\cdots&a\\\vdots&\vdots&&\vdots\\x+(n-1)a&a&\cdots&x\end{vmatrix}$$

$$=(x+(n-1)a)\cdot\begin{vmatrix}1&a&\cdots&a\\1&x&\cdots&a\\\vdots&\vdots&&\vdots\\1&a&\cdots&x\end{vmatrix}$$

$$\xlongequal[i=1,2,\cdots,n]{r_i-r_1}(x+(n-1)a)\cdot\begin{vmatrix}1&a&\cdots&a\\0&x-a&\cdots&0\\\vdots&\vdots&&\vdots\\0&0&\cdots&x-a\end{vmatrix}$$

$$=(x+(n-1)a)(x-a)^{n-1}$$

8.1.4 克拉默法则

前面已经给出二元、三元线性方程组的行列式解法，对于 n 元线性方程组也有类似的结论.

定理 8.1 （克拉默(Cramer)法则）设有 n 个未知数 $x_1,x_2,\cdots,x_n$ 的 n 个线性方程的方程组

$$\begin{cases} a_{11}x_1+a_{12}x_2+\cdots+a_{1n}x_n=b_1 \\ a_{21}x_1+a_{22}x_2+\cdots+a_{2n}x_2=b_2 \\ \cdots \\ a_{n1}x_1+a_{n2}x_2+\cdots+a_{nn}x_n=b_n \end{cases} \tag{8.5}$$

如果系数行列式不等于零，即

$$D=\begin{vmatrix} a_{11} & a_{12} & \cdots & a_{1n} \\ \vdots & \vdots & & \vdots \\ a_{n1} & a_{n2} & \cdots & a_{nn} \end{vmatrix}\neq 0$$

则方程组有且仅有一组解：

$$x_1=\frac{D_1}{D},x_2=\frac{D_2}{D},\cdots,x_n=\frac{D_n}{D} \tag{$*$}$$

其中 $D_j\,(j=1,2,\cdots,n)$ 是把系数行列式 D 中的第 j 列的元素 $a_{1j},a_{2j},\cdots,a_{nj}$ 用方程组右端的常数 $b_1,b_2,\cdots,b_n$ 分别替代得到的 n 阶行列式.

注 克拉默法则中的条件是:(1)方程的个数与未知数的个数相等;(2)系数行列式 $D\neq0$ 的结论包含三层含义:① 方程组有解;② 方程组的解是唯一的;③ 方程组的解是由公式($*$)给出的.

例 8.12 求解线性方程组

$$\begin{cases} x_1-x_2+2x_4=-5 \\ 3x_1+2x_2-x_3-2x_4=6 \\ 4x_1+3x_2-x_3-x_4=0 \\ 2x_1-x_3=0 \end{cases}$$

解 系数行列式

$$D=\begin{vmatrix} 1 & -1 & 0 & 2 \\ 3 & 2 & -1 & -2 \\ 4 & 3 & -1 & -1 \\ 2 & 0 & -1 & 0 \end{vmatrix}\overset{r_2-r_4}{\underset{r_3-r_4}{=\!=\!=}}\begin{vmatrix} 1 & -1 & 0 & 2 \\ 1 & 2 & 0 & -2 \\ 2 & 3 & 0 & -1 \\ 2 & 0 & -1 & 0 \end{vmatrix}\overset{\text{按第三列}}{\underset{\text{展开}}{=\!=\!=}}\begin{vmatrix} 1 & -1 & 2 \\ 1 & 2 & -2 \\ 2 & 3 & -1 \end{vmatrix}$$

$$\overset{r_1+r_2}{\underset{r_2-2r_3}{=\!=\!=}}\begin{vmatrix} 2 & 1 & 0 \\ -3 & -4 & 0 \\ 2 & 3 & -1 \end{vmatrix}=-\begin{vmatrix} 2 & 1 \\ -3 & -4 \end{vmatrix}=5\neq 0$$

同样可以计算

$$D_1=\begin{vmatrix} -5 & -1 & 0 & 2 \\ 6 & 2 & -1 & -2 \\ 0 & 3 & -1 & -1 \\ 0 & 0 & -1 & 0 \end{vmatrix}=10,\quad D_2=\begin{vmatrix} 1 & -5 & 0 & 2 \\ 3 & 6 & -1 & -2 \\ 4 & 0 & -1 & -2 \\ 2 & 0 & -1 & 0 \end{vmatrix}=-15$$

$$D_3=\begin{vmatrix}1&-1&-5&2\\3&2&6&-2\\4&3&0&-1\\2&0&0&0\end{vmatrix}=20,\quad D_4=\begin{vmatrix}1&-1&0&-5\\3&2&-1&6\\4&3&-1&0\\2&0&-1&0\end{vmatrix}=-25$$

所以 $x_1=\dfrac{D_1}{D}=2, x_2=\dfrac{D_2}{D}=-3, x_3=\dfrac{D_3}{D}=4,\ x_4=\dfrac{D_4}{D}=-5.$

推论 若齐次线性方程组

$$\begin{cases}a_{11}x_1+a_{12}x_2+\cdots+a_{1n}x_n=0\\a_{21}x_1+a_{22}x_2+\cdots+a_{2n}x_n=0\\\qquad\cdots\\a_{n1}x_1+a_{n2}x_2+\cdots+a_{nn}x_n=0\end{cases}$$

的系数行列式 $D\neq0$,则它只有零解. 即齐次线性方程组有非零解,则必有 $D=0$.

例 8.13 判断齐次线性方程组

$$\begin{cases}x_1+3x_2-4x_3+2x_4=0\\3x_1-x_2+2x_3-x_4=0\\-2x_1+4x_2-x_3+3x_4=0\\3x_1+9x_2-7x_3+6x_4=0\end{cases}$$

解的情况.

解 因为

$$D=\begin{vmatrix}1&3&-4&2\\3&-1&2&-1\\-2&4&-1&3\\3&9&-7&6\end{vmatrix}=\begin{vmatrix}1&3&-4&2\\0&-10&14&-7\\0&10&-9&7\\0&0&5&0\end{vmatrix}=\begin{vmatrix}1&3&-4&2\\0&-10&14&-7\\0&0&5&0\\0&0&5&0\end{vmatrix}=0$$

所以,该齐次线性方程组有非零解.

数学家小传

克拉默(1704～1752 年,图 8.2),早年在日内瓦读书,1724 年起在日内瓦加尔文学院任教,1734 年成为几何学教授,1750 年任哲学教授. 他自 1727 年起进行为期两年的旅行访学. 在巴塞尔与约翰·伯努利、欧拉等人学习交流,结为挚友. 后又到英国、荷兰、法国等地拜见许多数学名家,回国后在与他们的长期通信中,加强了与数学家之间的联系,为数学宝库留下了大量有价值的文献. 他一生未婚,专心治学,平易近人且德高望重,先后当选为伦敦皇家学会、柏林研究院和法国、意大利等学会的成员. 主要著作是《代数曲线的分析引论》(1750),首先定义了正则、非正则、超越曲线和无理曲线等概念,第一次正式引入坐标

图 8.2

系的纵轴(Y 轴),然后讨论曲线变换,并依据曲线方程的阶数将曲线进行分类.为了确定经过5个点的一般二次曲线的系数,应用了著名的"克拉默法则",即由线性方程组的系数确定方程组解的表达式.该法则于1729年由英国数学家马克劳林得到,1748年发表,以克拉默的优越符号使之流传.

《课 堂 练 习》

1. 计算下列行列式:

(1) $\begin{vmatrix} 1 & 4 \\ -1 & -2 \end{vmatrix}$;　　(2) $\begin{vmatrix} 2 & 2 & -3 \\ -1 & 5 & 1 \\ 3 & 3 & 1 \end{vmatrix}$;

(3) $\begin{vmatrix} 2 & 1 & 4 & 1 \\ 3 & -1 & 2 & 1 \\ 1 & 2 & 3 & 2 \\ 3 & 0 & 6 & 2 \end{vmatrix}$;　　(4) $\begin{vmatrix} 0 & 1 & 2 & -1 & 4 \\ 2 & 0 & 1 & 2 & 1 \\ -1 & 3 & 5 & 1 & 2 \\ 3 & 3 & 1 & 2 & 1 \\ 2 & 1 & 0 & 3 & 5 \end{vmatrix}$;

(5) $\begin{vmatrix} 1 & 2 & 3 & 4 \\ 2 & 3 & 4 & 1 \\ 3 & 4 & 1 & 2 \\ 4 & 1 & 2 & 3 \end{vmatrix}$;　　(6) $\begin{vmatrix} 1 & 2 & 3 & \cdots & n \\ 1 & x+1 & 3 & \cdots & n \\ 1 & 2 & x+1 & \cdots & n \\ \vdots & \vdots & \vdots & & \vdots \\ 1 & 2 & 3 & \cdots & x+1 \end{vmatrix}$.

2. 写出行列式 $D = \begin{vmatrix} 3 & -1 & 4 & 2 \\ 2 & -1 & -1 & 1 \\ 4 & 1 & 3 & 1 \\ -1 & 3 & 5 & 2 \end{vmatrix}$ 中元素 $a_{42}=3$ 的余子式 M_{42} 和代数余子式 A_{42}.

3. 已知 $D = \begin{vmatrix} 1 & 0 & 3 \\ -1 & 2 & 4 \\ 1 & 5 & 9 \end{vmatrix}$,求 $A_{31}+A_{32}+A_{33}$.

4. 证明:$\begin{vmatrix} ax+by & ay+bz & az+bx \\ ay+bz & az+bx & ax+by \\ az+bx & ax+by & ay+bz \end{vmatrix} = (a^3+b^3)\begin{vmatrix} x & y & z \\ y & z & x \\ z & x & y \end{vmatrix}$.

5. 解方程组 $\begin{cases} x+y+z=1 \\ 2x+y-z=-1 \\ 3x-y+2z=0 \end{cases}$.

6. 当 k 取何值时,方程组 $\begin{cases} kx_1+x_2+x_3=0 \\ x_1+kx_2+x_3=0 \\ x_1+x_2+kx_3=0 \end{cases}$ 有唯一解?

7. 当 λ 为何值时，齐次线性方程组 $\begin{cases}(1-\lambda)x_1 - 2x_2 + 4x_3 = 0 \\ 2x_1 + (3-\lambda)x_2 + x_3 = 0 \\ x_1 + x_2 + (1-\lambda)x_3 = 0\end{cases}$ 有非零解？

8.2 矩阵及其运算

8.2.1 矩阵的概念

1. 矩阵的概念

n 元线性方程组的一般形式为

$$\begin{cases}a_{11}x_1 + a_{12}x_2 + \cdots + a_{1n}x_n = b_1 \\ a_{21}x_1 + a_{22}x_2 + \cdots + a_{2n}x_n = b_2 \\ \cdots \\ a_{m1}x_1 + a_{m2}x_2 + \cdots + a_{mn}x_n = b_m\end{cases}$$

其中未知元个数为 n，方程个数为 m（m,n 不一定相同）.

线性方程组的解完全取决于各未知元前面的系数 $a_{ij}(i=1,2,\cdots,m;j=1,2,\cdots,n)$ 及等号右边的常数项 $b_1,b_2,\cdots,b_m$，所以，为了方便起见，对这样的方程组的讨论往往是把未知元分离出来，将其系数与常数项抽出来排成矩形形状的有序数表，即

$$\begin{pmatrix}a_{11} & a_{12} & \cdots & a_{1n} & b_1 \\ a_{21} & a_{22} & \cdots & a_{2n} & b_2 \\ \vdots & \vdots & & \vdots & \vdots \\ a_{m1} & a_{m2} & \cdots & a_{mn} & b_m\end{pmatrix}$$

一般地，把类似于上述形式的矩形数表，就称为矩阵.

定义 设有 $m\times n$ 个数 $a_{ij}(i=1,2,\cdots,m;j=1,2,\cdots,n)$ 排成 m 行 n 列，并用方括号（或圆括号）括起来的矩形数表

$$\begin{bmatrix}a_{11} & a_{12} & \cdots & a_{1n} \\ a_{21} & a_{22} & \cdots & a_{2n} \\ \vdots & \vdots & & \vdots \\ a_{m1} & a_{m2} & \cdots & a_{mn}\end{bmatrix}$$

称为 m 行 n 列矩阵，简称 $m\times n$ 矩阵. 通常用字母 $A,B,C\cdots$来表示，也用 $\boldsymbol{A}_{m\times n}$ 或 $(a_{ij})_{m\times n}$ 来表示，其中 a_{ij} 叫作矩阵 $\boldsymbol{A}$ 的元素，i 为行标，j 为列标，a_{ij} 表示矩阵 $\boldsymbol{A}$ 中第 i 行、第 j 列的元素.

行数与列数都等于 n 的矩阵称为 n 阶矩阵或 n 阶方阵，n 阶矩阵 $\boldsymbol{A}$ 也记作 $\boldsymbol{A}_n$.

2. 常用的特殊矩阵

下面介绍一些特殊矩阵：

(1) **行矩阵** $m=1,\boldsymbol{A}=(a_1,a_2,\cdots,a_n)_{1\times n}$.

(2) **列矩阵** $n=1, \boldsymbol{A}=\begin{pmatrix} a_1 \\ a_2 \\ \vdots \\ a_m \end{pmatrix}_{m\times 1}$.

(3) **零矩阵** $\boldsymbol{A}=(0)_{m\times n}=0$.

(4) 在方阵中有:

① **单位矩阵** $\boldsymbol{E}=\begin{pmatrix} 1 & 0 & \cdots & 0 \\ 0 & 1 & \cdots & 0 \\ \vdots & \vdots & & \vdots \\ 0 & 0 & \cdots & 1 \end{pmatrix}_n$ 称为 n 阶单位矩阵.

② **对角矩阵**

称矩阵 $\begin{pmatrix} \lambda_1 & 0 & \cdots & 0 \\ 0 & \lambda_2 & \cdots & 0 \\ \vdots & \vdots & & \vdots \\ 0 & 0 & \cdots & \lambda_n \end{pmatrix}$ 为 n 阶对角矩阵,简记为 $\begin{pmatrix} \lambda_1 & & & \\ & \lambda_2 & & \\ & & \ddots & \\ & & & \lambda_n \end{pmatrix}$.

③ **上(下)三角矩阵**

$$\boldsymbol{A}=\begin{pmatrix} a_{11} & a_{12} & \cdots & a_{1n} \\ 0 & a_{22} & \cdots & a_{2n} \\ \vdots & \vdots & & \vdots \\ 0 & 0 & \cdots & a_{nn} \end{pmatrix} \text{为上三角矩阵}$$

$$\boldsymbol{B}=\begin{pmatrix} b_{11} & 0 & \cdots & 0 \\ b_{21} & b_{22} & \cdots & 0 \\ \vdots & \vdots & & \vdots \\ b_{n1} & b_{n2} & \cdots & b_{nn} \end{pmatrix} \text{为下三角矩阵}$$

(5) **同型矩阵** 称 $\boldsymbol{A}=(a_{ij})_{m\times n}$ 与 $\boldsymbol{B}=(b_{ij})_{m\times n}$ 为同型矩阵(行数与列数分别相等).

(6) **相等矩阵** 如果两个矩阵相等必须是同型矩阵,同时两个矩阵中对应元素都相等.

8.2.2 矩阵的运算

根据实际问题的需要,规定矩阵的一些基本运算如下:

1. 矩阵的加法

定义 设有两个 $m\times n$ 矩阵 $\boldsymbol{A}=(a_{ij})$, $\boldsymbol{B}=(b_{ij})$ 为同型矩阵,则矩阵 $\boldsymbol{A}$ 与 $\boldsymbol{B}$ 的和,记作 $\boldsymbol{A}+\boldsymbol{B}$. 即 $\boldsymbol{A}+\boldsymbol{B}=(a_{ij})_{m\times n}+(b_{ij})_{m\times n}=(a_{ij}+b_{ij})_{m\times n}$.

由定义可知,矩阵加法具有以下性质:

(1) $\boldsymbol{A}+\boldsymbol{B}=\boldsymbol{B}+\boldsymbol{A}$;

(2) $(\boldsymbol{A}+\boldsymbol{B})+\boldsymbol{C}=\boldsymbol{A}+(\boldsymbol{B}+\boldsymbol{C})$;

(3) $\boldsymbol{A}+\boldsymbol{O}=\boldsymbol{O}+\boldsymbol{A}=\boldsymbol{A}$.

其中矩阵 $\boldsymbol{A}, \boldsymbol{B}, \boldsymbol{C}$ 和 $\boldsymbol{O}$ 是同型矩阵,只有同型矩阵才能求和.

已知矩阵 $\boldsymbol{A}=(a_{ij})_{m\times n}$,称矩阵 $(-a_{ij})_{m\times n}$ 为矩阵 $\boldsymbol{A}$ 的负矩阵，记作 $-\boldsymbol{A}$.由此规定矩阵的减法

$$\boldsymbol{A}-\boldsymbol{B}=\boldsymbol{A}+(-\boldsymbol{B})=(a_{ij})_{m\times n}+(-b_{ij})_{m\times n}=(a_{ij}-b_{ij})_{m\times n}$$

显然有:$\boldsymbol{A}+(-\boldsymbol{A})=\boldsymbol{A}$.

例 8.14 设矩阵 $\boldsymbol{A}=\begin{pmatrix}2&1&1\\3&0&-1\end{pmatrix}$,$\boldsymbol{B}=\begin{pmatrix}0&3&-1\\1&-2&2\end{pmatrix}$,求 $\boldsymbol{A}+\boldsymbol{B}$,$\boldsymbol{A}-\boldsymbol{B}$.

解 $\boldsymbol{A}+\boldsymbol{B}=\begin{pmatrix}2&1&1\\3&0&-1\end{pmatrix}+\begin{pmatrix}0&3&-1\\1&-2&2\end{pmatrix}=\begin{pmatrix}2&4&0\\4&-2&1\end{pmatrix}$,

$$\boldsymbol{A}-\boldsymbol{B}=\begin{pmatrix}2&1&1\\3&0&-1\end{pmatrix}-\begin{pmatrix}0&3&-1\\1&-2&2\end{pmatrix}=\begin{pmatrix}2&-2&2\\2&2&-3\end{pmatrix}.$$

例 8.15 求矩阵 $\boldsymbol{X}$,使 $\boldsymbol{A}+\boldsymbol{X}=\boldsymbol{B}$,其中

$$\boldsymbol{A}=\begin{pmatrix}3&-2&0\\1&1&2\\2&3&-1\end{pmatrix},\quad \boldsymbol{B}=\begin{pmatrix}1&2&-1\\1&3&-4\\-2&-1&1\end{pmatrix}$$

解 $$\boldsymbol{X}=\boldsymbol{B}-\boldsymbol{A}=\begin{pmatrix}1&2&-1\\1&3&-4\\-2&-1&1\end{pmatrix}-\begin{pmatrix}3&-2&0\\1&1&2\\2&3&-1\end{pmatrix}=\begin{pmatrix}-2&4&-1\\0&2&-6\\-4&-4&2\end{pmatrix}.$$

2. 数与矩阵相乘

定义 数 λ 与矩阵 $\boldsymbol{A}$ 的乘积记作 $\lambda\boldsymbol{A}$ 或 $\boldsymbol{A}\lambda$,即

$$\lambda\boldsymbol{A}=\boldsymbol{A}\lambda=(\lambda a_{ij})_{m\times n}=\begin{pmatrix}\lambda a_{11}&\lambda a_{12}&\cdots&\lambda a_{1n}\\\lambda a_{21}&\lambda a_{22}&\cdots&\lambda a_{2n}\\\vdots&\vdots&&\vdots\\\lambda a_{m1}&\lambda a_{m2}&\cdots&\lambda a_{mn}\end{pmatrix}$$

数乘矩阵满足下列运算律:

(1) $(\lambda\mu)\boldsymbol{A}=\lambda(\mu\boldsymbol{A})$;

(2) $(\lambda+\mu)\boldsymbol{A}=\lambda\boldsymbol{A}+\mu\boldsymbol{A}$;

(3) $\lambda(\boldsymbol{A}+\boldsymbol{B})=\lambda\boldsymbol{A}+\lambda\boldsymbol{B}$($\lambda,\mu$ 为常数).

注 矩阵相加与数乘矩阵合起来,统称为矩阵的线性运算.

例 8.16 设矩阵 $\boldsymbol{A}=\begin{pmatrix}3&1&-6\\4&2&5\\1&-1&-3\end{pmatrix}$,$\boldsymbol{B}=\begin{pmatrix}2&-1&3\\3&2&-2\\1&1&-1\end{pmatrix}$,求 $2\boldsymbol{A}-\boldsymbol{B}$.

解 先做矩阵数乘运算 $2\boldsymbol{A}$,然后进行矩阵 $2\boldsymbol{A}$ 与 $\boldsymbol{B}$ 的减法运算.

$$2\boldsymbol{A}=\begin{pmatrix}2\times3&2\times1&2\times(-6)\\2\times4&2\times2&2\times5\\2\times1&2\times(-1)&2\times(-3)\end{pmatrix}=\begin{pmatrix}6&2&-12\\8&4&10\\2&-2&-6\end{pmatrix}$$

即

$$2\boldsymbol{A}-\boldsymbol{B}=\begin{pmatrix}6&2&-12\\8&4&10\\2&-2&-6\end{pmatrix}-\begin{pmatrix}2&-1&3\\3&2&-2\\1&1&-1\end{pmatrix}=\begin{pmatrix}4&3&-15\\5&2&12\\1&-3&-5\end{pmatrix}$$

3. 矩阵的乘法

(1) 引例

例 8.17 设某公司有甲、乙两种产品,如果用矩阵 $\boldsymbol{A}$ 表示 2013,2014 年的产量;矩阵 $\boldsymbol{B}$ 表示两种产品的每件的成本、利润、销售价,求两年的成本总额、利润总额及销售总额.

$$\boldsymbol{A}=\begin{pmatrix}300 & 400\\600 & 700\end{pmatrix}\begin{matrix}2013\text{年}\\2014\text{年}\end{matrix}\ (\text{列:甲, 乙}),\quad \boldsymbol{B}=\begin{pmatrix}2 & 10 & 12\\3 & 15 & 18\end{pmatrix}\begin{matrix}\text{甲}\\\text{乙}\end{matrix}\ (\text{列:成本, 利润, 销售})$$

用矩阵 $\boldsymbol{C}=(c_{ij})$ 来表示成本总额、利润总额及销售总额,可得 $\boldsymbol{C}$ 中的元素 c_{ij} 为:

2013 年成本总额为 $c_{11}=300\times2+400\times3=1800$;

2013 年利润总额为 $c_{12}=300\times10+400\times15=9000$;

2013 年销售总额为 $c_{13}=300\times12+400\times18=10800$;

2014 年成本总额为 $c_{21}=600\times2+700\times3=3300$;

2014 年利润总额为 $c_{22}=600\times10+700\times15=16500$;

2014 年销售总额为 $c_{23}=600\times12+700\times18=19800$.

即

$$\boldsymbol{C}=\begin{pmatrix}1800 & 9000 & 10800\\3300 & 16500 & 19800\end{pmatrix}\begin{matrix}\text{甲}\\\text{乙}\end{matrix}\ (\text{列:成本总额, 利润总额, 销售总额})$$

这里的矩阵 $\boldsymbol{C}$ 的第 i 行第 j 列处的元素是由矩阵 $\boldsymbol{A}$ 的第 i 行元素与矩阵 $\boldsymbol{B}$ 的第 j 列对应元素乘积再相加而得到的.

(2) 矩阵与矩阵相乘

定义 设 $\boldsymbol{A}=(a_{ij})$ 是一个 $m\times s$ 矩阵,$\boldsymbol{B}=(b_{ij})$ 是一个 $s\times n$ 矩阵,则规定 $\boldsymbol{A}$ 与 $\boldsymbol{B}$ 的乘积是一个 $m\times n$ 矩阵 $\boldsymbol{C}=(c_{ij})_{m\times n}$,其中

$$c_{ij}=a_{i1}b_{1j}+a_{i2}b_{2j}+\cdots+a_{is}b_{sj}=\sum_{k=1}^{s}a_{ik}b_{kj}\quad(i=1,2,\cdots,m;j=1,2,\cdots,n)$$

并记作

$$\boldsymbol{C}=\boldsymbol{AB}$$

由定义知:一个 $1\times s$ 行矩阵与一个 $s\times1$ 列相乘是一个 1 阶方阵,即

$$(a_{i1},a_{i2},\cdots,a_{is})\begin{pmatrix}b_{1j}\\b_{2j}\\\vdots\\b_{sj}\end{pmatrix}=\sum_{k=1}^{s}a_{ik}b_{kj}=c_{ij}$$

注 (1) 只有当左矩阵 $\boldsymbol{A}$ 的列数等于右矩阵 $\boldsymbol{B}$ 的行数时,$\boldsymbol{A}$,$\boldsymbol{B}$ 才能做乘法运算,即 $\boldsymbol{AB}$ 才有意义;

(2) 两个矩阵的乘积 $\boldsymbol{C}=\boldsymbol{AB}$ 亦是矩阵,它的行数等于左矩阵 $\boldsymbol{A}$ 的行数,它的列数等于右矩阵 $\boldsymbol{B}$ 的列数;

(3) 乘积矩阵 $\boldsymbol{C}=\boldsymbol{AB}$ 中的第 i 行第 j 列的元素是矩阵 $\boldsymbol{A}$ 的第 i 行元素与矩阵 $\boldsymbol{B}$ 的第 j 列对应元素乘积之和.

例 8.18 设

$$\boldsymbol{A}=\begin{pmatrix}3 & -1 & 1\\ -2 & 0 & 2\end{pmatrix},\quad \boldsymbol{B}=\begin{pmatrix}1 & 0 & 0 & 0\\ 1 & 2 & 0 & 0\\ 2 & 1 & 3 & 4\end{pmatrix}$$

计算 $\boldsymbol{AB}$.

解 $\boldsymbol{AB}$ 是 2×4 矩阵,且

$$\begin{aligned}\boldsymbol{AB}&=\begin{pmatrix}3 & -1 & 1\\ -2 & 0 & 2\end{pmatrix}\begin{pmatrix}1 & 0 & 0 & 0\\ 1 & 2 & 0 & 0\\ 2 & 1 & 3 & 4\end{pmatrix}\\ &=\begin{pmatrix}3\times1+(-1)\times1+1\times2 & 3\times0+(-1)\times2+1\times1 & 3\times0+(-1)\times0+1\times3 & 3\times0+(-1)\times0+1\times4\\ (-2)\times1+0\times1+2\times2 & (-2)\times0+0\times2+2\times1 & (-2)\times0+0\times0+2\times3 & (-2)\times0+0\times0+2\times4\end{pmatrix}\\ &=\begin{pmatrix}4 & -1 & 3 & 4\\ 2 & 2 & 6 & 8\end{pmatrix}\end{aligned}$$

注 $\boldsymbol{BA}$ 是没有意义的.

例 8.19 设 $\boldsymbol{A}=\begin{pmatrix}4 & -2\\ -2 & 1\end{pmatrix}$,$\boldsymbol{B}=\begin{pmatrix}3 & 6\\ -2 & -4\end{pmatrix}$,求 $\boldsymbol{AB}$ 及 $\boldsymbol{BA}$.

解 $\boldsymbol{AB}=\begin{pmatrix}4 & -2\\ -2 & 1\end{pmatrix}\begin{pmatrix}3 & 6\\ -2 & -4\end{pmatrix}=\begin{pmatrix}16 & 32\\ -8 & -16\end{pmatrix}$,

$\boldsymbol{BA}=\begin{pmatrix}3 & 6\\ -2 & -4\end{pmatrix}\begin{pmatrix}4 & -2\\ -2 & 1\end{pmatrix}=\begin{pmatrix}0 & 0\\ 0 & 0\end{pmatrix}$.

由此发现:(1) $\boldsymbol{AB}\neq\boldsymbol{BA}$(不满足交换律);

(2) $\boldsymbol{A}\neq0$,$\boldsymbol{B}\neq0$,但却有 $\boldsymbol{BA}=0$.

不难验证,矩阵的乘法具有如下运算律:

① $(\boldsymbol{AB})\boldsymbol{C}=\boldsymbol{A}(\boldsymbol{BC})$ 结合律;

② $\boldsymbol{A}(\boldsymbol{B}+\boldsymbol{C})=\boldsymbol{AB}+\boldsymbol{AC}$,$(\boldsymbol{A}+\boldsymbol{B})\boldsymbol{C}=\boldsymbol{AC}+\boldsymbol{BC}$ 分配律;

③ $\lambda(\boldsymbol{AB})=(\lambda\boldsymbol{A})\boldsymbol{B}=\boldsymbol{A}(\lambda\boldsymbol{B})$($\lambda$ 是常数);

④ $\boldsymbol{EA}=\boldsymbol{A}$,$\boldsymbol{BE}=\boldsymbol{B}$.

例 8.20 用矩阵形式表示线性方程组

$$\begin{cases}-3x_1+x_2+5x_3=4\\ x_1-2x_2+3x_3=-2\\ -2x_1+x_2+4x_3=3\end{cases}$$

解 由矩阵相等的概念可得,所给线性方程组可用矩阵等式表示为

$$\begin{pmatrix}-3x_1+x_2+5x_3\\ x_1-2x_2+3x_3\\ -2x_1+x_2+4x_3\end{pmatrix}=\begin{pmatrix}4\\ -2\\ 3\end{pmatrix}$$

左边矩阵可表示为

$$\begin{pmatrix}-3 & 1 & 5\\ 1 & -2 & 3\\ -2 & 1 & 4\end{pmatrix}\cdot\begin{pmatrix}x_1\\ x_2\\ x_3\end{pmatrix}$$

于是,所给方程组可用矩阵表示为

$$\begin{pmatrix}-3 & 1 & 5\\ 1 & -2 & 3\\ -2 & 1 & 4\end{pmatrix}\cdot\begin{pmatrix}x_1\\ x_2\\ x_3\end{pmatrix}=\begin{pmatrix}4\\ -2\\ 3\end{pmatrix}$$

若记

$$\boldsymbol{A}=\begin{pmatrix}-3 & 1 & 5\\ 1 & -2 & 3\\ -2 & 1 & 4\end{pmatrix},\quad \boldsymbol{X}=\begin{pmatrix}x_1\\ x_2\\ x_3\end{pmatrix},\quad \boldsymbol{B}=\begin{pmatrix}4\\ -2\\ 3\end{pmatrix}$$

所给方程组可用矩阵表示为

$$\boldsymbol{AX}=\boldsymbol{B}$$

定义 设 $\boldsymbol{A}$ 是 n 阶方阵,则定义 $\boldsymbol{A}$ 的幂如下:

$$\boldsymbol{A}^0=\boldsymbol{E},\boldsymbol{A}^1=\boldsymbol{A},\boldsymbol{A}^2=\boldsymbol{AA},\cdots,\boldsymbol{A}^{k+1}=\boldsymbol{A}^k\boldsymbol{A},\cdots$$

其中,$\boldsymbol{A}^{k+1}=\underbrace{\boldsymbol{A}\cdots\boldsymbol{A}}_{k+1个}$.

规律:$\boldsymbol{A}^k\boldsymbol{A}^l=\boldsymbol{A}^{k+l}$,$(\boldsymbol{A}^k)^l=\boldsymbol{A}^{kl}$,其中 k,l 为正整数.

因为矩阵乘法不满足交换律,所以对于同阶矩阵 $\boldsymbol{A}$ 与 $\boldsymbol{B}$,一般地,有 $(\boldsymbol{AB})^k\neq\boldsymbol{A}^k\boldsymbol{B}^k$.

例 8.21 计算$\begin{pmatrix}1 & 1\\ 0 & 1\end{pmatrix}^n$.

解 设 $\boldsymbol{A}=\begin{pmatrix}1 & 1\\ 0 & 1\end{pmatrix}$,则

$$\boldsymbol{A}^2=\boldsymbol{AA}=\begin{pmatrix}1 & 1\\ 0 & 1\end{pmatrix}\begin{pmatrix}1 & 1\\ 0 & 1\end{pmatrix}=\begin{pmatrix}1 & 2\\ 0 & 1\end{pmatrix}$$

$$\boldsymbol{A}^3=\boldsymbol{A}^2\boldsymbol{A}=\begin{pmatrix}1 & 2\\ 0 & 1\end{pmatrix}\begin{pmatrix}1 & 1\\ 0 & 1\end{pmatrix}=\begin{pmatrix}1 & 3\\ 0 & 1\end{pmatrix}$$

假设 $\boldsymbol{A}^{n-1}=\begin{pmatrix}1 & n-1\\ 0 & 1\end{pmatrix}$,则

$$\boldsymbol{A}^n=\boldsymbol{A}^{n-1}\boldsymbol{A}=\begin{pmatrix}1 & n-1\\ 0 & 1\end{pmatrix}\begin{pmatrix}1 & 1\\ 0 & 1\end{pmatrix}=\begin{pmatrix}1 & n\\ 0 & 1\end{pmatrix}$$

于是由归纳法知,对于任意正整数 n,有

$$\begin{pmatrix}1 & 1\\ 0 & 1\end{pmatrix}^n=\begin{pmatrix}1 & n\\ 0 & 1\end{pmatrix}$$

例 8.22 已知 $\boldsymbol{A}=(a_1,a_2,\cdots,a_n)$,$\boldsymbol{B}=\begin{pmatrix}b_1\\ b_2\\ \vdots\\ b_n\end{pmatrix}$,求$(\boldsymbol{AB})^k$,$(\boldsymbol{BA})^k$.

解 因为

$$AB=(a_1,a_2,\cdots,a_n)\begin{pmatrix}b_1\\b_2\\\vdots\\b_n\end{pmatrix}=\sum_{i=1}^{n}a_ib_i$$

$$BA=\begin{pmatrix}b_1\\b_2\\\vdots\\b_n\end{pmatrix}(a_1,a_2,\cdots,a_n)=\begin{pmatrix}b_1a_1&b_1a_2&\cdots&b_1a_n\\b_2a_1&b_2a_2&\cdots&b_2a_n\\\vdots&\vdots&&\vdots\\b_na_1&b_na_2&\cdots&b_na_n\end{pmatrix}$$

所以

$$(AB)^k=\underbrace{AB\cdot AB\cdots AB}_{k个}=\left(\sum_{i=1}^{n}a_ib_i\right)^k$$

$$(BA)^k=\underbrace{BA\cdot BA\cdots BA}_{k个}=B\cdot\underbrace{(AB)\cdot(AB)\cdots(AB)}_{k-1个}\cdot A$$

$$=\left(\sum_{i=1}^{n}a_ib_i\right)^{k-1}\cdot BA=\left(\sum_{i=1}^{n}a_ib_i\right)^{k-1}\begin{pmatrix}b_1a_1&b_1a_2&\cdots&b_1a_n\\b_2a_1&b_2a_2&\cdots&b_2a_n\\\vdots&\vdots&&\vdots\\b_na_1&b_na_2&\cdots&b_na_n\end{pmatrix}$$

4. 矩阵的转置

定义 设矩阵 $A=(a_{ij})_{m\times n}$,将矩阵 A 中的行换成同序数的列(或将列换成同序列的行),即行列对调,所得到的一个新矩阵,称为 A 的转置矩阵,记作 A'(或 A^{T}),即

$$A=\begin{pmatrix}a_{11}&a_{12}&\cdots&a_{1n}\\a_{21}&a_{22}&\cdots&a_{2n}\\\vdots&\vdots&&\vdots\\a_{m1}&a_{m2}&\cdots&a_{mn}\end{pmatrix}_{m\times n},\quad A^{\mathrm{T}}=\begin{pmatrix}a_{11}&a_{21}&\cdots&a_{m1}\\a_{12}&a_{22}&\cdots&a_{m2}\\\vdots&\vdots&&\vdots\\a_{1n}&a_{2n}&\cdots&a_{mn}\end{pmatrix}_{n\times m}$$

例如:矩阵 $A=\begin{pmatrix}2&0&-1\\1&3&2\end{pmatrix}$的转置矩阵 $A^{\mathrm{T}}=\begin{pmatrix}2&1\\0&3\\-1&2\end{pmatrix}$.

对于矩阵的转置,具有如下运算律:

(1) $(A^{\mathrm{T}})^{\mathrm{T}}=A$; (2) $(A+B)^{\mathrm{T}}=A^{\mathrm{T}}+B^{\mathrm{T}}$;

(3) $(\lambda A)^{\mathrm{T}}=\lambda A^{\mathrm{T}}$($\lambda$ 为任意实数); (4) $(AB)^{\mathrm{T}}=B^{\mathrm{T}}A^{\mathrm{T}}$.

例 8.23 已知

$$A=\begin{pmatrix}1&2&0\\-1&3&1\end{pmatrix},\quad B=\begin{pmatrix}1&2&0\\-1&1&4\\0&3&-2\end{pmatrix}$$

求$(AB)^{\mathrm{T}}$.

解法 1 因为

$$AB=\begin{pmatrix}1&2&0\\-1&3&1\end{pmatrix}\begin{pmatrix}1&2&0\\-1&1&4\\0&3&-2\end{pmatrix}=\begin{pmatrix}-1&4&8\\-4&4&10\end{pmatrix}$$

所以

$$(AB)^{T}=\begin{pmatrix}-1&-4\\4&4\\8&10\end{pmatrix}$$

解法 2

$$(AB)^{T}=B^{T}A^{T}=\begin{pmatrix}1&-1&0\\2&1&3\\0&4&-2\end{pmatrix}\begin{pmatrix}1&-1\\2&3\\0&1\end{pmatrix}=\begin{pmatrix}-1&-4\\4&4\\8&10\end{pmatrix}$$

5. 方阵的行列式

因为行列式的行数与列数相等，所以只有方阵才能取行列式计算其值.

由 n 阶方阵 A 的元素所构成的 n 阶行列式(各元素的位置不变)，称为方阵 A 的行列式(determinant). 记作 $|A|$ 或 $\det A$.

注 方阵与其行列式不同，前者为数表，后者为数值.

运算律：

(1) $|A^{T}|=|A|$(行列式性质 1)；

(2) $|\lambda A|=\lambda^{n}|A|$($\lambda$ 为实数)；

(3) $|AB|=|BA|=|A||B|$($|AB|=0$ 不能得到 $|A|=0$ 或 $|B|=0$).

例 8.24 设 $A=\begin{pmatrix}1&4\\3&-2\end{pmatrix}$，$B=\begin{pmatrix}3&0\\-2&5\end{pmatrix}$，求 $|AB|$.

解法 1 因为

$$AB=\begin{pmatrix}1&4\\3&-2\end{pmatrix}\begin{pmatrix}3&0\\-2&5\end{pmatrix}=\begin{pmatrix}-5&20\\13&-10\end{pmatrix}$$

所以 $|AB|=\begin{vmatrix}-5&20\\13&-10\end{vmatrix}=-210$.

解法 2 $|AB|=|A||B|=\begin{vmatrix}1&4\\3&-2\end{vmatrix}\begin{vmatrix}3&0\\-2&5\end{vmatrix}=(-14)\times15=-210$.

例 8.25 设三阶行列式 $A=\begin{pmatrix}1&-2&4\\0&4&0\\0&0&2\end{pmatrix}$，$B=\begin{pmatrix}-1&0&0\\4&5&0\\1&2&1\end{pmatrix}$，求 $|A^{T}B|$，$|2A|$.

解 $|A^{T}B|=|A^{T}|\cdot|B|=|A|\cdot|B|=8\times(-5)=-40$，

$|2A|=2^{3}\cdot|A|=8\times8=64$.

8.2.3 逆矩阵

1. 逆矩阵的概念和性质

在代数中，当 $a\neq0$ 时，有 $a\cdot\dfrac{1}{a}=a\cdot a^{-1}=1$ 成立，其中 $\dfrac{1}{a}$ 是 a 的倒数，亦可称为

a 的逆，显然只要 $a\neq0$，a 就可逆，a 的逆一定存在.下面我们将这种运算推广到矩阵中.

对于 n 阶矩阵$\boldsymbol{A}$，若存在一个 n 阶矩阵$\boldsymbol{B}$，使得 $\boldsymbol{BA}=\boldsymbol{AB}=\boldsymbol{E}$，则称矩阵 $\boldsymbol{A}$ 是可逆的，并称矩阵 $\boldsymbol{B}$ 为$\boldsymbol{A}$ 的逆矩阵，记作 $\boldsymbol{A}^{-1}$，即 $\boldsymbol{B}=\boldsymbol{A}^{-1}$.

注 (1) 矩阵 $\boldsymbol{A}$ 与其逆矩阵$\boldsymbol{B}$ 是同阶的方阵；

(2) 若 $\boldsymbol{BA}=\boldsymbol{AB}=\boldsymbol{E}$,则矩阵 $\boldsymbol{A}$ 与矩阵$\boldsymbol{B}$ 互为逆矩阵,即 $\boldsymbol{B}=\boldsymbol{A}^{-1}$且 $\boldsymbol{A}=\boldsymbol{B}^{-1}$.

矩阵可逆具有如下性质：

性质1 若 $\boldsymbol{A}^{-1}$存在,则 $\boldsymbol{A}^{-1}$必唯一.

性质2 若 $\boldsymbol{A}$ 可逆,则 $\boldsymbol{A}^{-1}$也可逆,且$(\boldsymbol{A}^{-1})^{-1}=\boldsymbol{A}$.

性质3 若 $\boldsymbol{A}$ 可逆,则 $\boldsymbol{A}^{\mathrm{T}}$ 可逆,且$(\boldsymbol{A}^{\mathrm{T}})^{-1}=(\boldsymbol{A}^{-1})^{\mathrm{T}}$.

性质4 若同阶方阵 $\boldsymbol{A},\boldsymbol{B}$ 都可逆,则 $\boldsymbol{AB}$ 也可逆,且

$$(\boldsymbol{AB})^{-1}=\boldsymbol{B}^{-1}\boldsymbol{A}^{-1}$$

2. 逆矩阵存在的条件及逆矩阵的求法

定理8.1 设 $\boldsymbol{A}$ 是n 阶方阵,则 $\boldsymbol{A}$ 可逆$\Leftrightarrow|\boldsymbol{A}|\neq0$ 且 $\boldsymbol{A}^{-1}=\dfrac{\boldsymbol{A}^*}{|\boldsymbol{A}|}$.其中$|\boldsymbol{A}|$是方阵 $\boldsymbol{A}$ 的行列式,$\boldsymbol{A}^*$称为 $\boldsymbol{A}$ 的伴随矩阵.

$$\boldsymbol{A}^*=\begin{pmatrix}A_{11}&A_{21}&\cdots&A_{n1}\\A_{12}&A_{22}&\cdots&A_{n2}\\\vdots&\vdots&&\vdots\\A_{1n}&A_{2n}&\cdots&A_{nn}\end{pmatrix}$$

伴随矩阵中 $A_{ij}(i,j=1,2,\cdots,n)$为行列式$|\boldsymbol{A}|$的元素a_{ij}的代数余子式.

例8.26 设 $\boldsymbol{A}=\begin{pmatrix}2&1&1\\3&1&2\\1&-1&0\end{pmatrix}$,求 $\boldsymbol{A}^*$.

解 因为

$$A_{11}=(-1)^{1+1}\begin{vmatrix}1&2\\-1&0\end{vmatrix}=2,\ A_{12}=(-1)^{1+2}\begin{vmatrix}3&2\\1&0\end{vmatrix}=2,\ A_{13}=(-1)^{1+3}\begin{vmatrix}3&1\\1&-1\end{vmatrix}=-4$$

同理可得:$A_{21}=-1,A_{22}=-1,A_{23}=3,A_{31}=1,A_{32}=-1,A_{33}=-1$.

所以

$$\boldsymbol{A}^*=\begin{pmatrix}2&-1&1\\2&-1&-1\\-4&3&-1\end{pmatrix}$$

例8.27 判断下列方阵 $\boldsymbol{A}=\begin{pmatrix}3&2&1\\1&2&2\\3&4&3\end{pmatrix}$,$\boldsymbol{B}=\begin{pmatrix}-1&3&2\\-11&15&1\\-3&3&-1\end{pmatrix}$是否可逆?若可逆,求其逆阵.

解 因为$|\boldsymbol{A}|=-2\neq0$,$|\boldsymbol{B}|=0$,所以 $\boldsymbol{A}$ 可逆,$\boldsymbol{B}$ 不可逆,且

$$A^{-1}=\frac{A^*}{|A|}=-\frac{1}{2}\begin{pmatrix}-2&-2&2\\3&6&-5\\-2&-6&4\end{pmatrix}=\begin{pmatrix}1&1&-1\\-\frac{3}{2}&-3&\frac{5}{2}\\1&3&-2\end{pmatrix}$$

定理 8.2 设 $\boldsymbol{A},\boldsymbol{B}$ 都是 n 阶方阵，如果 $\boldsymbol{AB}=\boldsymbol{E}$ 成立，则 $\boldsymbol{A}$ 和 $\boldsymbol{B}$ 都是可逆的，且 $\boldsymbol{A}^{-1}=\boldsymbol{B},\boldsymbol{B}^{-1}=\boldsymbol{A}$.

例 8.28 已知 n 阶方阵 $\boldsymbol{A}$ 满足 $\boldsymbol{A}^2+\boldsymbol{A}+2\boldsymbol{E}=\boldsymbol{0}$，其中 $\boldsymbol{E}$ 为 n 阶单位矩阵，求 $(\boldsymbol{A}+\boldsymbol{E})^{-1}$.

解 因为 $\boldsymbol{A}^2+\boldsymbol{A}+2\boldsymbol{E}=\boldsymbol{0}$，所以有 $(\boldsymbol{A}+\boldsymbol{E})\boldsymbol{A}=-2\boldsymbol{E}$，于是有

$$(\boldsymbol{A}+\boldsymbol{E})\left(-\frac{\boldsymbol{A}}{2}\right)=\boldsymbol{E}$$

由定理 8.2 可知，$\boldsymbol{A}+\boldsymbol{E}$ 可逆，且 $(\boldsymbol{A}+\boldsymbol{E})^{-1}=-\dfrac{\boldsymbol{A}}{2}$.

例 8.29 设 $\boldsymbol{A}^k=\boldsymbol{0}$（$k$ 为正整数），证明：$(\boldsymbol{E}-\boldsymbol{A})^{-1}=\boldsymbol{E}+\boldsymbol{A}+\boldsymbol{A}^2+\cdots+\boldsymbol{A}^{k-1}$.

证明 因为

$$\begin{aligned}&(\boldsymbol{E}-\boldsymbol{A})\cdot(\boldsymbol{E}+\boldsymbol{A}+\boldsymbol{A}^2+\cdots+\boldsymbol{A}^{k-1})\\&=\boldsymbol{E}+\boldsymbol{A}+\boldsymbol{A}^2+\cdots+\boldsymbol{A}^{k-1}-\boldsymbol{A}-\boldsymbol{A}^2-\cdots-\boldsymbol{A}^{k-1}-\boldsymbol{A}^k\\&=\boldsymbol{E}-\boldsymbol{A}^k\\&=\boldsymbol{E}\end{aligned}$$

从而证得 $(\boldsymbol{E}-\boldsymbol{A})^{-1}=\boldsymbol{E}+\boldsymbol{A}+\boldsymbol{A}^2+\cdots+\boldsymbol{A}^{k-1}$ 成立.

《《 课堂练习 》》

1. 设 $\boldsymbol{A}=\begin{pmatrix}3&1&4\\2&1&2\\1&2&3\end{pmatrix},\boldsymbol{B}=\begin{pmatrix}1&-1&3\\1&4&5\\2&3&1\end{pmatrix}$，求 $2\boldsymbol{A}-\boldsymbol{B},\boldsymbol{AB}-\boldsymbol{BA}$.

2. 计算下列乘积：

(1) $\begin{pmatrix}1&2&3\\-2&1&2\\1&0&-3\end{pmatrix}\begin{pmatrix}3\\1\\4\end{pmatrix}$； (2) $(2\ \ 5\ \ -1)\begin{pmatrix}3\\4\\3\end{pmatrix}$；

(3) $\begin{pmatrix}2\\3\\-1\end{pmatrix}(-1\ \ 2\ \ 4)$； (4) $\begin{pmatrix}2&1&4\\3&1&0\\0&2&1\end{pmatrix}^2$；

(5) $\begin{pmatrix}-1&1\\2&0\end{pmatrix}\begin{pmatrix}0&2&1\\1&-1&3\end{pmatrix}$； (6) $\begin{pmatrix}\lambda&1&0\\0&\lambda&1\\0&0&\lambda\end{pmatrix}^n$.

3. 已知 $\boldsymbol{A}=\begin{pmatrix}3&1\\5&2\end{pmatrix},\boldsymbol{B}=\begin{pmatrix}1&3\\0&-2\end{pmatrix}$. 问：

(1) $\boldsymbol{AB}$ 与 $\boldsymbol{BA}$ 是否相等； (2) $(\boldsymbol{A}+\boldsymbol{B})^2$ 与 $\boldsymbol{A}^2+2\boldsymbol{AB}+\boldsymbol{B}^2$ 是否相等.

4. 设 $\boldsymbol{A}=\begin{pmatrix}1&0&5\\-1&1&2\end{pmatrix}$，$\boldsymbol{B}=\begin{bmatrix}2&1&0\\1&-1&3\\4&2&1\end{bmatrix}$，证明：$(\boldsymbol{AB})^{\mathrm{T}}=\boldsymbol{B}^{\mathrm{T}}\boldsymbol{A}^{\mathrm{T}}$.

5. 求下列矩阵的逆矩阵：

(1) $\begin{bmatrix}1&1&1\\2&-1&1\\1&2&0\end{bmatrix}$；　　(2) $\begin{bmatrix}1&1&1\\2&-1&1\\1&2&0\end{bmatrix}$.

6. 若 n 阶方阵 $\boldsymbol{A}$ 满足 $\boldsymbol{A}^2-\boldsymbol{A}+2\boldsymbol{E}=\boldsymbol{0}$，其中 $\boldsymbol{E}$ 为 n 阶单位矩阵，证明：$\boldsymbol{A}$ 与 $\boldsymbol{E}-\boldsymbol{A}$ 都可逆，并求其逆矩阵.

数学家小传

亨利·庞加莱(1854～1912年，图8.3)，法国数学家、天体力学家、数学物理学家、科学哲学家，庞加莱的研究涉及数论、代数学、几何学、拓扑学、天体力学、数学物理、多复变函数论、科学哲学等许多领域.他被公认是19世纪末和20世纪初的领袖数学家，是对于数学和它的应用具有全面知识的最后一个人.庞加莱的研究涉及数论、代数学、几何学、拓扑学等许多领域，最重要的工作是在分析学方面.庞加莱在数学方面的杰出工作对20世纪和当今的数学造成极其深远的影响，罗素认为:20世纪初法兰西最伟大的人物就是亨利·庞加莱."当我最近在盖·吕萨街庞加莱通风的休息处拜访他时，……我的舌头一下子失去了功能，直到我用了一些时间(可能有两三分钟)仔细端详和承受了可谓他思想的外部形式的年轻面貌时，我才发现自己能够开始说话了."

图8.3

8.3　矩阵的初等变换

8.3.1　矩阵初等变换的概念

我们知道，用消元法解线性方程组时，经常对方程组要多次进行以下三种变换：

(1) 互换两个方程的位置；

(2) 数 k 乘以某一方程($k\neq0$)；

(3) 用一个数 k 乘某一方程后加到另一个方程上去.

这三种变换称为方程组的初等变换，而且经过初等变换后线性方程组的解不变.从矩阵的角度来看方程组的初等变换，引入矩阵的初等行变换的概念.

矩阵的初等行变换是指：

(1) 交换某两行的位置,记为 $r_i \leftrightarrow r_j$;

(2) 用一个非零常数 k 乘矩阵的某一行中的每一个元素,记为 kr_i;

(3) 某行的每一元素的 k 倍(k 为常数)加到另一行的对应元素上,记为 $r_i + kr_j$(第 j 行每一元素的 k 倍加到第 i 行对应元素上).

说明 (1) 把上述定义中的"行"换为"列",就得到矩阵的初等列变换的定义,它们统称为矩阵的初等变换;

(2) 解线性方程组只能用矩阵的初等行变换,不能用矩阵的初等列变换;

(3) 由于在解决实际问题中用到初等行变换比较多,故后面只介绍初等行变换.

为了以后讨论问题方便,下面再给出两种常用的特殊矩阵.

如果一个矩阵 $\boldsymbol{A} = (a_{ij})_{m\times n}$ 为(行)阶梯形矩阵,需满足以下两个条件:

(1) 若矩阵既有零行,又有非零行,则零行在下,非零行在上.

(2) 首非零元(每个非零行的第一个不是零的元素)所在的列标号随行标号严格递增.

阶梯形矩阵的基本特征:

如果所给矩阵为阶梯形矩阵,则矩阵中每一行的第一个不为零的元素的左边及其所在列以下全为零.

定义 如果一个矩阵 $\boldsymbol{A} = (a_{ij})_{m\times n}$ 为阶梯形矩阵且满足以下两个条件:

(1) 首非零元为 1;

(2) 首非零元所在列除首非零元外,其余全为零.

则称矩阵 $\boldsymbol{A} = (a_{ij})_{m\times n}$ 为(行)最简阶梯形矩阵.

如 $\begin{pmatrix} 1 & 0 & 2 & 1 \\ 0 & -2 & 0 & 3 \\ 0 & 0 & 3 & 0 \end{pmatrix}$, $\begin{pmatrix} 0 & 3 & -2 & 1 \\ 0 & 0 & 0 & 3 \\ 0 & 0 & 0 & 0 \end{pmatrix}$ 是阶梯形矩阵;$\begin{pmatrix} 1 & 0 & 0 & 1 \\ 0 & 1 & 0 & 3 \\ 0 & 0 & 1 & 0 \end{pmatrix}$ 为最简阶梯形矩阵.

观察下列矩阵:

$$\boldsymbol{A} = \begin{pmatrix} 1 & -1 & 0 & 1 & 1 \\ 0 & 0 & -1 & 1 & 2 \\ 0 & 0 & 0 & 1 & 0 \\ 0 & 0 & 0 & 0 & 0 \end{pmatrix}, \boldsymbol{B} = \begin{pmatrix} 1 & 0 & 2 & 1 \\ 0 & -2 & 0 & 3 \\ 0 & 0 & 0 & 2 \end{pmatrix}, \boldsymbol{C} = \begin{pmatrix} 0 & -2 & 2 & 1 \\ 3 & 0 & 2 & 1 \\ 0 & 0 & 0 & 0 \end{pmatrix}$$

$$\boldsymbol{D} = \begin{pmatrix} 3 & 4 & 2 & 1 \\ 0 & 0 & 2 & 3 \\ 0 & 1 & 0 & 2 \end{pmatrix}, \boldsymbol{E} = \begin{pmatrix} 1 & 0 & 0 \\ 0 & 1 & 0 \\ 0 & 0 & 1 \end{pmatrix}, \boldsymbol{F} = \begin{pmatrix} 1 & 2 & 0 & 1 \\ 0 & 0 & 0 & 0 \end{pmatrix}$$

其中矩阵 $\boldsymbol{A},\boldsymbol{B},\boldsymbol{E},\boldsymbol{F}$ 是阶梯形矩阵,$\boldsymbol{E},\boldsymbol{F}$ 是最简阶梯形矩阵,矩阵 $\boldsymbol{C},\boldsymbol{D}$ 不是阶梯形矩阵.

关于矩阵的初等变换有两个重要结论:

(1) 任何矩阵都可以用一系列的初等行变换化为阶梯形矩阵;

(2) 任何阶梯形矩阵都可以用一系列的初等行变换化为最简阶梯形矩阵.

例 8.30 用初等行变换把矩阵

$$A=\begin{pmatrix}2&2&1\\1&-1&0\\-1&2&1\end{pmatrix}$$

化成阶梯形矩阵.

解 $A=\begin{pmatrix}2&2&1\\1&-1&0\\-1&2&1\end{pmatrix}\xrightarrow{r_1\leftrightarrow r_2}\begin{pmatrix}1&-1&0\\2&2&1\\-1&2&1\end{pmatrix}\xrightarrow[r_3+r_1]{r_2+(-2)r_1}\begin{pmatrix}1&-1&0\\0&4&1\\0&1&1\end{pmatrix}$

$$\xrightarrow{r_2\leftrightarrow r_3}\begin{pmatrix}1&-1&0\\0&1&1\\0&4&1\end{pmatrix}\xrightarrow{r_3+(-4)r_2}\begin{pmatrix}1&-1&0\\0&1&1\\0&0&-3\end{pmatrix}$$

例 8.31 用矩阵的初等行变换将矩阵

$$A=\begin{bmatrix}1&2&1&-1\\3&6&-1&-3\\5&10&1&-5\end{bmatrix}$$

化成阶梯形和最简阶梯形矩阵.

解 $\begin{bmatrix}1&2&1&-1\\3&6&-1&-3\\5&10&1&-5\end{bmatrix}\xrightarrow{r_2-3r_1}\begin{bmatrix}1&2&1&-1\\0&0&-4&0\\5&10&1&-5\end{bmatrix}\xrightarrow{r_3-5r_1}\begin{bmatrix}1&2&1&-1\\0&0&-4&0\\0&0&-4&0\end{bmatrix}$

$$\xrightarrow{r_3+(-1)r_2}\begin{bmatrix}1&2&1&-1\\0&0&-4&0\\0&0&0&0\end{bmatrix}.$$

已经将 A 化成了阶梯形矩阵,继续使用初等行变换,将其化成最简阶梯形矩阵

$$\begin{bmatrix}1&2&1&-1\\0&0&-4&0\\0&0&0&0\end{bmatrix}\xrightarrow{-\frac{1}{4}r_2}\begin{bmatrix}1&2&1&-1\\0&0&1&0\\0&0&0&0\end{bmatrix}\xrightarrow{r_1-r_2}\begin{bmatrix}1&2&0&-1\\0&0&1&0\\0&0&0&0\end{bmatrix}$$

8.3.2 用矩阵的初等行变换求矩阵的秩

矩阵的秩在研究线性方程组的解等方面起着非常重要的作用.

设 $A=(a_{ij})$是$m\times n$ 矩阵,从 A 中任取k 行k 列($1\leqslant k\leqslant\min(m,n)$),由位于这些行、列相交处的元素,按原来的相对位置所构成的 k 阶行列式,称为 A 的一个k 阶子式,记作 $D_k(A)$.

注 (1) $D_k(A)$共有 $C_m^k\cdot C_n^k$ 个;

(2) 矩阵 A 的所有子式都是行列式.

例如,$A_{3\times4}=\begin{pmatrix}a_{11}&a_{12}&a_{13}&a_{14}\\a_{21}&a_{22}&a_{23}&a_{24}\\a_{31}&a_{32}&a_{33}&a_{34}\end{pmatrix}$有 4 个三阶子式,18 个二阶子式.

定义 设 $A=(a_{ij})$是 $m\times n$ 矩阵,若矩阵 A 中不等于 0 的子式的最高阶数是 r,即存

在 r 阶子式不为零，而任何 $r+1$ 阶子式皆为零，则称 r 为矩阵 $\boldsymbol{A}$ 的秩，记作 $R(\boldsymbol{A})=r$.

由此及行列式的性质可得到结论：

(1) $R(\boldsymbol{A})=0 \Leftrightarrow \boldsymbol{A}=\boldsymbol{0}$；

(2) 对于 $\boldsymbol{A}_{m\times n}$，有 $0\leqslant R(\boldsymbol{A})\leqslant \min(m,n)$；

(3) 若 $R(\boldsymbol{A})=r$，则 $\boldsymbol{A}$ 中至少有一个 $D_r(\boldsymbol{A})\neq 0$，而所有的 $D_{r+1}(\boldsymbol{A})=0$.

当 $\boldsymbol{A}$ 是一个 n 阶方阵，且 $R(\boldsymbol{A})=n$，则称 $\boldsymbol{A}$ 为满秩方阵；若 $R(\boldsymbol{A})<n$，则称 $\boldsymbol{A}$ 为降秩方阵.

推论 $\boldsymbol{A}$ 为满秩方阵 $\Leftrightarrow$ $|\boldsymbol{A}|\neq 0$.

例 8.32 求下列矩阵的秩：

$$\boldsymbol{A}=\begin{pmatrix}1&1&0&0\\1&0&1&1\\2&-1&3&3\end{pmatrix},\quad \boldsymbol{B}=\begin{pmatrix}2&-1&0&3&-2\\0&3&1&-2&5\\0&0&0&4&-3\\0&0&0&0&0\end{pmatrix}$$

解 在 $\boldsymbol{A}$ 中，$\begin{vmatrix}1&1\\1&0\end{vmatrix}=1\neq 0$，而 $\boldsymbol{A}$ 的所有的三阶子式(4 个)

$$\begin{vmatrix}1&1&0\\1&0&1\\2&-1&3\end{vmatrix}=0,\begin{vmatrix}1&1&0\\1&0&1\\2&-1&3\end{vmatrix}=0,\begin{vmatrix}1&0&0\\1&1&1\\2&3&3\end{vmatrix}=0,\begin{vmatrix}1&0&0\\0&1&1\\-1&3&3\end{vmatrix}=0$$

所以 $R(\boldsymbol{A})=2$.

$\boldsymbol{B}$ 是一个行阶梯形矩阵，其非零行有 3 行，即知 $\boldsymbol{B}$ 的所有 4 阶子式全为 0，而以三个非零行的第一个非零元所在的行和列的元素组成的 3 阶子式

$$\begin{vmatrix}2&-1&3\\0&3&-2\\0&0&4\end{vmatrix}\neq 0$$

所以 $R(\boldsymbol{B})=3$.

从上例可知，对于一般的矩阵，按定义求秩的方法是很麻烦的，但是对于行阶梯形矩阵，它的秩就等于非零行的行数，一看便知无须计算. 因此自然想到用初等行变换把矩阵化为行阶梯形矩阵，而且可以验证：矩阵的初等变换不改变矩阵的秩. 所以以后求矩阵的秩，我们只要把矩阵用初等行变换化成行阶梯形矩阵就可以了，行阶梯形矩阵中非零行的行数就是该矩阵的秩.

例 8.33 求 $R(\boldsymbol{A})$，其中

$$\boldsymbol{A}=\begin{pmatrix}1&0&-1&-1&2\\0&-1&2&3&1\\1&-1&1&2&3\\1&2&-5&-7&0\end{pmatrix}$$

解 $$\boldsymbol{A}\xrightarrow[r_4-r_1]{r_3-r_1}\begin{pmatrix}1&0&-1&-1&2\\0&-1&2&3&1\\0&-1&2&3&1\\0&2&-4&-6&-2\end{pmatrix}\xrightarrow[r_4+2r_2]{r_3-r_2}\begin{pmatrix}1&0&-1&-1&2\\0&-1&2&3&1\\0&0&0&0&0\\0&0&0&0&0\end{pmatrix}.$$

所以 $R(\boldsymbol{A})=2$.

例 8.34 设 $\boldsymbol{A}=\begin{pmatrix}1&2&-1\\2&3&5\\-2&1&4\end{pmatrix}$, $\boldsymbol{b}=\begin{pmatrix}1\\2\\3\end{pmatrix}$,求矩阵 $\boldsymbol{A}$ 与矩阵$\boldsymbol{B}=(\boldsymbol{A},\boldsymbol{b})$的秩.

解 对 $\boldsymbol{B}$ 做初等行变换变为阶梯形矩阵,从中就可以同时看出 $R(\boldsymbol{A})$与 $R(\boldsymbol{B})$.

$$\boldsymbol{B}=\begin{pmatrix}1&2&-1&1\\2&3&5&2\\-2&1&4&3\end{pmatrix}\xrightarrow[r_3+2r_1]{r_2+(-2)r_1}\begin{pmatrix}1&2&1&1\\0&-1&1&0\\0&5&-5&5\end{pmatrix}\xrightarrow{r_3+5r_2}\begin{pmatrix}1&2&-1&1\\0&-1&7&0\\0&0&0&5\end{pmatrix}$$

所以 $R(\boldsymbol{A})=2, R(\boldsymbol{B})=3$.

8.3.3 用矩阵的初等行变换求逆矩阵

前面介绍了用伴随矩阵求逆矩阵的方法,但计算量较大,特别是当方阵的阶数较高的时候,以后我们常用矩阵的初等行变换求逆矩阵. 方法是将 n 阶方阵$\boldsymbol{A}$ 和同阶单位矩阵$\boldsymbol{E}$ 拼在一起得到的$n\times 2n$ 矩阵$(\boldsymbol{A}\,\vdots\,\boldsymbol{E})$, 用初等行变换将原来 $\boldsymbol{A}$ 的位置化成$\boldsymbol{E}$, 则原来 $\boldsymbol{E}$ 的位置就是$\boldsymbol{A}^{-1}$. 若用初等行变换不能将原来 $\boldsymbol{A}$ 的位置化成$\boldsymbol{E}$, 则说明 $\boldsymbol{A}$ 不可逆. 即

$$(\boldsymbol{A}\,\vdots\,\boldsymbol{E})\xrightarrow{\text{初等行变换}}(\boldsymbol{E}\,\vdots\,\boldsymbol{A}^{-1})$$

例 8.35 设 $\boldsymbol{A}=\begin{pmatrix}1&2&3\\2&1&2\\1&3&4\end{pmatrix}$,用初等变换法求 $\boldsymbol{A}^{-1}$.

解
$$(\boldsymbol{A}\,\vdots\,\boldsymbol{E})=\begin{pmatrix}1&2&3&\vdots&1&0&0\\2&1&2&\vdots&0&1&0\\1&3&4&\vdots&0&0&1\end{pmatrix}\xrightarrow[r_3-r_1]{r_2-2r_1}\begin{pmatrix}1&2&3&\vdots&1&0&0\\0&-3&-4&\vdots&-2&1&0\\0&1&1&\vdots&-1&0&1\end{pmatrix}$$

$$\xrightarrow{r_2\leftrightarrow r_3}\begin{pmatrix}1&2&3&\vdots&1&0&0\\0&1&1&\vdots&-1&0&1\\0&-3&-4&\vdots&-2&1&0\end{pmatrix}$$

$$\xrightarrow{r_3+3r_2}\begin{pmatrix}1&2&3&\vdots&1&0&0\\0&1&1&\vdots&-1&0&1\\0&0&-1&\vdots&-5&1&3\end{pmatrix}$$

$$\xrightarrow[r_1+3r_3]{}\begin{pmatrix}1&2&0&\vdots&-14&3&9\\0&1&0&\vdots&-6&1&4\\0&0&1&\vdots&5&-1&-3\end{pmatrix}$$

$$\xrightarrow{r_1-2r_2}\begin{pmatrix}1&0&0&\vdots&-2&1&1\\0&1&0&\vdots&-6&1&4\\0&0&1&\vdots&5&-1&-3\end{pmatrix}$$

所以

$$\boldsymbol{A}^{-1}=\begin{pmatrix}-2&1&1\\-6&1&4\\5&-1&-3\end{pmatrix}$$

例 8.36 解矩阵方程 $\boldsymbol{AX}=\boldsymbol{B}$,其中

$$\boldsymbol{A}=\begin{pmatrix}2&2&3\\1&-1&0\\-1&2&1\end{pmatrix},\quad \boldsymbol{B}=\begin{pmatrix}1&3\\-2&1\\4&3\end{pmatrix}$$

解法 1 由矩阵方程 $\boldsymbol{AX}=\boldsymbol{B}$ 可知,若矩阵 $\boldsymbol{A}$ 可逆,则方程两边同时左乘 $\boldsymbol{A}^{-1}$,可得

$$\boldsymbol{A}^{-1}\boldsymbol{AX}=\boldsymbol{A}^{-1}\boldsymbol{B},\quad 即\ \boldsymbol{X}=\boldsymbol{A}^{-1}\boldsymbol{B}$$

因为 $|\boldsymbol{A}|=-1\neq 0$,得 $\boldsymbol{A}^{-1}=\begin{pmatrix}1&-4&-3\\1&-5&-3\\-1&6&4\end{pmatrix}$,所以

$$\boldsymbol{X}=\boldsymbol{A}^{-1}\boldsymbol{B}=\begin{pmatrix}1&-4&-3\\1&-5&-3\\-1&6&4\end{pmatrix}\begin{pmatrix}1&3\\-2&1\\4&3\end{pmatrix}=\begin{pmatrix}-3&-10\\-1&-11\\3&15\end{pmatrix}$$

解法 2 在 $\boldsymbol{AX}=\boldsymbol{B}$ 中,若矩阵 $\boldsymbol{A}$ 是方阵且可逆,做矩阵 $(\boldsymbol{A}\vdots\boldsymbol{B})$,将其进行初等行变换变为 $(\boldsymbol{E}\vdots\boldsymbol{A}^{-1}\boldsymbol{B})$ 即可求出

$$(\boldsymbol{A}\vdots\boldsymbol{B})=\begin{pmatrix}2&2&3&1&3\\1&-1&0&-2&1\\-1&2&1&4&3\end{pmatrix}\longrightarrow\begin{pmatrix}1&0&0&-3&-10\\0&1&0&-1&-11\\0&0&1&3&15\end{pmatrix}$$

所以

$$\boldsymbol{X}=\boldsymbol{A}^{-1}\boldsymbol{B}=\begin{pmatrix}-3&-10\\-1&-11\\3&15\end{pmatrix}$$

例 8.37 求解矩阵方程 $\boldsymbol{AXB}=\boldsymbol{C}$,其中

$$\boldsymbol{A}=\begin{pmatrix}3&2&1\\1&2&2\\3&4&3\end{pmatrix},\quad \boldsymbol{B}=\begin{pmatrix}3&1\\5&2\end{pmatrix},\quad \boldsymbol{C}=\begin{pmatrix}1&4\\2&0\\3&2\end{pmatrix}$$

解 可求得 $\boldsymbol{A}^{-1}=\begin{pmatrix}1&1&-1\\-\frac{3}{2}&-3&\frac{5}{2}\\1&3&-2\end{pmatrix}$,$\boldsymbol{B}^{-1}=\begin{pmatrix}2&-1\\-5&3\end{pmatrix}$,则

$$\boldsymbol{X}=\boldsymbol{A}^{-1}\boldsymbol{C}\boldsymbol{B}^{-1}=\begin{pmatrix}1&1&-1\\-\frac{3}{2}&-3&\frac{5}{2}\\1&3&-2\end{pmatrix}\begin{pmatrix}1&4\\2&0\\3&2\end{pmatrix}\begin{pmatrix}2&-1\\-5&3\end{pmatrix}=\begin{pmatrix}-10&6\\5&-3\\2&-1\end{pmatrix}$$

注 在解矩阵方程时,注意左乘和右乘.

《 课堂练习 》

1. 将下列矩阵化为阶梯形矩阵,并写出其秩:

(1) $\begin{pmatrix}1&-1&2&1\\1&3&4&-2\\3&0&6&0\\0&3&0&0\end{pmatrix}$； (2) $\begin{pmatrix}1&1&1&-1\\-1&-1&2&3\\2&2&5&0\end{pmatrix}$； (3) $\begin{pmatrix}1&0&3&1&2\\-1&3&0&-1&1\\2&1&7&2&5\\4&2&1&4&0\end{pmatrix}$.

2. 求下列矩阵的逆矩阵：

(1) $\begin{pmatrix}1&0\\2&1\end{pmatrix}$； (2) $\begin{pmatrix}1&1&1\\2&-1&1\\1&2&0\end{pmatrix}$； (3) $\begin{pmatrix}0&0&1&-1\\0&3&1&4\\2&7&6&-1\\1&2&2&-1\end{pmatrix}$.

3. 解矩阵方程：

(1) $\begin{pmatrix}1&3\\2&1\end{pmatrix}\boldsymbol{X}=\begin{pmatrix}4&3\\-2&1\end{pmatrix}$；

(2) $\boldsymbol{X}\begin{pmatrix}1&1&1\\0&1&1\\0&0&1\end{pmatrix}=\begin{pmatrix}1&-2&1\\0&1&-1\end{pmatrix}$；

(3) $\begin{pmatrix}1&2&3\\2&2&1\\3&4&3\end{pmatrix}\boldsymbol{X}\begin{pmatrix}1&1&1\\1&-1&0\\1&0&1\end{pmatrix}=\begin{pmatrix}1&2&5\\3&-2&3\\-1&1&2\end{pmatrix}$；

(4) $\boldsymbol{X}+\begin{pmatrix}2&5\\1&3\end{pmatrix}\boldsymbol{X}=\begin{pmatrix}4&-6\\2&1\end{pmatrix}$.

4. 解矩阵方程 $\boldsymbol{X}-\boldsymbol{XA}=\boldsymbol{B}$，其中 $\boldsymbol{A}=\begin{pmatrix}1&0&1\\2&1&0\\-3&2&-3\end{pmatrix}$，$\boldsymbol{B}=\begin{pmatrix}1&-2&1\\-3&4&1\end{pmatrix}$.

数学家小传

陈省身(1911～2004 年，图 8.4)，汉族，籍贯浙江嘉兴，美籍华人，国际数学大师、著名教育家、中国科学院外籍院士，“走进美妙的数学花园”创始人，20 世纪世界级的几何学家. 少年时代即显露数学才华，在其数学生涯中，几经抉择，努力攀登，终成辉煌. 他在整体微分几何上的卓越贡献，影响了整个数学的发展，被杨振宁誉为继欧几里得、高斯、黎曼、嘉当之后又一里程碑式的人物. 曾先后主持、创办了三大数学研究所，造就了一批世界知名的数学家.

图 8.4

2009 年 6 月 2 日，国际数学联盟与陈省身奖基金会联合设立“陈省身奖”，这是国际数学联盟首个以华人数学家命名的数学大奖. “陈省身奖”旨在表彰成就卓越的数学家.该奖项每四年评选一次,每次获奖者为一人,且不限年龄.得奖者除获奖章外,还将获得50万美元的奖金.首个“陈省身奖”于2010年8月在印度举行的国际数学家大会上颁发.

8.4 线性方程组

本节将以矩阵以及矩阵的初等行变换为工具,讨论一般的线性方程组求解的通用方法.即要解决以下问题:(1) 线性方程组的一般形式是什么?(2) 线性方程组何时有解?有多少解?(3) 在有解的情况下,怎样求解?

8.4.1 线性方程组的一般形式

线性方程组的一般形式为

$$\begin{cases} a_{11}x_1 + a_{12}x_2 + \cdots + a_{1n}x_n = b_1 \\ a_{21}x_1 + a_{22}x_2 + \cdots + a_{2n}x_n = b_2 \\ \cdots \\ a_{m1}x_1 + a_{m2}x_2 + \cdots + a_{mn}x_n = b_m \end{cases} \tag{8.6}$$

其中 $x_1, x_2, \cdots, x_n$ 是线性方程组的 n 个未知量,m 是方程的个数,a_{ij}($i=1,2,\cdots,m$;$j=1,2,\cdots,n$)是方程组各未知数的系数,b_i($i=1,2,\cdots,m$)为常数项.

(8.6)式可以写成矩阵的表达式

$$\boldsymbol{AX} = \boldsymbol{B}$$

其中

$$\boldsymbol{A} = \begin{pmatrix} a_{11} & a_{12} & \cdots & a_{1n} \\ a_{21} & a_{22} & \cdots & a_{2n} \\ \vdots & \vdots & & \vdots \\ a_{m1} & a_{m2} & \cdots & a_{mn} \end{pmatrix}, \quad \boldsymbol{X} = \begin{pmatrix} x_1 \\ x_2 \\ \vdots \\ x_n \end{pmatrix}, \quad \boldsymbol{B} = \begin{pmatrix} b_1 \\ b_2 \\ \vdots \\ b_m \end{pmatrix}$$

矩阵 $\boldsymbol{A}$ 是线性方程组(8.6)的系数矩阵,将矩阵 $\boldsymbol{A}$ 与矩阵 $\boldsymbol{B}$ 合在一起构成的矩阵叫作(8.6)的增广矩阵,记为 $\widetilde{\boldsymbol{A}}$,即

$$\widetilde{\boldsymbol{A}} = \begin{pmatrix} a_{11} & a_{12} & \cdots & a_{1n} & b_1 \\ a_{21} & a_{22} & \cdots & a_{2n} & b_2 \\ \vdots & \vdots & & \vdots & \vdots \\ a_{m1} & a_{m2} & \cdots & a_{mn} & b_m \end{pmatrix}$$

说明 在方程组(8.6)中,当 $b_1, b_2, \cdots, b_m$ 不全为零时,方程组(8.6)称为 n 元非齐次线性方程组;当 $b_1, b_2, \cdots, b_m$ 全为零时,

$$\begin{cases} a_{11}x_1 + a_{12}x_2 + \cdots + a_{1n}x_n = 0 \\ a_{21}x_1 + a_{22}x_2 + \cdots + a_{2n}x_2 = 0 \\ \cdots \\ a_{m1}x_1 + a_{m2}x_2 + \cdots + a_{mn}x_n = 0 \end{cases}$$

称为 n 元齐次线性方程组,也可记为 $\boldsymbol{AX}=\boldsymbol{0}$,其中这个"$\boldsymbol{0}$"是 n 维列向量.

8.4.2 线性方程组解的判定

例 8.38 解下列线性方程组

$$\begin{cases} x_1 + x_2 - x_3 = 2 \\ 2x_1 + x_2 + x_3 = 3 \\ x_1 + x_2 + x_3 = 6 \end{cases}$$

解 我们利用消元法和矩阵的初等行变换分别求解,并注意每一个线性方程组都唯一对应一个系数增广矩阵,整个求解过程见表 8.1.

表 8.1 三人表决器的真值表

线性方程组	系数增广矩阵
$\begin{cases} x_1 + x_2 - x_3 = 2 & (1) \\ 2x_1 + x_2 + x_3 = 3 & (2) \\ x_1 + x_2 + x_3 = 6 & (3) \end{cases}$	$\widetilde{\boldsymbol{A}} = \begin{bmatrix} 1 & 1 & -1 & 2 \\ 2 & 1 & 1 & 3 \\ 1 & 1 & 1 & 6 \end{bmatrix}$
$(2)-2(1)$, $(3)-(1)$ $\begin{cases} x_1 + x_2 - x_3 = 2 & (4) \\ -x_2 + 3x_3 = -1 & (5) \\ 2x_3 = 4 & (6) \end{cases}$	$\xrightarrow[r_3 - r_1]{r_2 - 2r_1} \begin{bmatrix} 1 & 1 & -1 & 2 \\ 0 & -1 & 3 & -1 \\ 0 & 0 & 2 & 4 \end{bmatrix}$
$(4)+(5)$, $-r_2$, $\frac{1}{2}r_3$ $\begin{cases} x_1 + 2x_3 = 1 & (7) \\ x_2 - 3x_3 = 1 & (8) \\ x_3 = 2 & (9) \end{cases}$	$\xrightarrow[\frac{1}{2}r_3]{r_1 + r_2 - r_2} \begin{bmatrix} 1 & 0 & 2 & 1 \\ 0 & 1 & -3 & 1 \\ 0 & 0 & 1 & 2 \end{bmatrix}$
$(7)-2(9)$, $(8)+3(9)$ $\begin{cases} x_1 = -3 & (10) \\ x_2 = 7 & (11) \\ x_3 = 2 & (12) \end{cases}$	$\xrightarrow[r_2 + 3r_3]{r_1 - 2r_3} \begin{bmatrix} 1 & 0 & 0 & -3 \\ 0 & 1 & 0 & 7 \\ 0 & 0 & 1 & 2 \end{bmatrix}$

由此可得方程组的解是:$x_1=-3$,$x_2=7$,$x_3=2$.

由上可知,用消元法求解方程组,对方程组主要施行以下三种变换:

(1) 互换两个方程的位置;

(2) 数 k 乘以某一方程($k \neq 0$);

(3) 用一个数 k 乘某一方程后加到另一个方程上去.

因此消元法的过程实际上就是对线性方程组的增广矩阵 $\widetilde{\boldsymbol{A}}$ 进行初等行变换的过程. 利用矩阵的初等行变换求线性方程组的解,是一种比较简单的方法,这种方法就是用矩阵的初等行变换(不能使用矩阵的初等列变换)把增广矩阵化为阶梯形和最简阶梯形.

例 8.39 解线性方程组

$$\begin{cases} x_1 + x_2 + x_3 = 1 \\ -x_1 + 2x_2 - 3x_3 = 1 \\ 2x_1 + 5x_2 = 3 \end{cases}$$

解 利用初等行变换,将方程组的增广矩阵 $\widetilde{\boldsymbol{A}} = (\boldsymbol{A} \vdots \boldsymbol{b})$化成阶梯形矩阵,即

$$\widetilde{\boldsymbol{A}} = \begin{pmatrix} 1 & 1 & 1 & 1 \\ -1 & 2 & -3 & 1 \\ 2 & 5 & 0 & 3 \end{pmatrix} \xrightarrow[r_3 + (-2)r_1]{r_2 + r_1} \begin{pmatrix} 1 & 1 & 1 & 1 \\ 0 & 3 & -2 & 2 \\ 0 & 3 & -2 & 1 \end{pmatrix} \xrightarrow{r_3 + (-1)r_2} \begin{pmatrix} 1 & 1 & 1 & 1 \\ 0 & 3 & -2 & 2 \\ 0 & 0 & 0 & -1 \end{pmatrix}$$

写出同解方程组,出现矛盾方程,所以方程组无解.

例 8.40 求线性方程组的解

$$\begin{cases} x_1 + x_2 - x_3 + x_4 = 1 \\ 3x_1 + 2x_2 - 5x_3 = 2 \\ x_2 + 2x_3 + 3x_4 = 1 \\ 5x_1 + 4x_2 - 7x_3 + 2x_4 = 4 \end{cases}$$

解 将增广矩阵进行初等行变换

$$\widetilde{\boldsymbol{A}} = \begin{pmatrix} 1 & 1 & -1 & 1 & 1 \\ 3 & 2 & -5 & 0 & 2 \\ 0 & 1 & 2 & 3 & 1 \\ 5 & 4 & -7 & 2 & 4 \end{pmatrix} \xrightarrow[r_4 + (-5)r_1]{r_2 + (-3)r_1} \begin{pmatrix} 1 & 1 & -1 & 1 & 1 \\ 0 & -1 & -2 & -3 & -1 \\ 0 & 1 & 2 & 3 & 1 \\ 0 & -1 & -2 & -3 & -1 \end{pmatrix}$$

$$\xrightarrow[\substack{r_4 + (-1)r_2 \\ r_2 \cdot (-1)}]{r_3 + r_2} \begin{pmatrix} 1 & 1 & -1 & 1 & 1 \\ 0 & 1 & 2 & 3 & 1 \\ 0 & 0 & 0 & 0 & 0 \\ 0 & 0 & 0 & 0 & 0 \end{pmatrix} \xrightarrow{r_1 + (-1)r_2} \begin{pmatrix} 1 & 0 & -3 & -2 & 0 \\ 0 & 1 & 2 & 3 & 1 \\ 0 & 0 & 0 & 0 & 0 \\ 0 & 0 & 0 & 0 & 0 \end{pmatrix}$$

得同解方程组

$$\begin{cases} x_1 - 3x_3 - 2x_4 = 0 \\ x_2 + 2x_3 + 3x_4 = 1 \end{cases}$$

即

$$\begin{cases} x_1 = 0 + 3x_3 + 2x_4 \\ x_2 = 1 - 2x_3 - 3x_4 \end{cases} \quad (\text{称 } x_3, x_4 \text{ 为自由未知量})$$

令自由未知量 $x_3 = c_1, x_4 = c_2$,得

$$\begin{cases} x_1 = 0 + 3c_1 + 2c_2 \\ x_2 = 1 - 2c_1 - 3c_2 \\ x_3 = c_1 \\ x_4 = c_2 \end{cases}$$

其中 c_1, c_2 为任意常数,此时方程组有无穷多组解.

我们看到,以上三个不同的线性方程组,其解出现三种不同的情况:① 无解;② 有唯一解;③ 有无穷多组解. 具体来说,例 8.38 中的系数矩阵的秩和增广矩阵的秩相等($R(\widetilde{\boldsymbol{A}}) = R(\boldsymbol{A}) = 3$),且等于未知元的个数,方程组有唯一解;例 8.39 中的系数矩阵的

秩和增广矩阵的秩不相等($R(\widetilde{\boldsymbol{A}})=3$,$R(\boldsymbol{A})=2$),出现矛盾方程,方程组无解,而例 8.40 中的系数矩阵的秩和增广矩阵的秩相等($R(\widetilde{\boldsymbol{A}})=R(\boldsymbol{A})=2$),且小于未知元的个数,方程组有无穷多组解.

一般地,对于线性方程组

$$\begin{cases} a_{11}x_1+a_{12}x_2+\cdots+a_{1n}x_n=b_1 \\ a_{21}x_1+a_{22}x_2+\cdots+a_{2n}x_n=b_2 \\ \cdots \\ a_{m1}x_1+a_{m2}x_2+\cdots+a_{mn}x_n=b_m \end{cases}$$

有如下的判定定理:

(1) 当 $R(\boldsymbol{A})\neq R(\widetilde{\boldsymbol{A}})$时,方程组无解;

(2) 当 $R(\boldsymbol{A})=R(\widetilde{\boldsymbol{A}})=r$ 时,方程组有解:

① 当 $r=n$(未知数的个数)时,有唯一解;

② 当 $r<n$(未知数的个数)时,有无穷多个解.

8.4.3 解线性方程组

例 8.41 解线性方程组

$$\begin{cases} x_1-x_2-x_3=1 \\ 2x_1-x_2+4x_3=2 \\ x_1+5x_3=-1 \end{cases}$$

解 对增广矩阵进行初等行变换

$$\widetilde{\boldsymbol{A}}=\begin{bmatrix} 1 & -1 & -1 & 1 \\ 2 & -1 & 4 & 2 \\ 1 & 0 & 5 & -1 \end{bmatrix} \xrightarrow[r_3-r_1]{r_2-2r_1} \begin{bmatrix} 1 & -1 & -1 & 1 \\ 0 & 1 & 6 & 0 \\ 0 & 1 & 6 & -2 \end{bmatrix} \xrightarrow[r_3-r_2]{r_1+r_2} \begin{bmatrix} 1 & 0 & 5 & 1 \\ 0 & 1 & 6 & 0 \\ 0 & 0 & 0 & -2 \end{bmatrix}$$

此时出现矛盾方程,$R(\boldsymbol{A})=2$,$R(\widetilde{\boldsymbol{A}})=3$, $R(\boldsymbol{A})\neq R(\widetilde{\boldsymbol{A}})$,原方程组无解.

例 8.42 求线性方程组的解

$$\begin{cases} x_1+2x_2+3x_3=1 \\ 2x_1+2x_2+5x_3=2 \\ 3x_1+5x_2+x_3=3 \end{cases}$$

解 将系数增广矩阵 $k_1,k_2,\cdots,k_{n-r}$化成最简阶梯形矩阵

$$\widetilde{\boldsymbol{A}}=\begin{bmatrix} 1 & 2 & 3 & 1 \\ 2 & 2 & 5 & 2 \\ 3 & 5 & 1 & 3 \end{bmatrix} \xrightarrow[r_3-3r_1]{r_2-2r_1} \begin{bmatrix} 1 & 2 & 3 & 1 \\ 0 & -2 & -1 & 0 \\ 0 & -1 & -8 & 0 \end{bmatrix} \xrightarrow[r_2-2r_3]{r_1+2r_3} \begin{bmatrix} 1 & 0 & -13 & 1 \\ 0 & 0 & 15 & 0 \\ 0 & -1 & -8 & 0 \end{bmatrix}$$

$$\xrightarrow[r_3+\frac{8}{15}r_2]{r_1+\frac{13}{15}r_r} \begin{bmatrix} 1 & 0 & 0 & 1 \\ 0 & 0 & 15 & 0 \\ 0 & -1 & 0 & 0 \end{bmatrix} \xrightarrow[-r_3]{\frac{1}{15}r_2} \begin{bmatrix} 1 & 0 & 0 & 1 \\ 0 & 0 & 1 & 0 \\ 0 & 1 & 0 & 0 \end{bmatrix} \xrightarrow{r_2\leftrightarrow r_3} \begin{bmatrix} 1 & 0 & 0 & 1 \\ 0 & 1 & 0 & 0 \\ 0 & 0 & 1 & 0 \end{bmatrix}$$

因此 $R(\boldsymbol{A})=R(\widetilde{\boldsymbol{A}})=n=3$,方程组有唯一解,其解为

$$x_1=1,\quad x_2=0,\quad x_3=0$$

例 8.43　求下列方程组的解：

$$\begin{cases} x_1+3x_2+x_3+2x_4+x_5=0 \\ 2x_1+6x_2+x_3+6x_4-5x_5=1 \\ 3x_1+9x_2+2x_3+8x_4-4x_5=1 \\ x_1+3x_2+3x_3-2x_4+15x_5=-2 \end{cases}$$

解　将增广矩阵进行初等行变换化成最简阶梯形矩阵

$$\widetilde{\boldsymbol{A}}=\begin{bmatrix} 1 & 3 & 1 & 2 & 1 & 0 \\ 2 & 6 & 1 & 6 & -5 & 1 \\ 3 & 9 & 2 & 8 & -4 & 1 \\ 1 & 3 & 3 & -2 & 15 & -2 \end{bmatrix} \xrightarrow[r_3-r_1]{\substack{r_2-2r_1 \\ r_3-3r_1}} \begin{bmatrix} 1 & 3 & 1 & 2 & 1 & 0 \\ 0 & 0 & -1 & 2 & -7 & 1 \\ 0 & 0 & -1 & 2 & -7 & 1 \\ 0 & 0 & 2 & -4 & 14 & -2 \end{bmatrix}$$

$$\xrightarrow{r_4+2r_2} \begin{bmatrix} 1 & 3 & 0 & 4 & -6 & 1 \\ 0 & 0 & 1 & -2 & 7 & -1 \\ 0 & 0 & 0 & 0 & 0 & 0 \\ 0 & 0 & 0 & 0 & 0 & 0 \end{bmatrix}$$

得同解方程组

$$\begin{cases} x_1+3x_2+4x_4-6x_5=1 \\ x_3-2x_4+7x_5=-1 \end{cases}$$

即

$$\begin{cases} x_1=1-3x_2-4x_4+6x_5 \\ x_3=-1+2x_4-7x_5 \end{cases} \quad (\text{称 } x_2,x_4,x_5 \text{ 为自由未知元})$$

令自由未知元 $x_2=c_1,x_4=c_2,x_5=c_3$，得

$$\begin{cases} x_1=1-3c_1-4c_2+6c_3 \\ x_2=c_1 \\ x_3=-1+2c_2-7c_3 \\ x_4=c_2 \\ x_5=c_3 \end{cases}$$

其中，c_1,c_2,c_3 为任意常数，我们通常称此为方程组的一般解．由 c_1,c_2,c_3 的任意性可以知道这个方程组有无数组解，很多情况下，我们把这个一般解写成矩阵的形式：

$$\begin{pmatrix} x_1 \\ x_2 \\ x_3 \\ x_4 \\ x_5 \end{pmatrix}=\begin{pmatrix} 1 \\ 0 \\ -1 \\ 0 \\ 0 \end{pmatrix}+c_1\begin{pmatrix} -3 \\ 1 \\ 0 \\ 0 \\ 0 \end{pmatrix}+c_2\begin{pmatrix} -4 \\ 0 \\ 2 \\ 1 \\ 0 \end{pmatrix}+c_3\begin{pmatrix} 6 \\ 0 \\ -7 \\ 0 \\ 1 \end{pmatrix}$$

并称此为该方程组的通解．

注　线性方程组的通解中自由未知量（自由变量）的个数等于 $n-r$．

由上我们可以总结出解线性方程组的一般步骤：① 写出增广矩阵，并化成阶梯形；② 根据系数矩阵和增广矩阵的秩是否相等判断方程组是否有解，在有解的情况下，化为最简阶梯形矩阵，写出与它对应的同解方程组；③ 确定自由未知数，写出方程组的一般

解，再写出通解.

例 8.44 λ 取何值时，线性方程组

$$\begin{cases}\lambda x_1 + x_2 + x_3 = 1\\ x_1 + \lambda x_2 + x_3 = \lambda\\ x_1 + x_2 + \lambda x_3 = \lambda^2\end{cases}$$

(1) 有唯一解；(2) 无解；(3) 有无穷多解，并求出其通解.

解 对增广矩阵 $\widetilde{A}$ 进行初等行变换

$$\widetilde{\boldsymbol{A}} = \begin{pmatrix}\lambda & 1 & 1 & 1\\ 1 & \lambda & 1 & \lambda\\ 1 & 1 & \lambda & \lambda^2\end{pmatrix} \xrightarrow{r_1 \leftrightarrow r_3} \begin{pmatrix}1 & 1 & \lambda & \lambda^2\\ 1 & \lambda & 1 & \lambda\\ \lambda & 1 & 1 & 1\end{pmatrix} \xrightarrow[r_3 + (-\lambda) r_1]{r_2 + (-1) r_1} \begin{pmatrix}1 & 1 & \lambda & \lambda^2\\ 0 & \lambda - 1 & 1 - \lambda & \lambda - \lambda^2\\ 0 & 1 - \lambda & 1 - \lambda^2 & 1 - \lambda^3\end{pmatrix}$$

$$\xrightarrow{r_3 + r_2} \begin{pmatrix}1 & 1 & \lambda & \lambda^2\\ 0 & \lambda - 1 & 1 - \lambda & \lambda - \lambda^2\\ 0 & 0 & 2 - \lambda - \lambda^2 & 1 + \lambda - \lambda^2 - \lambda^3\end{pmatrix}$$

(1) 当 $\lambda - 1 \neq 0$ 且 $2 - \lambda - \lambda^2 \neq 0$ 时，即 $\lambda \neq 1, -2$，$R(\boldsymbol{A}) = R(\widetilde{\boldsymbol{A}}) = n = 3$，方程组有唯一解；

(2) 当 $2 - \lambda - \lambda^2 = 0$ 且 $1 + \lambda - \lambda^2 - \lambda^3 \neq 0$ 时，即 $\lambda = -2$，$R(\boldsymbol{A}) \neq R(\widetilde{\boldsymbol{A}})$，方程组无解；

(3) 当 $2 - \lambda - \lambda^2 = 0$ 且 $1 + \lambda - \lambda^2 - \lambda^3 = 0$ 时，即 $\lambda = 1$，$R(\boldsymbol{A}) = R(\widetilde{\boldsymbol{A}}) = 1 < n = 3$，方程组有无穷多解.

当 $\lambda = 1$ 时，增广矩阵 $\widetilde{\boldsymbol{A}}$ 的同解方程组为

$$x_1 + x_2 + x_3 = 1$$

即

$$x_1 = 1 + x_2 + x_3 \quad (\text{取 } x_2, x_3 \text{ 为自由未知量})$$

令自由未知量 $x_2 = c_1, x_3 = c_2$，得

$$\begin{cases}x_1 = 1 - c_1 - c_2\\ x_2 = c_1\\ x_3 = c_2\end{cases} \quad (c_1, c_2 \text{ 为任意常数})$$

所以线性方程组的通解为

$$\begin{pmatrix}x_1\\ x_2\\ x_3\end{pmatrix} = \begin{pmatrix}1\\ 0\\ 0\end{pmatrix} + c_1\begin{pmatrix}-1\\ 1\\ 0\end{pmatrix} + c_2\begin{pmatrix}-1\\ 0\\ 1\end{pmatrix}$$

说明 (1) 线性方程组解的判定定理对任何一个 n 元线性方程组都是成立的，当然对于齐次线性方程组 $\boldsymbol{AX} = \boldsymbol{0}$ 也成立. 齐次线性方程组只是一般的线性方程组的特例情况，求解时完全可以按照解线性方程组的基本方法和步骤进行.

(2) 任何一个齐次线性方程组 $\boldsymbol{AX} = \boldsymbol{0}$ 都是有解的. 这是因为齐次线性方程组 $\widetilde{\boldsymbol{A}}$ 的最后一列元素全为 0，总有 $R(\boldsymbol{A}) = R(\widetilde{\boldsymbol{A}})$，因此齐次线性方程组肯定是有解的，至少

$x_1=x_2=\cdots=x_n=0$ 是解，通常把这个解称为零解.

(3) 对于齐次线性方程组 $\boldsymbol{AX}=\boldsymbol{0}$，当 $R(\boldsymbol{A})=n$（未知数的个数）时，有唯一解（零解）；当 $R(\boldsymbol{A})<n$（未知数的个数）有无穷多组解（非零解）.

例 8.45 解线性齐次方程组 $\begin{cases} x_1-2x_2+3x_3-4x_4=0 \\ x_2-x_3+x_4=0 \\ x_1+3x_2+x_4=0 \\ -7x_2+3x_3+x_4=0 \end{cases}$.

解 因为 $\tilde{\boldsymbol{A}}$ 的最后一列元素全为 0，因此解齐次线性方程组时只需对系数矩阵 $\boldsymbol{A}$ 施以初等行变换，化为最简阶梯形矩阵：

$$\boldsymbol{A}=\begin{pmatrix} 1 & -2 & 3 & -4 \\ 0 & 1 & -1 & 1 \\ 1 & 3 & 0 & 4 \\ 0 & -7 & 3 & 0 \end{pmatrix} \xrightarrow{r_3+(-1)r_1} \begin{pmatrix} 1 & -2 & 3 & -4 \\ 0 & 1 & -1 & 1 \\ 0 & 5 & -3 & 5 \\ 0 & -7 & 3 & 0 \end{pmatrix}$$

$$\xrightarrow[r_4+7r_2]{r_3+(-5)r_2} \begin{pmatrix} 1 & -2 & 3 & -4 \\ 0 & 1 & -1 & 1 \\ 0 & 0 & -2 & 0 \\ 0 & 0 & -4 & 8 \end{pmatrix} \xrightarrow{\substack{r_4+2r_3 \\ \frac{1}{2}\cdot r_3 \\ \frac{1}{8}\cdot r_4}} \begin{pmatrix} 1 & -2 & 3 & -4 \\ 0 & 1 & -1 & 1 \\ 0 & 0 & 1 & 0 \\ 0 & 0 & 0 & 1 \end{pmatrix}$$

$$\xrightarrow[r_2+r_3]{r_2+(-1)r_4} \begin{pmatrix} 1 & -2 & 3 & -4 \\ 0 & 1 & 0 & 0 \\ 0 & 0 & 1 & 0 \\ 0 & 0 & 0 & 1 \end{pmatrix} \xrightarrow{\substack{r_1+2r_2 \\ r_1+(-3)r_3 \\ r_1+4r_4}} \begin{pmatrix} 1 & 0 & 0 & 0 \\ 0 & 1 & 0 & 0 \\ 0 & 0 & 1 & 0 \\ 0 & 0 & 0 & 1 \end{pmatrix}$$

所以 $R(\boldsymbol{A})=4$，有唯一零解. 即方程组的解为

$$\begin{cases} x_1=0 \\ x_2=0 \\ x_3=0 \\ x_4=0 \end{cases}$$

例 8.46 解线性齐次方程组

$$\begin{cases} x_1-2x_2+3x_3+x_4+x_5=0 \\ x_1+x_2-x_3-x_4-2x_5=0 \\ 2x_1-x_2+x_3-2x_5=0 \\ 2x_1+2x_2+5x_3-x_4+x_5=0 \end{cases}$$

解 先写出其系数矩阵 $\boldsymbol{A}$ 并对其进行初等行变换，化为阶梯形和最简阶梯形矩阵：

$$\boldsymbol{A}=\begin{bmatrix} 1 & -2 & 3 & 1 & 1 \\ 1 & 1 & -1 & -1 & -2 \\ 2 & -1 & 1 & 0 & -2 \\ 2 & 2 & 5 & -1 & 1 \end{bmatrix} \xrightarrow[r_4-2r_2]{\substack{r_1+(-1)r_2 \\ r_3+(-2)r_2}} \begin{bmatrix} 0 & -3 & 4 & 2 & 3 \\ 1 & 1 & -1 & -1 & -2 \\ 0 & -3 & 3 & 2 & 2 \\ 0 & 0 & 7 & 1 & 5 \end{bmatrix}$$

$$\xrightarrow{r_3+(-1)r_1}\begin{bmatrix}0&-3&4&2&3\\1&1&-1&-1&-2\\0&0&-1&0&-1\\0&0&7&1&5\end{bmatrix}\xrightarrow[r_4+7r_3]{\substack{r_1+4r_3\\r_2+(-1)r_3}}\begin{bmatrix}0&-3&0&2&-1\\1&1&0&-1&-1\\0&0&-1&0&-1\\0&0&0&1&-2\end{bmatrix}$$

$$\xrightarrow[r_2+(-2)r_4]{r_1\leftrightarrow r_2}\begin{bmatrix}1&1&0&-1&-3\\0&-3&0&0&3\\0&0&-1&0&-1\\0&0&0&1&2\end{bmatrix}\xrightarrow[-\frac{1}{3}r_2]{r_1+r_4}\begin{bmatrix}1&1&0&1&-1\\0&1&0&0&-1\\0&0&-1&0&-1\\0&0&0&1&2\end{bmatrix}$$

$$\xrightarrow{\substack{r_1+(-2)r_2\\-r_3}}\begin{bmatrix}1&0&0&0&-2\\0&1&0&0&-1\\0&0&1&0&1\\0&0&0&1&2\end{bmatrix}$$

因为 $R(\boldsymbol{A})=4<5$,所以该方程组有非零解. 且方程组的同解方程组为

$$\begin{cases}x_1-2x_5=0\\x_2-x_5=0\\x_3+x_5=0\\x_4+2x_5=0\end{cases}$$

即

$$\begin{cases}x_1=2x_5\\x_2=x_5\\x_3=-x_5\\x_4=-2x_5\end{cases}\quad(\text{取 } x_5 \text{ 为自由未知量(或自由变量)},\text{令 } x_5=c)$$

则该齐次线性方程组的解为

$$\begin{cases}x_1=2c\\x_2=c\\x_3=-c\\x_4=-2c\\x_5=c\end{cases}$$

其中,c 是任意常数,其通解为

$$\begin{pmatrix}x_1\\x_2\\x_3\\x_4\\x_5\end{pmatrix}=c\begin{pmatrix}2\\1\\-1\\-2\\1\end{pmatrix}$$

《课 堂 练 习》

1. 解下列线性方程组：

(1) $\begin{cases} 2x_1 + x_2 - x_3 + x_4 = 1 \\ 3x_1 - 2x_2 + 2x_3 - 3x_4 = 2 \\ 5x_1 + x_2 - x_3 + 2x_4 = -1 \\ 2x_1 - x_2 + x_3 - 3x_4 = 4 \end{cases}$；

(2) $\begin{cases} x_1 + 3x_2 + x_3 = 5 \\ 2x_1 + 3x_2 - 3x_3 = 14 \\ x_1 + x_2 + 5x_3 = -7 \end{cases}$；

(3) $\begin{cases} 2x_1 + 4x_2 - x_3 + x_4 = 0 \\ x_1 - 3x_2 + 2x_3 + 3x_4 = 0 \\ 3x_1 + x_2 + x_3 + 4x_4 = 0 \end{cases}$；

(4) $\begin{cases} 2x_1 + 2x_2 - 3x_3 = -1 \\ 3x_1 + x_2 - 5x_3 = 0 \\ x_1 + 3x_2 - x_3 = -2 \end{cases}$；

(5) $\begin{cases} x_1 + x_2 + x_3 - x_4 = 0 \\ x_1 + x_2 - x_3 + x_4 = 0 \\ 2x_1 + 2x_2 + x_4 = 0 \end{cases}$；

(6) $\begin{cases} x_1 - 2x_2 + 3x_3 - 4x_4 = 4 \\ x_2 - x_3 + x_4 = -3 \\ x_1 + 3x_2 - 3x_4 = 1 \\ -7x_2 + 3x_3 + x_4 = -3 \end{cases}$.

2. 一工厂有 1000 小时用于生产、维修和检验. 设各工序的工作时间分别为 x_1, x_2, x_3，且满足 $\begin{cases} x_1 + x_2 + x_3 = 1000 \\ x_1 = x_3 - 100 \\ x_1 - x_2 + x_3 = 100 \end{cases}$，求各工序所用时间分别为多少？

3. λ 取何值时，非齐次线性方程组 $\begin{cases} (1+\lambda)x_1 + x_2 + x_3 = 0 \\ x_1 + (1+\lambda)x_2 + x_3 = 3 \\ x_1 + x_2 + (1+\lambda)x_3 = \lambda \end{cases}$.

(1) 有唯一解；(2) 无解；(3) 有无穷多解，并求出其通解.

数学家小传

丹齐格(1914～，图 8.5)，美国数学家、美国科学院院士、线性规划的奠基人. 1974 年丹齐格在总结前人工作的基础上创立了线性规划，确定了这一学科的范围，并提出了解决线性规划问题的单纯形法.1937～1939 年任美国劳工统计局统计员,1941～1952 年任美国空军司令部数学顾问、战斗分析部和统计管理部主任.1952～1960 年任美国兰德公司数学研究员.1960～1966 年任伯克利加利福尼亚大学教授和运筹学中心主任.1966 年后任斯坦福大学运筹学和计算机科学教授.1971 年当选为美国科学院院士.1975 年获美国科学奖章和诺伊曼理论奖金.丹齐格还获马里兰大学、耶鲁大学、瑞典林雪平大学的以色列理工学院的名誉博士学位.丹齐格是美国运筹学会和国际运筹学会联合会(IFORS)的主席和美国数学规划学会的创始人.他发表过 100 多篇关于数学规划及其应用方面的论文,1963 年出版专著《线性规划及其范围》,这本著作至今仍是线性规划方面的标准参考书.

图 8.5

8.5 向量组的线性相关性

8.5.1 n 维向量

一组有序的 n 个实数所组成的数组 $(x_1,x_2,\cdots,x_n)$,称为一个 n 维向量.其中数 $x_i(i=1,2,\cdots,n)$称为该向量的第 i 个分量.

向量一般用小写的希腊字母 $\boldsymbol{\alpha},\boldsymbol{\beta},\boldsymbol{\gamma},\cdots$表示.分量全为零的向量称为零向量,记作 $\mathbf{0}$.

n 维向量$\boldsymbol{\alpha}=\begin{pmatrix}x_1\\x_2\\\vdots\\x_n\end{pmatrix}$,有时也写成

$$\boldsymbol{\alpha}=(x_1,x_2,\cdots,x_n)$$

前者称为列向量,后者称为行向量.

一个列向量与一个列矩阵是一一对应的,同样一个行向量与一个行矩阵是一一对应的,因此向量可以根据矩阵相等和运算来类似定义向量的各种运算,当然矩阵的运算规律也适用于向量.

例 8.47 已知向量 $\boldsymbol{\alpha}_1=\begin{pmatrix}2\\3\\-1\end{pmatrix}$,$\boldsymbol{\alpha}_2=\begin{pmatrix}0\\4\\1\end{pmatrix}$,$\boldsymbol{\alpha}_3=\begin{pmatrix}-1\\3\\0\end{pmatrix}$,$\boldsymbol{\alpha}_4=\begin{pmatrix}1\\2\\-2\end{pmatrix}$,求 $2\boldsymbol{\alpha}_1-\boldsymbol{\alpha}_2+3\boldsymbol{\alpha}_3-\boldsymbol{\alpha}_4$.

解 $2\boldsymbol{\alpha}_1-\boldsymbol{\alpha}_2+3\boldsymbol{\alpha}_3-\boldsymbol{\alpha}_4=2\begin{pmatrix}2\\3\\-1\end{pmatrix}-\begin{pmatrix}0\\4\\1\end{pmatrix}+3\begin{pmatrix}-1\\3\\0\end{pmatrix}-\begin{pmatrix}1\\2\\-2\end{pmatrix}$

$$= \begin{pmatrix} 4 \\ 6 \\ -2 \end{pmatrix} - \begin{pmatrix} 0 \\ 4 \\ 1 \end{pmatrix} + \begin{pmatrix} -3 \\ 9 \\ 0 \end{pmatrix} - \begin{pmatrix} 1 \\ 2 \\ -2 \end{pmatrix} = \begin{pmatrix} 0 \\ 9 \\ -1 \end{pmatrix}.$$

例 8.48 已知向量 $\boldsymbol{\alpha}_1=(2,5,1,3)$，$\boldsymbol{\alpha}_2=(10,1,5,10)$，$\boldsymbol{\alpha}_3=(4,1,-1,0)$，求向量 $\boldsymbol{\xi}$，且 $\boldsymbol{\xi}$ 满足 $2(\boldsymbol{\alpha}_1-\boldsymbol{\xi})+3(\boldsymbol{\alpha}_2+\boldsymbol{\xi})=5(\boldsymbol{\alpha}_3+\boldsymbol{\xi})$.

解 根据向量的线性运算和运算律可得

$$2(\boldsymbol{\alpha}_1-\boldsymbol{\xi})+3(\boldsymbol{\alpha}_2+\boldsymbol{\xi})=5(\boldsymbol{\alpha}_3+\boldsymbol{\xi})$$

$$4\boldsymbol{\xi}=2\boldsymbol{\alpha}_1+3\boldsymbol{\alpha}_2-5\boldsymbol{\alpha}_3$$

$$\boldsymbol{\xi}=\frac{1}{2}\boldsymbol{\alpha}_1+\frac{3}{4}\boldsymbol{\alpha}_2-\frac{5}{4}\boldsymbol{\alpha}_3$$

将 $\boldsymbol{\alpha}_1,\boldsymbol{\alpha}_2,\boldsymbol{\alpha}_3$ 代入上式，得

$$\boldsymbol{\xi}=\frac{1}{2}(2,5,1,3)+\frac{3}{4}(10,1,5,10)-\frac{5}{4}(4,1,-1,0)$$

$$=\left(\frac{7}{2},2,\frac{11}{2},9\right)$$

8.5.2 向量组的线性相关性

若干个同维数的行向量（或同维数的列向量）所组成的集合叫作向量组. 例如一个 $m\times n$ 矩阵

$$\boldsymbol{A}=\begin{pmatrix} a_{11} & a_{12} & \cdots & a_{1n} \\ a_{21} & a_{22} & \cdots & a_{2n} \\ \vdots & \vdots & & \vdots \\ a_{m1} & a_{m2} & \cdots & a_{mn} \end{pmatrix}$$

可看成由 m 个行向量 $\boldsymbol{\alpha}_1,\boldsymbol{\alpha}_2,\cdots,\boldsymbol{\alpha}_m$；或 n 个列向量 $\boldsymbol{\beta}_1,\boldsymbol{\beta}_2,\cdots,\boldsymbol{\beta}_n$ 所组成的向量组构成，其中

$$\boldsymbol{\alpha}_1=(a_{11},a_{12},\cdots,a_{1n})$$

$$\boldsymbol{\alpha}_2=(a_{21},a_{22},\cdots,a_{2n})$$

$$\cdots$$

$$\boldsymbol{\alpha}_m=(a_{m1},a_{m2},\cdots,a_{mn})$$

$$\boldsymbol{\beta}_1=\begin{pmatrix} a_{11} \\ a_{21} \\ \vdots \\ a_{m1} \end{pmatrix},\ \boldsymbol{\beta}_2=\begin{pmatrix} a_{12} \\ a_{22} \\ \vdots \\ a_{m2} \end{pmatrix},\cdots,\boldsymbol{\beta}_n=\begin{pmatrix} a_{1n} \\ a_{2n} \\ \vdots \\ a_{mn} \end{pmatrix}$$

定义 设 $\boldsymbol{\alpha}_1,\boldsymbol{\alpha}_2,\cdots,\boldsymbol{\alpha}_m$ 为 m 个 n 维向量，如果存在 m 个数 $k_1,k_2,\cdots,k_m$，使得

$$\boldsymbol{\alpha}=k_1\boldsymbol{\alpha}_1+k_2\boldsymbol{\alpha}_2+\cdots+k_m\boldsymbol{\alpha}_m$$

则称向量 $\boldsymbol{\alpha}$ 是 $\boldsymbol{\alpha}_1,\boldsymbol{\alpha}_2,\cdots,\boldsymbol{\alpha}_m$ 的线性组合，或称 $\boldsymbol{\alpha}$ 可由 $\boldsymbol{\alpha}_1,\boldsymbol{\alpha}_2,\cdots,\boldsymbol{\alpha}_m$ 线性表示.

由定义可知：

(1) 零向量可由任何向量组线性表示；

(2) 向量组 $\boldsymbol{\alpha}_1,\boldsymbol{\alpha}_2,\cdots,\boldsymbol{\alpha}_m$ 中任何一个向量 $\boldsymbol{\alpha}_i(i=1,2,\cdots,m)$ 可由整个向量组线性

表示；

(3) 任意三维向量 $\begin{pmatrix}x\\y\\z\end{pmatrix}$ 都是向量 $\begin{pmatrix}1\\0\\0\end{pmatrix}$，$\begin{pmatrix}0\\1\\0\end{pmatrix}$ 和 $\begin{pmatrix}0\\0\\1\end{pmatrix}$ 的线性组合，因为总有

$$\begin{pmatrix}x\\y\\z\end{pmatrix} = x\begin{pmatrix}1\\0\\0\end{pmatrix} + y\begin{pmatrix}0\\1\\0\end{pmatrix} + z\begin{pmatrix}0\\0\\1\end{pmatrix}$$

其中向量 $\begin{pmatrix}1\\0\\0\end{pmatrix}$，$\begin{pmatrix}0\\1\\0\end{pmatrix}$ 和 $\begin{pmatrix}0\\0\\1\end{pmatrix}$ 叫作单位坐标向量.

例 8.49 设 $\boldsymbol{\beta} = \begin{pmatrix}2\\3\\-1\end{pmatrix}$，$\boldsymbol{\alpha}_1 = \begin{pmatrix}1\\-1\\2\end{pmatrix}$，$\boldsymbol{\alpha}_2 = \begin{pmatrix}-1\\2\\-3\end{pmatrix}$，$\boldsymbol{\alpha}_3 = \begin{pmatrix}2\\-3\\6\end{pmatrix}$，判断向量 $\boldsymbol{\beta}$ 能否由向量组 $\boldsymbol{\alpha}_1,\boldsymbol{\alpha}_2,\boldsymbol{\alpha}_3$ 线性表示，若能，写出它的一种表达式.

解 设存在 k_1,k_2,k_3，使 $\boldsymbol{\beta} = k_1\boldsymbol{\alpha}_1 + k_2\boldsymbol{\alpha}_2 + k_3\boldsymbol{\alpha}_3$，由此可得以 k_1,k_2,k_3 为未知量的线性方程组为

$$\begin{cases} k_1 - k_2 + 2k_3 = 2 \\ -k_1 + 2k_2 - 3k_3 = 3 \\ 2k_1 - 3k_2 + 6k_3 = -1 \end{cases}$$

解此线性方程组，因为

$$\widetilde{\boldsymbol{A}} = \begin{pmatrix} 1 & -1 & 2 & 2 \\ -1 & 2 & -3 & 3 \\ 2 & -3 & 6 & -1 \end{pmatrix} \xrightarrow{\text{初等行变换}} \begin{pmatrix} 1 & 0 & 0 & 7 \\ 0 & 1 & 0 & 5 \\ 0 & 0 & 1 & 0 \end{pmatrix}$$

显然方程组有解，即 $k_1 = 7, k_2 = 5, k_3 = 0$，所以 $\boldsymbol{\beta} = 5\boldsymbol{\alpha}_1 + 5\boldsymbol{\alpha}_2 + 0\boldsymbol{\alpha}_3$.

例 8.50 判断向量 $\boldsymbol{\beta}$ 可否由向量组 $\boldsymbol{\alpha}_1$，$\boldsymbol{\alpha}_2$，$\boldsymbol{\alpha}_3$ 线性表示，$\boldsymbol{\beta} = (0,1,2,3)$，$\boldsymbol{\alpha}_1 = (2,2,3,1)$，$\boldsymbol{\alpha}_2 = (-1,2,1,2)$，$\boldsymbol{\alpha}_3 = (2,1,-1,-2)$.

解 设存在 k_1,k_2,k_3，使 $\boldsymbol{\beta} = k_1\boldsymbol{\alpha}_1 + k_2\boldsymbol{\alpha}_2 + k_3\boldsymbol{\alpha}_3$，即

$$k_1(2,2,3,1) + k_2(-1,2,1,2) + k_3(2,1,-1,-2) = (0,1,2,3)$$

$$(2k_1 - k_2 + 2k_3, 2k_1 + 2k_2 + k_3, 3k_1 + k_2 - k_3, k_1 + 2k_2 - 2k_3) = (0,1,2,3)$$

根据矩阵相等，有

$$\begin{cases} 2k_1 - k_2 + 2k_3 = 0 \\ 2k_1 + 2k_2 + k_3 = 1 \\ 3k_1 + k_2 - k_3 = 2 \\ k_1 + 2k_2 - 2k_3 = 3 \end{cases}$$

解此线性方程组，因为

$$\widetilde{\boldsymbol{A}} = \begin{pmatrix} 2 & -1 & 2 & 0 \\ 2 & 2 & 1 & 1 \\ 3 & 1 & -1 & 2 \\ 1 & 2 & -2 & 3 \end{pmatrix} \xrightarrow{\text{初等行变换}} \begin{pmatrix} 1 & 1 & -2 & 3 \\ 0 & 1 & -9 & 9 \\ 0 & 0 & 1 & 1 \\ 0 & 0 & 0 & 26 \end{pmatrix}$$

出现矛盾方程，方程组无解，所以向量 $\boldsymbol{\beta}$ 不可由向量组 $\boldsymbol{\alpha}_1,\boldsymbol{\alpha}_2,\boldsymbol{\alpha}_3$ 线性表示.

说明 向量 $\boldsymbol{\beta}$ 可以由向量组 $\boldsymbol{\alpha}_1,\boldsymbol{\alpha}_2,\cdots,\boldsymbol{\alpha}_m$ 线性表示的充要条件是以 $\boldsymbol{\alpha}_1,\boldsymbol{\alpha}_2,\cdots,\boldsymbol{\alpha}_m$ 为系数列向量、以 $\boldsymbol{\beta}$ 为常数项列向量的线性方程组有解.

定义 对于 m 个 n 维的向量 $\boldsymbol{\alpha}_1,\boldsymbol{\alpha}_2,\cdots,\boldsymbol{\alpha}_m$ 组成的向量组，如果存在一组不全为零的数 $k_1,k_2,\cdots,k_m$，使得等式

$$k_1\boldsymbol{\alpha}_1+k_2\boldsymbol{\alpha}_2+\cdots k_m\boldsymbol{\alpha}_m=\boldsymbol{0} \qquad (*)$$

成立，则称向量组 $\boldsymbol{\alpha}_1,\boldsymbol{\alpha}_2,\cdots,\boldsymbol{\alpha}_m$ 线性相关，如果只有当 $k_1,k_2,\cdots,k_m$ 全为零时，上式才能成立，就称 $\boldsymbol{\alpha}_1,\boldsymbol{\alpha}_2,\cdots,\boldsymbol{\alpha}_m$ 线性无关.

显然，含有零向量的向量组是线性相关的.

例 8.51 判断向量组 $\boldsymbol{\alpha}_1=(1,1,1,1)$，$\boldsymbol{\alpha}_2=(0,1,1,1)$，$\boldsymbol{\alpha}_3=(1,1,1,0)$ 的线性相关性.

解 设 $k_1\boldsymbol{\alpha}_1+k_2\boldsymbol{\alpha}_2+k_3\boldsymbol{\alpha}_3=\boldsymbol{0}$，即

$$k_1(1,1,1,1)+k_2(0,1,1,1)+k_3(1,1,1,0)=(0,0,0,0)$$

得齐次线性方程组

$$\begin{cases} k_1+k_3=0 \\ k_1+k_2+k_3=0 \\ k_1+k_2+k_3=0 \\ k_1+k_2=0 \end{cases}$$

写出其增广矩阵并做相应的初等行变换得

$$\widetilde{\boldsymbol{A}}=\begin{pmatrix} 1&0&1&0\\ 1&1&1&0\\ 1&1&1&0\\ 1&1&0&0 \end{pmatrix} \xrightarrow[r_4-r_1]{\substack{r_3-r_2\\ r_2-r_1}} \begin{pmatrix} 1&0&1&0\\ 0&1&0&0\\ 0&0&0&0\\ 0&1&-1&0 \end{pmatrix} \xrightarrow[r_3\leftrightarrow r_4]{r_4-r_2} \begin{pmatrix} 1&0&1&0\\ 0&1&0&0\\ 0&0&-1&0\\ 0&0&0&0 \end{pmatrix} \xrightarrow{-r_3} \begin{pmatrix} 1&0&1&0\\ 0&1&0&0\\ 0&0&1&0\\ 0&0&0&0 \end{pmatrix}$$

于是有 $R(\widetilde{\boldsymbol{A}})=R(\boldsymbol{A})=3$，所以方程组只有唯一零解 $k_1=0,k_2=0,k_3=0$，由此判定向量组 $\boldsymbol{\alpha}_1,\boldsymbol{\alpha}_2,\boldsymbol{\alpha}_3$ 线性无关.

说明 (1) 线性相关的充分必要条件

向量组 $\boldsymbol{\alpha}_1,\boldsymbol{\alpha}_2,\cdots,\boldsymbol{\alpha}_m$ 线性相关

$\Leftrightarrow$齐次线性方程组 $k_1\boldsymbol{\alpha}_1+k_2\boldsymbol{\alpha}_2+\cdots+k_m\boldsymbol{\alpha}_m=\boldsymbol{0}$ 有非零解

$\Leftrightarrow$向量组的秩 $R(\boldsymbol{\alpha}_1,\boldsymbol{\alpha}_2,\cdots,\boldsymbol{\alpha}_m)<m$，即向量组构成的矩阵的秩小于向量组所含向量的个数

$\Leftrightarrow$向量组 $\boldsymbol{\alpha}_1,\boldsymbol{\alpha}_2,\cdots,\boldsymbol{\alpha}_m$ 中存在某 $\boldsymbol{\alpha}_i$ 可由其余 $m-1$ 个向量线性表示

(2)线性无关的充分必要条件

向量组 $\boldsymbol{\alpha}_1,\boldsymbol{\alpha}_2,\cdots,\boldsymbol{\alpha}_m$ 线性无关

$\Leftrightarrow$齐次线性方程组 $k_1\boldsymbol{\alpha}_1+k_2\boldsymbol{\alpha}_2+\cdots+k_m\boldsymbol{\alpha}_m=\boldsymbol{0}$ 只有零解

$\Leftrightarrow$向量组的秩 $R(\boldsymbol{\alpha}_1,\boldsymbol{\alpha}_2,\cdots,\boldsymbol{\alpha}_m)=m$，即向量组构成的矩阵的秩等于向量组所含向量的个数

$\Leftrightarrow$向量组 $\boldsymbol{\alpha}_1,\boldsymbol{\alpha}_2,\cdots,\boldsymbol{\alpha}_m$ 中每一个$\boldsymbol{\alpha}_i$ 都不能由其余$m-1$个向量线性表示.

例 8.52 判断下列向量组的线性相关性：

(1) $\boldsymbol{\alpha}_1=(1,-1,2),\boldsymbol{\alpha}_2=(0,2,1),\boldsymbol{\alpha}_3=(1,1,1)$；

(2) $\boldsymbol{\alpha}_1=(1,0,-1,2),\boldsymbol{\alpha}_2=(1,-1,2,-4),\boldsymbol{\alpha}_3=(2,3,-5,10)$；

(3) $\boldsymbol{\alpha}_1=(1,3,2),\boldsymbol{\alpha}_2=(-1,2,1),\boldsymbol{\alpha}_3=(6,-5,4),\boldsymbol{\alpha}_4=(8,7,-6)$.

解 (1) 因为

$$\boldsymbol{A}=\begin{pmatrix}1&0&1\\-1&2&1\\2&1&1\end{pmatrix}\longrightarrow\begin{pmatrix}1&0&1\\0&2&2\\0&1&-1\end{pmatrix}\longrightarrow\begin{pmatrix}1&0&1\\0&1&1\\0&0&-1\end{pmatrix}$$

即 $R(\boldsymbol{A})=3=m$,所以向量组 $\boldsymbol{\alpha}_1,\boldsymbol{\alpha}_2,\boldsymbol{\alpha}_3$ 线性无关；

(2) 因为

$$\boldsymbol{A}=\begin{pmatrix}1&-1&2\\0&-1&3\\-1&2&-5\\2&-4&10\end{pmatrix}\longrightarrow\begin{pmatrix}1&-1&2\\0&-1&3\\-1&2&-5\\0&0&0\end{pmatrix}\longrightarrow\begin{pmatrix}1&-1&2\\0&-1&3\\0&1&-3\\0&0&0\end{pmatrix}\longrightarrow\begin{pmatrix}1&-1&2\\0&-1&3\\0&0&0\\0&0&0\end{pmatrix}$$

即 $R(\boldsymbol{A})=2<m$,所以向量组 $\boldsymbol{\alpha}_1,\boldsymbol{\alpha}_2,\boldsymbol{\alpha}_3$ 线性相关；

(3) 这是4个三维向量组成的向量组,$R(\boldsymbol{A})<4$,故它们一定是线性相关的.

例 8.53 证明:若向量组 $\boldsymbol{\alpha}_1,\boldsymbol{\alpha}_2,\boldsymbol{\alpha}_3$ 线性无关,则向量组 $\boldsymbol{\alpha}_1+\boldsymbol{\alpha}_2,\boldsymbol{\alpha}_2+\boldsymbol{\alpha}_3,\boldsymbol{\alpha}_3+\boldsymbol{\alpha}_1$ 也线性无关.

证明 设存在数 k_1,k_2,k_3,使 $k_1(\boldsymbol{\alpha}_1+\boldsymbol{\alpha}_2)+k_2(\boldsymbol{\alpha}_2+\boldsymbol{\alpha}_3)+k_3(\boldsymbol{\alpha}_3+\boldsymbol{\alpha}_1)=0$,即

$$(k_1+k_3)\boldsymbol{\alpha}_1+(k_1+k_2)\boldsymbol{\alpha}_2+(k_2+k_3)\boldsymbol{\alpha}_3=0$$

因为 $\boldsymbol{\alpha}_1,\boldsymbol{\alpha}_2,\boldsymbol{\alpha}_3$ 线性无关,所以$\begin{cases}k_1+k_3=0\\k_1+k_2=0\\k_2+k_3=0\end{cases}$.由于齐次线性方程组的系数行列式$\begin{vmatrix}1&0&1\\1&1&0\\0&1&1\end{vmatrix}=2\neq0$,因此,该齐次线性方程组只有零解 $k_1=k_2=k_3=0$,即向量组 $\boldsymbol{\alpha}_1+\boldsymbol{\alpha}_2,\boldsymbol{\alpha}_2+\boldsymbol{\alpha}_3,\boldsymbol{\alpha}_3+\boldsymbol{\alpha}_1$ 也线性无关.

8.5.3 线性方程组解的结构

前面介绍了线性方程组有解的判定以及求解方法,接下来我们再从向量的角度进一步讨论线性方程组解的结构.

1. 齐次线性方程组解的结构

齐次线性方程组

$$\begin{cases}a_{11}x_1+a_{12}x_2+\cdots+a_{1n}x_n=0\\a_{21}x_1+a_{22}x_2+\cdots+a_{2n}x_2=0\\\cdots\\a_{m1}x_1+a_{m2}x_2+\cdots+a_{mn}x_n=0\end{cases}$$

的矩阵形式为 $\boldsymbol{AX}=\boldsymbol{0}$.

如果 $x_1=c_1,x_2=c_2,\cdots,x_n=c_n$ 为 $\boldsymbol{AX}=\boldsymbol{0}$ 的一组解,那么这组解用向量可记为

$$\boldsymbol{X}=\boldsymbol{\xi}=\begin{pmatrix}c_1\\c_2\\\vdots\\c_n\end{pmatrix}$$

称为齐次线性方程组 $\boldsymbol{AX}=\boldsymbol{0}$ 的解向量.

齐次线性方程组 $\boldsymbol{AX}=\boldsymbol{0}$ 的解向量有以下两个性质:

性质 1 若 $\boldsymbol{\xi}_1,\boldsymbol{\xi}_2$ 是齐次线性方程组 $\boldsymbol{AX}=\boldsymbol{0}$ 的解,则 $\boldsymbol{\xi}_1+\boldsymbol{\xi}_2$ 也是 $\boldsymbol{AX}=\boldsymbol{0}$ 的解.

性质 2 若 $\boldsymbol{\xi}$ 是齐次线性方程组 $\boldsymbol{AX}=\boldsymbol{0}$ 的一个解,则 $k\boldsymbol{\xi}$ 也是 $\boldsymbol{AX}=\boldsymbol{0}$ 的解,其中 k 是任意常数.

由此,可以推出:若向量 $\boldsymbol{\xi}_1,\boldsymbol{\xi}_2,\cdots,\boldsymbol{\xi}_s$ 都是齐次线性方程组的解向量,则 $\boldsymbol{\xi}_1,\boldsymbol{\xi}_2,\cdots,\boldsymbol{\xi}_s$ 的任一线性组合 $k_1\boldsymbol{\xi}_1+k_2\boldsymbol{\xi}_2+\cdots+k_s\boldsymbol{\xi}_s$ 也是齐次线性方程组 $\boldsymbol{AX}=\boldsymbol{0}$ 的解向量.

由上述结论,于是我们有这样的疑问:齐次线性方程组 $\boldsymbol{AX}=\boldsymbol{0}$ 的全部解或通解能否用它的有限个解向量的线性组合表示出来?

定义 若齐次线性方程组 $\boldsymbol{AX}=\boldsymbol{0}$ 的解向量 $\boldsymbol{\xi}_1,\boldsymbol{\xi}_2,\cdots,\boldsymbol{\xi}_s$ 满足:

(1) $\boldsymbol{\xi}_1,\boldsymbol{\xi}_2,\cdots,\boldsymbol{\xi}_s$ 线性无关;

(2) $\boldsymbol{AX}=\boldsymbol{0}$ 的每一个解都能由 $\boldsymbol{\xi}_1,\boldsymbol{\xi}_2,\cdots,\boldsymbol{\xi}_s$ 线性表示.

则称 $\boldsymbol{\xi}_1,\boldsymbol{\xi}_2,\cdots,\boldsymbol{\xi}_s$ 是方程组 $\boldsymbol{AX}=\boldsymbol{0}$ 的一个基础解系.

由定义可知,方程组 $\boldsymbol{AX}=\boldsymbol{0}$ 的基础解系就是全部解向量的一个极大线性无关组.

当方程组 $\boldsymbol{AX}=\boldsymbol{0}$ 的系数矩阵的秩 $R(\boldsymbol{A})=n$(未知量个数)时,方程组只有零解,因此方程组不存在基础解系,而当 $R(\boldsymbol{A})<n$ 时,有下列定理:

定理 8.3 在齐次线性方程组 $\boldsymbol{AX}=\boldsymbol{0}$ 有非零解的情况下,它有基础解系,并且基础解系所含解向量的个数等于 $n-r$.

例 8.54 解齐次线性方程组 $\begin{cases}x_1+2x_2+x_3-x_4=0\\3x_1+6x_2-x_3-3x_4=0.\\5x_1+10x_2+x_3-5x_4=0\end{cases}$

解
$$\boldsymbol{A}=\begin{pmatrix}1&2&1&-1\\3&6&-1&-3\\5&10&2&-5\end{pmatrix}\xrightarrow[r_4-5r_1]{r_3-3r_1}\begin{pmatrix}1&2&1&-1\\0&0&-4&0\\0&0&-3&0\end{pmatrix}\xrightarrow{\frac{1}{4}r_2}\begin{pmatrix}1&2&1&-1\\0&0&1&0\\0&0&0&0\end{pmatrix}$$

$$\xrightarrow[r_3+3r_2]{r_1-r_2}\begin{pmatrix}1&2&0&-1\\0&0&1&0\\0&0&0&0\end{pmatrix}.$$

于是有

$$\begin{cases}x_1+2x_2-x_4=0\\x_3=0\end{cases},\quad 即\begin{cases}x_1=-2x_2+x_4\\x_3=0\end{cases}\quad (其中,x_2,x_4 是自由未知量)$$

令自由未知量 $x_2=k_1,x_4=k_2$,得

$$\begin{cases} x = -2k_1 + k_2 \\ x_2 = k_1 \\ x_3 = 0 \\ x_4 = k_2 \end{cases}$$

写成向量形式，有

$$\begin{pmatrix} x_1 \\ x_2 \\ x_3 \\ x_4 \end{pmatrix} = k_1 \begin{pmatrix} -2 \\ 1 \\ 0 \\ 0 \end{pmatrix} + k_2 \begin{pmatrix} 1 \\ 0 \\ 0 \\ 1 \end{pmatrix}$$

其中，k_1，k_2 为任意常数，此时方程组有无穷多组解.

可以证明 $\boldsymbol{\xi}_1 = \begin{pmatrix} -2 \\ 1 \\ 0 \\ 0 \end{pmatrix}$，$\boldsymbol{\xi}_2 = \begin{pmatrix} 1 \\ 0 \\ 0 \\ 1 \end{pmatrix}$是线性无关的，而且方程组的每个解都能由 $\boldsymbol{\xi}_1$，$\boldsymbol{\xi}_2$ 线性表示，所以方程组的基础解系为 $\boldsymbol{\xi}_1$，$\boldsymbol{\xi}_2$，通解为 $k_1\boldsymbol{\xi}_1 + k_2\boldsymbol{\xi}_2$，其中 k_1，k_2 是任意常数.

从上例看出，齐次线性方程组的基础解系 $\boldsymbol{\xi}_1$，$\boldsymbol{\xi}_2$ 可以看成是令自由未知量中的一个为 1、其余全部为 0 的方法得出，在该例中

令 $x_2 = 1$，$x_4 = 0$ 得 $\boldsymbol{\xi}_1 = (-2,1,0,0)^{\mathrm{T}}$.

令 $x_2 = 0$，$x_4 = 1$ 得 $\boldsymbol{\xi}_2 = (1,0,0,1)^{\mathrm{T}}$.

由上我们可以归纳出求齐次线性方程组的基础解系和通解的一般步骤：

(1) 写出齐次线性方程组的系数矩阵 $\boldsymbol{A}$，并通过初等行变换化为最简阶梯形矩阵.

(2) 写出与最简阶梯形矩阵对应的方程组(与原方程组同解)，确定基本未知数与自由未知数，写出方程组的一般解.

(3) 分别令自由未知量中的一个为 1，其余全部为 0(即令自由未知量为单位坐标向量)，求出 $n-r$ 个解向量 $\boldsymbol{\xi}_1$，$\boldsymbol{\xi}_2$，…，$\boldsymbol{\xi}_{n-r}$，这 $n-r$ 个解向量即构成一个基础解系；

(4) 写出 $\boldsymbol{AX} = \boldsymbol{0}$ 的通解

$$\boldsymbol{X} = k_1\boldsymbol{\xi}_1 + k_2\boldsymbol{\xi}_2 + \cdots + k_{n-r}\boldsymbol{\xi}_{n-r} \quad (k_1, k_2, \cdots, k_{n-r} \text{ 为任意常数})$$

2. 非齐次线性方程组解的结构

下面通过一个例子说明非齐次线性方程组解.

例 8.55　求线性方程组

$$\begin{cases} 3x_1 + 2x_2 + x_3 + x_4 - 3x_5 = -2 \\ x_1 + 2x_2 + 3x_3 + 3x_4 + 7x_5 = 30 \\ x_2 + 2x_3 + 2x_4 + 6x_5 = 23 \\ x_1 + x_2 + x_3 + x_4 + x_5 = 7 \end{cases}$$

的通解.

解 $\widetilde{A}=\begin{pmatrix}3&2&1&1&-3&-2\\1&2&3&3&7&30\\0&1&2&2&6&23\\1&1&1&1&1&7\end{pmatrix}\xrightarrow{r_4\leftrightarrow r_1}\begin{pmatrix}1&1&1&1&1&7\\1&2&3&3&7&30\\0&1&2&2&6&23\\3&2&1&1&-3&-2\end{pmatrix}$

$$\xrightarrow[r_4-3r_1]{r_2-r_1}\begin{pmatrix}1&1&1&1&1&7\\0&1&2&2&6&23\\0&1&2&2&6&23\\0&-1&-2&-2&-6&-23\end{pmatrix}.$$

$$\xrightarrow[\substack{r_4+r_2\\r_1-r_2}]{r_3-r_2}\begin{pmatrix}1&0&-1&-1&-5&-16\\0&1&2&2&6&23\\0&0&0&0&0&0\\0&0&0&0&0&0\end{pmatrix}.$$

得同解方程组

$$\begin{cases}x_1=-16+x_2+x_3+5x_4\\x_2=23-2x_2-2x_3-6x_4\end{cases}$$

令自由未知量 $x_2=k_1,x_3=k_2,x_4=k_3$. 于是有

$$\begin{cases}x_1=-16+k_1+k_2+5k_3\\x_2=23-2k_1-2k_2-6k_3\\x_3=k_1\\x_4=k_2\\x_5=k_3\end{cases}$$

$$\begin{cases}x_1=-16+k_1+k_2+5k_3\\x_2=23-2k_1-2k_2-6k_3\\x_3=k_1\\x_4=k_2\\x_5=k_3\end{cases}$$

写成向量形式,有

$$\begin{pmatrix}x_1\\x_2\\x_3\\x_4\\x_5\end{pmatrix}=\begin{pmatrix}-16\\23\\0\\0\\0\end{pmatrix}+k_1\begin{pmatrix}1\\-2\\1\\0\\0\end{pmatrix}+k_2\begin{pmatrix}1\\-2\\0\\1\\0\end{pmatrix}+k_3\begin{pmatrix}5\\-6\\0\\0\\1\end{pmatrix}$$

其中,k_1,k_2,k_3 为任意常数.

可以看出,式中 $\boldsymbol{\eta}_0=\begin{pmatrix}-16\\23\\0\\0\\0\end{pmatrix}$ 是该非齐次方程组的一个特解,可以看成是当所有的自由未知量全为0时,方程组 $\boldsymbol{AX}=\boldsymbol{B}$ 的解,且

$$\boldsymbol{\xi}_1=\begin{pmatrix}1\\-2\\1\\0\\0\end{pmatrix},\quad \boldsymbol{\xi}_2=\begin{pmatrix}1\\-2\\0\\1\\0\end{pmatrix},\quad \boldsymbol{\xi}_3=\begin{pmatrix}5\\-6\\0\\0\\1\end{pmatrix}$$

是该非齐次方程组对应的齐次方程 $\boldsymbol{AX}=\boldsymbol{0}$ 的基础解系,原方程组 $\boldsymbol{AX}=\boldsymbol{B}$ 的全部解可以写成

$$\boldsymbol{\eta}=\boldsymbol{\eta}_0+k_1\boldsymbol{\xi}_1+k_2\boldsymbol{\xi}_2+k_3\boldsymbol{\xi}_3$$

其中,k_1,k_2,k_3 为任意常数.

一般地,有结论:

当非齐次线性方程组 $\boldsymbol{AX}=\boldsymbol{B}$ 有无穷多解时,它的通解是自身的一个特解加上其对应的齐次方程 $\boldsymbol{AX}=\boldsymbol{0}$ 的通解.

即

$$\boldsymbol{\eta}=\boldsymbol{\eta}_0+k_1\boldsymbol{\xi}_1+k_2\boldsymbol{\xi}_2+\cdots+k_{n-r}\boldsymbol{\xi}_{n-r}$$

其中,$\boldsymbol{\eta}_0$ 是 $\boldsymbol{AX}=\boldsymbol{B}$ 的一个特解,$\boldsymbol{\xi}_1,\boldsymbol{\xi}_2,\cdots,\boldsymbol{\xi}_{n-r}$ 为方程组 $\boldsymbol{AX}=\boldsymbol{0}$ 的一个基础解系,$k_1,k_2,\cdots,k_{n-r}$ 为任意常数.

数学家小传

华罗庚(1910～1985年,图8.6),汉族,籍贯江苏金坛,祖籍江苏省丹阳,世界著名数学家、中国科学院院士、美国科学院外籍院士、第三世界科学院院士、联邦德国巴伐利亚科学院院士、中国第一至第六届全国人大常委会委员.

他是中国解析数论、矩阵几何学、典型群、自守函数论与多元复变函数论等多方面研究的创始人和开拓者,也是中国在世界上最有影响力的数学家之一,被列为芝加哥科学技术博物馆中当今世界88位数学伟人之一.国际上以华氏命名的数学科研成果有“华氏定理”“华氏不等式”“华-王方法”等.

图8.6

课堂练习

1. 判断下列各题中向量 $\boldsymbol{\beta}$ 可否由其余向量线性表示,如果能线性表示,写出一种表示的形式:

(1) $\boldsymbol{\beta}=(2,4,2,2)$, $\boldsymbol{\alpha}_1=(1,1,1,1)$, $\boldsymbol{\alpha}_2=(1,1,-1,-1)$, $\boldsymbol{\alpha}_3=(1,-1,1,-1)$, $\boldsymbol{\alpha}_4=(1,-1,-1,1)$;

(2) $\boldsymbol{\beta}=\begin{pmatrix}2\\7\\13\end{pmatrix}$, $\boldsymbol{\alpha}_1=\begin{pmatrix}1\\2\\3\end{pmatrix}$, $\boldsymbol{\alpha}_2=\begin{pmatrix}-1\\2\\4\end{pmatrix}$, $\boldsymbol{\alpha}_3=\begin{pmatrix}1\\6\\10\end{pmatrix}$.

2. 判断下列向量组是否线性相关:

(1) $\boldsymbol{\alpha}_1=(5,1,1)$, $\boldsymbol{\alpha}_2=(-4,-2,1)$, $\boldsymbol{\alpha}_3=(4,0,2)$;

(2) $\boldsymbol{\alpha}_1=(2,3,0)$, $\boldsymbol{\alpha}_2=(-1,4,0)$, $\boldsymbol{\alpha}_3=(0,0,2)$;

(3) $\boldsymbol{\alpha}_1=(2,-1,3,1)$, $\boldsymbol{\alpha}_2=(2,-1,4,-1)$, $\boldsymbol{\alpha}_3=(4,-2,5,4)$.

3. 设向量组 $\boldsymbol{\alpha}_1,\boldsymbol{\alpha}_2,\cdots,\boldsymbol{\alpha}_n$ 线性无关,试问向量组 $\boldsymbol{\alpha}_1+\boldsymbol{\alpha}_2,\boldsymbol{\alpha}_2+\boldsymbol{\alpha}_3,\cdots,\boldsymbol{\alpha}_{n-1}+\boldsymbol{\alpha}_n,\boldsymbol{\alpha}_n+\boldsymbol{\alpha}_1$是否线性相关? 并证明你的结论.

4. 已知齐次线性方程组

$$\begin{cases}2x_1-x_2+3x_3+2x_4=0\\9x_1-x_2+14x_3+2x_4=0\\3x_1+2x_2+5x_3-4x_4=0\\4x_1+5x_2+7x_3-10x_4=0\end{cases}$$

求它的一个基础解系,并写出通解.

习 题 8

1. 计算下列行列式:

(1) $\begin{vmatrix}3&-1\\2&-4\end{vmatrix}$;

(2) $\begin{vmatrix}2&0&1\\4&2&-3\\5&3&1\end{vmatrix}$;

(3) $\begin{vmatrix}a^2&(a+1)^2&(a+2)^2\\b^2&(b+1)^2&(b+2)^2\\c^2&(c+1)^2&(c+2)^2\end{vmatrix}$;

(4) $\begin{vmatrix}2&1&-2&4\\3&0&1&1\\0&-1&2&3\\2&0&5&1\end{vmatrix}$;

(5) $\begin{vmatrix}3&1&-1&2\\-5&1&3&-4\\2&0&1&-1\\1&-5&3&-3\end{vmatrix}$;

(6) $\begin{vmatrix}a_0&a_1&a_2&\cdots&a_n\\a_0&x&a_2&\cdots&a_n\\a_0&a_1&x&\cdots&a_n\\\vdots&\vdots&\vdots&&\vdots\\a_0&a_1&a_2&\cdots&x\end{vmatrix}$.

2. 利用克拉默法则解下列方程组：

(1) $\begin{cases} x_1 - x_2 + x_3 - 2x_4 = 2 \\ 2x_1 - x_3 + 4x_4 = 4 \\ 3x_1 + 2x_2 + x_3 = -1 \\ -x_1 + 2x_2 - x_3 + 2x_4 = -4 \end{cases}$;

(2) $\begin{cases} x_1 + 2x_2 + 4x_3 = 31 \\ 5x_1 + x_2 + 2x_3 = 29. \\ 3x_1 - x_2 + x_3 = 10 \end{cases}$

3. 设 $\boldsymbol{A}=\begin{pmatrix} 0 & 1 & 3 \\ 1 & -1 & 2 \\ 1 & 2 & 1 \end{pmatrix}$，$\boldsymbol{B}=\begin{pmatrix} 1 & 2 & 3 \\ 2 & 0 & 1 \\ -3 & -1 & 5 \end{pmatrix}$，求 $2\boldsymbol{A}-\boldsymbol{B}$.

4. 计算下列各题：

(1) $\begin{pmatrix} a_{11} & a_{12} & a_{13} \\ a_{21} & a_{22} & a_{23} \\ a_{31} & a_{32} & a_{33} \end{pmatrix}\begin{pmatrix} x_1 \\ x_2 \\ x_3 \end{pmatrix}$；　(2) $\begin{pmatrix} 2 & 3 \\ -1 & 5 \\ 0 & 1 \end{pmatrix}\begin{pmatrix} 1 & -4 \\ 2 & 1 \end{pmatrix}$；

(3) $\begin{pmatrix} 1 & 1 \\ 2 & 2 \end{pmatrix}^n$；　(4) $\begin{pmatrix} 1 \\ -1 \\ -1 \end{pmatrix}(2\ \ 3\ \ -1)$，$(2\ \ 3\ \ -1)\begin{pmatrix} 1 \\ -1 \\ -1 \end{pmatrix}$；

(5) $\begin{pmatrix} 2 & 1 & 4 & 0 \\ 1 & -1 & 3 & 4 \end{pmatrix}\begin{pmatrix} 1 & 3 & 1 \\ 0 & -1 & 2 \\ 1 & -3 & 1 \\ 4 & 0 & -2 \end{pmatrix}$；(6) $\begin{pmatrix} \lambda & 0 & 0 \\ 1 & \lambda & 0 \\ 0 & 1 & \lambda \end{pmatrix}^n$.

5. 已知 $\boldsymbol{A}=\begin{pmatrix} 3 & 1 & 1 \\ 2 & 1 & 2 \\ 1 & 2 & 3 \end{pmatrix}$，$\boldsymbol{B}=\begin{pmatrix} 1 & 1 & -1 \\ 2 & -1 & 0 \\ 1 & 0 & 1 \end{pmatrix}$，计算 $\boldsymbol{AB}$，$\boldsymbol{AB}-\boldsymbol{BA}$.

6. 已知 $\boldsymbol{A}=\begin{pmatrix} 2 & -1 & 0 \\ 3 & 1 & 2 \\ 4 & -2 & 3 \end{pmatrix}$，$\boldsymbol{B}=\begin{pmatrix} 5 & 1 \\ -1 & 3 \\ 0 & 2 \end{pmatrix}$，求(1)$(\boldsymbol{AB})^{\mathrm{T}}$；(2)$|2\boldsymbol{A}|$.

7. 求矩阵的秩：

(1) $\begin{pmatrix} 1 & 1 & -1 \\ 0 & 2 & 2 \\ 1 & -1 & -3 \end{pmatrix}$；　(2) $\begin{pmatrix} 1 & -1 & 3 & 4 \\ 5 & -3 & 20 & 25 \\ -1 & 3 & 2 & 1 \end{pmatrix}$；

(3) $\begin{pmatrix} 1 & 1 & 2 & 1 \\ 2 & -1 & 2 & 4 \\ 1 & -2 & 0 & 3 \\ 4 & 1 & 4 & 2 \end{pmatrix}$；　(4) $\begin{pmatrix} 1 & -1 & 2 & 1 & 0 \\ 2 & -2 & 4 & -2 & 0 \\ 3 & 0 & 6 & -1 & 1 \\ 0 & 3 & 0 & 0 & 1 \end{pmatrix}$.

8. 求下列矩阵的逆矩阵：

(1) $\begin{pmatrix} -2 & 1 \\ 4 & 3 \end{pmatrix}$；　　(2) $\begin{pmatrix} 3 & -2 & 1 \\ 0 & 1 & 2 \\ 1 & 3 & 6 \end{pmatrix}$；

(3) $\begin{pmatrix} 1 & 1 & 1 \\ 1 & -1 & 1 \\ 1 & 1 & -1 \end{pmatrix}$；　　(4) $\begin{pmatrix} 1 & 1 & 1 & 1 \\ 1 & 1 & -1 & -1 \\ 1 & -1 & 1 & -1 \\ 1 & -1 & -1 & 1 \end{pmatrix}$.

9. 已知三阶方阵 $\boldsymbol{A}$ 的逆矩阵为 $\boldsymbol{A}^{-1} = \begin{pmatrix} 1 & 1 & 1 \\ 1 & 2 & 1 \\ 1 & 1 & 3 \end{pmatrix}$，试求伴随矩阵 $\boldsymbol{A}^*$ 的逆矩阵.

10. 解下列矩阵方程：

(1) $\begin{pmatrix} 1 & 2 \\ 2 & 3 \end{pmatrix}\boldsymbol{X} = \begin{pmatrix} -2 & 1 \\ 3 & 4 \end{pmatrix}$；

(2) $\begin{pmatrix} 1 & -2 & -1 \\ 3 & -2 & -2 \\ 2 & 1 & -1 \end{pmatrix}\boldsymbol{X} = \begin{pmatrix} 1 & -3 & 0 \\ 10 & 2 & 7 \\ 10 & 7 & 8 \end{pmatrix}$；

(3) $\boldsymbol{X}\begin{pmatrix} 1 & -2 \\ 2 & -3 \end{pmatrix} = \begin{pmatrix} -1 & 2 \\ 3 & 6 \end{pmatrix}$；

(4) $\begin{pmatrix} 0 & 1 & 0 \\ 1 & 0 & 0 \\ 0 & 0 & 1 \end{pmatrix}\boldsymbol{X}\begin{pmatrix} 1 & 0 & 0 \\ 0 & 0 & 1 \\ 0 & 1 & 0 \end{pmatrix} = \begin{pmatrix} 1 & -4 & 3 \\ 2 & 0 & -1 \\ 1 & -2 & 0 \end{pmatrix}$.

11. 已知 $\boldsymbol{X} = \boldsymbol{AX} + \boldsymbol{B}$，其中 $\boldsymbol{A} = \begin{pmatrix} 0 & 1 & 0 \\ -1 & 1 & 1 \\ -1 & 0 & -1 \end{pmatrix}$，$\boldsymbol{B} = \begin{pmatrix} 1 & -1 \\ 2 & 0 \\ 5 & -3 \end{pmatrix}$，求矩阵 $\boldsymbol{X}$.

12. 下列方程组是否有解？有解时求解(唯一解或者通解).

(1) $\begin{cases} x_1 - x_2 + x_3 - x_4 = 0 \\ x_1 - x_2 - x_3 + x_4 = 0 \\ x_1 - x_2 - 2x_3 + 2x_4 = 0 \end{cases}$；

(2) $\begin{cases} x_1 + 2x_2 + 2x_3 + x_4 = 0 \\ 2x_1 + x_2 - 2x_3 - 2x_4 = 0 \\ x_1 - x_2 - 4x_3 - 3x_4 = 0 \end{cases}$；

(3) $\begin{cases} x_1 + 2x_2 + 3x_3 = 4 \\ 2x_1 + 5x_2 + 7x_3 = 9 \\ 5x_1 + 8x_2 + 11x_3 = 14 \end{cases}$；

(4) $\begin{cases} x_1 - 2x_2 + 3x_3 - 4x_4 = 4 \\ x_2 - x_3 + x_4 = -3 \\ x_1 + 3x_2 - 3x_4 = 1 \\ -7x_2 + 3x_3 + x_4 = -3 \end{cases}$.

13. 已知向量 $\boldsymbol{\alpha}_1=(2,-3,1,0)$，$\boldsymbol{\alpha}_2=(-1,0,3,1)$，$\boldsymbol{\alpha}_3=(-1,2,0,4)$，$\boldsymbol{\alpha}_4=(-1,0,2,-2)$.

(1) 求 $\boldsymbol{\alpha}_1+2\boldsymbol{\alpha}_2-3\boldsymbol{\alpha}_3+\boldsymbol{\alpha}_4$；

(2) 若 $\boldsymbol{\alpha}_1+2(\boldsymbol{\alpha}_2-\boldsymbol{\beta})=3\boldsymbol{\alpha}_3+(\boldsymbol{\alpha}_4+2\boldsymbol{\beta})$，求 $\boldsymbol{\beta}$.

14. 判断向量 $\boldsymbol{\beta}$ 可否由其余向量 $\boldsymbol{\alpha}_1,\boldsymbol{\alpha}_2,\boldsymbol{\alpha}_3$ 线性表出，若可以，写出其线性组合.

(1) $\boldsymbol{\beta}=(1,2,5)$，$\boldsymbol{\alpha}_1=(3,2,6)$，$\boldsymbol{\alpha}_2=(7,3,9)$，$\boldsymbol{\alpha}_3=(5,1,3)$；

(2) $\boldsymbol{\beta}=(1,2,1,1)$，$\boldsymbol{\alpha}_1=(1,1,1,1)$，$\boldsymbol{\alpha}_2=(1,1,-1,-1)$，$\boldsymbol{\alpha}_3=(1,-1,1,-1)$，$\boldsymbol{\alpha}_4=(1,-1,-1,1)$.

15. 判断下列向量组的线性相关性：

(1) $\boldsymbol{\alpha}_1=(1,0,-1,2)$，$\boldsymbol{\alpha}_2=(-1,-1,2,-4)$，$\boldsymbol{\alpha}_3=(2,3,-5,10)$；

(2) $\boldsymbol{\alpha}_1=(1,-1,2)$，$\boldsymbol{\alpha}_2=(0,2,1)$，$\boldsymbol{\alpha}_3=(1,1,1)$；

(3) $\boldsymbol{\alpha}_1=(2,-2,4,2,0)$，$\boldsymbol{\alpha}_2=(1,-1,2,1,0)$，$\boldsymbol{\alpha}_3=(3,0,6,-1,1)$，$\boldsymbol{\alpha}_4=(0,3,0,0,1)$.

16. 求齐次线性方程组

$$\begin{cases} x_1+x_2+x_3+x_4=0\\ 3x_1+2x_2+x_3-x_4=0\\ 5x_1+4x_2+3x_3+x_4=0\end{cases}$$

的基础解系和通解.

17. 已知线性方程组

$$\begin{cases} x_1+x_2+x_3+x_4=1\\ 3x_1+2x_2+x_3-3x_4=0\\ x_1+2x_2+6x_4=3\end{cases}$$

用特解和其对应齐次方程组的基础解系表示该方程组的全部解.

18. 当 a 取何值时，非齐次线性方程组

$$\begin{cases} ax_1+x_2+x_3=1\\ x_1+x_2+x_3=a\\ x_1+x_2+ax_3=1\end{cases}$$

有解，并求其解.

19. 当 a,b 取何值时，下列线性方程组有解？并在有解的情况下写出解的结构.

$$\begin{cases} x_1+x_2+x_3+x_4+x_5=1\\ 3x_1+2x_2+x_3+x_4-3x_5=a\\ x_2+2x_3+4x_4+6x_5=3\\ 5x_1+4x_2+3x_3+3x_4-x_5=b\end{cases}$$

自测题 8

1. 填空题：

(1) 如果 $\boldsymbol{A}$ 是一个 4 阶方阵，且 $|\boldsymbol{A}|=3$，则 $2|\boldsymbol{A}|=$ ________.

(2) $\begin{vmatrix} -1 & 2 & 3 & 4 \\ 0 & 2 & 5 & -2 \\ 3 & 4 & -1 & 0 \\ 1 & 2 & -1 & 1 \end{vmatrix}$的代数余子式 $A_{12}=$________.

(3) 若 $\boldsymbol{A},\boldsymbol{B}$ 都是二阶方阵，且$|\boldsymbol{A}|=2,\boldsymbol{B}=3\boldsymbol{E}$，则$|\boldsymbol{A}^{\mathrm{T}}\boldsymbol{B}|=$________.

(4) 若矩阵 $\boldsymbol{A}=\begin{pmatrix} 1 & 0 \\ \lambda & 1 \end{pmatrix}$，$k$ 为自然数，则 $\boldsymbol{A}^k=$________.

(5) 已知矩阵 $\boldsymbol{A}=\begin{pmatrix} 1 & -1 \\ 2 & 3 \end{pmatrix}$，$\boldsymbol{B}=\boldsymbol{A}^2-3\boldsymbol{A}+2\boldsymbol{E}$，则 $\boldsymbol{B}^{-1}=$________.

(6) 已知 n 阶方阵$\boldsymbol{A}$ 满足$\boldsymbol{A}^2+2\boldsymbol{A}+3\boldsymbol{E}=0$，其中 $\boldsymbol{E}$ 为n 阶单位矩阵，则 $\boldsymbol{A}^{-1}=$________.

(7) 设 $\boldsymbol{A}=\begin{pmatrix} 3 & -1 & 2 \\ 0 & 1 & 1 \\ 0 & 0 & -2 \end{pmatrix}$，则 $\boldsymbol{A}$ 的伴随矩阵$\boldsymbol{A}^*=$________.

(8) 矩阵 $\boldsymbol{A}=\begin{pmatrix} 1 & 0 & 2 & 1 \\ 0 & 1 & -1 & 1 \\ 1 & 1 & 1 & 2 \\ 0 & -2 & 2 & -2 \end{pmatrix}$的秩 $R(\boldsymbol{A})=$________.

(9) 对于 n 元线性方程组$\boldsymbol{AX}=\boldsymbol{B}$，当 $R(\boldsymbol{A})$________$R(\widetilde{\boldsymbol{A}})$时，方程组无解；当$R(\boldsymbol{A})$________$R(\widetilde{\boldsymbol{A}})$________$n$ 时，方程组有无穷多组解.

(10) 设向量组 $\boldsymbol{\alpha}_1=(1,0,1)^{\mathrm{T}},\boldsymbol{\alpha}_2=(a,1,1)^{\mathrm{T}},\boldsymbol{\alpha}_3=(1,1,0)^{\mathrm{T}}$.线性相关，则 $a=$________.

(11) 齐次线性方程组$\begin{cases} (5-\lambda)x_1+2x_2+2x_3=0 \\ 2x_1+(6-\lambda)x_2=0 \\ 2x_1+(4-\lambda)x_3=0 \end{cases}$有非零解，则 $\lambda=$________.

2. 计算行列式

$$D=\begin{vmatrix} 1 & 2 & 2 & \cdots & 2 \\ 2 & 2 & 2 & \cdots & 2 \\ 2 & 2 & 3 & \cdots & 2 \\ \vdots & \vdots & \vdots & & \vdots \\ 2 & 2 & 2 & \cdots & n \end{vmatrix}$$

的值.

3. 设 $\boldsymbol{P}=\begin{pmatrix} 1 & 2 \\ 1 & 4 \end{pmatrix}$，$\boldsymbol{B}=\begin{pmatrix} 1 & 0 \\ 0 & 2 \end{pmatrix}$，且 $\boldsymbol{AP}=\boldsymbol{PB}$，求 $\boldsymbol{A}^n$.

4. 判断下列矩阵是否可逆，若可逆，求逆矩阵：

$$\begin{pmatrix}1&1&0&0\\1&2&0&0\\3&7&2&3\\2&5&1&2\end{pmatrix}$$

5. 设矩阵 $\boldsymbol{A}=\begin{pmatrix}1&0&-1\\1&-3&0\\0&2&-3\end{pmatrix}$，$\boldsymbol{B}=\begin{pmatrix}1\\3\\2\end{pmatrix}$，且满足 $\boldsymbol{AX}+\boldsymbol{B}=\boldsymbol{A}^2\boldsymbol{B}+\boldsymbol{X}$，求矩阵 $\boldsymbol{X}$.

6. 判断向量组 $\boldsymbol{\alpha}_1=(2,3,0)$，$\boldsymbol{\alpha}_2=(-1,4,0)$，$\boldsymbol{\alpha}_3=(0,0,2)$ 的线性相关性.

7. 设 $\boldsymbol{\beta}_1=2\boldsymbol{\alpha}_1-\boldsymbol{\alpha}_2$，$\boldsymbol{\beta}_2=\boldsymbol{\alpha}_1+\boldsymbol{\alpha}_2$，$\boldsymbol{\beta}_3=-\boldsymbol{\alpha}_1+3\boldsymbol{\alpha}_2$，试证：$\boldsymbol{\beta}_1,\boldsymbol{\beta}_2,\boldsymbol{\beta}_3$ 线性相关.

8. 解线性方程组

$$\begin{cases}2x_1-x_2+x_3+x_4=1\\x_1+2x_2-x_3+4x_4=2\\x_1+7x_2-4x_3+11x_4=\lambda\end{cases}$$

数 学 欣 赏

线性代数发展简史

研究关联着多个因素的量所引起的问题，需要考察多元函数.如果所研究的关联性是线性的，那么称这个问题为线性问题.历史上线性代数的第一个问题是关于解线性方程组的问题，而线性方程组理论的发展又促成了作为工具的矩阵论和行列式理论的创立与发展，这些内容已成为我们线性代数教材的主要部分.最初的线性方程组问题大都是来源于生活实践，正是实际问题刺激了线性代数这一学科的诞生与发展.另外，近现代数学分析与几何学等数学分支的要求也促使了线性代数的进一步发展.

线性代数有三个基本计算单元：向量（组）、矩阵、行列式，研究它们的性质和相关定理，能够求解线性方程组，实现行列式与矩阵计算和线性变换，构建向量空间和欧式空间.线性代数的两个基本方法是构造（分解）和代数法，基本思想是化简（降解）和同构变换.

1. 行列式

行列式出现于线性方程组的求解，它最早是一种速记的表达式，现在已经是数学中一种非常有用的工具了.行列式是由莱布尼茨和日本数学家关孝和发明的.1693 年 4 月，莱布尼茨在写给洛比达的一封信中使用并给出了行列式，并给出方程组的系数行列式为零的条件.同时代的日本数学家关孝和在其著作《解伏题元法》中也提出了行列式的概念与算法.

1750 年，瑞士数学家克拉默(G. Cramer)在其著作《线性代数分析导引》中，对行列式的定义和展开法则给出了比较完整、明确的阐述，并给出了现在我们所称的解线性方程组的克拉默法则.稍后，数学家贝祖(E. Bezout)将确定行列式每一项符号的方法进行了系统化，利用系数行列式概念指出了如何判断一个齐次线性方程组有非零解.

总之，在很长一段时间内，行列式只是作为解线性方程组的一种工具使用，并没有人意识到它可以独立于线性方程组之外，单独形成一门理论加以研究.

在行列式的发展史上，第一个对行列式理论做出连贯的逻辑的阐述，即把行列式理论与线性方程组求解相分离的人，是法国数学家范德蒙德(A. T. Vandermonde). 范德蒙德自幼在父亲的指导下学习音乐，但对数学有浓厚的兴趣，后来终于成为法兰西科学院院士. 特别地，他给出了用二阶子式和它们的余子式来展开行列式的法则. 就对行列式本身这一点来说，他是这门理论的奠基人. 1772 年，拉普拉斯在一篇论文中证明了范德蒙德提出的一些规则，推广了他的展开行列式的方法.

继范德蒙德之后，在行列式的理论方面，又一位做出突出贡献的就是法国大数学家柯西. 1815 年，柯西在一篇论文中给出了行列式的第一个系统的、几乎是近代的处理. 其中主要结果之一是行列式的乘法定理. 另外，他第一个把行列式的元素排成方阵，采用双足标记法；引进了行列式特征方程的术语；给出了相似行列式的概念；改进了拉普拉斯的行列式展开定理并给出了一个证明等.

19 世纪的半个多世纪中，对行列式理论研究始终不渝的作者之一是詹姆士·西尔维斯特(J. Sylvester). 他是一个活泼、敏感、兴奋、热情，甚至容易激动的人，然而由于是犹太人的缘故，他受到剑桥大学的不平等对待. 西尔维斯特用火一般的热情介绍他的学术思想，他的重要成就之一是改进了从两个多项式中消去 x 的方法，他称之为配析法，并给出形成的行列式为零是这两个多项式方程有公共根充分必要条件这一结果，但没有给出证明.

继柯西之后，在行列式理论方面最多产的人就是德国数学家雅可比(J. Jacobi)，他引进了函数行列式，即“雅可比行列式”，指出函数行列式在多重积分的变量替换中的作用，给出了函数行列式的导数公式. 雅可比的著名论文《论行列式的形成和性质》标志着行列式系统理论的建成. 由于行列式在数学分析、几何学、线性方程组理论、二次型理论等多方面的应用，促使行列式理论自身在 19 世纪也得到了很大发展. 整个 19 世纪都有行列式的新结果. 除了一般行列式的大量定理之外，还有许多有关特殊行列式的其他定理都相继得到.

2. 矩阵

矩阵是数学中的一个重要的基本概念，是代数学的一个主要研究对象，也是数学研究和应用的一个重要工具. “矩阵”这个词是由西尔维斯特首先使用的，他是为了将数字的矩形阵列区别于行列式而发明了这个术语. 而实际上，矩阵这个课题在诞生之前就已经发展得很好了. 从行列式的大量工作中明显地表现出来，不管行列式的值是否与问题有关，方阵本身都可以研究和使用，矩阵的许多基本性质也是在行列式的发展中建立起来的. 在逻辑上，矩阵的概念应先于行列式的概念，然而在历史上次序正好相反.

英国数学家凯莱(A. Cayley)一般被公认为是矩阵论的创立者，因为他首先把矩阵作为一个独立的数学概念提出来，并首先发表了关于这个题目的一系列文章. 凯莱把线性变换下的不变量相结合，首先引进矩阵以简化记号. 1858 年，他发表了关于这一课题的第一篇论文《矩阵论的研究报告》，系统地阐述了关于矩阵的理论. 文中他定义了矩阵的相等、矩阵的运算法则、矩阵的转置以及矩阵的逆等一系列基本概念，指出了矩阵加法的可交换性与可结合性.另外，凯莱还给出了方阵的特征方程和特征根(特征值)以及有关矩阵的一些基本结果.凯莱出生于一个古老而有才能的英国家庭，剑桥大学三一学院大学毕业后留校讲授数学，三年后他转从律师职业，工作卓有成效，并利用业余时间研究数学，发表了大量的数学论文.

1855年，埃米特(C. Hermite)证明了别的数学家发现的一些矩阵类的特征根的特殊性质，如现在称为埃米特矩阵的特征根性质等.后来，克莱伯施(A. Clebsch)、布克海姆(A. Buchheim)等证明了对称矩阵的特征根性质.泰伯(H. Taber)引入矩阵的积的概念并给出了一些有关的结论.

在矩阵论的发展史上，弗罗伯纽斯(G. Frobenius)的贡献是不可磨灭的.他讨论了最小多项式问题，引进了矩阵的秩、不变因子和初等因子、正交矩阵、矩阵的相似变换、合同矩阵等概念，以合乎逻辑的形式整理了不变因子和初等因子的理论，并讨论了正交矩阵与合同矩阵的一些重要性质.1854年，约当研究了矩阵化为标准型的问题.1892年，梅茨勒(H. Metzler)引进了矩阵的超越函数概念并将其写成矩阵的幂级数的形式.傅里叶、西尔和庞加莱的著作中还讨论了无限阶矩阵问题，这主要是适应方程发展的需要而开始的.

矩阵本身所具有的性质依赖于元素的性质，矩阵由最初作为一种工具经过两个多世纪的发展，现在已成为独立的一门数学分支——矩阵论.而矩阵论又可分为矩阵方程论、矩阵分解论和广义逆矩阵论等矩阵的现代理论.矩阵及其理论现已广泛地应用于现代科技的各个领域.

3. *方程组*

线性方程组的解法，早在中国古代的数学著作《九章算术方程》中已做了比较完整的论述.其中所述方法实质上相当于现代的对方程组的增广矩阵施行初等行变换从而消去未知量的方法，即高斯消元法.在西方，线性方程组的研究是在17世纪后期由莱布尼茨开创的.他曾研究含两个未知量的三个线性方程组成的方程组.麦克劳林在18世纪上半叶研究了具有二、三、四个未知量的线性方程组，得到了现在称为克拉默法则的结果.克拉默不久后也发表了这个法则.18世纪下半叶，法国数学家贝祖对线性方程组理论进行了一系列研究，证明了 n 元齐次线性方程组有非零解的条件是系数行列式等于零.

19世纪，英国数学家史密斯(H. Smith)和道奇森(C. L. Dodgson)继续研究线性方程组理论，前者引进了方程组的增广矩阵和非增广矩阵的概念，后者证明了 n 个未知数 m 个方程的方程组相容的充要条件是系数矩阵和增广矩阵的秩相同.这正是现代方程组理论中的重要结果之一.

大量的科学技术问题，最终往往归结为解线性方程组的问题.因此在线性方程组的数值解法得到发展的同时，线性方程组解的结构等理论性工作也取得了令人满意的进展.现在，线性方程组的数值解法在计算数学中占有重要地位.

附　　录

附录1　向　　量

1.1　向量的概念

人们在日常生活和生产实践中常遇到两类量：一类如温度、距离、面积、质量等，这种只有大小、没有方向的量叫作数量(标量)；另一类如力、力矩、位移、速度、电场强度等，这种既有大小又有方向的量叫作向量(矢量).

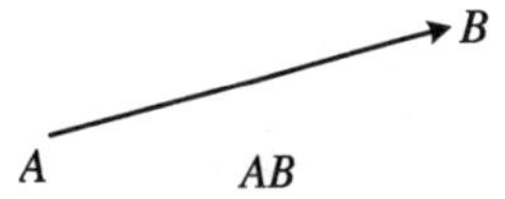

图1

在几何上，可以用从点 A 到点 B 的有向线段 $\overrightarrow{AB}$ 表示起点为 A、终点为 B 的向量(图1).

向量 $\overrightarrow{AB}$ 的大小用有向线段 $\overrightarrow{AB}$ 的长度来表示，叫作向量的模，记作 $|\overrightarrow{AB}|$.

为简便起见，向量常用粗体字母或用上加箭头书写体字母来表示，如向量 $\overrightarrow{AB}$ 也可记作 $\vec{a}$ 或 $\boldsymbol{a}$，它的模记作 $|\vec{a}|$ 或 $|\boldsymbol{a}|$.

长度为1的向量，叫作单位向量.

长度为0的向量，叫作零向量.零向量没有确定的方向，我们规定，一切零向量都相等.

如果一个向量只考虑它的大小和方向，而不论它的起点位置，那么这样的向量叫作自由向量，也就是说自由向量是可以平移的.以后如无特别说明，我们所讨论的向量都是自由向量.今后如有必要，就可以把几个向量移到同一个起点.

两个向量 $\boldsymbol{a}$ 与 $\boldsymbol{b}$，如果它们大小相等且方向相同，就称这两个向量相等，记作 $\boldsymbol{a}=\boldsymbol{b}$.

两个非零向量 $\boldsymbol{a}$ 与 $\boldsymbol{b}$，如果它们的方向相同或相反，就称这两个向量平行，记作 $\boldsymbol{a}/\!/\boldsymbol{b}$.零向量认为是与任何向量都平行.

1.2　向量的几何运算

1. 向量的加法：$\boldsymbol{a}+\boldsymbol{b}=\boldsymbol{c}$

平行四边形法则：以 $\boldsymbol{a}=\overrightarrow{OA}$，$\boldsymbol{b}=\overrightarrow{OB}$ 为邻边成一个平行四边形 $OACB$，其对角线 $\overrightarrow{OC}=\overrightarrow{OA}+\overrightarrow{OB}$，即 $\boldsymbol{a}+\boldsymbol{b}=\boldsymbol{c}$.这种求向量之和的方法叫作平行四边形法则(图2).

三角形法则：将 $\boldsymbol{a}=\overrightarrow{OA}$ 的终点与 $\boldsymbol{b}=\overrightarrow{AC}$ 的起点重合，其以 $\boldsymbol{a}$ 的起点为起点，$\boldsymbol{b}$ 的终点为终点的向量 $\overrightarrow{OC}=\overrightarrow{OA}+\overrightarrow{AC}$，即 $\boldsymbol{a}+\boldsymbol{b}=\boldsymbol{c}$，这种求向量之和的方法叫作三角形法则

(图 3),三角形法则用于多个向量相加较为方便.

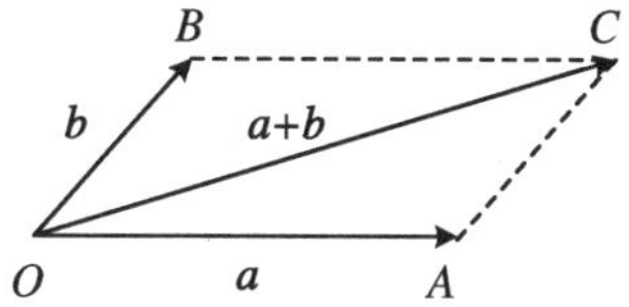

图 2

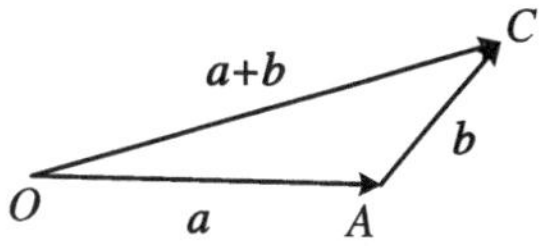

图 3

向量 $\boldsymbol{d}=\boldsymbol{a}+\boldsymbol{b}+\boldsymbol{c}$,实际上是向量 $\boldsymbol{a}$,$\boldsymbol{b}$,$\boldsymbol{c}$ 顺次首尾相连,即以 $\boldsymbol{a}$ 的终点作为 $\boldsymbol{b}$ 的起点,再以 $\boldsymbol{b}$ 的终点作为 $\boldsymbol{c}$ 的起点,那么以 $\boldsymbol{a}$ 的起点为起点,$\boldsymbol{c}$ 的终点为终点的向量就是 $\boldsymbol{d}$(图 4).

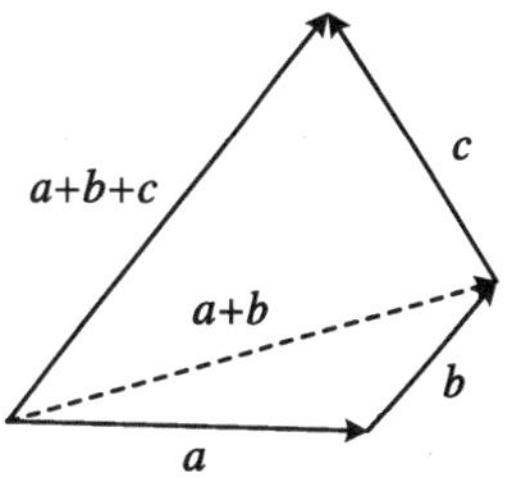

图 4

2. 向量的数乘

$k\boldsymbol{a}$(k 为一实数,$\boldsymbol{a}$ 为一向量)是一个向量,它的模为 $|k\boldsymbol{a}|=|k||\boldsymbol{a}|$,当 $k>0$ 时,$k\boldsymbol{a}$ 与 $\boldsymbol{a}$ 的方向相同;当 $k<0$ 时,$k\boldsymbol{a}$ 与 $\boldsymbol{a}$ 的方向相反;当 $k=0$ 时,$k\boldsymbol{a}=\boldsymbol{0}$.

3. 向量的减法

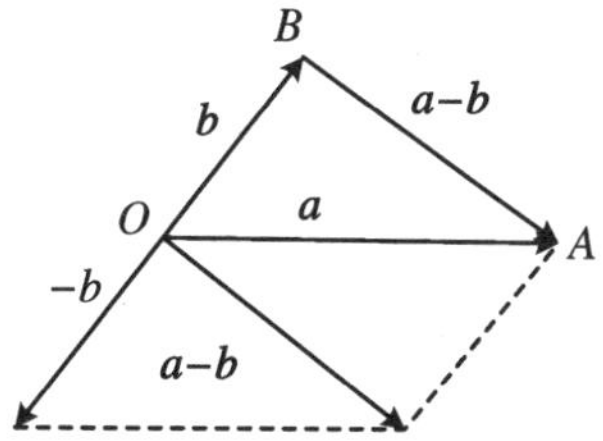

图 5

由向量的数乘与向量加法的三角形法则可以得到向量的减法法则(图 5)

$$\boldsymbol{a}-\boldsymbol{b}=\boldsymbol{a}+(-\boldsymbol{b})$$

即从向量 $\boldsymbol{b}$ 的终点指向向量 $\boldsymbol{a}$ 的终点的向量就是 $\boldsymbol{a}-\boldsymbol{b}$.

例 1 在平行四边形 $ABCD$ 中,设 $\overrightarrow{AB}=\boldsymbol{a}$,$\overrightarrow{AD}=\boldsymbol{b}$.试用 $\boldsymbol{a}$ 和 $\boldsymbol{b}$ 表示向量 $\overrightarrow{MA}$,$\overrightarrow{MB}$,$\overrightarrow{MC}$,$\overrightarrow{MD}$,其中 M 是平行四边形对角线的交点(图 6).

解 由于平行四边形的对角线互相平分,所以

$$\boldsymbol{a}+\boldsymbol{b}=\overrightarrow{AC}=2\overrightarrow{AM},\quad 即 -(\boldsymbol{a}+\boldsymbol{b})=2\overrightarrow{MA}$$

于是 $\overrightarrow{MA}=-\dfrac{1}{2}(\boldsymbol{a}+\boldsymbol{b})$.

因为 $\overrightarrow{MC}=-\overrightarrow{MA}$,所以 $\overrightarrow{MC}=\dfrac{1}{2}(\boldsymbol{a}+\boldsymbol{b})$.

又因为 $-\boldsymbol{a}+\boldsymbol{b}=\overrightarrow{BD}=2\overrightarrow{MD}$,所以 $\overrightarrow{MD}=\dfrac{1}{2}(\boldsymbol{b}-\boldsymbol{a})$.

由于 $\overrightarrow{MB}=-\overrightarrow{MD}$,所以 $\overrightarrow{MB}=\dfrac{1}{2}(\boldsymbol{a}-\boldsymbol{b})$.

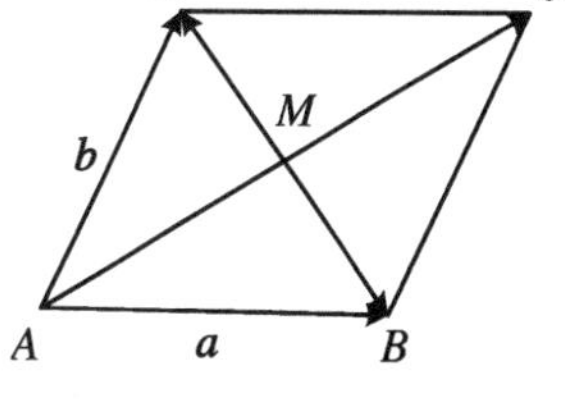

图 6

1.3 向量的坐标表示

前面讨论的向量的各种运算称为几何运算,用图形来表示,计算起来不方便,现在我们要引入平面上向量的坐标表示,以便将向量的几何运算转化为代数运算.

1. 向量 $\overrightarrow{OM}$ 的坐标表示式

任给向量 $\boldsymbol{a}$,将向量 $\boldsymbol{a}$ 平行移动,使它的起点与坐标原点 O 重合,终点记为 $M(x,y)$,如图 7 所示,有

$$\boldsymbol{a}=\overrightarrow{OM}=\overrightarrow{OP}+\overrightarrow{OQ}$$

$$= x\boldsymbol{i} + y\boldsymbol{j}$$

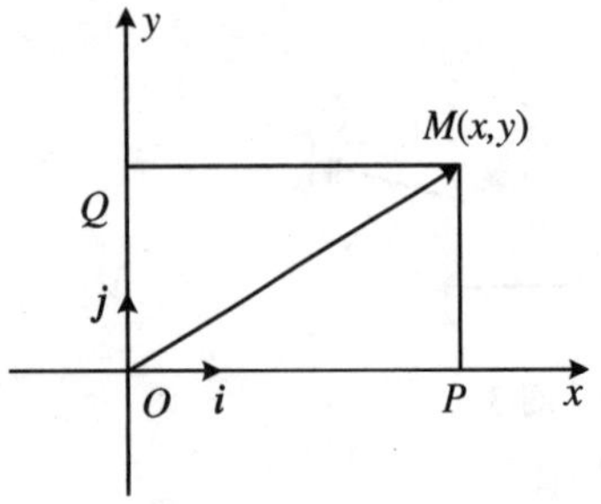

图 7

也可记为

$$\boldsymbol{a} = \overrightarrow{OM} = (x, y) \quad (1)$$

式(1)称为向量$\overrightarrow{OM}$的坐标表示式,数 x,y 称为向量$\overrightarrow{OM}$的坐标.其中 $\boldsymbol{i}$,$\boldsymbol{j}$ 分别是x,y 轴正向的单位向量.

特别地,$\boldsymbol{i}=(1,0)$,$\boldsymbol{j}=(0,1)$,$|\boldsymbol{a}|=\sqrt{x^2+y^2}$.

2. 向量$\overrightarrow{M_1M_2}$的坐标表示式

以 $M_1(x_1, y_1)$为起点,$M_2(x_2, y_2)$为终点的向量$\overrightarrow{M_1M_2}$,如图 8 所示,有

$$\overrightarrow{M_1M_2} = \overrightarrow{OM_2} - \overrightarrow{OM_1}$$
$$= (x_2\boldsymbol{i} + y_2\boldsymbol{j}) - (x_1\boldsymbol{j} + y_1\boldsymbol{j})$$

所以

$$\overrightarrow{M_1M_2} = (x_1 - x_2)\boldsymbol{i} + (y_2 - y_1)\boldsymbol{j}$$

也可记为

$$\overrightarrow{M_1M_2} = (x_2 - x_1, y_2 - y_1) \quad (2)$$

式(2)称为向量$\overrightarrow{M_1M_2}$的坐标表示式,x_2-x_1,y_2-y_1 数称为向量$\overrightarrow{M_1M_2}$的坐标.

1.4 向量线性运算的坐标表示

有了向量的坐标之后,向量的线性运算就可以方便地用坐标来计算了.

设 $\boldsymbol{a}=\{a_1, a_2\}$,$\boldsymbol{b}=\{b_1, b_2\}$,则

$$\boldsymbol{a} \pm \boldsymbol{b} = \{a_1 \pm b_1, a_2 \pm b_2\}$$
$$\lambda\boldsymbol{a} = \{\lambda a_1, \lambda a_2\}$$

例 2 已知 $\boldsymbol{a}=\{2,-1\}$,$\boldsymbol{b}=\{1,2\}$,求 $\boldsymbol{a}+\boldsymbol{b}$,$\boldsymbol{a}-\boldsymbol{b}$,$3\boldsymbol{a}+2\boldsymbol{b}$.

解 $\boldsymbol{a}+\boldsymbol{b}=\{2+1,-1+2\}=\{3,1\}$

$\boldsymbol{a}-\boldsymbol{b}=\{2-1,-1-2\}=\{1,-3\}$

$3\boldsymbol{a}+2\boldsymbol{b}=\{6+2,-3+4\}=\{8,1\}$

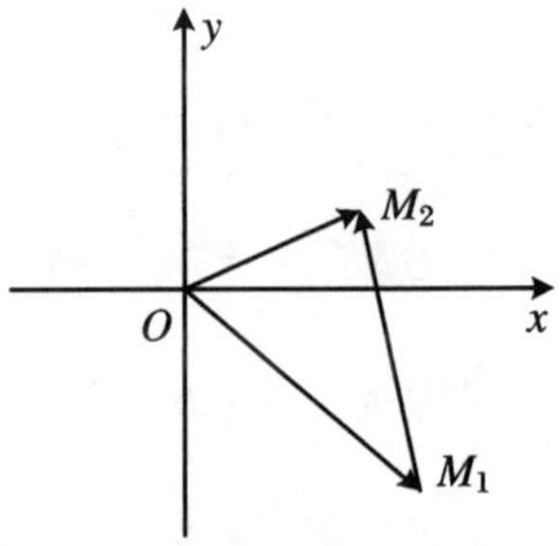

图 8

注 由 $\lambda\boldsymbol{a}=\{\lambda a_1, \lambda a_2\}$可知,向量 $\boldsymbol{a}$ 与非零向量 $\boldsymbol{b}$ 平行的充要条件是$\boldsymbol{a}=k\boldsymbol{b}$,现在可表示为

$$a_1 = kb_1, \quad a_2 = kb_2$$

也可写为

$$\frac{a_1}{b_1} = \frac{a_2}{b_2}$$

即

$$\boldsymbol{a} \,/\!/\, \boldsymbol{b} \Leftrightarrow \frac{a_1}{b_1} = \frac{a_2}{b_2}$$

说明 此结论以后我们经常会用到.另若 b_1,b_2 中有一个为零,应理解为相应的分子也为零.

例 3　设 $\boldsymbol{a}=3\boldsymbol{i}-2\boldsymbol{j},\boldsymbol{b}=m\boldsymbol{i}+4\boldsymbol{j}$，且 $\boldsymbol{a}/\!/\boldsymbol{b}$，求数 m.

解　因为 $\boldsymbol{a}/\!/\boldsymbol{b}$，所以$\dfrac{3}{m}=\dfrac{-2}{4}$.故 $m=-6$.

1.5　向量的数量积

设一物体在常力 $\boldsymbol{F}$ 的作用下产生直线位移 $\boldsymbol{s}$，则力 $\boldsymbol{F}$ 所做的功为

$$W=|\boldsymbol{F}||\boldsymbol{s}|\cos\theta$$

其中 θ 是力 $\boldsymbol{F}$ 与位移 $\boldsymbol{s}$ 的夹角(图 9).上式的右边可看成是两个向量进行某种运算的结果，把这种运算抽象出来就得到数量积的概念.

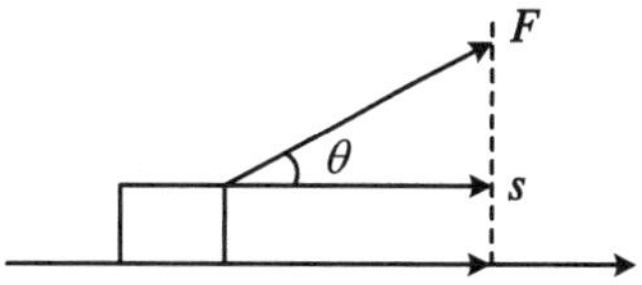

图 9

设 $\boldsymbol{a},\boldsymbol{b}$ 是两个向量，它们的模及夹角 $\theta(0\leqslant\theta\leqslant\pi)$ 的余弦的乘积称为向量 $\boldsymbol{a},\boldsymbol{b}$ 的数量积，记作 $\boldsymbol{a}\cdot\boldsymbol{b}$，即

$$\boldsymbol{a}\cdot\boldsymbol{b}=\boldsymbol{a}\cdot\boldsymbol{b}\cos\theta$$

说明　两个向量的数量积是一个数值.

上例中力 $\boldsymbol{F}$ 所做的功为可简记为 $W=\boldsymbol{F}\cdot\boldsymbol{s}$.

由数量积的定义可以推得：

(1) $\boldsymbol{a}\cdot\boldsymbol{a}=|\boldsymbol{a}|^2,|\boldsymbol{a}|=\sqrt{\boldsymbol{a}\cdot\boldsymbol{a}}$，特别地，$\boldsymbol{i}\cdot\boldsymbol{i}=\boldsymbol{j}\cdot\boldsymbol{j}=1$；

(2) $\boldsymbol{a}\perp\boldsymbol{b}\Leftrightarrow\boldsymbol{a}\cdot\boldsymbol{b}=0$.

下面给出两个向量的数量积的坐标表示式.

若 $\boldsymbol{a}=(x_1,y_1)$，$\boldsymbol{b}=(x_2,y_2)$，则

$$\boldsymbol{a}\cdot\boldsymbol{b}=x_1x_2+y_1y_2$$

由此得出以后我们经常会用到的结论：

$$\boldsymbol{a}\perp\boldsymbol{b}\Leftrightarrow\boldsymbol{a}\cdot\boldsymbol{b}=0\Leftrightarrow x_1x_2+y_1y_2=0$$

例 4　设 $\boldsymbol{a}=\{2,-1\},\boldsymbol{b}=\{1,3\}$，求 $\boldsymbol{a}\cdot\boldsymbol{b}$.

解　$\boldsymbol{a}\cdot\boldsymbol{b}=2\times1+(-1)\times3=-1$.

例 5　已知 $\boldsymbol{a}=\{1,k\},\boldsymbol{b}=\{4,-2\}$，且 $\boldsymbol{a}\perp\boldsymbol{b}$，求数 k.

解　因为 $\boldsymbol{a}\perp\boldsymbol{b}$，所以 $\boldsymbol{a}\cdot\boldsymbol{b}=0$，即 $1\times4+k\times(-2)=0$，故 $k=2$.

≪ 试　一　试 ≫

1. 填空：

(1) 要使 $|\boldsymbol{a}+\boldsymbol{b}|=|\boldsymbol{a}-\boldsymbol{b}|$ 成立，向量 $\boldsymbol{a},\boldsymbol{b}$ 应满足____________；

(2) 要使 $|\boldsymbol{a}+\boldsymbol{b}|=|\boldsymbol{a}+\boldsymbol{b}|$ 成立，向量 $\boldsymbol{a},\boldsymbol{b}$ 应满足____________.

2. 已知菱形 $ABCD$ 的对角线$\overrightarrow{AC}=\boldsymbol{a},\overrightarrow{BD}=\boldsymbol{b}$，试用向量 $\boldsymbol{a},\boldsymbol{b}$ 表示$\overrightarrow{AB},\overrightarrow{BC},\overrightarrow{CD},\overrightarrow{DA}$.

3. 化简：

(1) $5(3\boldsymbol{a}-2\boldsymbol{b})+4(2\boldsymbol{b}-3\boldsymbol{a})$；　　(2) $6(\boldsymbol{a}-3\boldsymbol{b}+\boldsymbol{c})-4(-\boldsymbol{a}+\boldsymbol{b}-\boldsymbol{c})$.

4. 已知表示向量 $\boldsymbol{a}$ 的有向线段始点 A 的坐标，求它的终点 B 的坐标.

(1) $\boldsymbol{a}=(-2,1),A(0,0)$；

(2) $\boldsymbol{a}=(1,3),A(-1,5)$

5. 已知 $\boldsymbol{a}=\{-1,2\}$,$\boldsymbol{b}=\{3,1\}$,求 $\boldsymbol{a}+\boldsymbol{b}$,$\boldsymbol{a}-\boldsymbol{b}$,$3\boldsymbol{a}+2\boldsymbol{b}$.

6. 已知 $|\boldsymbol{a}|=5$,$|\boldsymbol{b}|=4$,它们间的夹角是120°,求 $\boldsymbol{a}\cdot\boldsymbol{b}$.

7. 设 $\boldsymbol{a}=3\boldsymbol{i}-\boldsymbol{j}$,$\boldsymbol{b}=\boldsymbol{i}+2\boldsymbol{j}$,求 $\boldsymbol{a}\cdot\boldsymbol{b}$.

8. 如果 $\boldsymbol{a}=\{2,5\}$,$\boldsymbol{b}=\{k,-1\}$,试确定 k,分别满足下列条件:

(1) $\boldsymbol{a}\perp\boldsymbol{b}$; (2) $\boldsymbol{a}/\!/\boldsymbol{b}$.

附录2 复　　数

2.1 复数的概念

1. 虚数单位

为了使复数开平方可以进行,引入一个新的数"i",并使它满足性质:

(1) $\mathrm{i}^2=-1$.

(2) i 和实数在一起可以按照实数的四则运算法则进行运算.

数 i 叫作虚数单位,规定:$\mathrm{i}^0=1$,$\mathrm{i}^{-1}=\dfrac{1}{\mathrm{i}}=-\mathrm{i}$.

根据性质和规定,我们可以得到关于 i 的一个重要性质——周期性:

$$\mathrm{i}^{4n+m}=\mathrm{i}^m\quad(m=0,1,2,3,n\ 为整数)$$

如 $\mathrm{i}^{35}=\mathrm{i}^{4\times8+3}=\mathrm{i}^3=-\mathrm{i}$,$\mathrm{i}^{-4}=\mathrm{i}^{4\times(-1)}=\mathrm{i}^0=1$.

2. 纯虚数

虚数单位 i 乘一个非零实数 b,即 $b\mathrm{i}$ 叫作纯虚数.如 i,$-2\mathrm{i}$,$\dfrac{\mathrm{i}}{4}$等都是纯虚数.

3. 虚数

纯虚数 $b\mathrm{i}$ 加上一个实数 a,即 $a+b\mathrm{i}$ 叫作虚数.

如 $3+4\mathrm{i}$,$\mathrm{i}-1$,$-2+\mathrm{i}$ 等都是虚数.

4. 复数

形如 $a+b\mathrm{i}$ 的数叫作复数,其中,a,b 是实数,a 叫作复数的实部,b 叫作复数的虚部.

显然,如果 $b=0$,那么复数就是实数 a,即复数包含所有的实数;如果 $b\neq0$,那么复数就是虚数,即复数也包含所有的虚数,于是有

$$复数\ a+b\mathrm{i}\begin{cases}实数(b=0)\\虚数(b\neq0),纯虚数(a=0,b\neq0)\end{cases}$$

5. 共轭复数

设复数 $Z=a+b\mathrm{i}$,则 $a-b\mathrm{i}$ 叫作 $a+b\mathrm{i}$ 的共轭复数,记为 $\bar{Z}$,即 $\bar{Z}=a-b\mathrm{i}$,它们的实部相等,虚部互为相反数.

例如,$1-3\mathrm{i}$ 的共轭复数为 $1+3\mathrm{i}$,$\mathrm{i}-1$ 的共轭复数为 $-1-\mathrm{i}$,$-5\mathrm{i}$ 的共轭复数为 $5\mathrm{i}$.

6. 复数相等

两个复数相等的充要条件是它们的实部和虚部分别相等.

2.2　复数的几何表示

1. 用复平面内的点表示

引入直角坐标系：横轴为实轴，不包括原点的纵轴为虚轴. 由这个坐标系决定的平面上的每一个点表示一个复数，因此该平面叫作复平面，这个坐标系叫作复平面直角坐标系.

对于任意一个复数 $a+b\mathrm{i}$，它的实部和虚部可以确定一对有序的实数 (a,b)，以这一对有序实数作为坐标，在复平面内就有唯一的点 M 与它对应，其坐标为 (a,b)；反之，复平面内任意一点 $M(a,b)$ 也可以唯一对应一个复数 $a+b\mathrm{i}$，这样就可以用复平面内的点来表示复数(图 10). 即 $Z=a+b\mathrm{i}$ 和平面上的点 $M(a,b)$ 是一一对应的.

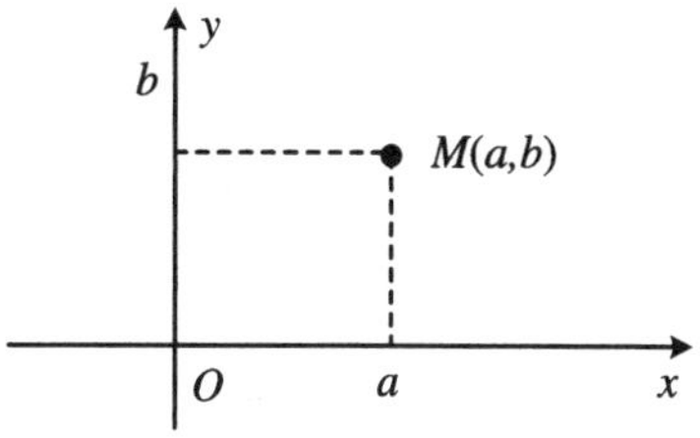

图 10

2. 复数的向量表示

在复平面内，连接坐标原点 O 和点 $M(a,b)$，可以得到起点在原点的向量 $\overrightarrow{OM}$(图 11). 向量 $\overrightarrow{OM}$ 的大小，由点 M 到原点 O 的距离给出 $|\overrightarrow{OM}|=r=\sqrt{a^2+b^2}$，其中 r 也叫作复数 $a+b\mathrm{i}$ 的模. 向量 $\overrightarrow{OM}$ 的方向，由 x 轴的正半轴绕原点逆时针方向旋转至和 $\overrightarrow{OM}$ 重合所夹的角，给出 $\tan\theta=\dfrac{b}{a}$，θ 叫作复数 $a+b\mathrm{i}$ 的辐角.

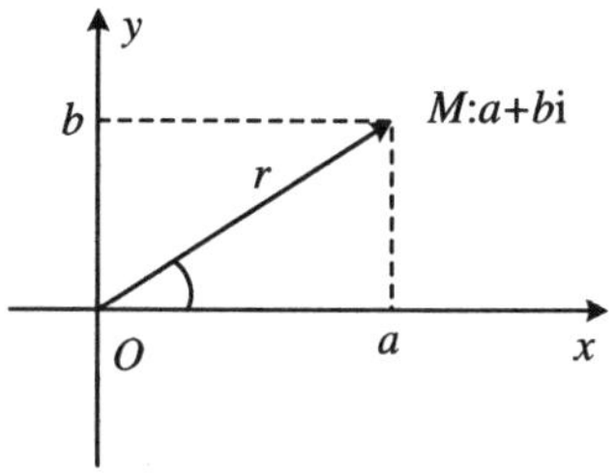

图 11

规定：(1) 模 $r\geqslant 0$ ($r=0$ 是实数 0)；

(2) 辐角 θ 可能不止一个角，适合 $-\pi<\theta\leqslant\pi$ 的辐角 θ 的值，叫作辐角的主值.

这样，非零复数 $a+b\mathrm{i}$ 就和向量 $\overrightarrow{OM}$ 建立了一一对应的关系，即在复平面内一个复数对应一个向量(起点在原点)；反之，一个起点在原点的向量也对应一个复数. 实数 0 对应的向量叫作零向量，它的模是零，辐角不确定.

例 6　求下列复数的模和辐角的主值：

(1) $1+\mathrm{i}$；　(2) $\sqrt{3}-\mathrm{i}$；　(3) $-2\mathrm{i}$；　(4) 3.

解　(1) $1+\mathrm{i}$ 对应的点 $M(1,1)$ 在第一象限，

$$r=\sqrt{1^2+1^2}=\sqrt{2},\quad \tan\theta=\frac{1}{1}=1$$

故有 $1+\mathrm{i}$ 的模为 $\sqrt{2}$，辐角主值为 $\dfrac{\pi}{4}$；

(2) $\sqrt{3}-\mathrm{i}$ 对应的点 $M(\sqrt{3},-1)$ 在第四象限，

$$r=\sqrt{(\sqrt{3})^2+(-1)^2}=2,\quad \tan\theta=\frac{-1}{\sqrt{3}}=-\frac{\sqrt{3}}{3}$$

故有$\sqrt{3}-\mathrm{i}$的模为2,辐角主值为$-\frac{\pi}{6}$;

(3) $-2\mathrm{i}$对应的点$M(0,-2)$在y轴的负向上,因此,其模为2,辐角主值为$-\frac{\pi}{2}$;

(4) 3对应的点$M(3,0)$在x轴的正向上,因此,其模为3,辐角主值为0.

2.3 复数的三种形式

1. 代数形式

复数$a+b\mathrm{i}$的形式叫作复数的代数形式.

2. 三角形式

我们知道,复数$a+b\mathrm{i}$在复平面内可以用向量$\overrightarrow{OM}$表示(图12),其中

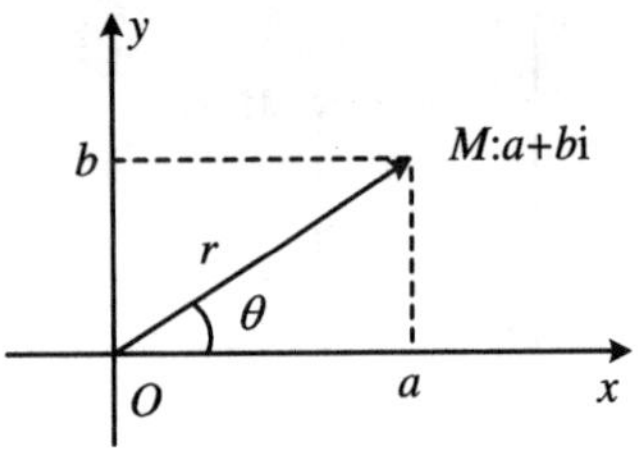

图12

$$r=\sqrt{a^2+b^2},\quad \tan\theta=\frac{b}{a}$$

于是有

$$\begin{cases}a=r\cos\theta\\ b=r\sin\theta\end{cases}$$

代入$a+b\mathrm{i}$,便有$a+b\mathrm{i}=r(\cos\theta+\mathrm{i}\sin\theta)$.把$r(\cos\theta+\mathrm{i}\sin\theta)$叫作复数的三角形式.

由上式可知,r,θ分别是复数$a+b\mathrm{i}$的模和辐角.因此,要把复数写成三角形式,关键是求出它的模和辐角.

例7 将下列复数的代数形式化为三角形式.

(1) $2+2\mathrm{i}$; (2) $-1+\mathrm{i}$; (3) $1-\sqrt{3}\mathrm{i}$; (4) $2\mathrm{i}$.

解 (1) $2+2\mathrm{i}$的模$r=\sqrt{2^2+2^2}=2\sqrt{2}$,$\tan\theta=1$,$\theta=\frac{\pi}{4}$,故

$$2+2\mathrm{i}=2\sqrt{2}\left(\cos\frac{\pi}{4}+\mathrm{i}\sin\frac{\pi}{4}\right)$$

(2) $r=\sqrt{(-1)^2+1^2}=\sqrt{2}$,$\tan\theta=\frac{1}{-1}$,$\theta=\frac{3\pi}{4}$,于是有

$$-1+\mathrm{i}=\sqrt{2}\left(\cos\frac{3\pi}{4}+\mathrm{i}\sin\frac{3\pi}{4}\right)$$

(3) $r=2$,$\tan\theta=-\sqrt{3}$,$\theta=-\frac{\pi}{3}$,于是有

$$1-\sqrt{3}\mathrm{i}=2\left[\cos\left(-\frac{\pi}{3}\right)+\mathrm{i}\sin\left(-\frac{\pi}{3}\right)\right]$$

(4) $r=2$,$\theta=\frac{\pi}{2}$,故有$2\mathrm{i}=2\left(\cos\frac{\pi}{2}+\mathrm{i}\sin\frac{\pi}{2}\right)$.

3. 指数形式

由欧拉公式:$\mathrm{e}^{\mathrm{i}\theta}=\cos\theta+\mathrm{i}\sin\theta$,复数的三角形式$r(\cos\theta+\mathrm{i}\sin\theta)=r\mathrm{e}^{\mathrm{i}\theta}$,把$r\mathrm{e}^{\mathrm{i}\theta}$叫作复数的指数形式.其中$r,\theta$仍是复数的模和辐角,但这里的$\theta$必须采用弧度制单位.因此,

$$\text{复数 } Z = \begin{cases} a + bi & \text{代数形式} \\ r(\cos\theta + i\sin\theta) & \text{三角形式} \\ re^{i\theta} & \text{指数形式} \end{cases}$$

例 8　将下列复数化为另外两种形式：

(1) $\frac{1}{2}+\frac{\sqrt{3}}{2}i$；　　(2) $3\left(\cos\frac{\pi}{4}+i\sin\frac{\pi}{4}\right)$；　　(3) $2e^{-i\frac{\pi}{6}}$.

解　(1) $Z=\frac{1}{2}+\frac{\sqrt{3}}{2}i$ 是代数形式，其模 $r=1,\theta=\frac{\pi}{3}$，于是，三角形式为 $\cos\frac{\pi}{3}+i\sin\frac{\pi}{3}$，指数形式为 $e^{i\frac{\pi}{3}}$；

(2) $Z=3\left(\cos\frac{\pi}{4}+i\sin\frac{\pi}{4}\right)$是三角形式，其模 $r=3$，辐角 $\theta=\frac{\pi}{4}$，于是，代数形式为 $\frac{3\sqrt{2}}{2}+\frac{3\sqrt{2}}{2}i$，指数形式为 $3e^{i\frac{\pi}{4}}$；

(3) $Z=2e^{-i\frac{\pi}{6}}$ 是指数形式，其模 $r=2$，辐角 $\theta=-\frac{\pi}{6}$，于是，三角形式为 $2\left[\cos\left(-\frac{\pi}{6}\right)+i\sin\left(-\frac{\pi}{6}\right)\right]$，代数形式为$\sqrt{3}-i$.

2.4　复数的运算

1. 复数的加法和减法

设 $z_1=a+bi, z_2=c+di$，则 $z_1\pm z_2=(a\pm c)+(b\pm d)i$；即两个复数相加减等于实部和实部相加减，虚部和虚部相加减.

例 9　设 $z_1=+3-2i, z_2=-6+i, z_3=5+2i$，求 $z_1-z_2+z_3$ 的值.

解　$z_1-z_2+z_3=[3-(-6)+5]+[(-2)-1+2]i=14-i$.

由于复数 $z=a+bi$ 与向量$\overrightarrow{OM}$是一一对应的，所以两个复数 z_1 和 z_2 的加减运算和相应向量的加、减法运算一致(图 13).

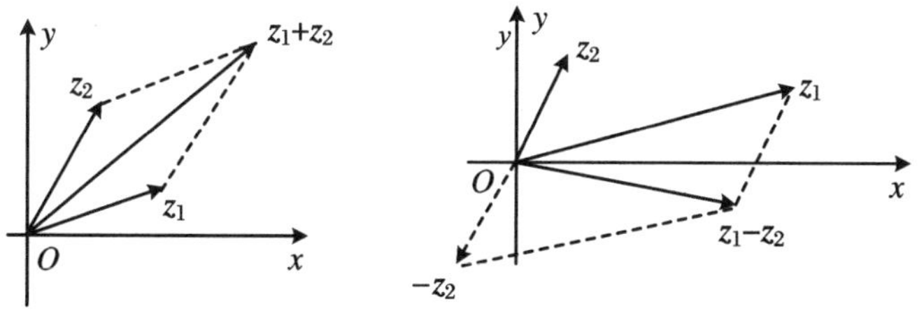

图 13

2. 复数的乘法和除法

设 $z_1=a+bi, z_2=c+di$，则

$$z_1\cdot z_2=(a+bi)\cdot(c+di)=(ac-bd)+(ad+bc)i$$

$$\frac{z_1}{z_2}=\frac{a+bi}{c+di}=\frac{(a+bi)(c-di)}{(c+di)(c-di)}=\frac{(ac+bd)+(bc-ad)i}{c^2+d^2}\quad(c^2+d^2\neq 0)$$

即:两复数的代数式相乘可以按多项式相乘的法则进行;两复数的代数式相除,可以先把分子和分母同乘以分母的共轭复数,然后按多项式法则进行合并同类项即可.

例 10 设 $z_1=2-i, z_2=-3+4i$,求 $z_1\cdot z_2, \frac{z_1}{z_2}$.

解 $z_1\cdot z_2=(2-i)\cdot(-3+4i)=-2+11i$;

$$\frac{z_1}{z_2}=\frac{2-i}{-3+4i}=\frac{(2-i)(-3-4i)}{(-3+4i)(-3-4i)}=\frac{1}{25}(-10-5i)=-\frac{2}{5}-\frac{1}{5}i.$$

3. 复数指数形式的乘法、除法和乘方

设 $Z_1=r_1e^{i\theta_1}, Z_2=r_2e^{i\theta_2}$,则

$$Z_1\cdot Z_2 = r_1\cdot r_2e^{i(\theta_1+\theta_2)}$$

$$\frac{Z_1}{Z_2} = \frac{r_1}{r_2}e^{i(\theta_1-\theta_2)} \quad (Z_2\neq 0)$$

$$Z_1^n = r_1^n e^{in\theta_1} \quad (n \text{ 为正整数})$$

即:两个复数指数形式的乘积仍是复数,它的模是两个乘积因子模的积,它的辐角是两个乘积因子辐角的和.复数 n 次幂的模是这个复数模的 n 次幂,它的辐角是这个复数辐角的 n 倍.两个复数指数形式的商的模是分子和分母模的商,辐角是分子和分母辐角的差.

例 11 设 $z_1=\sqrt{3}\left(\cos\frac{\pi}{4}+i\sin\frac{\pi}{4}\right), z_2=2\left(\cos\frac{\pi}{3}+i\sin\frac{\pi}{3}\right)$,求 $z_1\cdot z_2, \frac{z_1}{z_2}$.

解 $z_1\cdot z_2=\sqrt{3}e^{i\frac{\pi}{4}}\cdot 2e^{i\frac{\pi}{3}}=2\sqrt{3}e^{i\left(\frac{\pi}{4}+\frac{\pi}{3}\right)}=2\sqrt{3}e^{i\frac{7\pi}{12}}$;

$$\frac{z_1}{z_2}=\frac{\sqrt{3}}{2}e^{i\left(\frac{\pi}{4}-\frac{\pi}{3}\right)}=\frac{\sqrt{3}}{2}e^{-i\frac{\pi}{12}}.$$

例 12 设 $z=re^{i\theta}$,求 $i\cdot z$.

解 由于 i 的指数形式为 $e^{i\frac{\pi}{2}}$,于是

$$iz = e^{i\frac{\pi}{2}}\cdot re^{i\theta} = re^{i\left(\frac{\pi}{2}+\theta\right)}$$

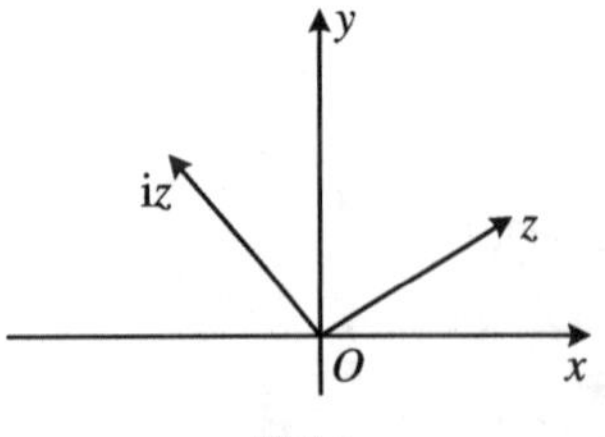

图 14

由图 14 可知:一个复数 z 乘以虚数单位 i 就等于将该复数所对应的向量按逆时针方向旋转 $\frac{\pi}{2}$.

例 13 计算 $(\sqrt{3}-i)^9$.

解 先将 $\sqrt{3}-i$ 化为指数形式:

$$\sqrt{3}-i = 2e^{-i\frac{\pi}{6}}$$

于是

$$(\sqrt{3}-i)^9 = 2^9e^{-i\frac{9\pi}{6}} = 2^9\left(\cos\frac{3\pi}{2}-i\sin\frac{3\pi}{2}\right) = 2^9 i$$

试 一 试

1. 在复平面上找出下列各点，并指出它们的模和辐角主值：

(1) $1+\sqrt{3}\text{i}$；　(2) $-2+2\text{i}$；　(3) $-\text{i}$；

(4) 2；　(5) 4i.

2. 将下列复数化为另外两种形式：

(1) $1+\text{i}$；　(2) $5\left(\cos\frac{2\pi}{3}+\text{i}\sin\frac{2\pi}{3}\right)$；　(3) $3\text{e}^{-\text{i}\frac{\pi}{3}}$.

3. 计算下列各题：

(1) $\frac{2}{3}\text{i}+\frac{3}{4}\text{i}^3-\frac{5}{6}\text{i}^{11}$；　(2) $(3+\text{i})+(1-3\text{i})-(4+2\text{i})$；

(3) $(6-3\text{i})\cdot(2+\text{i})$；　(4) $\frac{2+4\text{i}}{1-3\text{i}}$；

(5) $\left(\frac{1+\text{i}}{1-\text{i}}\right)^{20}$.

附录 3　初等数学常用公式

3.1　代数公式

下面是几个常用的乘法与因式分解公式：

1. $(x+a)(x+b)=x^2+(a+b)x+ab$；
2. $(a\pm b)^2=a^2\pm 2ab+b^2$；
3. $(a\pm b)^3=a^3\pm 3a^2b+3ab^2\pm b^3$；
4. $a^2-b^2=(a+b)(a-b)$；
5. $a^3\pm b^3=(a\pm b)(a^2\mp ab+b^2)$；
6. $(a+b+c)^2=a^2+b^2+c^2+2ab+2bc+2ac$.

3.2　面积与体积公式

1. 三角形的面积：$s=\frac{1}{2}ah$（a 为底，h 为高）；
2. 四边形的面积：$s=ah$（a 为底，h 为高）；
3. 圆：面积 $S=\pi r^2$；周长：$L=\pi d=2\pi r$（r 为半径，d 为直径）；
4. 扇形：弧长 $L=\frac{\pi\theta}{180^\circ}r=\alpha r$；面积 $S=\frac{1}{2}lr=\frac{1}{2}\alpha r^2$（$r$ 为半径，θ 为弧 L 所对应的圆心角的度数，α 为其弧度）；
5. 长方体的体积：$V=abh$（a 为长，b 为宽，h 为高）；
6. 圆柱体的体积：$V=\pi r^2h$（r 为半径，h 为高）；

7. 球的体积：$V=\frac{4}{3}\pi R^3$（R 为球半径）；

8. 三棱锥的体积：$V=\frac{1}{3}Sh$（S 为底面积，h 为高）.

3.3 指数幂、对数的运算法则

1. 指数幂的定义与运算法则

(1) 指数幂的定义

正整数指数幂：$a^n=\overbrace{a\cdot a\cdot\cdots\cdot a}^{n个}$；

零指数幂：$a^0=1(a\neq0)$；

负整数指数幂：$a^{-n}=\frac{1}{a^n}$（$a\neq0$，n 为自然数）；

有理数指数幂：$a^{\frac{n}{m}}=\sqrt[m]{a^n}$（$a\geqslant0$，$m$，$n$ 为自然数）；

$a^{-\frac{n}{m}}=\frac{1}{\sqrt[m]{a^n}}$（$a>0$，$m$，$n$ 为自然数）.

(2) 运算法则

如果 $a>b$，$b>0$，x_1，x_2 均为有理数，那么：

① $a^{x_1}\cdot a^{x_2}=a^{x_1+x_2}$；

② $\frac{a^{x_1}}{a^{x_2}}=a^{x_1-x_2}$；

③ $(a^{x_1})^{x_2}=a^{x_1x_2}$；

④ $(a\cdot b)^x=a^x\cdot b^x$；

⑤ $\left(\frac{a}{b}\right)^x=\frac{a^x}{b^x}$.

2. 对数的定义与运算法则

(1) 对数的定义：如果且 $a^b=N$（$a>0$ 且 $a\neq1$），那么 b 叫作以 a 为底的 N 的对数，记作 $b=\log_a N$（$a>0$），其中，a 叫作底数，N 叫作真数.

(2) 几个重要的恒等式

$\log_a b^c=c\log_a b$；　$\log_a 1=0$；　$\log_a a=1$；　$a^{\log_a b}=b$.

(3) 对数的运算法则

法则 1　$\log_a(M\cdot N)=\log_a M+\log_a N$；（对数的加法原理）

法则 2　$\log_a\frac{M}{N}=\log_a M-\log_a N$.（对数的减法原理）

说明　对数的加法原理可以推广到有限个真数相乘，即

$$\log_a(N_1N_2\cdots N_n)=\log_a N_1+N_2+\cdots+\log_a N_n$$

(4) 对数的换底公式

设$\log_a N=x$，则 $a^x=N$ 两边取以 b 为底的对数：$\log_b a^x=\log_b N$. 利用公式：$x\log_b a=\log_b N$，即 $x=\frac{\log_b N}{\log_b a}$. 这就是对数的换底公式，亦即

$$\log_a N = \frac{\log_b N}{\log_b a}$$

3.4 三角函数

1. 基本恒等式

$\sin^2\alpha + \cos^2\alpha = 1$；

$1 + \tan^2\alpha = \sec^2\alpha$；

$1 + \cot^2\alpha = \csc^2\alpha$；

$\sin\alpha \cdot \csc\alpha = 1$；

$\cos\alpha \cdot \sec\alpha = 1$；

$\tan\alpha \cdot \cot\alpha = 1$；

$\tan\alpha = \dfrac{\sin\alpha}{\cos\alpha}$；

$\cot\alpha = \dfrac{\cos\alpha}{\sin\alpha}$.

2. 加法公式

$\sin(\alpha \pm \beta) = \sin\alpha\cos\beta \pm \cos\alpha\sin\beta$；

$\cos(\alpha \pm \beta) = \cos\alpha\cos\beta \mp \sin\alpha\sin\beta$；

$\tan(\alpha \pm \beta) = \dfrac{\tan\alpha \pm \tan\beta}{1 \mp \tan\alpha\tan\beta}$.

3. 倍角公式

$\sin 2\alpha = 2\sin\alpha\cos\alpha$；

$\cos 2\alpha = \cos^2\alpha - \sin^2\alpha = 2\cos^2\alpha - 1 = 1 - 2\sin^2\alpha$.

4. 和差化积公式

$\sin\alpha + \sin\beta = 2\sin\dfrac{\alpha+\beta}{2}\cos\dfrac{\alpha-\beta}{2}$；

$\sin\alpha - \sin\beta = 2\cos\dfrac{\alpha+\beta}{2}\sin\dfrac{\alpha-\beta}{2}$；

$\cos\alpha + \cos\beta = 2\cos\dfrac{\alpha+\beta}{2}\cos\dfrac{\alpha-\beta}{2}$；

$\cos\alpha - \cos\beta = -2\sin\dfrac{\alpha+\beta}{2}\sin\dfrac{\alpha-\beta}{2}$.

5. 积化和差公式

$\sin\alpha\cos\beta = \dfrac{1}{2}[\sin(\alpha+\beta) + \sin(\alpha-\beta)]$；

$\cos\alpha\cos\beta = \dfrac{1}{2}[\cos(\alpha+\beta) + \cos(\alpha-\beta)]$；

$\sin\alpha\sin\beta = \dfrac{1}{2}[\cos(\alpha+\beta) - \cos(\alpha-\beta)]$.

3.5 平面解析几何

1. 直线

(1) 两点间的距离公式

平面直角坐标系中两点 $p_1(x_1, y_1)$和 $p_2(x_2, y_2)$间的距离为

$$|p_1p_2| = \sqrt{(x_2 - x_1)^2 + (y_2 - y_1)^2}$$

(2) 斜率公式

设直线 l 经过两点 $p_1(x_1,y_1)$和 $p_2(x_2,y_2)$ $(x_1\neq x_2)$，则直线 l 的斜率公式为

$$k=\frac{y_2-y_1}{x_2-x_1}\quad(x_1\neq x_2)$$

(3) 直线方程的几种形式

点斜式 $y-y_0=k(x-x_0)$	(x_0,y_0)是已知点，斜率为 k
斜截式 $y=kx+b$	k 为斜率，b 为纵截距
一般式 $Ax+By+C=0$	A,B 不同时为零
特殊 $y=y_0(y=0)$	与 x 轴平行的直线(x 轴的方程)
直线 $x=x_0(x=0)$	与 y 轴平行的直线(y 轴的方程)

2. 二次曲线

(1) 圆

圆的标准方程：$(x-x_0)^2+(y-y_0)^2=R^2$，(x_0,y_0)为圆心坐标，R 为半径；

圆的一般方程：$x^2+y^2+Dx+Ey+F=0$.

(2) 二次曲线

椭圆：$\frac{x^2}{a^2}+\frac{y^2}{b^2}=1$，$\frac{x^2}{b^2}+\frac{y^2}{a^2}=1$，其中，$a>0$，$b>0$ 分别是椭圆的半长轴、半短轴；

双曲线：$\frac{x^2}{a^2}-\frac{y^2}{b^2}=1$，$\frac{x^2}{b^2}-\frac{y^2}{a^2}=1$，其中，$a>0$，$b>0$ 分别是半实轴、半虚轴；

抛物线：$y^2=\pm 2px$，$x^2=\pm 2py$，其中，p 为抛物线的半焦距.

参考答案

习题1 A组

1. $f(0)=1, f(-1)=3, f(a)=a^2-a+1$.

2. (1) $(-\infty,2)\cup(2,+\infty)$； (2) $[-1,2)\cup(2,+\infty)$；
   (3) $[0,2]$； (4) $(-1,+\infty)$.

3. (1) 定义域为$(-\infty,+\infty)$，分段点为 $x=-1, x=1$；
   (2) $f\left(-\frac{1}{2}\right)=\frac{1}{4}, f(0)=0, f(1)=1, f(2)=4, f(-2)=-1$；
   (3) 略.

4. (1) $y=\begin{cases}1.2x & 0<x\leqslant 80\\ 96+0.9(x-80), & x>80\end{cases}$；
   (2) 132 元.

5. (1) $y=\ln u, u=2+x$；(2) $y=u^{10}, u=1+3x$；(3) $y=\sqrt{u}, u=\cos v, v=3x$
   (4) $y=e^u, u=-x$； (5) $y=u^2, u=\sin x.$； (6) $y=\sqrt{u}, u=2+3x^2$.

6. 当 $x\to1$ 时，$f(x)$的极限不存在.

7. $\lim\limits_{x\to0}f(x)$不存在，$\lim\limits_{x\to0}f(x)=2$.

8. (1)(2)(5)(6)为无穷小量，(3)(4)为无穷大量.

9. (1) 0；(2) 0；(3) 0；(4) 0.

10. (1) $\frac{3}{2}$；(2) ∞；(3) e^{-1}；(4) 1；(5) $\frac{1}{4}$；(6) $\frac{1}{2}$；(7) ∞；(8) $\frac{1}{2}$.

11. (1) 2；(2) $\frac{2}{3}$；(3) 1；(4) 1；(5) e^4；(6) $2e$；(7) $e^{-\frac{3}{4}}$；(8) e^4.

12. (1) $x=1$ 是间断点；(2) $x=0$ 是间断点.

13. (1) $a=-1$；(2) $a=0$；(3) $a=2$.

习题1 B组

1. (1) $\frac{x^2}{1+2x^2}$； (2) $[-4,-2]\cup[3,6]$；
   (3) $\mathbf{R}, \{0\}\cup(-1,+\infty), \pi+1$； (4) $y=u^2, u=\arcsin v, v=\sqrt{x}$；
   (5) 1； (6) $\frac{1}{2}$；
   (7) -3，不存在，2，6； (8) e^{-2}, e^{-2}；

(9) $x=0$,二,$x=-1$,一,$x=0$,一；(10) $(-2,-1)\cup(-1,+\infty)$.

2. (1) $\frac{1}{2\sqrt{x}}$；(2) $\frac{4}{3}$；(3) $\frac{1}{4}$；(4) $-\frac{1}{8}$；(5) $\frac{1}{2}$；

(6) e^4；(7) 1；(8) e^4；(9) $\frac{4}{3}$；(10) $\frac{1}{2}\sin x$.

3. $a=1,b=-1$ 或 $a=-1,b=1$.

4. $a=\ln 3$.

5. $\lim\limits_{x\to 0}f(x)=6$.

6. (1) $b=3$；(2) $a=2,b=3$.

自测题 1

1. (1) $(-\infty,2)\cup(3,+\infty)$；(2) $f(-2)=2,f(0)=-2,f(1)=2$；

(3) $y=e^u,u=\sin x$；(4) $k=\frac{1}{2}$；

(5) $\frac{1}{4}$；(6) -2；

(7) $x=0$；(8) $a=-1$.

2. (1) 1；(2) 0；(3) $\frac{5}{4}$；(4) e^{-1}.

3. $\frac{3}{4}$.

4. 提示:所给方程至少有一个正根在区间(0,2)上.

习题 2 A组

1. -2.

2. (1) $y'=3x^2-2$；(2) $y'=2x-\frac{1}{x^2}$；(3) $y'=-\frac{6}{x^3}$；

(4) $s'=-\frac{1}{t^2}-\cos t$；(5) $y'=e^x(1+x)$；(6) $y'=\frac{1-\ln x}{x^2}$.

3. (1) $y'=3\cos 3x$；(2) $y'=-5e^{-5x}$；(3) $y'=40x(2x^2+1)^9$；

(4) $y'=-\frac{4x}{\sqrt{1-4x^2}}$；(5) $y'=\cot x$；(6) $y'=xe^{-x}(2-x)$；

(7) $y'=2x\cos x^2$；(8) $y'=-\sin 2x$；(9) $y'=-\frac{2}{x^2}\tan\frac{1}{x}\sec^2\frac{1}{x}$；

(10) $y'=\sqrt{x^2-1}+\frac{x^2}{\sqrt{x^2-1}}$；(11) $y'=e^{3x}(3\cos 4x-4\sin 4x)$；

(12) $y'=-\frac{4}{3(4x^2-1)}$.

4. 切线方程 $3x-y-1=0$;法线方程 $x+3y-7=0$.

5. 切线方程 $x-y-1=0$;法线方程 $x+y-1=0$.

6. $i(t)=100\cos5t$；$i\left(\frac{\pi}{15}\right)=50$.

7. 0.2 毫米/分.

8. (1) 400π；(2) $400\pi\ \text{cm}^3$.

9. 约 0.08 元/年.

10. (1) →(B)，(2) →(A)，(3)→(D)，(4)→(C).

11. (1) $y'=\frac{6xy}{2y-3x^2-3y^2}$；　(2) $y'=\frac{y-e^{x+y}}{e^{x+y}-x}$；

(3) $y'=\frac{\cos(x+y)}{e^y-\cos(x+y)}$；　(4) $y'=\frac{x+y}{x-y}$.

12. (1) $y'=x^{\sin x}\left(\cos x\ln x+\frac{\sin x}{x}\right)$；

(2) $y'=\frac{\sqrt{x+2}}{x^3(1-2x)^2}\left[\frac{1}{2(x+2)}-\frac{3}{x}+\frac{4}{1-2x}\right]$.

13. (1) $\frac{dy}{dx}=\frac{\cos t}{2}$；　(2) $\left.\frac{dy}{dx}\right|_{t=1}=\frac{3}{2}$；

(3) $\frac{dy}{dx}=-\sqrt{\frac{1+t}{1-t}}$；　(4) $\frac{dy}{dx}=\frac{\sin t}{1-\cos t}$.

14. (1) $y''=30x^4+12x$；　(2) $y''=-\frac{x}{\sqrt{(1+x^2)^3}}$；

(3) 30；　(4) $\frac{10}{27}$.

15. $y^{(n-1)}=a^x\ln a+ax^{a-1}$，$y^{(n)}=a^x(\ln a)^2+a(a-1)x^{a-2}$.

16. (1) $dy=(3x^2+4x-3)dx$；　(2) $dy=2(x+\cos2x)dx$；

(3) $dy=(2x-x^2)e^{-x}dx$；　(4) $dy=-\frac{3x^2}{2(1-x^3)}dx$；

(5) $dy=-\frac{4x}{\sqrt{4x^2+3}}dx$；　(6) $dy=\frac{x\cos x-\sin x}{x^2}dx$；

(7) $dy=\frac{e^x-y}{x+e^y}dx$；　(8) $dy=\frac{2x\cos(x^2+y^2)}{1-2y\cos(x^2+y^2)}$.

17. (1) $\frac{1}{3}x^3+C$；　(2) $\frac{1}{4}$；　(3) $-e^{-x}+C$；

(4) $\frac{1}{3}$；　(5) $2\sin\sqrt{x}+C$；　(6) $-\frac{1}{2}\cos2x+C$；

(7) $-\frac{1}{\ln x}+C$；　(8) $-e^{\frac{1}{x}}$.

18. 0.034 克.

习题 2　B 组

1. (1) 2，−2；　(2) −12；　(3) $y=2x$；　(4) $2x\cos x^2$；

(5) $\frac{\sqrt{2}}{2}$；　(6) e；　(7) $-\frac{1}{288}$；　(8) $-99!$；

(9) -1； (10) 8； (11) B； (12) $y^{(6)}=(6+x)e^x$.

(13) $y'=-\frac{1}{x^2}(1+x)^{\frac{1}{x}}\left[\ln(1+x)-\frac{x}{1+x}\right]$； (14) $y=2x-1$.

2. (1) $\frac{dy}{dx}=-\frac{1}{x^2}e^{\frac{1}{x}}-ex^{-e-1}-\left(\frac{1}{e}\right)^x$；

(2) $y'=-3\sin 3x-3x^2\sin x^3-3(\cos x)^2\sin x$；

(3) $\frac{dy}{dx}=\frac{e^x-1}{e^{2x}+1}$；

(4) $\frac{d^2y}{dx^2}=-\frac{x}{\sqrt{(1+x^2)^3}}$；

(5) $y^{(n)}=(-1)^n\cdot n!\left[(x-2)^{-(n+1)}-(x-1)^{-(n-1)}\right]$；

(6) $dy=\left[\sqrt{x}(x^2+1)^x\right]\left[\frac{1}{2x}+\ln(x^2+1)+\frac{2x^2}{x^2+1}\right]dx$；

(7) $y'|_{x=0}=e(1-e)$；

(8) $\frac{dy}{dx}=\frac{y'_t}{x'_t}=3t(1+t^2)$.

3. 函数在 $x=0$ 处连续且可导.

4. $S=4\pi R^2,\frac{dS}{dt}=4\pi\cdot 2R\frac{dR}{dt}$；

又 $V=\frac{4}{3}\pi R^3,\frac{dV}{dt}=\frac{4}{3}\pi\cdot 3R^2\frac{dR}{dt}$；

当 $R=4$ 时，$\frac{dR}{dt}=\frac{5}{32\pi}$ 此时$\frac{dS}{dt}=4\pi\cdot 2R\frac{dR}{dt}=5(\mathrm{m}^2/\mathrm{s})$.

自测题 2

1. (1) $\frac{1}{4}$； (2) -3； (3) 2；

(4) $\frac{\sin x}{(1+\cos x)^2}$； (5) 1； (6) $-\frac{1}{x^2}$；

(7) $-2xe^{-x^2}dx$； (8) $-\frac{1}{3}$；$\frac{1}{2}x^2+C$； (9) 是；不是；

(10) $x^x(1+\ln x)dx$.

2. (1) $y'=3x^2-\frac{2}{x}$； (2) $y'=2x+\frac{1}{\sqrt{x}}$；

(3) $y'=2x\cos x^2$； (4) $y'=-e^{-x}(\cos 2x+2\sin 2x)$；

(5) $y'=\frac{x}{\sqrt{x^2+4}}$； (6) $y'=\frac{1+x-x\ln x}{x(1+x)^2}$；

(7) $y'=(1-x^2)^{-\frac{3}{2}}$； (8) $y'=\frac{y^2-xy\ln y}{x^2-xy\ln x}$.

3. (1) $dy=(3x^2+3^x\ln 3)dx$； (2) $dy=-\frac{1}{x^2}\cos\frac{1}{x}dx$；

(3) $dy=1+2\sec^2 2x$；　　(4) $dy=-\sin(x+2)dx$.

4. 设曲线上点(x_0,y_0)处的切线平行于直线 $y=3x+1$；

$y=x^2+x$，$y'=2x+1$；

切线斜率 $k=y'|_{x=x_0}=2x_0+1$；

令 $2x_0+1=3$,得 $x_0=1$,代入曲线方程得 $y_0=2$；

即曲线上点(1,2)处的切线平行于已知直线.

5. 在方程 $\sin(x+y)+xy^2=1$ 两边对 x 求导,得

$$\cos(x+y)(1+y')+y^2+2xyy'=0$$

解得

$$y'=-\frac{y^2+\cos(x+y)}{2xy+\cos(x+y)}$$

故

$$dy=-\frac{y^2+\cos(x+y)}{2xy+\cos(x+y)}dx$$

6. $\dfrac{dy}{dx}=\dfrac{y'_t}{x'_t}=-\dfrac{\sin t}{6t}$.

7. $a=1$.

习题3　A组

1. (1) 1；　(2) $\cos a$；　(3) $\dfrac{1}{2}$；　(4) $-\dfrac{2}{3}$；

(5) 1；　(6) $-\dfrac{1}{2}$；　(7) 2；　(8) $\ln a-\ln b$；

(9) 1；　(10) ∞.

2. (1) 单调增区间$(-\infty,-2)\cup(1,+\infty)$,单调减区间$(-2,1)$；

(2) 单调增区间$\left(-\infty,\dfrac{3}{4}\right)$,单调减区间$\left(\dfrac{3}{4},1\right)$；

(3) 单调增区间$(-1,0)$,单调减区间$(0,+\infty)$；

(4) 单调增区间$(-\infty,0)$,单调减区间$(0,+\infty)$.

3. (1) 单调减区间$(-\infty,-1)$,$(1,+\infty)$,单调增区间$(-1,1)$,

$$y_{极小}=y(-1)=-2,\quad y_{极大}=y(1)=2$$

(2) 单调增区间$(-\infty,8)$,$(24,+\infty)$,单调减区间$(8,24)$,

$$y_{极小}=y(24)=0,\quad y_{极大}=y(8)=8192$$

(3) 单调减区间$(-\infty,-1)$,$(1,+\infty)$,单调减区间$(-1,1)$,

$$y_{极小}=y(-1)=-1,\quad y_{极大}=y(1)=1$$

(4) 单调减区间$(-\infty,1)$,单调增区间$(1,+\infty)$,

$$y_{极小}=y(1)=-\frac{1}{2}$$

4. (1) $y_{最小}=y(-1)=-5$，$y_{最大}=y(4)=80$；

(2) $y_{最小}=y(0)=y(2)=0$，$y_{最大}=y(3)=\sqrt[3]{9}$.

5. 略.

6. 当长、宽均为 9 m 时,面积最大.

7. 设变压器所在的位置为 A 点,乙村位置在输电线上的垂点为 B 点,当 $AB=1.2$ km 时输电线路最短.

8. 当高为底面半径的 4 倍时,总造价最低.

9. 每批生产 250 单位,利润最大.

10. (1) 凸区间为$(-\infty,2)$,凹区间为$(2,+\infty)$,拐点为$\left(2,\frac{2}{e^2}\right)$

(2) 凸区间为$\left(0,\frac{2}{3}\right)$,凹区间为$(-\infty,0)\cup\left(\frac{2}{3},+\infty\right)$,拐点为 $x=0$ 与 $x=\frac{2}{3}$.

习题 3 B组

1. (1) ∞; (2) 1; (3) 1; (4) 1.

2. (1) y 的极大值为 $y(0)=1$;

(2) y 的极大值为 $y(-1)=\frac{1}{e}$,$y(1)=\frac{1}{e}$;y 的极小值为 $y(0)=0$;

(3) y 的极小值为 $y(-1)=0$,$y(1)=0$;y 的极大值为 $y(0)=1$;

(4) y 的极小值为 $y(e)=2e$.

3. $a=-\frac{2}{3}$,$b=-\frac{1}{6}$;$f(1)=\frac{5}{6}$,$f(2)=\frac{4}{3}-\frac{2}{3\ln 2}$.

4. 当 $a=2$ 时,函数在 $x=\frac{\pi}{3}$处取得极值,$f\left(\frac{\pi}{3}\right)=\sqrt{3}$.

5. (1) 当 $x=-1$ 时,函数在取得最小值,$y(-1)=-1$;

当 $x=\frac{\sqrt{2}}{2}$时,函数在取得最大值,$y\left(\frac{\sqrt{2}}{2}\right)=\sqrt{2}$;

(2) 当 $x=0$ 时,函数在取得最小值,$y(0)=0$;

当 $x=1$ 时,函数在取得最大值,$y(1)=\frac{1}{2}$;

(3) 当 $x=-3$ 时,函数在取得最小值,$y(-3)=27$.

6. 当直线斜率为 $k=-\frac{y_0}{x_0}$时,三角形面积最小,直线方程为 $y-y_0=-\frac{y_0}{x_0}(x-x_0)$.

7. 底边为 7.35 与 14.7,表面积最小.

自 测 题 3

1. (1) 2; (2) 2; (3) $a^a(\ln a-1)$;

(4) $\frac{1}{2}$; (5) 0; (6) $-\frac{1}{3}$.

2. (1) 单调增区间$(-\infty,-1)$,$(3,+\infty)$,单调减区间$(-1,3)$;

$$y_{极小}=y(3)=-61,\quad y_{极大}=y(-1)=3$$

(2) 单调减区间$(-\infty,+\infty)$,无极值;

(3) 单调增区间$(-\infty,0)$,单调减区间$(0,+\infty)$;

$$y_{极大}=y(0)=-1$$

(4) 单调增区间$(-\infty,0)$,$\left(\frac{2}{5},+\infty\right)$,单调减区间$\left(0,\frac{2}{5}\right)$;

$$y_{极小}=y\left(\frac{2}{5}\right)=-\frac{2}{5}\sqrt[3]{\left(\frac{2}{5}\right)^2},\quad y_{极大}=y(0)=0$$

3. (1) $y_{最小}=y(1)=4$,$y_{最大}=y(-2)=y(2)=13$;

(2) $y_{最大}=y\left(-\frac{\pi}{2}\right)=\frac{\pi}{2}$,$y_{最小}=y\left(\frac{\pi}{2}\right)=-\frac{\pi}{2}$.

4. (1) 凸区间为$(-\infty,0)$,凹区间为$(0,+\infty)$,拐点为$(0,1)$;

(2) 凸区间为$(1,\infty)$,$(-\infty,-1)$,凹区间为$(-1,1)$,拐点为$(-1,\ln 2)$,$(1,\ln 2)$.

5. 半径为2米,高为8米.

习题4 A组

1. 略

2. (1) $\frac{\sin x}{x}$;　(2) $e^{-x^2}+C$;

(3) $\sqrt{1+x^4}dx$;　(4) $\ln x+C$;

(5) $f(x)=g(x)+C$;　(6) $\arctan t$, $t\arctan t-\frac{1}{2}\ln(1+t^2)+\frac{1}{2}\ln 2$;

(7) 0;　(8) $\int_{-1}^{1}(1-x^2)dx$;

(9) $f(e^x)+C$;　(10) $\frac{1}{200}$.

3. (1) $\frac{2^x}{\ln 2}+\frac{1}{3}x^3+\cos x+3x+C$;　(2) $x^2-e^x+\ln|x|+C$;

(3) $x-2\arctan x+C$;　(4) $\frac{1}{2}x^2-\arctan x+C$;　(5) $\frac{1}{2}e^{2x}+2\sqrt{x}-x^3+C$.

4. (1) $\frac{1}{2}\sin 2x+C$;　(2) $\frac{1}{4}\ln|4x-1|+C$;　(3) $-\frac{1}{2}e^{-x^2}+C$;

(4) $\cos\frac{1}{x}+C$;　(5) $\frac{1}{6}\ln(1+3x^2)+C$;　(6) $\frac{1}{2}(1+\ln)^2+C$;

(7) $\frac{1}{2}\sqrt{1+2x^2}+C$.

5. (1) $3\left[\frac{1}{2}x^{\frac{2}{3}}-x^{\frac{1}{3}}+\ln(1+x^{\frac{1}{3}})\right]+C$;　(2) $x-2\sqrt{x+1}+2\ln(1+\sqrt{1+x})+C$;

(3) $\frac{x}{2}\sqrt{9-x^2}+\frac{9}{2}\arcsin\frac{x}{3}+C$;　(4) $\ln(x+\sqrt{4+x^2})+C$;

(5) $\sqrt{x^2-1}-\arccos\frac{1}{x}+C$.

6. (1) $-x\cos x+\sin x+C$;　(2) $x\ln x-x+C$;

(3) $\frac{1}{2}x^2\arctan x-\frac{1}{2}x+\frac{1}{2}\arctan x+C$;　(4) $\frac{1}{2}(e^x\cos x+e^x\sin x)+C$.

7. (1) $\ln3-\ln2$； (2) $\frac{1}{2}(e-1)$； (3) $\frac{\pi}{8}$；

(4) $-\frac{\pi}{2}$； (5) 0； (6) $\frac{3}{4}e^2-\frac{1}{4}$.

8. (1) $e^2-e+\frac{3}{2}$； (2) $\frac{1}{3}$； (3) $\frac{4}{3}$.

9. (1) $\frac{32\pi}{3}$；(2) $\frac{512\pi}{15}$；(3) $\frac{3\pi}{10}$；(4) $4\pi^2,\frac{4\pi}{3}$.

10. 1.

习题4 B组

1. (2)(3)是.

2. $y=\arctan x$.

3. (1) $\tan x-\sec x+C$； (2) $\frac{2}{5}x^{\frac{5}{2}}-2\sqrt{x}+C$； (3) $-\frac{1}{x}-\arctan x+C$；

(4) $\frac{1}{3}\ln\left|\frac{x-2}{x+1}\right|+C$； (5) $-\cot x-\tan x+C$； (6) $\frac{1}{\sqrt{3}}\arctan\frac{x}{\sqrt{3}}+C$；

(7) $2\arctan\sqrt{x}+C$； (8) $\ln(2+e^x)+C$； (9) $\tan x-x+C$；

(10) $2\sqrt{x}-8\ln(4+\sqrt{x})+C$； (11) $\ln\left|\cos\frac{1}{x}\right|+C$；

(12) $2\sqrt{x-2}+\sqrt{2}\arctan\sqrt{\frac{x-2}{2}}+C$； (13) $\ln\left|\frac{\sqrt{1+e^x}-1}{\sqrt{1+e^x}+1}\right|+C$；

(14) $-\frac{1}{4}x\cos2x+\frac{1}{8}\sin2x+C$； (15) $2e^{\sqrt{x}}(x-1)+C$；

(16) $\frac{2}{3}(x-3)^{\frac{3}{2}}+6\sqrt{x-3}+C$； (17) $\frac{x}{\sqrt{1+x^2}}+C$.

4. 略.

5. (1) $\frac{1}{3}a^{\frac{3}{2}}$； (2) 0； (3) $\frac{\pi}{4}$； (4) $\ln2-\frac{1}{2}$；

(5) $\frac{\pi}{2}$； (6) $\frac{2}{3}\left(\frac{\pi}{6}\right)^3$； (7) 5.

6. (1) 1； (2) $\frac{\pi}{4}$； (3) $+\infty$； (4) 2.

7. $\frac{9}{2}$(平方单位).

8. 18(平方单位).

自 测 题 4

1. (1) $1+\ln x$； (2) 0； (3) $\frac{1}{2}e^{2x}+C$； (4) $-\cos x+C$；

(5) $-\frac{1}{x^2}$； (6) 0； (7) 2； (8) 0.

2. (1) $2\ln x+\frac{1}{2}\ln^2 x-2\sqrt{x}+\sin x+C$； (2) $-\frac{1}{3}\sqrt{1-3x^2}+C$；

(3) $-\frac{2}{9}(4-3x)^{\frac{3}{2}}+C$； (4) $x-\ln|1+x|+C$；

(5) $e-1$； (6) 1； (7) $\frac{\pi}{12}+\frac{\sqrt{3}}{2}-1$.

3. 极值点 $x=1$，极值是$\frac{1}{2}(\ln 2-1)$.

4. $\frac{1}{2}$.

5. 16.

6. (1) $\frac{4}{3}\sqrt{2}$； (2) 2π.

习题5 A组

1. 证明：方程 $x^2-xy+y^2=C$ 两边对x求导，有

$$2x-(y+xy')+2yy'=0$$

整理得

$$(x-2y)y'=2x-y$$

2. 设速度 v，受空气阻力 f，$f=kv$（k 为系数），$v=\frac{mg}{k}(1-e^{-\frac{k}{m}t})$.

3. $C_1=0, C_2=1$.

4. $y=\pm\sqrt{c-x^2}$.

5. $\ln|xy|+x-y=C$ 及 $y=0$.

6. $y=(x+C)e^{-x}$.

7. $y=Ce^x-\frac{1}{2}(\sin x+\cos x)$.

习题5 B组

1. $y=\frac{1}{\ln|C(x+1)|}$.

2. $y=\tan[(x-1)^3+C]$.

3. $(1+y^2)(1+x^2)=Cx^2$.

4. $y=\ln\left(\frac{C}{e^x+1}+1\right)$.

5. $x=-\frac{2}{3}y-\frac{1}{9}+Ce^{6y}$.

6. $I(t)=\sin 5t-\cos 5t+e^{-5t}$.

自测题5

1. $y=2x^2$.

2. (1) $y=Ce^{\frac{x^3}{2}}$; (2) $y=1-\dfrac{C}{1+x}$;

(3) $y=\dfrac{1}{3}x^2+\dfrac{3}{2}x+\dfrac{C}{x}+2$; (4) $y=\dfrac{1}{x}(-\cos x+C)$.

3. (1) 20 秒; (2) 160 米.

4. $y^2+x^2=2$.

习 题 6

1. (1) B; (2) D; (3) C; (4) B; (5) D;
(6) C; (7) C; (8) A; (9) D; (10) C.

2. (1) $\dfrac{2}{n(n+1)}$, 2; (2) 0; (3) $|q|>1$;

(4) $p>2$; (5) $\dfrac{4}{3}$; (6) $\dfrac{1}{2}$;

(7) 发散、收敛; (8) $\dfrac{1}{2}$; (9) $(-1,1]$; (10) $(-4,0)$.

3. (1) 发散; (2) 发散; (3) 收敛; (4) 收敛;
(5) 发散; (6) 发散; (7) 发散; (8) 收敛;
(9) 发散; (10) 收敛; (11) 收敛; (12) 收敛;
(13) 发散.

4. (1) 条件收敛; (2) 绝对收敛; (3) 绝对收敛; (4) 条件收敛;
(5) 绝对收敛; (6) 发散; (7) 绝对收敛.

5. 30 米.

6. $\dfrac{417}{99}$.

7. (1) $R=1$, $(-1,1)$; (2) $R=+\infty$, $(-\infty,+\infty)$; (3) $R=3$, $(-3,3)$;

(4) $R=\dfrac{1}{2}$, $\left(-\dfrac{1}{2},\dfrac{1}{2}\right)$; (5) $R=1$, $(-3,-1)$; (6) $R=\sqrt{5}$, $(-\sqrt{5},\sqrt{5})$.

8. (1) $x^2e^{2x}=\sum\limits_{n=0}^{\infty}\dfrac{2^n\cdot x^{n+2}}{n!}(-\infty<x<+\infty)$;

(2) $\dfrac{1}{4-x}=\sum\limits_{n=0}^{\infty}\dfrac{x^n}{4^{n+1}}(-4<x<4)$;

(3) $\sin 3x=\sum\limits_{n=0}^{\infty}(-1)^n\dfrac{(3x)^{2n+1}}{(2n+1)!}(-\infty<x<+\infty)$;

(4) $\ln\dfrac{1+x}{1-x}=2\sum\limits_{n=1}^{\infty}\dfrac{x^{2n-1}}{2n-1}(-1<x<1)$;

(5) $\dfrac{x}{x^2+3x+2}=\sum\limits_{n=0}^{\infty}(-1)^n\left(1-\dfrac{1}{2^{n+1}}\right)x^{n=1}(-1<x<1)$;

(6) $\arctan x=\sum\limits_{n=0}^{\infty}(-1)^n\dfrac{x^{2n+1}}{2n+1}(-1\leqslant x\leqslant 1)$.

9. (1) $f(x)=\frac{1}{2}-\frac{2}{\pi}\left(\sin x+\frac{1}{3}\sin 3x+\frac{1}{5}\sin 5x+\cdots\right)(-\infty<x<+\infty, x\neq k\pi, k\in\mathbf{Z})$;

(2) $f(x)=\frac{\pi}{2}-\frac{4}{\pi}\left(\cos x+\frac{1}{3^2}\cos 3x+\frac{1}{5^2}\cos 5x+\cdots\right)(-\infty<x<+\infty)$.

10. $u(t)=\frac{u_m}{\pi}\left(1+\frac{\pi}{2}\sin t-\frac{2}{3}\cos 2t-\frac{2}{15}\cos 4t-\cdots\right)(-\infty<t<+\infty)$.

11. $f(x)=\frac{8}{\pi^2}\left(\cos x+\frac{1}{3^2}\cos 3x+\frac{1}{5^2}\cos 5x+\cdots\right)(-\infty<x<\infty)$.

自测题 6

1. (1) $u_n=\frac{3^n}{n!}$; (2) 发散; (3) $\frac{3}{2}$; (4) 收敛;
(5) 发散; (6) 收敛; (7) $a=0$; (8) 发散;
(9) $p>0$; (10) 发散; (11) $\cos x$; (12) $\sum_{n=1}^{\infty} b_n\sin nx$.

2. (1) 发散; (2) 收敛; (3) 收敛; (4) 发散;
(5) 收敛; (6) 收敛; (7) 发散; (8) 收敛.

3. (1) $R=1, [-1,1)$; (2) $R=+\infty, (-\infty,+\infty)$;
(3) $R=1, [-1,1]$; (4) $R=2, [-1.3)$.

4. (1) $\sin^2 x=\sum_{n=1}^{\infty}(-1)^{n-1}\frac{(2x)^{2n}}{2\cdot(2n)!}(-\infty<x<+\infty)$;

(2) $\frac{1}{2}(e^x+e^{-x})=\sum_{n=0}^{\infty}\frac{x^{2n}}{(2n)!}(-\infty<x<+\infty)$;

(3) $\frac{3}{x+3}=\sum_{n=0}^{\infty}(-1)^n\frac{x^n}{3^n}(-3<x<3)$.

5. $x^2=\frac{\pi^2}{3}-4\sum_{n=1}^{\infty}\frac{(-1)^{n-1}}{n^2}\cos nx(-\infty<x<+\infty)$.

习题 7

1. (1) $\frac{2}{s^2+4}$; (2) $\frac{1}{s+4}$; (3) $\frac{s^2+2}{s(s^2+4)}$; (4) $\frac{6}{s^4}$;

(5) $\frac{1}{s}(3-4e^{-2s}+e^{-4s})$; (6) $\frac{1}{s}+\frac{1}{s^2}-\frac{4}{s}e^{-3s}-\frac{1}{s^2}e^{-3s}$; (7) $\frac{2}{s^3}+\frac{1}{(s+1)^2}$;

(8) $\frac{1}{s+2}-\frac{2}{(s+2)^2}+\frac{2}{(s+2)^3}$; (9) $\frac{s^2-a^2}{(s^2+a^2)^2}$; (10) $\frac{10-3s}{s^2+4}$;

(11) $\frac{4(s-3)}{[(s-3)^2+4]^2}$; (12) $\frac{\pi}{2}-\operatorname{arccot}\frac{s}{4}$; (13) $\frac{\pi}{2}-\arctan\frac{s+3}{2}$;

(14) $\frac{4(s+3)}{s[(s+3)^2+4]^2}$; (15) $\frac{1}{s^2(s^2+1)}$; (16) $\frac{1}{s-2}\cdot\frac{s}{s^2+1}$.

2. (1) $\frac{1}{6}t^3e^{2t}$; (2) e^{-3t}; (3) $2\cos 3t+\sin 3t$;

(4) $\frac{3}{2}e^{3t}-\frac{1}{2}e^{-t}$； (5) $\frac{1}{5}(3e^{2t}+2e^{-3t})$； (6) $2e^{-2t}\cos 3t+\frac{1}{3}e^{-2t}\sin 3t$；

(7) $t-\sin t$； (8) $\sin t * \cos t$.

3. (1) $A\cos kt+\frac{B}{k}\sin kt$； (2) $-\frac{1}{3}+\frac{8}{15}e^{3t}+\frac{4}{5}e^{-2t}$；

(3) $\frac{1}{3}e^{-t}+4e^{t}-\frac{7}{3}e^{2t}$； (4) $-2\sin t-\cos 2t$；

(5) $te^{t}\sin t$； (6) $-\frac{1}{6}e^{-t}+\frac{7}{2}e^{3t}-\frac{4}{3}e^{2t}$.

4. $f_{(t)}=a\left(t+\frac{1}{6}t^3\right)$.

5. $f_{(t)}=2t+\frac{1}{6}t^3$.

自 测 题 7

1. (1) $F(s+3)$； (2) $\frac{4}{s}-\frac{1}{(s-2)^2},\frac{1-s}{s^2+1}$；

(3) $\frac{4}{s^3}-\frac{1}{(s-2)},\frac{6}{(s+1)^2+9}$； (4) $2e^{-t},1$；

(5) $2te^{t}$；$\sin 2t$； (6) $\frac{2}{s^2(s^2+4)},e^{t}\cos 3t$.

2. $\frac{1}{s}(6-7e^{-2s}+e^{-4s})$.

3. $\frac{6}{(s-2)^4}+\frac{6s}{(s^2+9)^2}$.

4. $\frac{3(s+2)}{(s+2)^2+9}$.

5. $\frac{s}{(s-1)(s^2+4)}$.

6. (1) $\cos 2t-\frac{1}{2}\sin 2t$； (2) $\frac{1}{3!}t^3e^{2t}$；

(3) $e^{-2t}(\cos t-3\sin t)$； (4) $\frac{1}{5}(3e^{2t}+2e^{-3t})$.

7. (1) $y=1+te^{-t}$； (2) $y=-\frac{1}{6}e^{-t}+\frac{7}{2}e^{3t}-\frac{4}{3}e^{2t}$.

习 题 8

1. (1) -10； (2) 24； (3) $4(b-a)(c-a)(b-c)$； (4) 83；

(5) 40； (6) 当 $x=a_1,a_2,\cdots,a_n$ 时，$D=0$；否则 $D=\sum_{i=1}^{N}(x-a_i)$.

2. (1) $x_1=1,x_2=-2,x_3=0,x_4=\frac{1}{2}$； (2) $x_1=3,x_2=4,x_3=5$.

3. $2\boldsymbol{A}-\boldsymbol{B}=\begin{pmatrix}-1 & 0 & 3\\ 0 & -2 & 3\\ 5 & 5 & -3\end{pmatrix}$.

4. (1) $\begin{pmatrix}a_{11}x_1+a_{12}x_2+a_{13}x_3\\ a_{21}x_1+a_{22}x_2+a_{23}x_3\\ a_{31}x_1+a_{32}x_2+a_{33}x_3\end{pmatrix}$; (2) $\begin{pmatrix}8 & -5\\ 9 & 9\\ 2 & 1\end{pmatrix}$;

(3) $3^{n-1}\begin{pmatrix}1 & 1\\ 2 & 2\end{pmatrix}$; (4) $\begin{pmatrix}2 & 3 & -1\\ -2 & -3 & 1\\ -2 & -3 & 1\end{pmatrix}$, 0;

(5) $\begin{pmatrix}6 & -7 & 8\\ 20 & -5 & -6\end{pmatrix}$; (6) $\begin{pmatrix}\lambda^n & 0 & 0\\ n\lambda^{n-1} & \lambda^n & 0\\ \frac{n(n-1)}{2}\lambda^{n-2} & n\lambda^{n-1} & \lambda^n\end{pmatrix}$.

5. $\boldsymbol{AB}=\begin{pmatrix}6 & 2 & -2\\ 6 & 1 & 0\\ 8 & -1 & 2\end{pmatrix}$; $\boldsymbol{AB}-\boldsymbol{BA}=\begin{pmatrix}2 & 2 & -2\\ 2 & 0 & 0\\ 4 & -4 & -2\end{pmatrix}$.

6. (1) $\begin{pmatrix}11 & 14 & 22\\ -1 & 10 & 4\end{pmatrix}$; (2) 120.

7. (1) $R=2$; (2) $R=2$; (3) $R=3$; (4) $R=4$.

8. (1) $\begin{pmatrix}-\frac{3}{10} & \frac{1}{10}\\ \frac{2}{5} & \frac{1}{5}\end{pmatrix}$; (2) $\begin{pmatrix}0 & -3 & 1\\ -\frac{2}{5} & -\frac{17}{5} & \frac{6}{5}\\ \frac{1}{5} & \frac{11}{5} & -\frac{3}{5}\end{pmatrix}$;

(3) $\begin{pmatrix}0 & \frac{1}{2} & \frac{1}{2}\\ \frac{1}{2} & -\frac{1}{2} & 0\\ \frac{1}{2} & 0 & -\frac{1}{2}\end{pmatrix}$; (4) $\frac{1}{4}\begin{pmatrix}1 & 1 & 1 & 1\\ 1 & 1 & -1 & -1\\ 1 & -1 & 1 & -1\\ 1 & -1 & -1 & 1\end{pmatrix}$.

9. $\begin{pmatrix}5 & -2 & -1\\ -2 & 2 & 0\\ -1 & 0 & 1\end{pmatrix}$

10. (1) $\boldsymbol{x}=\begin{pmatrix}1 & 2\\ 2 & 3\end{pmatrix}^{-1}\begin{pmatrix}-2 & 1\\ 3 & 4\end{pmatrix}=\begin{pmatrix}12 & 5\\ -7 & -2\end{pmatrix}$;

(2) $\boldsymbol{x}=\begin{pmatrix}1 & -2 & -1\\ 3 & -2 & -2\\ 2 & 1 & -1\end{pmatrix}^{-1}\begin{pmatrix}1 & -3 & 0\\ 10 & 2 & 7\\ 10 & 7 & 8\end{pmatrix}=\begin{pmatrix}6 & 4 & 5\\ 1 & 2 & 1\\ 3 & 3 & 3\end{pmatrix}$;

(3) $\boldsymbol{x}=\begin{pmatrix}-1 & 2\\ 3 & 6\end{pmatrix}\begin{pmatrix}1 & -2\\ 2 & -3\end{pmatrix}^{-1}=\begin{pmatrix}-1 & 0\\ -21 & 12\end{pmatrix}$;

(4) $\boldsymbol{x}=\begin{pmatrix}0&1&0\\1&0&0\\0&0&1\end{pmatrix}^{-1}\begin{pmatrix}1&-4&3\\2&0&-1\\1&-2&0\end{pmatrix}\begin{pmatrix}1&0&0\\0&0&1\\0&1&0\end{pmatrix}^{-1}=\begin{pmatrix}2&-1&0\\1&3&-4\\1&0&-2\end{pmatrix}$.

11. $\boldsymbol{x}=\begin{pmatrix}3&-1\\2&0\\1&-1\end{pmatrix}$.

12. (1) $\boldsymbol{x}=c_1\begin{pmatrix}1\\1\\0\\0\end{pmatrix}+c_2\begin{pmatrix}0\\0\\1\\1\end{pmatrix}$;

(2) $\begin{pmatrix}x_1\\x_2\\x_3\\x_4\end{pmatrix}=c_1\begin{pmatrix}2\\-2\\1\\0\end{pmatrix}+c_2\begin{pmatrix}\frac{5}{3}\\-\frac{4}{3}\\0\\1\end{pmatrix}$;

(3) 唯一解为 $\begin{pmatrix}x_1\\x_2\\x_3\end{pmatrix}=\begin{pmatrix}0\\-1\\2\end{pmatrix}$;

(4) $\begin{pmatrix}x_1\\x_2\\x_3\\x_4\end{pmatrix}=\begin{pmatrix}-8\\3\\6\\0\end{pmatrix}+c\begin{pmatrix}0\\1\\2\\1\end{pmatrix}$.

13. (1) $(2,-9,9,-12)$;　　(2) $\boldsymbol{\beta}=\left(1,-\frac{9}{4},\frac{5}{4},-2\right)$.

14. (1) 不能;　　(2) 能.

15. (1) 线性相关;　　(2) 线性无关;　　(3) 线性相关.

16. 方程组的通解为

$$\begin{pmatrix}x_1\\x_2\\x_3\\x_4\end{pmatrix}=k_1\begin{pmatrix}1\\-2\\1\\0\end{pmatrix}+k_2\begin{pmatrix}3\\-4\\0\\1\end{pmatrix}$$

17. 方程组的全部解为

$$\boldsymbol{\eta}=\begin{pmatrix}-2\\3\\0\\0\end{pmatrix}+k_1\begin{pmatrix}1\\-2\\1\\0\end{pmatrix}+k_2\begin{pmatrix}5\\-6\\0\\1\end{pmatrix}$$

18. 当 $a\neq 1$ 时,方程组有唯一解 $x_1=-1, x_2=a+2, x_3=-1$;
当 $a=1$ 时,方程组有无穷多解,一般解为

$$\begin{pmatrix} x_1 \\ x_2 \\ x_3 \end{pmatrix} = \begin{pmatrix} 1 \\ 0 \\ 0 \end{pmatrix} + k_1 \begin{pmatrix} -1 \\ 1 \\ 0 \end{pmatrix} + \begin{pmatrix} -1 \\ 0 \\ 1 \end{pmatrix}$$

19. 当 $a=0, b=2$ 时有解，且解的结构为

$$\begin{pmatrix} x_1 \\ x_2 \\ x_3 \\ x_4 \\ x_5 \end{pmatrix} = \begin{pmatrix} -2 \\ 3 \\ 0 \\ 0 \\ 0 \end{pmatrix} + k_1 \begin{pmatrix} 1 \\ -2 \\ 1 \\ 0 \\ 0 \end{pmatrix} + k_2 \begin{pmatrix} 1 \\ -2 \\ 0 \\ 1 \\ 0 \end{pmatrix} + k_3 \begin{pmatrix} 5 \\ -6 \\ 0 \\ 0 \\ 1 \end{pmatrix}$$

自测题 8

1. (1) 48； (2) 11； (3) 18； (4) $\boldsymbol{A}^k = \begin{pmatrix} 1 & 0 \\ k\lambda & 1 \end{pmatrix}$；

(5) $\boldsymbol{B}^{-1} = \begin{pmatrix} 0 \\ -1 \end{pmatrix}$； (6) $\boldsymbol{B}^{-1} = -\frac{1}{3}(\boldsymbol{A}+2\boldsymbol{E})$；

(7) $\boldsymbol{A}^{+} = \begin{pmatrix} -2 & -2 & -3 \\ 0 & -6 & -3 \\ 0 & 0 & 3 \end{pmatrix}$； (8) $R(\boldsymbol{A})=2$；

(9) $\neq, =, <$； (10) $a=2$； (11) $\lambda=5, 2$ 或 8.

2. $-2(n-2)!$.

3. $\boldsymbol{A}^n = \begin{pmatrix} 2-2^n & 2^n-1 \\ 2-2^{n+1} & 2^{n+1}-1 \end{pmatrix}$.

4. $\begin{pmatrix} 2 & -1 & 0 & 0 \\ -1 & 1 & 0 & 0 \\ -1 & 1 & 2 & -3 \\ 1 & -2 & -1 & 2 \end{pmatrix}$.

5. $\boldsymbol{X} = \begin{pmatrix} 0 \\ -5 \\ 2 \end{pmatrix}$.

6. 线性无关.

7. 略.

8. 当 $\lambda=5$ 时有解，全部解为

$$\begin{pmatrix} \frac{4}{5} \\ \frac{3}{5} \\ 0 \\ 0 \end{pmatrix} + k_1 \begin{pmatrix} -\frac{1}{5} \\ \frac{3}{5} \\ 1 \\ 0 \end{pmatrix} + k_2 \begin{pmatrix} -\frac{6}{5} \\ -\frac{7}{5} \\ 0 \\ 1 \end{pmatrix}$$